"十三五"国家重点出版物出版规划项目
卓越工程能力培养与工程教育专业认证系列规划教材
(电气工程及其自动化、自动化专业)

电器基础理论

Fundamentals of Electrical Apparatus

郭凤仪　王智勇　编著
王建华　主审

U0218839

机械工业出版社

本书是"十三五"国家重点出版物出版规划项目之一。全书共分 9 章，主要介绍开关电器的基础理论、基本原理和基本计算方法，内容包括电器的发热理论、电动力理论、电弧理论、电接触理论、电磁系统理论及电器的机构理论等内容，并针对当前智能电器领域的研究热点问题进行了简要介绍。

本书从电气工程及其自动化专业的教学实际出发，注重学生实践能力的培养，可作为高等院校电气工程及其自动化专业及相关专业本科生教材，也可供高职高专院校有关专业师生及从事高低压电器设计、制造、试验和运行方面的人员参考。

图书在版编目（CIP）数据

电器基础理论/郭凤仪，王智勇编著. —北京：机械工业出版社，2019.11（2023.8 重印）

"十三五"国家重点出版物出版规划项目　卓越工程能力培养与工程教育专业认证系列规划教材. 电气工程及其自动化、自动化专业

ISBN 978-7-111-64203-9

Ⅰ.①电…　Ⅱ.①郭…②王…　Ⅲ.①电器学-高等学校-教材　Ⅳ.①TM501

中国版本图书馆 CIP 数据核字（2019）第 263050 号

机械工业出版社（北京市百万庄大街 22 号　邮政编码 100037）
策划编辑：王雅新　责任编辑：王雅新　王小东
责任校对：杜雨霏　封面设计：鞠　杨
责任印制：张　博
北京雁林吉兆印刷有限公司印刷
2023 年 8 月第 1 版第 3 次印刷
184mm×260mm · 19.25 印张 · 473 千字
标准书号：ISBN 978-7-111-64203-9
定价：49.80 元

电话服务　　　　　　　　　　网络服务
客服电话：010-88361066　　机 工 官 网：www.cmpbook.com
　　　　　010-88379833　　机 工 官 博：weibo.com/cmp1952
　　　　　010-68326294　　金 书 网：www.golden-book.com
封底无防伪标均为盗版　机工教育服务网：www.cmpedu.com

序

工程教育在我国高等教育中占有重要地位，高素质工程科技人才是支撑产业转型升级、实施国家重大发展战略的重要保障。当前，世界范围内新一轮科技革命和产业变革加速进行，以新技术、新业态、新产业、新模式为特点的新经济蓬勃发展，迫切需要培养、造就一大批多样化、创新型卓越工程科技人才。目前，我国高等工程教育规模世界第一。我国工科本科在校生约占我国本科在校生总数的1/3。近年来我国每年工科本科毕业生占世界总数的1/3以上。如何保证和提高高等工程教育质量，如何适应国家战略需求和企业需要，一直受到教育界、工程界和社会各方面的关注。多年以来，我国一直致力于提高高等教育的质量，组织并实施了多项重大工程，包括卓越工程师教育培养计划（以下简称卓越计划）、工程教育专业认证和新工科建设等。

卓越计划的主要任务是探索建立高校与行业企业联合培养人才的新机制，创新工程教育人才培养模式，建设高水平工程教育教师队伍，扩大工程教育的对外开放。计划实施以来，各相关部门建立了协同育人机制。卓越计划要求试点专业要大力改革课程体系和教学形式，依据卓越计划培养标准，遵循工程的集成与创新特征，以强化工程实践能力、工程设计能力与工程创新能力为核心，重构课程体系和教学内容；加强跨专业、跨学科的复合型人才培养，着力推动基于问题的学习、基于项目的学习、基于案例的学习等多种研究性学习方法，加强学生创新能力训练，"真刀真枪"做毕业设计。卓越计划实施以来，培养了一批获得行业认可、具备很好的国际视野和创新能力、适应经济社会发展需要的各类型高质量人才，教育培养模式改革创新取得突破，教师队伍建设初见成效，为卓越计划的后续实施和最终目标的达成奠定了坚实基础。各高校以卓越计划为突破口，逐渐形成各具特色的人才培养模式。

2016年6月2日，我国正式成为工程教育"华盛顿协议"第18个成员，标志着我国工程教育真正融入世界工程教育，人才培养质量开始与其他成员达到了实质等效，同时，也为以后我国参加国际工程师认证奠定了基础，为我国工程师走向世界创造了条件。专业认证把以学生为中心、以产出为导向和持续改进作为三大基本理念，与传统的内容驱动、重视投入的教育形成了鲜明对比，是一种教育范式的革新。通过专业认证，把先进的教育理念引入我国工程教育，有力地推动了我国工程教育专业教学改革，逐步引导我国高等工程教育实现从以教师为中心向以学生为中心转变、从以课程为导向向以产出为导向转变、从质量监控向持续改进转变。

在实施卓越计划和开展工程教育专业认证的过程中，许多高校的电气工程及其自动化、自动化专业结合自身的办学特色，引入先进的教育理念，在专业建设、人才培养模式、教学内容、教学方法、课程建设等方面积极开展教学改革，取得了较好的效果，建设了一大批优质课程。为了将这些优秀的教学改革经验和教学内容推广给广大高校，中国工程教育专业认证协会电子信息与电气工程类专业认证分委员会、教育部高等学校电气类专业教学指导委员会、教育部高等学校自动化类专业教学指导委员会、中国机械工业教育协会自动化学科教学委员会、中国机械工业教育协会电气工程及其自动化学科教学委员会联合组织规划了"卓越工程能力培养与工程教育专业认证系列规划教材（电气工程及其自动化、自动化专业）"。本套教材通过国家新闻出版广电总局的评审，入选了"十三五"国家重点图书。本套教材密切联系行业和市场需求，以学生工程能力培养为主线，以教育培养优秀工程师为目标，突出学生工程理念、工程思维和工程能力的培养。本套教材在广泛吸纳相关学校在"卓越工程师教育培养计划"实施和工程教育专业认证过程中的经验和成果的基础上，针对目前同类教材存在的内容滞后、与工程脱节等问题，紧密结合工程应用和行业企业需求，突出实际工程案例，强化学生工程能力的教育培养，积极进行教材内容、结构、体系和展现形式的改革。

经过全体教材编审委员会委员和编者的努力，本套教材陆续跟读者见面了。由于时间紧迫，各校相关专业教学改革推进的程度不同，本套教材还存在许多问题，希望各位老师对本套教材多提宝贵意见，以使教材内容不断完善提高。也希望通过本套教材在高校的推广使用，促进我国高等工程教育教学质量的提高，为实现高等教育的内涵式发展贡献一份力量。

卓越工程能力培养与工程教育专业认证系列规划教材

（电气工程及其自动化、自动化专业）

编审委员会

前　言

本书是"十三五"国家重点出版物出版规划项目之一。

全书以电器基础理论为主线，较为全面地阐述了电器的发热理论、电动力理论、电弧理论、电接触理论和电器的机构理论。与同类教材相比，本书更新了电弧理论和电接触理论的最新研究成果；以高压断路器为例，介绍了开关电器的机械操动系统；针对当前智能电器领域的研究热点问题进行了简要介绍。本书可作为高等院校电气工程及其自动化专业及相关专业的教材，也可供高职高专院校有关专业师生及从事高低压电器设计、制造、试验和运行方面的人员参考。

西安交通大学王建华教授在百忙之中仔细审阅了书稿，并提出许多宝贵意见及建议，在此表示诚挚的谢意。

本书参考、吸收了国内外同行在电器理论、智能电器等研究领域的许多学术成果，谨向他们表示深深的谢意和崇高的敬意。

由于编者水平有限，书中难免存在不妥之处，敬请读者批评指正。

本书得到辽宁省"兴辽英才计划"项目（编号：XLYC1802110）资助。

编　者

目　　录

第1章

绪论

1.1 电器的定义和分类

所谓电器就是指能够根据外界指定信号和要求，自动或手动接通和断开电路，断续或者连续地改变电路参数，实现对电路或非电对象切换、控制、保护、检测、变换和调节用的装置。例如各类开关、起动器、熔断器等。简单来说，电器就是在电力系统发电、变电、输电、配电和用电中起重要作用的各种电气设备和器件；或者说，凡是靠电能驱动并完成某种功能的器件。

由于电器的用途广泛，品种规格繁多，所以分类方法也有许多种。

1.1.1 按电压高低和工艺结构特点分类

1. 高压电器

根据我国国家标准规定，额定电压在3kV及以上的电器称为高压电器，主要包括：

1) 高压开关电器。主要用来分、合正常工作电路与故障电路，或用来隔离高压电源的电器。根据性能不同分为高压断路器、熔断器、负荷开关、隔离开关、接地开关等。

高压断路器能关合与开断正常情况下的各种负载电路，也能在线路中出现短路故障时关合和开断短路电流，而且还能实现自动重合闸的要求，它是开关电器中性能最为全面的一种电器。熔断器俗称保险，当线路中负荷电流超过一定限度或出现短路故障时能够自动熔断并断开电路。电路开断后，熔断器必须更换部件后才能再次使用。负荷开关只能在正常工作情况下关合和开断电路，不能开断短路电流。隔离开关用来隔离电路或电源，只能开断很小的电流，例如长度很短的母线空载电流、小容量变压器的空载电流等。接地开关供高压与超高压线路检修电气设备时，为确保人身安全而进行接地用；接地开关也可用来人为地造成电力系统的接地短路，达到控制保护的目的。

2) 高压量测电器。主要包括电流互感器和电压互感器。电流互感器用来测量高压线路中的电流，电压互感器用来测量高压线路中的电压，二者均供计量与继电保护使用。

3) 高压限流与限压电器。主要包括电抗器和避雷器、避雷针等。电抗器实质上就是一个电感线圈，用来限制故障时短路电流。避雷器和避雷针用来限制过电压，避雷器使电力系统中的各个电器设备免受大气过电压和内部操作过电压等的危害；避雷针可将周围的雷电引来并提前放电，将雷电电流通过自身的接地导体传向地面，避免所保护的建筑物遭受雷击。

2. 低压电器

根据我国国家标准规定，工作在额定电压交流 1200V 或直流 1500V 及以下电路中的电器设备属于低压电器。根据应用场所提出的不同要求，可将低压电器分为低压配电电器和低压控制电器两大类：

1）低压配电电器。主要用于配电电路，对电路进行保护以及通断、转换电源或负载的电器。例如低压熔断器、负荷开关、低压断路器等。

2）低压控制电器。主要用于控制受电设备，使其达到预期要求的工作状态的电器。例如控制继电器、接触器等。

3. 自动电磁元件

自动电磁元件是靠电磁吸力或元件本身特性自动完成电路或磁路的执行和变换功能的器件。例如：微型继电器、阀用电磁铁、传感器、磁放大器、电磁离合器等。

4. 成套电器

成套电器即成套开关电器，是以开关设备为主体，将多种独立的电器元件组合在一起而构成的成套配电设备。例如低压成套开关设备、高压开关柜、SF_6 气体绝缘金属封闭开关设备（GIS）和预装式变电站。

1.1.2　按电器的执行机能分类

1）有触点电器　电器通断电路的执行功能由触点来实现。例如有触点式的继电器、接触器等。

有触点电器的主要问题是通断过程的电弧和触头磨损，电气和机械寿命短。

2）无触点电器　电器通断电路的执行功能不是由触点来实现，而是根据开关元件输出信号的高低电平来实现的。例如固态继电器、光电耦合器等。其特点为无弧通断电路、动作时间快、电寿命及机械寿命长、无噪声等。

无触点电器的主要问题是压降大和发热温升高。

3）混合式电器　有触点和无触点混合的电器。如利用电力电子器件与电磁式接触器组成的混合式接触器。

1.1.3　按电器的使用场合及工作条件分类

1）一般工业企业用电器。适用于大部分工业企业环境，无特殊要求。

2）特殊工矿企业用电器。适用于矿山、冶金、化工等特殊环境，例如矿用防爆电器和化工用电器等。

3）农用电器。适合于农村环境而专门生产的电器。

4）热带用电器和高原用电器。适合于热带、亚热带地区以及高原地区而派生的电器。

5）牵引、船舶、航空等电器。如电气化铁道用的牵引电器、船舶电器、航空电器以及汽车电器等。

1.1.4　按电器的用途分类

1）电力系统用电器。如高压断路器、高压熔断器、电抗器、避雷器、低压断路器、低压熔断器等。除电抗器和避雷器外，对这类电器的主要技术要求是通断能力强、限流效应好、动稳定性和热稳定性高、操作过电压低、保护性能完善。

2）电力拖动自动控制系统用电器。如接触器、起动器、控制继电器等。对这类电器的主要技术要求是有一定的通断能力、操作频率高、电气和机械寿命长。

3）自动化通信用弱电电器。如微型继电器、舌簧管、磁性或晶体管逻辑元件等。对这类电器的主要技术要求是动作时间快、灵敏度高、抗干扰能力强、特性误差小、寿命长、工作可靠等。

1.1.5 按电流种类分类

按电流种类，电器还分为交流电器和直流电器。

另外有其他分类方法，就不一一介绍了。

1.2 电器在电力系统中的作用

图 1-1 和图 1-2 为两种典型的电网线路，可以说明电器在电力系统或控制系统中的作用。

图 1-1 是高压电网线路。发电机 G1（G2）发出的电能经断路器 QF1（QF2）、电流互感器 TA1（TA2）和隔离开关 QS1（QS2）输送到 10kV 母线上。此母线经隔离开关 QS3 和熔断器 FU1 接电压互感器 TV1；经隔离开关 QS4、断路器 QF3 和电抗器 L 接向近处的电力传输线路。此外，10kV 母线还经隔离开关 QS5、断路器 QF4 及电流互感器 TA3 接向升压变压器 T，后者又经断路器 QF5 及其两端的隔离开关 QS6 和 QS7 接到 220kV 母线上。与此母线连接的有：与熔断器 FU2 串联的电压互感器 TV2，通向电力传输线路的断路器 QF6～QF9 和接在这些线路中的电流互感器 TA4～TA7。所有这些线路均通过隔离开关 QS8～QS12 接到 220kV 母线上。另外，10kV 及 220kV 母线还经隔离开关 QS13、QS14 分别接避雷器 F1、F2。

图 1-2 是低压电网线路。高压电网输送来的电能经降压变压器 T 变换为低压后，通过隔离开关 QS1 和低压断路器 QF1 送到中央配电盘母线上，这段线路称为主电路。电能经隔离开关 QS2、QS4 和断路器 QF2、QF3 接向动力配电盘母线，或经隔离开关 QS3 和熔断器 FU1 直

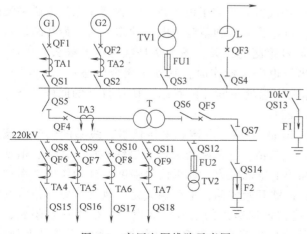

图 1-1 高压电网线路示意图

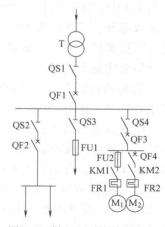

图 1-2 低压电网线路示意图

接接向负载。两级母线之间的线路称为分支线路，接向负载的线路称为馈电线路。一条馈电线路经熔断器 FU2、接触器 KM1 和热继电器 FR1 接向负载电动机 M1，另一条馈电线路经断路器 QF4、接触器 KM2 和热继电器 FR2 接向负载电动机 M2。

1.3　典型电器的基本原理

从系统（电网系统或自动化拖动系统）的观点看，一切高、低压电器，包括成套电器在内，均是线路中的一个元器件。从控制角度观察，电器必须具有输入和输出两大部分，在结构上具有感测部分和执行部分。感测部分接受输入信号，经过检测比较做出判断，然后命令执行部分动作，输出指令信号，实现控制目的。在有触点的自动电器中，感测部分大多是电磁机构系统，它是由动静铁心、线圈和弹簧组成。执行部分是触头灭弧系统，由动静触头、灭弧装置和导电部分组成。在非电磁式自动电器中，如热继电器的感测部分是由双金属片、发热元件和弹簧跳跃机构组成，感测部分接受外界输入的过电流信号，经过测量判断以后，执行部分的触头完成接通或断开电路的动作，输出相应的控制信号，达到过载保护的目的。

电器的结构组成部分中除感测和执行部分外，还有联系两者的传动件和机构部分、支撑部件和躯壳外罩等，这些部件对具体电器都是必要的和不可缺少的。一般强调感测部分和执行部分是电器的最基本组成部分，是为了突出重点，便于概括地掌握电器的结构原理。

下面介绍几种典型的电器元件，通过它们可初步认识电器结构的基本组成部分，介绍它们的结构性能和工作参数，指出它们的工作原理和相应的理论基础，从而为研究电器的基础理论创造条件。

1.3.1　电磁继电器

继电器是电器的典型产品，是一种具有跳跃输出特性的电器，广泛应用于控制和通信领域。继电器中以电磁式继电器最为典型，下面对其进行简要介绍。

电器一般由两部分组成，即感测部分和执行部分。对电磁式继电器，它的感测部分是电磁铁和弹簧，执行部分是触头，如图 1-3 所示。

图 1-3 中的铁心柱 1、轭铁 2、衔铁 3 和线圈 6 组成了电磁系统。弹簧 5 也是电磁系统的一个组成部分，它既作为衔铁释放之用，也作为调节和整定继电器动作值用。弹簧的松紧强弱是可以调整的，它和电磁铁一起完成信号感测的任务。图中 7 是继电器的触头，C_0C_2 是继电器的常闭触头（或称动断触头），当继电器未操作时，它处于闭合状态；C_1C_0 是常开触头（或称动合触头），当继电器未操作时，它处于断开的状态，衔铁打开的间隙为 δ（铁心柱中心线的方向），它的大小由止钉 4 限制。

电磁式继电器的工作原理：在线圈两端 ab 上输入电流或电压信号，线圈的励磁电流产生磁场，磁感应强度在铁磁介质中具有较大数值，它的磁通大部分沿铁心柱、铁轭、衔铁和工作气隙 δ 闭合，在衔铁端面产生使 δ 缩小的电磁吸力。如果信号强度达到动作值，衔铁的电磁吸力（矩）克服弹簧的阻力（矩），衔铁开始转动，带动触头完成执行任务，使常开触头 C_1C_0 闭合、使常闭触头 C_2C_0 断开，接在该回路内的信号灯 8 发亮。衔铁一旦闭合，磁路的状态发生变化，如果此时减小输入信号使之略小于吸合时动作值，衔铁不会马上释放，

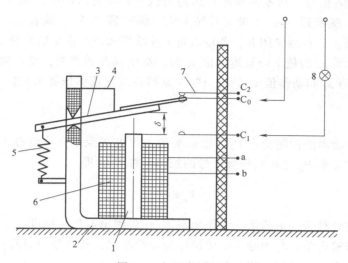

图 1-3　电磁式继电器

1—铁心柱　2—铁轭　3—衔铁　4—止钉　5—弹簧　6—线圈　7—触头　8—信号灯

只有当输入信号小到相应的数值，衔铁才开始释放，带动触头向上运动，已经闭合的常开触头 C_1C_0 重新断开，信号灯 8 熄灭。在实际控制线路中，继电器的触头常用来控制接触器的线圈或其他电器的线圈。

近年来，一种特殊的电磁继电器——磁保持继电器得到了广泛应用。某型号的磁保持继电器如图 1-4 所示。磁保持继电器的感测元件为由永磁体、电磁线圈和铁心等部件构成的极化式磁系统，其执行元件仍然是与普通电磁式继电器相同的触头系统。该继电器采用脉冲驱动，当线圈中通过特定方向、特定大小的电流脉冲，就可以实现触头的状态转换。当线圈断电（或脉冲消失），可以利用永磁体产生的永磁力实现触头状态的自保持功能。

尽管继电器线圈的输入信号可以连续地变化（它的稳定工作点可以很多），但是触头输出的稳定状态只有两个，即"通"与"断"，不可能既是"通"又是"断"，所有继电器的输出都是按照"通-断"或者"是-否"的循环而工作。图 1-5 所示为继电器的输入-输出特性。很明显，这是一种跳跃式的输出特性。

图 1-4　一种磁保持继电器

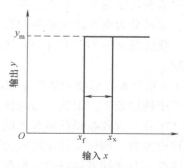

图 1-5　继电器的输入-输出特性

当继电器的输入信号 x 从零连续增加达到衔铁开始吸合时的动作值 x_x 时，继电器的输出信号立刻从 $y=0$ 跳跃到 $y=y_m$，即常开触头从"断"到"通"，或者说从"低电平"输出到"高电平"输出。一旦触头闭合，若输入量 x 继续增大，则输出信号量 y 将不再变化。当输入量 x 从某一大于 x_x 的值下降到返回值 x_f 时，继电器开始释放，常开触头断开（或常闭触头闭合）。返回值 x_f 和动作值 x_x 的比值叫作返回系数（或称恢复系数），即

$$K_f = \frac{x_f}{x_x} \tag{1-1}$$

继电器触头上输出的控制功率 P_c（即触头的工作电压乘以允许的最大通断电流）和线圈吸取的最小动作功率 P_0 之比叫作继电器的控制系数 K_c，即

$$K_c = \frac{P_c}{P_0} \tag{1-2}$$

继电器在规定负载条件下的最小动作功率 P_0 叫作继电器的灵敏度。

继电器从获得输入信号起到触头完成动作为止的时间，叫作吸合时间；从断开输入信号起到触头完成动作为止的时间，叫作释放时间。

以上叙述的动作值、返回系数、控制系数、灵敏度和动作时间都是继电器的主要参数。此外，继电器的特性必须保证动作值的可调性和重复使用的精度，还必须保证执行机能的可靠性。现代控制和通信用继电器还要求有高的电气和机械寿命。

继电器触头是研究继电器工作可靠性的主要对象。触头的接触电阻（尤其是弱电流低电压下可靠接通），触头的磨损、触头的熔焊都有大量的理论和实际课题需要研究。在保证触头工作可靠性的前提下，若要降低电磁继电器的动作功率，提高其动作灵敏度和缩小电磁系统的尺寸，以达到继电器的小型化和微型化，就需要研究电磁机构工作的物理过程及电磁机构的设计计算。这些课题的理论基础将在本书有关章节中介绍。

1.3.2 接触器

接触器是一种适用于远距离频繁地接通和断开交直流主电路及大容量控制电路的自动控制电器。它的结构原理和电磁继电器相似，但具体结构形式却有较大差异。这是由接触器的功能决定的。众所周知，转换主电路时，触头上的电弧不仅延缓转换时间而且产生烧损，使接触不可靠。为此，接触器一般都装有专门的灭弧装置和较强的触头弹簧。这就是说，相比于继电器，接触器的执行功能大大加强了。

接触器根据主触头所控制电路的种类，可分为直流接触器和交流接触器；根据灭弧介质的不同，又可分为空气式接触器和真空接触器；根据主触头的极数、吸合线圈的种类、使用类别等，接触器又有不同的分类方法。本节仅以一种直流空气式接触器为例，讲述其结构和工作原理。

图 1-6 是直流接触器的结构示意图。这是一种主触头采用转动式的单极结构。动触头支架固定于衔铁尾板上。衔铁 6 沿磁轭 7 的棱角 10 转动，克服了释放弹簧 5 的反力矩后带动动触头 2 闭合，或者在释放弹簧 5 的作用下使衔铁 6 释放和动触头 2 打开。电磁铁的线圈 8 接通操作电源后，衔铁上便呈现吸力 F，当这个吸力矩克服释放弹簧 5 的反力矩后，衔铁 6 便开始闭合，与此同时动触头 2 向静触头 1 靠近直到接触。动、静触头相遇后，触头弹簧 4 被压缩，同时呈现和释放弹簧 5 相似的反力矩，之后衔铁 6 全部吸合，铁心柱 9 中线与衔铁

6 之间的气隙 δ 减小到零,触头弹簧 4 压缩到最终位置,主触头紧密接触,完成主电路的接通任务。反之,当线圈 8 失去励磁或励磁电流过小时,一旦电磁吸力矩小于释放的反力矩,则已经闭合的衔铁开始释放,同时主触头也随之开断主电路。这里的反力由释放弹簧 5 和触头弹簧 4 提供。每个主触头都有一个初压力值和终压力值。所谓初压力是动、静触头刚接触时动触头上呈现的压力,此时触头弹簧尚未压缩变形。终压力是触头完全闭合而动、静触头接触末了时动触头上呈现的压力,此时触头弹簧已被压缩。从动、静触头接触起(衔铁尚未全部闭合)到触头支架运动完毕(衔铁全部闭合)的行程叫做触头的超程。超程是专为触头磨损后仍能可靠接触而设计的。

图 1-7 示出了直流接触器的吸力-反力特性及其配合的情况。图中曲线 ab 是衔铁上的吸力特性,即随着衔铁气隙 δ 的减小,电磁吸力 F 增大。$cdef$ 折线表示阻力即反力特性,它是由 cdg 和 def 叠加而成。前者代表释放弹簧的阻力特性,后者是触头弹簧的阻力特性。de 是接触器主触头的初压力,gf 则是终压力,$\Delta\delta$ 是和触头超程相应的衔铁气隙,δ 是衔铁的行程(即气隙)。为了保证接触器的可靠闭合,电磁吸力特性 ab 必须高于 $cdef$,图中阴影区代表衔铁的运动能量,这个区域的大小必须妥善选择。它一方面决定了接触器的闭合时间,另一方面决定了衔铁与铁心以及动、静触头间闭合过程的撞击能量。如果电磁吸力特性过高,将使动能 $\frac{1}{2}mv^2$ 过大,从而影响接触器的机械和电气寿命,图中 hi 是释放时的吸引特性。此时 $cdef$ "反力" 特性转变为释放时的动力,迫使衔铁释放。图中 h 点是衔铁在闭合位置时线圈无励磁电流时的剩磁吸力,剩磁吸力 Oh 一定要小于断开力 Of,否则衔铁和铁心在分断操作时粘住不释放,在工作过程中往往酿成事故。

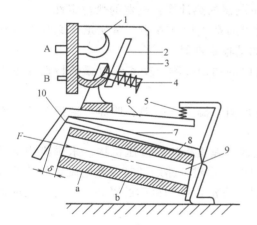

图 1-6   直流接触器的结构示意图

A—进线柱   B—出线柱   a、b—线圈端头

1—静触头   2—动触头   3—灭弧装置

4—触头弹簧   5—释放弹簧   6—衔铁

7—磁轭   8—线圈   9—铁心柱   10—棱角

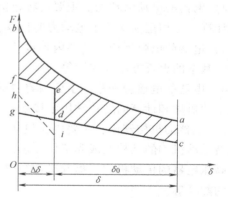

图 1-7   直流接触器的吸力-反力特性

δ_0—和触头开距相应的衔铁行程

$\Delta\delta$—和触头超程相应的衔铁行程

δ—衔铁总的行程

在转动式接触器结构中,实际上存在的是力矩和阻力矩(反力矩)特性,即 $M=f(\alpha)$,α 是转角。有时为了分析方便,常转变为 $F=f(\delta)$ 的形式,如图 1-7 所示。此时电磁吸力随气隙的关系不变,而把阻力矩都归算到铁心柱中心对应的衔铁处。

从以上特性配合中可以看出：*cdef* 实际上是接触器磁系统的负载机械特性，工作电压下的吸引电磁力与零电压下的剩磁力的参数都要与之匹配，实质上就是接触器内部感测部分与执行部分互相联系，协调配合的依据。接触器额定电流大，额定电压高，相应的转换能力要求强，这就需要较大的触头弹簧和开断弹簧，从而使机械负载阻力特性提高。同时与它匹配的感测部分必须具有较大的线圈安匝数和较大的磁系统尺寸。

直流接触器大多采用转动式结构，触头材料一般是铜质。由于直流电弧较难熄灭，所以主触头的灭弧问题很重要。图 1-6 中的零件 3 是灭弧装置，一般由磁吹线圈和窄缝的灭弧罩组成。

接触器结构上尚有联锁触头组。这些所谓的辅助触头大体上都做成标准组件。利用辅助触头可以控制其他电器的线圈励磁，使其他电器动作。

直流接触器的额定电压一般为 440V，亦可用于 660V，但电寿命要降低。它的额定电流为 20A、40A、100A、160A、250A、400A 和 600A。励磁线圈的电压一般为 220V 或 110V。接触器的特性指标是转换能力、操作频率、电气寿命和机械寿命。它们的具体数据可参阅有关技术标准或产品说明书。

1.3.3　电器基础理论的范畴

电器的工作原理多种多样，要掌握电器的结构原理及设计计算需要广泛的知识和相应的理论基础。电器的基础理论实际上是十分宽广的，但作为一个学科，电器的基础理论主要有以下几个方面：

1）电器的发热理论。主要内容包括：电器的发热与冷却过程及热时间常数的概念；利用牛顿公式计算电器表面稳定温升；不同工作制下电器的热计算；电器的热稳定性等。

2）电器的电动力理论。主要内容包括：电动力的基本计算方法；单相正弦交流下电动力的计算；三相正弦交流下电动力的计算；电器的动稳定性等。

3）电器的电弧理论。主要内容包括：气体放电的物理过程；交直流电弧的特性和熄灭原理；基本的灭弧方法和装置等。

4）电器的电接触理论。主要内容包括：接触电阻、温升、振动、熔焊与磨损等几个重要现象的机理和计算问题；常用电接触材料等。

5）电器的机构理论。主要内容包括：电磁机构、弹簧机构、液压机构、永磁机构等几种典型操动机构的结构组成和工作原理；交流、直流、永磁磁路的计算以及电磁铁的特性计算；高压电器的传动机构、提升机构和缓冲器的设计方法；操动机构的吸力特性与开关反力特性的配合等。

电器的基础理论还在不断充实、更新、补充和发展之中。

1.4　电器技术的发展现状及展望

电器的发展是和电的广泛使用分不开的。强电领域和弱电领域都离不开电器。从强电领域看，根据电器所控制的对象有电网系统和电力拖动系统两大方面。

随着电网系统和电力拖动系统不断发展，对电器提出了新的要求，推动了电器结构性能的改进和新品种的问世，而性能优良的新型电器反过来推动了系统的发展。因此系统和电器存在着相互促进、相辅相成的关系。

正如从手动电器进入自动电器一样，从有触点电器发展到无触点电器也是电器本身发展的必然趋势。近年来，低压电器发展过程中出现了有触点与无触点结合的混合式电器，例如混合式接触器。仔细分析无触点电器和有触点电器的优缺点，会发现无触点电器的固有弱点恰好是有触点电器的固有优点，有触点电器执行功能强而感测功能弱，而无触点电器则反之。在同一种执行功能中，有触点电器的主要矛盾是通断过程的电弧和磨损，而无触点电器的主要矛盾往往是电力电子器件的管压降和发热问题。如果电器的通断操作借助电力电子器件实现无弧操作，电器闭合状态、断开状态由机械触点来担当，这样既避免了电力电子器件长期通电引起的发热问题，又解决了有触点电器的电弧问题。目前已有这种混合式接触器产品问世。

在电力网领域中，电器的发生和发展的演变过程亦相类似。

电器应用初期，低压电力网广泛使用刀开关和熔断器。刀开关起正常情况下切换电路和隔离电路的作用，而熔断器则在故障情况下对过载和短路起保护作用。熔断器结构简单，但是只能一次操作；刀开关一般只能手动投入，不适宜远程操作，而且执行功能也弱，不能满足网络的要求。于是发展了执行功能和感测功能都较强的自动空气断路器。

20 世纪 50 年代，随着低压电力网容量的扩大，短路电流从 10^4A 数量级增大到 10^5A 数量级。巨大的短路电流不仅使开关本身通断困难，而且还使串联在电网内的电力设备因热稳定和动稳定不足而受损。为了保证供电的可靠性，提高断流容量，低压电力网对配电电器提出了限流的要求，并随之研制成了限流熔断器和限流自动空气断路器。近年来，新的框架断路器和塑壳断路器不断推出，根据整个系统的需要，同时考虑高指标、经济适用、缩小体积的要求，尽可能地减少壳架规格，便于进行标准化设计。新开发的断路器均带有通信接口，可使系统达到最佳的配合，提高电网的安全性和可靠性。

进入 21 世纪以来，低压电器在技术上和功能上都有了很大的发展，各种继电器、接触器和断路器已经普遍采用了电子和智能控制。随着现代化设计技术、微机技术、微电子技术、计算机网络和数字通信技术的飞速发展，以及人工智能技术在低压电器中的应用，智能电器已经从简单的采用微机控制取代传统的继电控制功能的单一封闭装置，发展到具有完整的理论体系和多学科交叉的电器智能化系统。

对于高压电力网，由于电力系统对输变电的质量和可靠性要求提高，对高压电器的性能要求也越来越高。另外，由于基础理论、材料技术、生产设备和加工工艺的不断进步，使得高压开关设备的技术水平有了长足的进步，并在许多方面突破了以往传统开关电器的概念，与几十年前相比无论是在产品种类、结构形式、介质，还是在综合技术水平上都有很大差别。解放初，我国电压等级最高为 220kV，2009 年 1 月，我国自主研发、设计和建设的首条 1000kV 特高压输电线路（晋东南—南阳—荆门）正式投运，成为世界上技术水平最高的电网之一。特高压工程的建设，也带动了电器行业整体水平的提高。目前，高压电器正向着高压大容量、自能化、小型化、组合化、智能化和高可靠性方向发展。

随着电力系统工作电压的提高和输电容量的增加，带来了很多理论问题和技术问题。对短路而言，从技术经济性和可靠性角度要求，都需要发展单元断口容量大、电压高的断路器。可见，对断路器的要求很高，多年来围绕高压断路器的许多问题，如灭弧方式、灭弧室结构、灭弧介质、开断性能及绝缘性能和操动机构等做了大量工作。高压断路器的结构演变主要就是灭弧原理与灭弧装置的变革。它经历了从多油灭弧到少油灭弧；从高压力压缩空气吹弧到负压力真空灭弧；从一般的空气、油气到 SF_6 负电性气体灭弧。不仅如此，自能式灭弧也是高压断路器的一个特点。自能式灭弧室就是最大限度地利用电弧自身的能量，使灭弧室建立起气吹熄弧所必需的压力，因而不需要操动机构提供很大的压缩功，自能式 SF_6 断路器的操作功可降低为压气式的 20%。由于自能式断路器的操作功大大减小，可以采用低操作功的操动机构（如弹簧操动机构），这样，断路器的机械可靠性大大提高。另外，高压电器从户外式、户内式单独结构发展到 SF_6 全封闭组合式结构，组合化后的进一步发展，一是在一次设备方面如采用自能式断路器、设计新型隔离开关和接地开关等，二是在二次检测、控制设备和元件方面提高技术含量。电力设备是电网中非常重要的组成部分，为了适应智能电网的需要，同时也是电力设备自身性能提高的要求，发展数字化电力设备已经成为趋势。这些都是高压电器技术发展的重要特点。

　　总而言之，电器产品和电器技术由于电力网系统和自动化拖动系统的推动，发展十分迅速。可以说，电器技术理论和电器产品结构正处于不断更新和全面提高的阶段。传统的有触点电器在结构原理、最佳结构设计和应用新材料、新工艺方面不断创新和完善，真空电器、半导体电器以及其他新型电器如微电子技术和电器结合的机电一体化电器或智能化电器亦在开拓发展，单件电器向着组合化、成套化发展。分析电器发展史、展望今后的方向，对电器工业和电器科学技术的推进无疑是有益处的。

1.5　中国电器制造业的发展概况

　　在新中国成立之前，我国最早引入电能是在 1879 年，英国为了欢迎美国总统格兰特路过上海，特地从外国引来一台引擎发电机，安装在黄浦江外滩，只使用了两个晚上。1905年，清政府工艺总局在天津教育品制造所仿照日本产品创造教学用品共 20 类，有起电盘、电铃、电扇、弧光灯等，这是我国历史上最早的电器产品。1912 年，中华民国临时政府在各大学堂设置电机科系。1913 年美国通用电气公司在上海设立灯泡厂，这是第一家电器企业，解放后变更为上海灯泡厂。1916 年，我国企业家叶友才、杨济川等人在上海创建华生电器厂，于 1919 年研制成我国第一台变压器和 8kW 直流发电机。1926 年设计出第一台150kW 交流同步三相发电机。1936 年，国民党政府创建了三个电器企业，包括中央钢铁厂、中央电工器材厂和中央机械厂。1937 年，日本在我国东北进行了较大规模的电站建设，现在的水丰、丰满、镜泊湖等水电站，以及阜新、抚顺等大型火电站都是在原始规模基础上扩建起来的。由此可见，新中国成立以前我国的电器工业非常落后。

　　新中国成立后，我国电器工业发展较快，经过努力，我国已经建成了完整的科研、生产和实验体系。我国生产的电器产品除能满足国内需要外，还有部分产品进入国际市场。

　　低压电器方面，我国低压电器产品的发展大致可以分为三个阶段。第一阶段，在 20 世纪 60 年代初至 70 年代初，在模仿基础上自行设计开发了第一代产品。虽然这代产品水平较低，现已被淘汰，但为我国低压配电和控制系统的发展起了重要作用。第二阶段，在 20 世纪 70 年代后期至 80 年代，主要是在进行产品的更新换代和引进国外先进技术制造第二代产品。这批产品技术指标明显提高，保护特性较完善，体积缩小，结构上适应成套装置要求。第三阶段，始于 20 世纪 90 年代，我国低压电器产业发展突飞猛进，不断跟踪国外新技术、新产品。这代产品技术含量较高，但其市场占有率仅在 10% 左右。

为了尽快提高我国电力系统、自动控制系统、自动监测系统的自动化水平，必须大力发展第三代电器产品，淘汰和改善老产品，使电器产品在研制、开发、生产、检测各阶段实现全面飞跃。

近十年来，我国低压电器制造工业发展飞速，特别是先进技术的引进，加快了新产品的问世。低压电器智能化、网络化、可通信已成为新一代产品的主要特征之一。

高压电器方面，我国生产的 500kV 及以下各电压等级的各类高压电器系列化产品，已基本能满足电力系统及国民经济各方面的需求。在高压断路器产品中，SF_6 断路器及其成套组合电器（GIS），在 66~500kV 电压等级中基本占全部份额；在 35kV 及以下电压等级中，真空断路器占优势；油断路器已退出生产领域，我国基本上实现了高压开关设备的无油化。

西安西电开关电气有限公司、河南平高电气股份有限公司、新东北电气（沈阳）高压开关有限公司、北京北开电气股份有限公司、山东泰开电气集团有限公司、上海华通开关厂有限公司等是我国高压开关生产的骨干企业。高压电器产品目前正向着额定电压高、容量大、可靠性高、智能化、少维护和节能环保的方向发展。

随着国民经济与国防建设现代化的迅猛发展，对电器提出越来越多的要求。目前，电器结构与工作原理不断地改进和创新，品种与规格日益繁多。如在电压等级方面，最高工作电压已经发展到 1000kV 以上，而且 1500kV 特高压电器设备的样机也已研制出来。在电流等级方面，最高工作电流达到数万安培以上，而电器设备或元件的最小工作电流可达到毫安级或更小。在电源频率方面，大家熟知的直流与 50Hz 工频交流电源仍在广泛地应用。此外，低频、超低频、中频、高频、超高频及脉冲电源供电的电器元件与装置，以及大功率直流开关电器也被广泛地开发、研制与应用。可见，我国高低压电器制造业的发展前景是很广阔的，整体技术水平正在全面提升。

第 2 章

电器的发热理论

2.1 概述

电器工作时，电流通过导体并在导体中产生能量损耗。如果电器工作于交流电路，则由于交变电磁场作用，还会在铁磁体内产生涡流和磁滞损耗，并在绝缘体内产生介质损耗。所有这些损耗几乎全部转变为热能，一部分散失到周围介质中，一部分加热电器，使电器的温度升高。电器本身温度与周围环境温度之差，称为电器的温升。我国国家标准规定，最高环境温度为 40℃。

如果电器的温升超过极限允许温升，将产生如下危害：

（1）金属材料的机械强度下降

当金属材料的温度高达一定数值时，其机械强度 σ 会显著下降，见图 2-1。材料的机械强度开始明显降低的温度称为软化点，它不仅与材料有关，也与加热时间有关。例如，裸铜导体在长期发热时的软化温度约为 100~200℃，但当其处于短期发热情况下，它的软化温度会提高到 300℃ 左右。电器中裸导体的极限允许温度应低于材料的软化点。

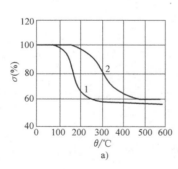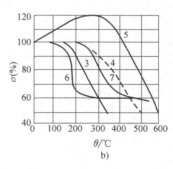

图 2-1 金属材料机械强度与温度的关系

a）铜 b）几种不同金属

1—连续发热 2—短时发热 3—硬拉铝 4—青铜 5—钢 6—电解铜 7—铜

（2）接触电阻剧烈增加，甚至发生熔焊

温度升高会加剧电器中电接触表面与其周围大气中某些气体之间的化学反应，使接触表面生成氧化膜及其他膜层，从而增大接触电阻，并使接触表面的温度再次升高，形成恶性循环，最终可能会导致接触表面发生熔焊。

例如，铜触头温度在 70~80℃ 以上时，接触电阻迅速增大。

（3）绝缘材料的绝缘性能下降

绝缘材料发热超过一定温度时，其介电强度将急剧下降，导致绝缘材料的绝缘性能下降，使材料逐渐变脆老化，甚至损坏。以 A 级绝缘材料为例，在一定的温度范围内，当温度每增加 8~10℃ 时，则材料的使用寿命缩短一半。图 2-2 为瓷的击穿电压与温度的关系，当温度超过 80℃ 时，其耐电压值急剧下降。

（4）引发火灾事故

若电器设备发热作用产生的热量不能及时散发，则会产生局部高温，可能会引燃周围易燃物，从而造成火灾事故。

电器发热计算的目的是保证电器温升不超过极限允许值，这对于缩小电器的体积、节约原材料、降低成本、延长电器寿命等方面都具有指导意义。

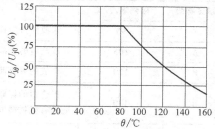

图 2-2 瓷的击穿电压与温度的关系
U_{j0}、$U_{j\theta}$—温度为 0℃ 和 θ℃ 时的击穿电压

2.2 电器的极限允许温升

2.2.1 表达形式

极限允许温升 = 极限允许温度 - 起始温度（周围介质温度）。

为了保证电器在工作年限内可靠工作，必须限制各种材料的发热温度，使其不超过一定的数值，这个温度就叫极限允许温度。

不同电气设备或同一电气设备的不同部位，其极限允许温度是不相同的，常用电气设备的极限允许温度见表 2-1。

表 2-1 常用电气设备的极限允许温度（环境温度 40℃）

设备	测量部位	极限允许温度/℃	设备	测量部位	极限允许温度/℃
油浸式变压器	接线端子	75	干式变压器	接线端子	75
	油（顶层）	95		本体（绕组）	按绝缘耐热等级
电流、电压互感器	接线端子	75	电容器	接线端子	75
	本体	90		本体	70
断路器	接线端子	75	隔离开关	触头处	65
	机械结构部分	110		接头处	73
母线接头处	硬铜线	70	低压开关板	触头处	65
	硬铜绞线	90		接头处	75
	硬铝线	90	电力熔断器	机械结构部分	90
	耐压铝合金线	150			

2.2.2 制定电器零部件极限允许温升的原则

1）材料的机械强度及绝缘能力不受损害。

2）电接触性能可靠。

目前，由于耐热能力高的绝缘材料不断出现，电器的极限允许温度较以前有所提高，但电接触的氧化问题又成为关键问题。我国国家标准将电气绝缘材料按耐热程度分为七级，其长期工作下的极限允许温度见表2-2。

表2-2　电气绝缘材料的耐热分级

耐热等级	极限温度/℃	相当于该耐热等级的绝缘材料简述
Y	90	未浸渍过的棉纱、丝及纸等材料或组合物所组成的绝缘结构
A	105	浸渍过的或浸在液体电介质中的棉纱、丝及纸等材料或组合物所组成的绝缘结构
E	120	合成的有机薄膜、合成的有机磁漆等材料或其组合物所组成的绝缘结构
B	130	以合适的树脂粘合或浸渍、涂覆后的云母、玻璃纤维、石棉等，以及其他无机材料、合适的有机材料或其组合物所组成的绝缘结构
F	155	以合适的树脂粘合或浸渍、涂覆后的云母、玻璃纤维、石棉等，以及其他无机材料、合适的有机材料等
H	180	用硅有机树脂粘合的云母、玻璃纤维、石棉等材料
C	>180	以合适的树脂（如热稳定性特别优良的硅有机树脂）粘合或浸渍、涂覆后的云母、玻璃纤维、石棉等，以及未经浸渍处理的云母、陶瓷、石英等材料或其组合物所组成的绝缘结构（C级绝缘材料的极限温度应根据不同的物理、机械、化学和电气性能确定）

2.3　电器的热源

电器的热源主要来自三个方面：

1）电流通过导体产生的电阻损耗。电阻来自三个方面：导体的金属电阻、触点连接处的接触电阻、触头开断线路时出现的电弧电阻。

2）交流电器铁磁体内产生的涡流损耗和磁滞损耗。

3）交流电器绝缘体内产生的介质损耗。

至于机械摩擦等产生的热能，与前三种热源相比非常小，常常可以不予考虑。

2.3.1　电阻损耗

电流通过导体所产生的能量损耗称为电阻损耗，或称焦耳损耗，其表达式为

$$P = k_f I^2 R \tag{2-1}$$

式中，k_f 为附加损耗系数。

k_f 是考虑交变电流趋肤效应和邻近效应对电阻的影响而引入的系数，即当导体中通过交变电流时，因趋肤效应和邻近效应而产生的附加损耗。附加损耗系数 k_f 为趋肤系数 k_j 和邻近系数 k_l 之积：$k_f = k_j k_l$，直流时 $k_f = 1$。

下面说明趋肤效应和邻近效应的概念。

趋肤效应是导体中通过交变电流时，电流趋于导体表面的现象，又称集肤效应。

图2-3表示交变电流通过导体产生趋肤效应使导体内部电流分布不均匀的情况。阴影线所代表的导体截面中，导体内部（A部分）相链的磁通为 Φ_1 和 Φ_2，导体外部（B部分）

相链的磁通仅为 Φ_2。交变磁通在导体内感生反电动势，阻止原电流的流通，因中心部分反电动势比外表部分大，导致导体中心电流密度比外表部分小。

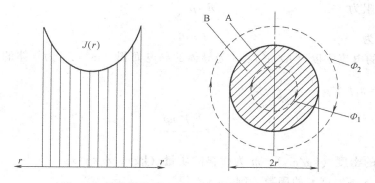

图 2-3　趋肤效应影响下导体内部电流密度的分布

趋肤效应可以用电磁波在导体内渗入的深度 b 来表示：

$$b = \sqrt{\frac{\rho}{2\pi f \mu}} \tag{2-2}$$

式中，ρ 为导体材料的电阻率（$\Omega \cdot m$）；μ 为导体材料的磁导率（H/m）；f 为电流频率（Hz）。

趋肤系数 k_j 可用下式计算：

$$k_j = \frac{A}{L}\sqrt{\frac{2\pi f \mu}{\rho}} = \frac{A}{L} \cdot \frac{1}{b} \tag{2-3}$$

式中，A 为导体的截面积（m^2）；L 为导体的周长（m）。

邻近效应是两相邻载流导体间磁场的相互作用使两导体内产生电流分布不均匀的现象。如果两相邻导体的电流方向相反，如图 2-4a 所示，则因一导体在另一导体相邻侧产生的磁场比非相邻侧产生的小，相邻侧感生的反电势比非相邻侧小，故相邻侧的电流密度比非相邻侧的大；如果两相邻导体的电流方向相同，则相邻侧电流密度比非相邻侧小，如图 2-4b 所示。

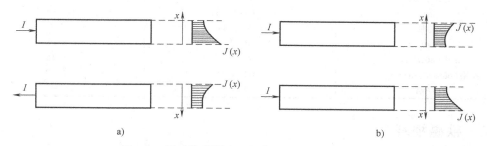

图 2-4　邻近效应影响下导体中的电流密度分布
a）两电流异向　b）两电流同向

邻边效应系数 k_l 与电流的频率、导线间距和截面形状及尺寸、电流的方向及相位等因素有关，其值可以从有关的书籍及手册中查得。一般情况下，邻近效应系数大于 1。但也有例外，如较薄的矩形母线宽边相对时，邻近效应部分地补偿了趋肤效应的影响，故 k_l 值略小于1。

若导体的电阻为

$$R = \rho \frac{l}{S}$$

导体的电流为

$$I = JS$$

式中，J 为导体的电流密度（A/m²）；S 为导体的导电面积（m²）；l 为导体的长度（m）。

则 $P = k_f I^2 R = k_f J^2 S^2 \rho \frac{1}{S} \cdot \frac{m}{\gamma S}$，即

$$P = \frac{k_f J^2 m \rho}{\gamma} \tag{2-4}$$

式中，γ 为材料的密度（kg/m³）；m 为材料的质量（kg），$m = \gamma l S$。

由于电阻率 ρ 是温度 θ 的函数，则

$$\rho = \rho_0 (1 + \alpha\theta + \beta\theta^2 + \cdots)$$

或

$$\rho = \rho_{20} \left[1 + \alpha(\theta - 20) + \beta(\theta - 20)^2 + \cdots \right] \tag{2-5}$$

式中，ρ_0、ρ_{20} 为0℃和20℃时的电阻率（Ω·m）；α、β 为电阻温度系数。

当 $\theta \leqslant 100℃$ 时，θ 的高次项可以忽略，则式（2-5）可简化为

$$\rho = \rho_0 (1 + \alpha\theta)$$

或

$$\rho = \rho_{20} \left[1 + \alpha(\theta - 20) \right] \tag{2-6}$$

表2-3为几种常用金属材料的电阻率 ρ_{20} 和电阻温度系数 α。

表 2-3　几种常用金属材料的电阻率 ρ_{20} 和电阻温度系数 α

材　　料	电阻率 $\rho_{20} \times 10^{-6}/(\Omega \cdot m)$	电阻温度系数 $\alpha \times 10^{-3}/℃$
铜	0.017～0.018	4.33
黄铜	0.07～0.08	1.0～2.6
银	0.016	3.6
铝	0.029	3.8
硅铝合金	0.039	4
钢	0.103～0.137	5.7～6.2
灰铸铁	0.8～0.85	5.6
康铜	0.49	≈0
镍铬（80%Ni）	1.02～1.27	0.15
镍铬（60%Ni，Cr15%）	1.02～1.18	0.17
铁铬铝	1.4	—

2.3.2　铁磁损耗

非载流铁磁质零部件在交变电磁场作用下产生的损耗，称为铁磁损耗，即铁耗 P_{Fe}。它包括磁滞损耗 P_c 和涡流损耗 P_w 两部分，即

$$P_{Fe} = P_w + P_c \tag{2-7}$$

当交变电流从铁磁零件中穿过时，载流导体产生的交变磁通过铁磁零件形成闭合回

路，则会在铁磁零件中产生相当大的涡流，这是因为铁的导磁率很高，而磁通变化速度又快，因而产生相应的电动势和涡流损耗。同时磁通的方向和数值变化使铁磁材料反复磁化，产生磁滞损耗。涡流损耗与磁滞损耗导致包围载流导体的铁磁零件发热。

涡流损耗计算公式：

$$P_{\mathrm{w}} = \sigma_{\mathrm{w}} \left(\frac{f}{100} B_{\mathrm{m}} \right)^2 \gamma V \tag{2-8}$$

磁滞损耗计算公式：

$$P_{\mathrm{c}} = \begin{cases} \sigma_{\mathrm{c}} \left(\dfrac{f}{100} B_{\mathrm{m}} \right)^{1.6} \gamma V & B_{\mathrm{m}} \leqslant 1 \\[3mm] \sigma_{\mathrm{c}} \left(\dfrac{f}{100} B_{\mathrm{m}} \right)^2 \gamma V & B_{\mathrm{m}} > 1 \end{cases} \tag{2-9}$$

式中，σ_{w} 为涡流损耗系数，其值与铁磁材料的品种规格有关，一般由实验来确定；σ_{c} 为磁滞损耗系数；f 为电源频率（Hz）；B_{m} 为铁磁件中磁感应强度的幅值（T）；γ 为铁磁材料密度（kg/m^3）；V 为铁磁材料零部件的体积（m^3）。

从式（2-7）、式（2-8）和式（2-9）可见，铁磁损耗与铁磁零件中的磁感应强度大小有关，减小铁磁损耗的途径就是减小铁磁部件中的磁通，或者不用铁磁件。减小铁磁损耗的常用措施有：

1）改用非磁性材料，如无磁钢、无磁性铸铁、黄铜等。

2）采用非磁性间隙，在磁通的路径中出现非磁性间隙，磁阻加大，铁磁件内磁通减小，因此损耗减小。例如在交流电动机中为减小涡流损耗，常将铁心用许多铁磁导体薄片（如硅钢片）叠成，这些薄片表面涂有绝缘漆或绝缘氧化物。磁通穿过薄片的截面时，涡流被限制在沿各片中的一些狭小回路流过，这些回路中电动势较小，而电阻较大，所以可以显著减小涡流。

2.3.3　介质损耗

绝缘材料中的介质损耗与电场强度及频率有关，电场强度越大和频率越高，则介质损耗越大。因此，低压电器中介质损耗较小，可忽略不计，但在高压电器中这种损耗一般应该考虑。例如，电容套管常因介质损耗发热而击穿。

交变电场中的介质损耗的计算公式为

$$P_{\mathrm{jz}} = 2\pi f C U^2 \tan\delta \tag{2-10}$$

式中，f 为电场交变频率（Hz）；C 为介质的电容（F）；U 为外加电压（V）；δ 为介质损耗角（°）。$\tan\delta$ 为介质损耗角正切值，又称介质损耗因数，是绝缘材料的重要特性之一，$\tan\delta$ 大，则介质损耗也大。理论上 $\tan\delta$ 的计算公式为

$$\tan\delta = \frac{R_{\mathrm{i}}}{X_{\mathrm{c}}} = R_{\mathrm{i}} \omega C \tag{2-11}$$

式中，R_{i} 为绝缘电阻（Ω）；X_{c} 为容抗（Ω），$X_{\mathrm{c}} = \dfrac{1}{\omega C}$。

由于 $\tan\delta$ 与温度、材料、工艺等许多因素有关，很难精确计算，工程中常采用如下经验公式：

$$\tan\delta = 1.8 \times 10^4 b e^{a(\theta - \theta_m)} \tag{2-12}$$

式中，a、b 为系数，见表 2-4 所列的数据；θ 为介质温度（℃）；θ_m 为对应于介质损耗最小的温度，一般为 20~50℃。

高频及高压技术所用绝缘材料的 $\tan\delta$ 值一般在 $10^{-4} \sim 10^{-3}$ 之间。

表 2-4　在 50Hz 下各种绝缘材料的介质损耗

材　　料	介电常数	θ_m/℃	系数		单位损耗 $p/(10^{-2} \mathrm{W \cdot m^{-3}})$	
			$a \times 10^2$	$b \times 10^6$	40℃	90℃
层压纸胶木的管和圆柱	5.0	40	3.4	2.8	7	38
浸在油中的纸	4.5	40	2.9	0.7	1.6	6.8
浸在电缆胶中的纸	3.7	40	3.1	0.7	1.3	6.1
浸在油中的电容器纸	3.5	40	2.4	0.1	0.17	0.56
浸在苏凡尔中的电容器纸	5.2	15	1.6	0.14	0.47	1.2
干燥和纯净的变压器油	2.4	20	1.0	0.67	1	1.6
潮湿和不洁的变压器油	2.1	20	5.2	9	80	350
云母薄片	2.4	40	4.6	1.5	1.8	18
浸在油中的电工纸板	5.0	40	2.4	4.3	10.8	35
瓷	5.5	20	1.3	0.9	3.2	6.5

2.4　电器中的热传递形式

电器中的热传递形式有三种：热传导、热对流和热辐射。电器产生的热量通过这些方式向周围散出。

2.4.1　热传导

热传导就是靠物体之间的直接接触传导热量，或者物体内部各部分之间发生的热传递现象。其机理是不同温度的物体或物体不同温度的各部分之间分子动能的相互传递，即动能较大（温度较高）的分子把能量传给相邻动能较小（温度较低）的分子，此外还能依靠自由电子运动来传递能量。热传导现象在固体、液体、气体中都存在。

分析热传导现象必须用到著名的傅里叶定律，即单位时间内通过物体单位面积的热量与该处的温度梯度成正比，即

$$q = -\lambda \, \mathrm{grad}\theta \tag{2-13}$$

式中，q 为能流密度（$\mathrm{J/m^2 \cdot s}$），表示单位时间单位面积的热量；$\mathrm{grad}\theta$ 为温度梯度；λ 为热导率 $[\mathrm{W/(m \cdot K)}]$。

负号表示热量的传递方向与温度梯度相反，即向温度降低的方向传递。λ 的大小表示物质的导热能力，λ 越大，导热能力越强，λ 与材料、温度等许多因素有关。多数材料在一定的温度范围内 λ 与 θ 近似地成线性关系，即

$$\lambda = \lambda_0(1 + b\theta) \tag{2-14}$$

式中，λ_0 为 0℃时的热导率；θ 为温度；b 为常数。

一般来说，金属的 λ 值最大，非金属次之，液体又次之，气体最小。不同物质在常温下的热导率见表 2-5，空气和氢气在不同温度下的热导率见表 2-6。

表 2-5　物质的热导率 λ　　　　　　　　　　　　　　[单位：W/(m·K)]

材 料 名 称	λ	材 料 名 称	λ
胶纸板	0.14	石棉板	0.74
电工纸板	0.18	铜	392
变压器油	0.13	银	420
浸油电工纸板	0.26	铝	204
棉织物（未浸）	0.07	硅铝合金	160
棉织物（浸漆）	0.11	钨	160
棉纸物（浸油）	0.09	黄铜	102
瓷	1.05	铸铁	50
玻璃钢	0.40	钢	46

表 2-6　空气与氢气的热导率 λ

温度 θ/K		250	293	300	320	350
热导率 λ/	空气	2.21	2.37	2.55	2.68	2.89
[$\times 10^{-2}$ W/(m·K)]	氢气	15.5	16.7	17.7	18.5	19.6

热传导的一些物理量可以和人们熟悉的电传导类比。

如图 2-5 所示，平板传热面积为 A，厚度为 l，平板左侧温度为 θ_1，右侧温度为 θ_2，并且 $\theta_1 > \theta_2$。由于平板两侧有温度差异，就有热量由高温处经过平板传向低温处。根据傅里叶定律：

$$\phi = qA = \lambda \frac{\theta_1 - \theta_2}{l} A = \tau \frac{\lambda A}{l} = \tau \frac{1}{R_t} \tag{2-15}$$

式中，ϕ 为热流量（W）；τ 为温差（K）；A 为传热面积（m^2）；l 为导热路径的长度（m）；R_t 为热阻，$R_t = \dfrac{l}{\lambda A}$（K/W）。

从式（2-15）可知，物体经热传导散出的功率与温差成正比，与热阻成反比，而热阻又与导热路径的长度成正比，与热导率及传热面积成反比。

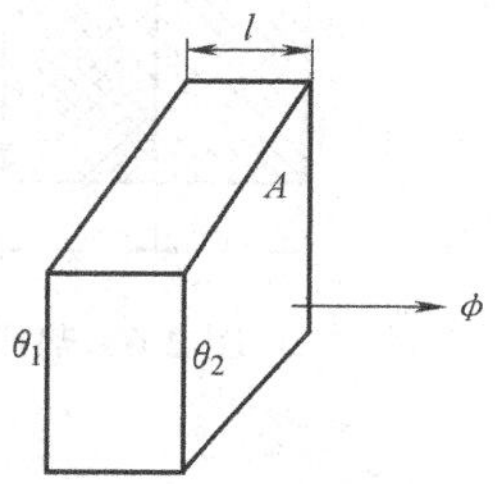

式（2-15）的热传导公式与电学中欧姆定律有类似之处。欧姆定律为

$$I = \frac{U}{R} = \frac{U}{\rho \dfrac{l}{S}} = U \left(\frac{\sigma S}{l} \right) \tag{2-16}$$

图 2-5　平板的热传导

式中，σ 为电导率（S/m）；l 为导体长度（m）；S 为导体导电面积（m^2）。

对比式（2-15）与式（2-16）发现，热传导现象中的各个物理量都可以在导电现象中找出对应的物理量，见表 2-7。

表 2-7　电传导与热传导的对应

电传导	电源	电压 U	电流 I	电阻 R	电导率 σ	$U = IR$
热传导	热源	温差 τ	热流量 ϕ	热阻 R_t	热导率 λ	$\tau = \phi R_t$

在电学中，电压 U 与电流 I 的关系用电阻 R 表示，相应的在热学中温差 τ 与热流量 ϕ 的关系可用热阻 R_t 来表示。

在电学中电阻可以串联或并联。同样，在热学中热阻也可以串联或并联。图 2-6 中热流量 ϕ 通过材料不同、厚度不同的三块平板时，总温差 τ 可以用热阻串联的方法求得，即

$$\tau = \tau_1 + \tau_2 + \tau_3 = \phi(R_{t1} + R_{t2} + R_{t3}) = \phi R_t \tag{2-17}$$

其中，$R_t = R_{t1} + R_{t2} + R_{t3} = \dfrac{l_1}{\lambda_1 A_1} + \dfrac{l_2}{\lambda_2 A_2} + \dfrac{l_3}{\lambda_3 A_3}$

式中，λ_1、λ_2、λ_3 为平板 1、2、3 的热导率；A_1、A_2、A_3 为平板 1、2、3 的传热面积。

在电学中常用电路图进行分析计算，同样，在热学中亦可采用热路图进行分析计算。如图 2-7 所示，电路图与热路图可以互相比较。图 2-6 中热流量 ϕ 由定流热源发出，顺序通过三块平板。相应地绘出热路图，图 2-7 中定流热源与三个串联的热阻（R_{t1}、R_{t2}、R_{t3}）相连接，由此热路图可求出三块平板的温度 θ_1、θ_2、θ_3，而 θ_4 为周围环境温度。其计算式如下：

$$\begin{cases} \theta_1 = \theta_2 + \phi R_{t1} \\ \theta_2 = \theta_3 + \phi R_{t2} \\ \theta_3 = \theta_4 + \phi R_{t3} \end{cases} \tag{2-18}$$

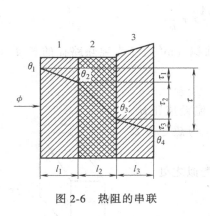

图 2-6　热阻的串联

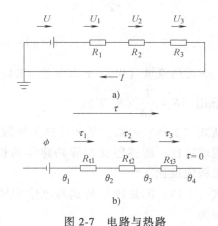

图 2-7　电路与热路

2.4.2　热对流

热对流仅在流体（液体和气体）中存在，对流的实质是粒子的彼此相对移动而产生热能转移。在流体对流的过程中，常伴随着热传导现象。

对流分为自然对流和强迫对流。自然对流是由于流体密度随温度改变而促使流体自由流动，自然对流发生在不均匀加热的流体中，在中小容量电器中，一般都采用自然对流散热；

强迫对流是依赖外力使流体流动，例如用气流进行强吹和强冷，在某种强电流电器或高频电器中采用。

对流还可分为层流和紊流两种。层流运动的特点是速度较低、运动平稳、粒子平行分层运动。紊流的特点是粒子运动速度高，形成旋涡式的紊乱运动。图 2-8 表示发热体附近流体介质的对流情况。靠近发热体表面的边界层，质点做层流运动，有很高的温度梯度，热量通过热传导的形式传递出去。粒子的运动速度越高，发热体表面的层流层越薄，热量散发越强烈。

实际上对流散热过程比较复杂，影响因素众多，对流散热功率一般很难用解析方法计算。工程上可根据相似理论，通过模型实验求出被研究电器的等效对流散热系数，由此再确定对流散热功率。

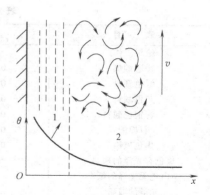

图 2-8　边界层的对流散热
1—层流区　2—紊流区

自然对流散热功率可由式（2-19）计算：

$$P_{dl} = K_{dl}(\theta - \theta_0)A \tag{2-19}$$

式中，θ、θ_0 分别为发热体表面和流体介质表面的温度；A 为散热面积；K_{dl} 为对流散热系数，由实验确定。平板形导体的对流散热系数经验公式见表 2-8。

表 2-8　平板形导体的对流散热系数经验公式

名　　称	经验公式
空气中垂直放置的平板形导体	$K_{dl} = 2.55 \times (\theta - \theta_0)^{0.25}$
空气中水平放置的平板形导体	$K_{dl} = 3.25 \times (\theta - \theta_0)^{0.25}$
变压器油中垂直放置的平板形导体	$K_{dl} = (38 \sim 40) \times (\theta - \theta_0)^{0.25}$

2.4.3　热辐射

热辐射是由电磁波传播能量，首先热能转化为辐射能，以辐射波（一种电磁波）的形式传播出去，透过空气或真空到达其他物体以后，再将辐射能转换为热能而被吸收。因此，热辐射传热不需发热体与其他物体（或流体）直接接触。

根据斯蒂芬-波尔兹曼定律（亦称四次方定律），物体单位面积的辐射功率为

$$P_{fs} = \sigma \varepsilon_f (T_2^4 - T_1^4) \tag{2-20}$$

式中，σ 为斯蒂芬-波尔兹曼常数，$\sigma = 5.67 \times 10^{-8} \text{W}/(\text{m}^2 \cdot \text{K}^4)$；$T_2$ 为发热体表面温度（K）；T_1 为接收辐射物体的温度（K）；ε_f 为发射率，它与发射体表面情况及颜色有关，其值在 0~1 之间，见表 2-9。对于绝对黑体，$\varepsilon_f = 1$。

由于热辐射功率与发热体温度的 4 次方和吸收体温度的 4 次方之差成正比，而一般的电器零部件的极限允许温度只有百度摄氏度的数量级，故它们的辐射功率较小，其散热过程主要由对流和热传导决定。对于电弧而言，由于电弧温度达几万摄氏度，辐射功率就不能忽略了。

表 2-9　发射率 ε_f 的实验数据

表　　面	ε_f	表　　面	ε_f
绝对黑体	1	生锈的铁皮	0.685
普通烟煤	0.97	无光泽的铁	0.88
绿色颜料	0.95	抛光的铁	0.267
灰色颜料	0.95	镀镍抛光的铁皮	0.058
青铜色颜料	0.80	抛光的黄铜	0.6
石棉纸	0.95	抛光的紫铜	0.15
黑色磁漆	0.95	无光泽的锌	0.20
黑色有光泽的颜料	0.9	抛光的锌	0.05
白色无光泽的纸	0.944	抛光的银	0.02
光滑的玻璃	0.937	抛光的铝	0.08
涂釉的瓷件	0.924	抛光的铸件	0.25
黑色而光滑的硬橡皮	0.945	冰	0.65
粗糙而氧化了的铸铁	0.985	云母	0.75
氧化了的铜	0.5~0.6	磨光的大理石	0.55

实际工程中电器的散热情况可归纳为表 2-10。

表 2-10　实际工程中电器的散热情况

种类		散热方式	附　注
固体零件		热传导	
真空		热辐射	
薄流体层	体层	热传导、热辐射	由于热导率 λ 均甚小,所以薄流体层的热阻很大。当气体或油层的厚度增大时,对流作用也加大,热阻相对减少。因此从加强散热出发,在电器结构中应避免出现薄流体层
	油层	热传导	
能自由对流的流体内部		热对流	由于对流作用,使流体内部温差较小,流体上层温度稍高于下层温度
固体表面与流体间	流体介质为气体时	热对流、热辐射	
	流体介质为油时	热对流	

2.5　电器表面稳定温升计算——牛顿公式

发热体虽然同时以热传导、热对流、热辐射三种方式散热,然而实际应用中常把这三种形式放在一起进行考虑,这就是工程上常用的牛顿热计算公式:

$$P_s = K_T A \tau \qquad (2\text{-}21)$$

式中, P_s 为总散热功率（W）; A 为有效散热面积（ m^2 ）; τ 为发热体的温升（K）, $\tau = \theta - \theta_0$, θ 和 θ_0 分别是发热体和周围介质的温度; K_T 为综合散热系数 [W/($m^2 \cdot$ K)]。

物体的散热是一个极其复杂的过程,影响散热的因素很多。 K_T 包含了所有的散热形式,它在数值上相当于每 $1 m^2$ 发热面与周围介质的温差为 1K 时,向周围介质散出的功率,故其单位为 W/($m^2 \cdot$ K)。因各种具体条件如介质的密度、热导率、比热容、温升、发热体的几何参数和表面状态等对 K_T 数值的影响很大,而 K_T 的实验数据往往又是在特定条件下得到的, 这就要求在选用时必须慎重对待。其次, 对于有效散热面的选取, 也必须根据具体对象对散热情况进行分析后确定。工程中常用查表的方式对 K_T 进行选择, 见表 2-11。

表 2-11　综合散热系数

散热表面及其状况	$K_T/[\text{W/m}^2 \cdot \text{K}]$	备　注
直径为 1~6cm 的水平圆筒或圆棒	9~13	直径小者取大的系数值
窄边竖立的纯铜质扁平母线	6~9	
涂有绝缘漆的铸铁或钢件表面	10~14	
浸没在油箱内的瓷质圆柱体	50~150	
纸绝缘的线圈	10~12.5	
	25~36	置于油中
叠片束	10~12.5	
	70~90	置于油中
垂直放置的丝状或带状康铜及铜镍合金绕制的螺旋状电阻	20	考虑导线全部表面时的 K_T 值
垂直放置的烧釉电阻	20	只考虑外表面
绕在有槽瓷柱上的镍铬丝或康铜丝电阻	23	不考虑槽时圆柱体外表面的 K_T 值
丝状或带状康铜或镍铬合金绕制的成形电阻	10~14	以导线的全部表面作为散热面
螺旋状铸铁电阻	10~13	以螺旋的全部表面作为散热面
具有平板箱体的油浸变阻器	15~18	以箱体外侧表面作为散热面

计算散热时还采用下列经验公式求解综合散热系数:

对于矩形截面母线

$$K_T = 9.2[1 + 0.009(\theta - \theta_0)] \tag{2-22}$$

对于圆截面导线

$$K_T = 10K_1[1 + K_2 \times 10^{-2}(\theta - \theta_0)] \tag{2-23}$$

式中, θ、θ_0 为发热体和周围介质的温度 (℃); K_1、K_2 为系数, 其值见表 2-12。

表 2-12　K_1 和 K_2 的数值

圆导线直径/mm	10	40	80	200
K_1	1.24	1.11	1.08	1.02
K_2	1.14	0.88	0.75	0.68

对于电磁机构中的线圈, 当散热面积 $A = (1 \sim 100) \times 10^{-4} \text{m}^2$ 时

$$K_T = \frac{46[1 + 0.005(\theta - \theta_0)]}{\sqrt[3]{A \times 10^4}} \tag{2-24}$$

当 $A = 0.01 \sim 0.05 \text{m}^2$ 时

$$K_T = \frac{23[1 + 0.05(\theta - \theta_0)]}{\sqrt[3]{A \times 10^4}} \tag{2-25}$$

例 2-1　镍铬丝绕于瓷质圆柱上, 其散热面积为 $A = 200 \times 10^{-4} \text{m}^2$, 当通过电流 0.5A, 温升为 60K 时, 若电阻为 100Ω, 求综合散热系数 K_T 为多少?

解: 由题知

$$A = 200 \times 10^{-4} \text{m}^2$$

$$\tau = 60\text{K}$$

$$P_s = I^2 R = 0.5^2 \times 100\text{W} = 25\text{W}$$

则由式 (2-21) 得

$$K_T = \frac{P_s}{A\tau} = \frac{25}{200 \times 10^{-4} \times 60} W/(m^2 \cdot K) = 20.8 W/(m^2 \cdot K)$$

2.6 不同工作制下电器的热计算

我国标准规定，电器有三种工作制：长期工作制（不间断工作制）、短时工作制和反复短时工作制（间断周期工作制）。

2.6.1 长期工作制

长期工作制指没有空载期的工作制，电器工作时间超过八小时，甚至连续工作几天，或者几个月。一般情况下，电器达到稳定温升的时间小于八小时，所以长期工作制的特点是工作期间电器的温升肯定会达到稳定温升，达到稳定温升后电器的温度不再升高。

1. 发热过程

电器通电产生的功率损耗一部分散失到周围介质中，另一部分加热电器使其温度升高。

根据热平衡原理：电器的发热等于散热加吸热，即

$$Pdt = K_T A\tau dt + cmd\tau \tag{2-26}$$

式中，Pdt 为在 dt 时间内电器的总发热量；$K_T A\tau dt$ 为在 dt 时间内电器的总散热量；$cmd\tau$ 为在 dt 时间内电器温度升高 $d\tau$ 时所吸收的热量；c、m 为分别是发热体的比热容和质量。

由式（2-26）得

$$\frac{d\tau}{dt} + \frac{K_T A}{cm}\tau = \frac{P}{cm} \tag{2-27}$$

求解式（2-27），得

$$\tau = ae^{-\frac{t}{T}} + \frac{P}{K_T A} \tag{2-28}$$

式中，T 为热时间常数（s），$T = \frac{cm}{K_T A}$。

1）假定在 $t=0$ 时，$\tau = \tau_0$，τ_0 为电器开始通电时的起始温升，则 $a = \tau_0 - \frac{P}{K_T A}$，$\tau = \frac{P}{K_T A}$ $(1-e^{-\frac{t}{T}}) + \tau_0 e^{-\frac{t}{T}}$，见图 2-9 曲线 1。

2）假定在 $t=0$ 时，$\tau = 0$，即起始温升为 0，则 $a = -\frac{P}{K_T A}$、$\tau = \frac{P}{K_T A}$ $(1-e^{-\frac{t}{T}})$，见图 2-9 曲线 2。

3）在 $t=\infty$ 时，$\tau = \tau_w$，则 $\tau_w = \frac{P}{K_T A}$，τ_w 是电器通电经无限长时间后的温升，因温升已不再增高，所以称为稳定温升。则可推出 $P = K_T A\tau_w$，正是牛顿公式。

从图 2-9 中曲线 2 可见，电器通电后温升随时间按指数规律增长，当 $t=T$ 时，$\tau = 0.632\tau_w$，当 $t=4T$ 时，$\tau = 0.98\tau_w$，接近于稳定温升，所以工程上一般认为当通电时间大于 4 倍热时间常数时，电器就近似认为达到稳定温升了。

热时间常数还可以用以下方法求得：

假设电器处于绝热升温状态，即全部发热均被电器吸收（散热等于零），则

$$Pdt = cmd\tau \qquad (2-29)$$

积分得 $Pt = cm\tau$，即 $\tau = \dfrac{P}{cm}t$。可见，t 与 τ 成线性关系，见图 2-9 直线 4。

当 $t = T = \dfrac{cm}{K_T A}$ 时，有

$$\tau = \frac{P}{cm}\frac{cm}{K_T A} = \frac{P}{K_T A} = \tau_w \qquad (2-30)$$

式（2-30）表明，绝热升温条件下电器通电，当 $t = T$ 时，温升刚好为稳定温升 τ_w。

综上，热时间常数 T 的物理意义

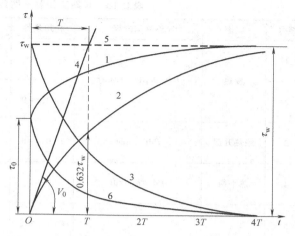

图 2-9　电器的发热和冷却过程曲线

1—发热曲线（$t=0$，$\tau=\tau_0$）　2—发热曲线（$t=0$，$\tau=0$）
3—冷却曲线（$t=0$，$\tau=\tau_w$）　4—绝热升温状态温升曲线
5—热平衡状态温升曲线　6—冷却曲线（$t=0$，$\tau=\tau_0$）

是：电器在绝热升温条件下温升达到稳定温升所需的时间；或者，电器在非绝热升温条件下温升达到 0.632 倍稳定温升所需的时间。电器的比热容 c 和质量 m 越大，综合散热系数 K_T 和散热面积 A 越小，则热时间常数 T 越大，意味着电器达到稳定温升所需的时间越长。电器温升不能随时间瞬时变化的现象称为电器的热惯性，表征热惯性大小的主要参量是热时间常数，它是研究电器动态热过程的重要物理量。

2. 冷却过程

当电器达到稳定温升以后，切断电源，其温升必定逐渐下降，这时式（2-26）变为

$$K_T A\tau dt + cmd\tau = 0 \qquad (2-31)$$

解得

$$\tau = \tau_w e^{-\frac{t}{T}} \qquad (2-32)$$

显然，电器的冷却曲线就是发热曲线的镜像，如图 2-9 曲线 3 所示。

同理，当电器在某一工作温度时切断电源，若此时的温升为 τ_0，即 $t = 0$ 时，$\tau = \tau_0$，则冷却曲线表达式为

$$\tau = \tau_0 e^{-\frac{t}{T}} \qquad (2-33)$$

此时，电器的冷却过程如图 2-9 曲线 6 所示。

根据以上电器发热和冷却过程的理论分析，当通电或断电时间超过 4 倍热时间常数以后，电器的热过程已基本达到稳定，温升趋于常数。因此，在电器发热计算时，只要通电（或断电）时间超过 $4T$，即可按长期工作制考虑。电器工作于长期工作制时，其发热功率会有所变化，例如导体接触处被氧化或灰尘堆积等，可使接触电阻增加，发热加剧并形成恶性循环。因此，在长期工作制时，电器的极限允许温升值应取稍低些。

长期工作制时不同条件下的电器温升表达式如表 2-13 所示。

表 2-13 长期工作制不同条件下的电器温升

序号	状态	热平衡方程	初始条件	温升表达式	温升曲线
1	发热	$Pdt=K_TA\tau dt+cmd\tau$	$t=0,\tau=\tau_0$	$\tau=\tau_w(1-e^{-\frac{t}{T}})+\tau_0 e^{-\frac{t}{T}}$	图 2-9 曲线 1
2			$t=0,\tau=0$	$\tau=\tau_w(1-e^{-\frac{t}{T}})$	图 2-9 曲线 2
3	绝热升温	$Pdt=cmd\tau$	$t=0,\tau=0$	$\tau=\dfrac{P}{cm}t$	图 2-9 曲线 4
4	热平衡	$Pdt=K_TA\tau dt$	—	$\tau=\tau_w$	图 2-9 曲线 5
5	冷却	$0=K_TA\tau dt+cmd\tau$	$t=0,\tau=\tau_w$	$\tau=\tau_w e^{-\frac{t}{T}}$	图 2-9 曲线 3
6			$t=0,\tau=\tau_0$	$\tau=\tau_0 e^{-\frac{t}{T}}$	图 2-9 曲线 6

例 2-2 已知某熔体由直径 $d=2mm$ 的铅丝制成,长 $l=50mm$。金属铅的材料特性为:20℃时的电阻率 $\rho_{20}=2.0\times10^{-7}\ \Omega\cdot m$,电阻温度系数 $\alpha=0.004℃^{-1}$,密度 $\gamma=11.3\times10^3 kg/m^3$,比热容 $c=128W\cdot s/(kg\cdot K)$,熔点为 327 ℃。问:(1)若环境温度为 40℃,且综合散热系数恒定为 $K_T=15\ W/(m^2\cdot K)$ 时,该熔体允许长期通过的最大电流是多少?(2)若该熔体的稳定温升为 100K,且通电瞬间 $t=0s$ 时熔体的初始温升为 $\tau=0K$,则写出长期工作制下该熔体的温升计算式。

解:(1)熔体的极限允许温升为 $\tau=(327+273)K-(40+273)K=287K$

熔体的导电截面积为 $S=\pi\left(\dfrac{d}{2}\right)^2=3.14\times\left(\dfrac{2\times10^{-3}}{2}\right)^2 m^2=0.314\times10^{-5}m^2$

熔体的有效散热面积为 $A=\pi dl=3.14\times2\times10^{-3}\times50\times10^{-3}m^2=0.314\times10^{-3}m^2$

极限允许温度下熔体的电阻率为

$$\rho_{327}=\rho_0[1+\alpha(327-20)]=2.0\times10^{-7}\times(1+0.004\times307)\Omega\cdot m=4.456\times10^{-7}\Omega\cdot m$$

极限允许温度下熔体的电阻为

$$R=\rho_{327}\frac{l}{S}=4.456\times10^{-7}\times\frac{50\times10^{-3}}{0.314\times10^{-5}}\Omega=7.09\times10^{-3}\Omega$$

由牛顿公式 $I^2R\leq K_TA\tau$ 得,该熔体的最大长期允许工作电流为

$$I\leq\sqrt{\frac{K_TA\tau}{R}}=\sqrt{\frac{15\times0.314\times10^{-3}\times287}{7.09\times10^{-3}}}A=13.81A$$

(2)该熔体的热时间常数为

$$T=\frac{cm}{K_TA}=\frac{128\times11.3\times10^3\times0.314\times10^{-5}\times50\times10^{-3}}{15\times0.314\times10^{-3}}s=48.21s$$

$t=0s$,$\tau_0=0K$ 时,长期工作制下该熔体的温升表达式为

$$\tau=\tau_w(1-e^{-\frac{t}{T}})=100(1-e^{-\frac{t}{48.21}})$$

2.6.2　短时工作制

短时工作制是有载时间和空载时间相互交替且前者比后者短的工作制。电器通电的时间小于 4 倍的热时间常数，电器的温升不会达到稳定温升，而两次通电时间的间隔足以使电器的温度恢复到周围介质温度。

由于电器通电时间短，不足以使电器达到稳定温升，为了使电器得到充分的利用，可以加大电器的电流进行过载运行，只要使电器在短时通电末了时的温升小于或等于长期通电时的极限允许温升，电器就不会损坏，反而提高了电器的利用率。

如图 2-10 所示，曲线 1 代表电器通以长期工作制的额定电流 I_c 的温升曲线，其稳定温升以 τ_{wc} 表示，τ_{wc} 在数值上小于或等于长期工作制时电器的极限允许温升；曲线 2 代表电器通以电流 I_d（$I_d > I_c$）时的温升曲线。设历时 t 后，温升达 τ_{wc}，然后断电，则温度下降。图中曲线的虚线部分代表不断电时假想的温升曲线，此时对应的稳定温升以 τ_{wd} 表示。

在图 2-10 中：

$$\tau_d = \tau_{wd}\left(1 - e^{-\frac{t}{T}}\right) = \tau_{wc} \tag{2-34}$$

式中，τ_d 为对应于短时通电时间 t 结束时的短时温升（K）；τ_{wd} 为对应于短时工作功率 P_d 下的电器稳定温升（K）；τ_{wc} 为对应于长期工作功率 P_c 下的电器稳定温升（K）。

根据牛顿公式，在稳态发热状态下电器产生的热量等于散失的热量，则

$$P_d = I_d{}^2 R = K_T A \tau_{wd} \tag{2-35}$$

$$P_c = I_c{}^2 R = K_T A \tau_{wc} \tag{2-36}$$

得

$$p_p = \frac{P_d}{P_c} = \frac{I_d^2 R}{I_c^2 R} = \frac{\tau_{wd}}{\tau_{wc}} = \frac{1}{1 - e^{-\frac{t}{T}}} \tag{2-37}$$

$$p_i = \frac{I_d}{I_c} = \sqrt{\frac{\tau_{wd}}{\tau_{wc}}} = \sqrt{p_p} \tag{2-38}$$

式中，p_p 为短时工作制功率过载系数；p_i 为短时工作制电流过载系数。

若电器通电的时间比热时间常数小得多，则将 $e^{-\frac{t}{T}}$ 用泰勒级数展开，并忽略高次项，得

$$e^{-\frac{t}{T}} \approx 1 - \frac{t}{T} \tag{2-39}$$

将式（2-39）代入式（2-37）可得

$$p_p = \frac{1}{1 - 1 + \frac{t}{T}} = \frac{T}{t} \tag{2-40}$$

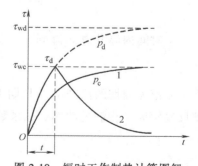

图 2-10　短时工作制热计算图解

$$p_i = \sqrt{\frac{T}{t}} \tag{2-41}$$

式（2-40）和式（2-41）说明：短时工作制下电器的过载能力与热时间常数成正比，与工作时间成反比。

2.6.3 反复短时工作制

反复短时工作制是指电器在通电和断电交替循环的情况下工作，电器通电和断电的时间都小于4倍热时间常数。也就是说，在通电的时间内温升未达到稳定值，而在断电时间内电器的温度也未冷却到周围介质温度。

图2-11为反复短时工作制下的升温过程。图中t_1为电器的通电时间，t_2为断电时间，t称为工作周期，$t=t_1+t_2$。

设电器反复短时工作的功率为P_f，在t_1时间内，电器的温升由零升到τ_1'，则

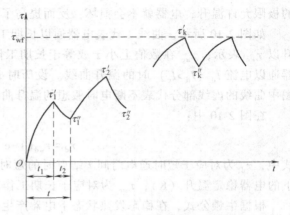

图2-11 反复短时工作制下的升温过程

$$\tau_1' = \tau_{wf}(1-e^{-\frac{t_1}{T}}) \tag{2-42}$$

式中，τ_{wf}为功率P_f对应的稳定温升（K）。

在t_2时间内，温升由τ_1'下降到τ_1''，则

$$\tau_1'' = \tau' e^{-\frac{t_2}{T}} = \tau_{wf}(1-e^{-\frac{t_1}{T}})e^{-\frac{t_2}{T}} \tag{2-43}$$

对第2个周期：

$$\tau_2' = \tau_{wf}(1-e^{-\frac{t_1}{T}}) + \tau_1'' e^{-\frac{t_1}{T}}$$

$$= \tau_{wf}(1-e^{-\frac{t_1}{T}}) + \tau_{wf}(1-e^{-\frac{t_1}{T}})e^{-\frac{t_2}{T}}e^{-\frac{t_1}{T}}$$

$$= \tau_{wf}(1-e^{-\frac{t_1}{T}})(1+e^{-\frac{(t_1+t_2)}{T}})$$

$$\tau_2'' = \tau_2' e^{-\frac{t_2}{T}}$$

以此类推，对第k个周期，t_1时间内电器的温升达到τ_k'，则

$$\tau_k' = \tau_{wf}(1-e^{-\frac{t_1}{T}})\left[1+e^{-\frac{(t_1+t_2)}{T}}+e^{-\frac{2(t_1+t_2)}{T}}+\cdots+e^{-\frac{(k-1)(t_1+t_2)}{T}}\right]$$

$$= \tau_{wf}(1-e^{-\frac{t_1}{T}})\frac{1-e^{-\frac{k(t_1+t_2)}{T}}}{1-e^{-\frac{(t_1+t_2)}{T}}} \tag{2-44}$$

t_2时间内温升由τ_k'降到τ_k''，则

$$\tau_k'' = \tau_k' e^{-\frac{t_2}{T}} \tag{2-45}$$

令第k周期的温升τ_k'与长期工作的功率P_c对应的稳定温升τ_{wc}相等，即$\tau_k'=\tau_{wc}$，则得到反复短时工作制的功率过载系数为

$$p_p = \frac{\tau_{wf}}{\tau_{wc}} = \frac{\tau_{wf}}{\tau_k'} = \frac{1}{1-e^{-\frac{t_1}{T}}}\frac{1-e^{-\frac{(t_1+t_2)}{T}}}{1-e^{-\frac{k(t_1+t_2)}{T}}} \tag{2-46}$$

因为$t_1+t_2=t$，当$t \ll T$且$k \to \infty$时，将式（2-46）的指数函数展开成级数，并忽略高次项，得

$$p_p = \frac{t}{t_1}, \qquad p_i = \sqrt{\frac{t}{t_1}} \qquad (2\text{-}47)$$

在电器标准中常用通电持续率 $TD\%$ 表示反复短时工作制的繁重程度。通电持续率定义为电器的有载时间与工作周期时间之比，常用百分数来表示，即

$$TD\% = \frac{t_1}{t} \times 100\% \qquad (2\text{-}48)$$

显然 $TD\%$ 越大，工作时间越长，任务越繁重。在极限情况下，$TD\% = 100\%$，即为长期工作。

将功率过载因数与电流过载系数用 $TD\%$ 表示，则

$$p_p = \frac{1}{TD}, \qquad p_i = \sqrt{\frac{1}{TD}} \qquad (2\text{-}49)$$

2.7 电器典型部件的稳定温升分布

电器中典型的发热部件有导体（包括均匀截面和变截面裸导体、外包绝缘层的导体），触头和线圈（包括空心线圈、带有铁心的线圈）等。本节只分析导体和线圈的稳定温升分布。

2.7.1 外包绝缘层的均匀截面导体

均匀截面发热的裸导体因金属的热导率很大，沿导体径向和轴向的温度基本相等，因而用牛顿公式算得的导体表面温升与导体内部温升相同。对于外包绝缘层的均匀截面导体，由于绝缘层的热导率很小，当热量通过绝缘层传导出来时会造成较大的温度降落，使得导体绝缘层外的温度低于绝缘层内的温度。

根据傅里叶热传导定律，可以导出"热阻"的概念，利用热阻概念分析外包绝缘导体这类热计算问题非常方便，这就是"场"问题"路"化的思想。

设有热量 P 通过厚为 Δl、截面积为 A 的平板向外传导，平板的热导率为 λ，平板两端的温差为 $\Delta\tau = \tau_1 - \tau_2$，由傅里叶定律可得

$$P = \lambda A \frac{\Delta\tau}{\Delta l} = \frac{\Delta\tau}{\dfrac{1}{\lambda}\dfrac{\Delta l}{A}} = \frac{\Delta\tau}{R_t} \qquad (2\text{-}50)$$

式中，R_t 为热阻，$R_t = \dfrac{1}{\lambda}\dfrac{\Delta l}{A}$。

利用式（2-50）进行外包绝缘导体的温升计算，对于已知的热量 P，只要求出热阻 R_t，便可计算出绝缘层中的温差 $\Delta\tau$。因绝缘层外导体的温升可用牛顿公式计算，如果求出 $\Delta\tau$，即可确定绝缘层内导体的温升。

如图 2-12 所示，单位长度导体绝缘层的热阻为

$$R_t = \frac{1}{2\pi\lambda} \int_{r_1}^{r_2} \frac{dr}{r} = \frac{1}{2\pi\lambda} \ln\frac{r_2}{r_1} \qquad (2\text{-}51)$$

故

$$\Delta\tau = P\left(\frac{1}{2\pi\lambda}\ln\frac{r_2}{r_1}\right) \tag{2-52}$$

对于外包 n 层热导率不同的绝缘层的圆导体，其绝缘层的总热阻为

$$R_t = \frac{1}{2\pi}\sum_{i=1}^{n}\frac{1}{\lambda_i}\ln\frac{r_{i+1}}{r_i} \tag{2-53}$$

其他截面形状导体的绝缘层的热阻可用类似的方法求出。

例 2-3 若矩形截面为 $100\times10\mathrm{mm}^2$ 的铜母排的损耗为 $2.5\mathrm{W/cm}$，母排外包绝缘厚度为 $1\mathrm{mm}$，其热导率 $\lambda = 1.14\mathrm{W/(m\cdot ℃)}$，求每厘米绝缘层的温度降。

解：每厘米长的总散热面积为 $A = 2\times(100+10)\mathrm{mm}^2 = 2.2\times10^{-4}\mathrm{m}^2$

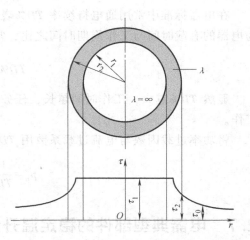

图 2-12　外包绝缘的圆截面导体温升分布

绝缘层的热阻为 $R_t = \dfrac{l}{\lambda A} = \dfrac{10^{-3}}{1.14\times2.2\times10^{-4}}℃/\mathrm{W} \approx 4℃/\mathrm{W}$

每厘米长绝缘层的温度降为 $\Delta\tau = PR_t = 2.5\times4℃/\mathrm{cm} = 10℃/\mathrm{cm}$

2.7.2　空心线圈

线圈是由外包绝缘的导线绕制而成，可视为一个含有复杂绝缘层的导体组合发热体。现假定线圈的外形细而高（直流线圈多半如此），因而可忽略线圈两端面的散热，只考虑线圈径向的传热和散热。这样，线圈内部的温升分布必然是：线圈内、外表面的温升较低，内部某一处的温升最高，如图 2-13 所示。

设线圈内部 r_m 处温升最高为 τ_m，根据热平衡关系：

当 $r>r_m$

$$P_0\pi(r^2-r_m^2)l = -2\pi r l\frac{\mathrm{d}\tau}{\mathrm{d}r}\lambda \tag{2-54}$$

当 $r<r_m$

$$P_0\pi(r_m^2-r^2)l = -2\pi r l\frac{\mathrm{d}\tau}{\mathrm{d}r}\lambda \tag{2-55}$$

式中，P_0 为线圈单位体积产生的功率损耗（W）；l 为线圈高度（m）；λ 为线圈的热导率 $[\mathrm{W/(m\cdot K)}]$。

将式（2-54）及式（2-55）整理后积分，τ 的积分界限为从 τ_m 分别到 τ_w 和 τ_n，r 的积分界限为从 r_m 分别到 r_w 和 r_n，其中下标符号 w 表示"外"，n 表示"内"。积分结果为

$$\tau_m-\tau_w = \frac{P_0}{2\lambda}\left(\frac{r_w^2-r_m^2}{2}-r_m^2\ln\frac{r_w}{r_m}\right) \tag{2-56}$$

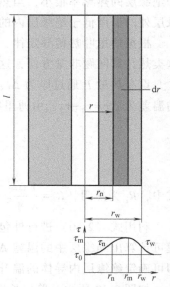

图 2-13　空心线圈内部的
径向温升分布

$$\tau_{\mathrm{m}}-\tau_{\mathrm{n}}=\frac{P_0}{2\lambda}\left(r_{\mathrm{m}}^2\ln\frac{r_{\mathrm{m}}}{r_{\mathrm{n}}}-\frac{r_{\mathrm{m}}^2-r_{\mathrm{n}}^2}{2}\right) \tag{2-57}$$

由以上公式可以看出，要计算 τ_{m} 关键在于确定 r_{m}。利用热阻的概念可以找出 r_{m} 与线圈已知参数的关系。

r_{m} 以外线圈的总热阻为线圈内部热传导热阻和外表面散热热阻之和

$$R_{\mathrm{w}}=\frac{\tau_{\mathrm{m}}-\tau_{\mathrm{w}}}{P_{\mathrm{w}}}+\frac{1}{2\pi K_{\mathrm{Tw}}r_{\mathrm{w}}} \tag{2-58}$$

r_{m} 以内线圈的总热阻为

$$R_{\mathrm{n}}=\frac{\tau_{\mathrm{m}}-\tau_{\mathrm{n}}}{P_{\mathrm{n}}}+\frac{1}{2\pi K_{\mathrm{Tn}}r_{\mathrm{n}}} \tag{2-59}$$

式中，P_{w}、P_{n} 分别为 r_{m} 以外、r_{m} 以内两个部分线圈损耗的功率。

$$P_{\mathrm{w}}=P_0\pi(r_{\mathrm{w}}^2-r_{\mathrm{m}}^2) \tag{2-60}$$

$$P_{\mathrm{n}}=P_0\pi(r_{\mathrm{m}}^2-r_{\mathrm{n}}^2) \tag{2-61}$$

根据以上这些关系式最后可以解出 r_{m}：

$$r_{\mathrm{m}}=\sqrt{\frac{\dfrac{1}{2\lambda}(r_{\mathrm{w}}^2-r_{\mathrm{n}}^2)+\dfrac{r_{\mathrm{w}}}{K_{\mathrm{Tw}}}+\dfrac{r_{\mathrm{n}}}{K_{\mathrm{Tn}}}}{\dfrac{1}{K_{\mathrm{Tw}}r_{\mathrm{w}}}+\dfrac{1}{K_{\mathrm{Tn}}r_{\mathrm{n}}}+\dfrac{1}{\lambda}\ln\dfrac{r_{\mathrm{w}}}{r_{\mathrm{n}}}}} \tag{2-62}$$

在以上计算中还有一个困难的问题就是如何确定线圈的热导率。由于线圈的绕制方法与浸渍工艺等情况直接影响热导率，所以工程上一般采用经验公式进行计算。例如圆导线排绕的线圈等效热导率可近似地表示为

未浸渍时：
$$\lambda_{\mathrm{d}}=1.45\sqrt{\lambda_{\mathrm{i}}\lambda_0\left(\frac{d}{\delta}-1\right)}-1.6\lambda_0 \tag{2-63}$$

浸渍时：
$$\lambda_{\mathrm{d}}=\lambda_{\mathrm{i}}\left(\frac{d}{\delta}\right)^{2.3} \tag{2-64}$$

式中，$\lambda_{\mathrm{i}}\lambda_0$ 为导体绝缘空气的热导率 $[\mathrm{W}/(\mathrm{m}\cdot\mathrm{K})]$；$d$ 为导体的直径（m）；δ 为外包绝缘单边厚度（m）。

对于交错绕制的线圈可近似的表示为

未浸渍时：
$$\lambda_{\mathrm{d}}=2.18\sqrt{\lambda_{\mathrm{i}}\lambda_0\left(\frac{d}{\delta}+1\right)}-1.33\lambda_0 \tag{2-65}$$

浸渍时：
$$\lambda_{\mathrm{d}}=1.45\lambda_{\mathrm{i}}\left(\frac{d}{\delta}\right)^{\frac{3}{4}} \tag{2-66}$$

2.7.3 变截面导体

电器中的载流导体，由于结构或特性上的要求，它的截面常有改变。例如电器导体要固定在基座上，它就必须钻孔或收细；熔断器的熔片为了满足某种保护特性的要求，必须做成变截面形状；还有导体与导体的连接处、触头相互接触的过渡处，也可以看成是变截面导体

的特殊形状。

图 2-14 为一变截面导体模型。其中有一个短的收细部分。设有一稳定电流 I 流过导体，温度已达稳定状态。收细部分导体的电阻损耗较大，温度较高，除一部分热量散失到周围介质中外，另一部分将向两边粗截面导体传导。粗截面导体除本身发热以外，还要加上细截面导体传来的热量，一部分散发到周围介质中去，一部分继续沿粗截面导体传导。

由于导体的收细部分很短，因而可假定整个细截面导体为等温体，两边粗截面部分长度延伸到无限远，由于它的径向温度变化很小，可以忽略，因而只需考虑轴向温度分布。

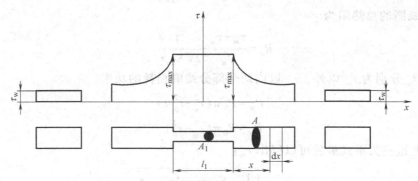

图 2-14   中部收细的变截面导体模型及其温升分布

令导体粗截面过渡处为原点，离原点 x 处取一无限薄粗截面导体 dx 研究它的热平衡。
传进 dx 薄层的功率为

$$dP_x = -\lambda A\left(\frac{d\tau}{dx}\right)_x \tag{2-67}$$

式中，λ 为导体材料的热导率；A 为导体的截面积；τ 为导体温升，只是轴向 x 的函数。
dx 薄层导体本身的发热功率为

$$dP_g = pA dx \tag{2-68}$$

式中，p 为导体单位体积的功率损耗，$p = \dfrac{I^2\rho}{A^2} = J^2\rho$，其中 J 为电流密度，ρ 为导体的电阻率。

由 dx 薄层传出的功率为

$$dP_{x+dx} = -\lambda A\left(\frac{d\tau}{dx}\right)_{x+dx} \tag{2-69}$$

由 dx 薄层的侧表面散失的功率为

$$dP_k = K_T s\tau dx \tag{2-70}$$

式中，s 为导体侧表面单位长度的散热面积，即导体截面的周长；K_T 为综合散热系数。
根据热平衡原则，有

$$dP_x + dP_g = dP_{x+dx} + dP_k \tag{2-71}$$

将以上列出的关系式代入式（2-71）整理后可得

$$\frac{d^2\tau}{dx^2} - \frac{K_T s}{\lambda A}\tau + \frac{p}{\lambda} = 0 \tag{2-72}$$

通解为

$$\tau = \tau_w + C_1 e^{\alpha x} + C_2 e^{-\alpha x} \tag{2-73}$$

式中，τ_w 为 x 无限大处导体的稳定温升，$\tau_w = \dfrac{pA}{K_T s} = \dfrac{I^2 \rho}{K_T s A}$；$\alpha = \sqrt{\dfrac{K_T s}{\lambda A}}$；积分常数 C_1 和 C_2 由下列条件决定：当 $x = \infty$，$\tau = \tau_w$，得 $C_1 = 0$；当 $x = 0$，$\tau = \tau_m$，得 $C_2 = \tau_m - \tau_w$。

将 C_1 和 C_2 的值代入式（2-73），即可得到导体温升沿轴向的分布为

$$\tau = \tau_w + (\tau_m - \tau_w) e^{-\alpha x} \tag{2-74}$$

上式中 τ_m 尚不知道，可用以下方法决定：

假定细截面部分导体为一等温体，其热平衡关系为

　　　　细截面导体的发热 = 细截面导体的散热 + 2×向粗截面导体一边的传热

细截面导体的发热 = $p_1 A_1 l_1$，其中 p_1 为细截面导体单位体积的损耗功率，A_1 和 l_1 分别为其截面积和长度；

细截面导体的散热 = $K_T s_1 l_1 \tau_m$，其中 s_1 为细截面导体侧表面单位长度的散热面积；

细截面导体向一边粗截面导体传走的热量 = $-\lambda A \left(\dfrac{d\tau}{dx} \right) = \alpha \lambda A (\tau_m - \tau_w)$。

于是，热平衡关系成为

$$p_1 A_1 l_1 = K_T s_1 l_1 \tau_m + 2\alpha \lambda A (\tau_m - \tau_w) \tag{2-75}$$

解之，得

$$\tau_m = \frac{p_1 A_1 l_1 + 2\alpha \lambda A \tau_w}{2\alpha \lambda A + K_T s_1 l_1} \tag{2-76}$$

式（2-73）和式（2-75）结果表明，中部收细的变截面导体，其沿轴向的温升分布为一指数曲线，收细部分温升最高，在离收细部分无限远处，导体的温升与无收细部分的均匀截面导体温升相等，如图 2-14 所示。

另一种典型的变截面导体是阶梯形导体，如图 2-15a 所示，设粗、细截面导体的截面积分别为 A_1 和 A_2，单位长度的散热面积为 s_1 和 s_2，侧表面综合散热系数为 K_{T1} 和 K_{T2}，电阻率为 ρ_1 和 ρ_2，热导率为 λ_1 和 λ_2，电流密度为 J_1 和 J_2。

根据热平衡原理，分别对粗、细截面导体列出微分方程，写出通解，然后利用下列条件确定积分常数：

当 $x = -\infty$ 时，$\tau_1 = \tau_{w1}$，$\dfrac{d\tau_1}{dx} = 0$

当 $x = +\infty$ 时，$\tau_2 = \tau_{w2}$，$\dfrac{d\tau_2}{dx} = 0$

当 $x = 0$ 时，$\tau_1 = \tau_2 = \tau_c$，$\dfrac{d\tau_1}{dx} = \dfrac{d\tau_2}{dx}$

最后得到粗、细截面导体的温升分布为

$$\tau_1 = \tau_{w1} + (\tau_c - \tau_{w1}) e^{\alpha_1 x} \tag{2-77}$$

$$\tau_2 = \tau_{w2} + (\tau_c - \tau_{w2}) e^{\alpha_2 x} \tag{2-78}$$

式中，$\tau_c = \dfrac{\alpha_1 \tau_{w1} + \alpha_2 \tau_{w2}}{\alpha_1 + \alpha_2}$；$\alpha_1 = \sqrt{\dfrac{K_{T1} s_1}{\lambda_1 A_1}}$；$\alpha_2 = \sqrt{\dfrac{K_{T2} s_2}{\lambda_2 A_2}}$；

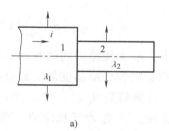

a)

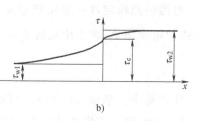

b)

图 2-15　阶梯形变截面导体

a) 导体模型　b) 轴向温升分布

$$\tau_{w1} = \frac{J_1^2 \rho_1 A_1}{K_{T1} s_1}; \quad \tau_{w2} = \frac{J_2^2 \rho_2 A_2}{K_{T2} s_2}。$$

图 2-15b 表示出了阶梯形变截面导体沿轴向的温升分布曲线。

2.8 短路电流下的热计算和电器的热稳定性

在一定时间内电器承受短路电流引起的热作用而不致损伤电器的能力称为电器的热稳定性，短路时电器的热计算主要是校核其热稳定性。

在规定的使用和性能条件下，开关电器在指定的短时间内，于闭合位置上所能承受的短路电流叫热稳定电流。例如在 2s 内，电器通过恒定的短路电流 I_k，其温度不超过短路状态下发热的极限允许温度，则 I_k 为 2s 热稳定电流。一般采用 1s、2s、4s 和 10s 热稳定电流，分别记为 I_1、I_2、I_4 和 I_{10}。

短路电流通过导体发热时，虽然通过短路电流的时间很短，但通过的电流值很大，可以在 10kA 以上，所以在很短的时间内，温升就剧烈上升。由于温升提高较快，时间短，可以近似地认为这个阶段电器不向周围散热，看成是绝热升温过程。需要注意的是，由于温度较高，变化幅度大，必须将导体的电阻率看成是随温度变化的物理量。

由式（2-4）、式（2-6）及式（2-29）可得

$$k_f I_k^2 \rho_0 (1+\alpha\theta) \frac{l}{S} dt = c\gamma S l \, d\tau \tag{2-79}$$

式中，I_k 为通过导体的短路电流（A）；k_f 为交流附加损耗系数；c、γ 为导体的比热容（J/kg·K）和密度（kg/m^3）；ρ_0 为 0℃时导体的电阻率（Ω·m）；α 为电阻温度系数；S、l 为导体截面积（m^2）和长度（m）。

设 I_k 不变，时间取为 $t=0$ 到 $t=t_k$，温度为 $\theta=\theta_0$ 到 $\theta=\theta_k$，对式（2-79）积分后整理可得

$$\theta_k = \frac{1}{\alpha}\left[(1+\alpha\theta_0) e^{\frac{k_f I_k^2 t_k \rho_0 \alpha}{S^2 c\gamma}} - 1\right] = \frac{1}{\alpha}\left[(1+\alpha\theta_0) e^{\frac{k_f \rho_0 \alpha J_k^2}{c\gamma}} - 1\right] \tag{2-80}$$

式中，θ_0 为短路瞬间的起始温度（K）。因电器在短路电流通过前处于额定运行状态，所以 θ_0 应为周围介质温度加上额定电流下的稳定温升。

计算得到 θ_k 后，与国标中规定的各电器设备短时通过短路电流时的极限允许发热温度相比较，若 θ_k 小于规定值，则认为热稳定性合格。

电器的热稳定性一般用热稳定电流的二次方值与短路持续时间的乘积 $I_k^2 t_k$ 表示，由式（2-80）可推出 θ_k 和 S 给定时 $I_k^2 t_k$ 的表达式为

$$I_k^2 t_k = \frac{\gamma c S^2}{k_f \rho_0 \alpha} \ln\left(\frac{1+\alpha\theta_k}{1+\alpha\theta_0}\right) \tag{2-81}$$

在计算中，热稳定时间 t_k 一般取定值，可以将不同时间的热稳定电流加以换算。例如 1s、4s、10s 等。根据热效应相等的原则（即 $I_k^2 t_k$ 不变），可由式（2-82）把 t_{k1} 对应的 I_{k1} 换算到 t_{k2} 对应的 I_{k2}，即

$$\frac{I_{k1}}{I_{k2}} = \sqrt{\frac{t_{k2}}{t_{k1}}} \tag{2-82}$$

根据式（2-81）还可以求出短路时导体允许的电流密度

$$J_k = \frac{I_k}{S} = \sqrt{\frac{\gamma c}{k_f \rho_0 \alpha t_k} \ln\left(\frac{1+\alpha\theta_k}{1+\alpha\theta_0}\right)} \tag{2-83}$$

表 2-14 给出了不同材料的导体在不同的 t_k 下允许的短路电流密度的经验数值。

表 2-14　短路状态下允许的电流密度　　　（单位：A/cm²）

材料	热稳定时间 t_k/s		
	1	5	10
铜	15200	6700	4800
铝	8900	4000	2800
黄铜	7300	3800	2700

例 2-4　SN10-10I 型少油断路器的 4s 热稳定电流为 20kA。导电杆材料为纯铜，导电杆置于变压器油中。短路发生前导电杆温度为 66.4℃。已知导电杆直径为 22mm，$c = 395$ W·s/(kg·K)，$\gamma = 8.9 \times 10^3 kg/m^3$，$\alpha_0 = 1/235$（1/℃），$\rho_0 = 0.0165 \times 10^{-6}\Omega \cdot m$，试验算导电杆的热稳定性。

解：由式（2-83）得

$$J_k = \frac{I_k}{S} = \frac{I_k}{\pi\left(\frac{d}{2}\right)^2} = \frac{20 \times 10^3}{\pi\left(\frac{22}{2}\right)^2 \times 10^{-6}} A/m^2 = 5.26 \times 10^7 A/m^2$$

取 $k_f = 1$。

由式（2-80）得

$$\theta_k = \frac{1}{\alpha_0}\left[(1+\alpha_0\theta_0) e^{\frac{k_f \rho_0 \alpha_0 t_k J_k^2}{c\gamma}} - 1\right] = 235\left[\left(1+\frac{66.4}{235}\right) e^{\frac{0.0165 \times 10^{-6} \times 4 \times (5.26 \times 10^7)^2}{235 \times 395 \times 8.9 \times 10^3}} - 1\right]℃$$

$$= 235 \times [1.28 \times 1.25 - 1]℃ = 141℃ < 250℃$$

GB 1984—1980《交流高压断路器》规定：与油接触的金属（铝质除外），载流部分的极限允许温度为 250℃，大于短路终止时该导电杆的温度 141℃，所以热稳定性合格。

<h1 align="center">习　题</h1>

2-1　电器中有哪几种热源？有哪几种散热方式？各有什么特点？

2-2　电器发热和冷却的过渡过程遵循什么规律？

2-3　发热时间常数与冷却时间常数是否相同？为什么？

2-4　在整个发热过程中，发热时间常数和综合散热系数是否变动？为什么？

2-5　电器在短时工作制下为什么能提高负载能力？如果短时工作制的通电时间接近 4 倍热时间常数，是否还允许过载？

2-6　当 TD 值相同，一个电器的热时间常数大，另一个热时间常数小时，两者的过载能力是否相同？

2-7　同一导体，在相同的散热环境下，分别通以直流或等效的交流电流，发热温升是否相同？

2-8 相同截面面积的圆导线和矩形导线，哪种载流量大？为什么？

2-9 当短时工作制的通电时间为 $T/2$ 时，某电器的发热温升已达长期工作制的稳定温升，求此电器在短时工作制下的电流过载系数。

2-10 开关柜中垂直安放的铝母线尺寸为 80mm×6mm，在 85℃ 时的散热系数 K_T 为 12.5W/($m^2 \cdot$ K)，电阻率 $\rho = 3.75 \times 10^{-8} \Omega \cdot m$，求该铝母线的最大长期允许电流。如果铝母线外包有厚 1mm 的绝缘层，此绝缘层的最高允许温度为 85℃，试求此母线能够通过的最大长期工作交流电流。

2-11 有一绕在绝缘铁心上的直流电压线圈，额定电压 $U_N = 110V$，线圈外径 $D_W = 36mm$，内径 $D_N = 16mm$，线圈高度 $l = 50mm$，导线直径 $d = 0.16mm$，线圈匝数 $N = 16700$，散热系数 $K_T = 12W/($m^2 \cdot$ K)，试计算线圈表面的平均温升。

习 题

第 3 章

电器的电动力理论

3.1 电器的电动力现象

在磁场中运动的电荷会受到力的作用，在磁场中的载流导体也会受到力的作用，这种力称为电动力。电动力的大小和方向与电流的种类、大小和方向有关，也与电流经过的回路形状、回路的相互位置、回路间的介质、导体截面形状等有关。

关于电动力现象有许多，下面举例说明。

3.1.1 两平行载流导体间的电动力

如图 3-1 所示，由电流产生的磁场用右手螺旋定则判断，相互间的作用力用左手定则判断。若两导体电流方向相同，则产生相互吸引的力，如图 3-1a 所示；若两导体电流方向相反，则产生相互排斥的力，如图 3-1b 所示。

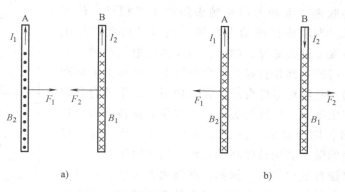

图 3-1　载流导体间电动力的方向

a）两电流同向　b）两电流异向

3.1.2 载流环形线圈或 U 形回路所受的电动力

如图 3-2a，环形线圈中电流方向如箭头所示，由右手螺旋定则，环形线圈内磁力线是垂直进入纸面的，用"×"表示。再由左手定则判断，线圈各部分受到沿半径向外扩张的力。同理，根据图 3-2b 电流方向，磁力线垂直地从纸面穿出，用"·"表示，磁力线在 U 形回路内密度较大。由左手定则判断，U 形回路承受向外扩张的力。图中 *F* 表示电动力，力的方向如箭头所示。可见，环形线圈或 U 形回路中通以电流时，将会产生向外扩张的电动力。

在各种电器产品中，还有许多受到电动力作用的例子，在某些条件下，电动力作用会对电器产生危害，使电器性能降低，甚至使电器遭到破坏，例如母线中通过短路电流，若电流过大，产生的电动力可能会使母线变形或接头松脱，如图3-3所示。又如隔离开关在短路电流通过时可能会由于电动力作用而自动打开，产生误动作，如图3-4所示。由于隔离开关没有灭弧装置，在电弧作用下会损坏触头，甚至影响电力系统的安全运行。通常利用机械方法或"磁锁"装置防止隔离开关误动作。

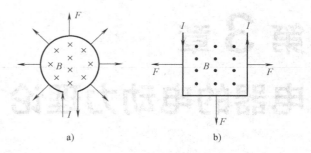

图 3-2　电动力举例
a) 环形回路　b) U形回路

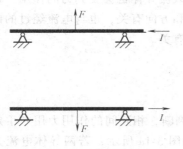

图 3-3　母线间电动力

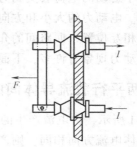

图 3-4　电动力使隔离开关产生误动作

由于电流线的收缩，电动力可使触头间产生互相排斥的现象，如图3-5所示。当触头在电动力作用下被斥开后会产生电弧，损害接触表面或使触头熔焊。例如，当导体内电流超过万安培以上时，电动力可能达到几百或几千牛顿以上，这样大的电动力可能使断路器的一些结构零件变形断裂，使原来处于关合位置的触头被斥开，产生电弧、导致触头熔焊，或使断路器在关合过程中不能顺利关合，以至造成断路器爆炸等。为了减小这种危害，可以设计合理的触头结构或提高触头弹簧的接触压力。

电动力也可以被有效地利用。例如，在隔离开关中，设计适当的触头回路结构，利用电动吸力增加触头的接触压力。在限流式开关中，利用触头回路电动斥力快速断开触头，以实现开关限流的特殊功能。在低压电器中，广泛采用触头回路电动力吹弧，使电弧迅速运动而熄灭。

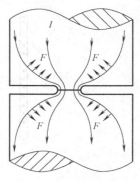

图 3-5　触头的电流线收缩
所引起的电动力

电器中的电动力，不论是有害方面还是有利方面，都直接影响到电器的工作性能，在设计电器或产品分析时常需要对电动力作定量计算。

3.2　电动力的计算方法

电动力计算的基本方法有两个：一是用毕奥-沙伐尔定律计算电动力；二是用能量平衡

法计算电动力。

3.2.1 毕奥-沙伐尔定律

毕奥-沙伐尔定律是计算电动力最常用的方法，其表达式为

$$\mathrm{d}\boldsymbol{F} = i_1 \mathrm{d}\boldsymbol{l}_1 \times \boldsymbol{B}$$ (3-1)

其含义为：当载有电流 i_1 的导体处于磁场 $\boldsymbol{B}$ 的空间时，在长度元 $\mathrm{d}\boldsymbol{l}_1$ 一段导体上所受的电动力为 $\mathrm{d}\boldsymbol{F}$。

式中，i_1 为导体中的电流；$\boldsymbol{B}$ 为 $\mathrm{d}\boldsymbol{l}_1$ 处的磁感应强度矢量；$\mathrm{d}\boldsymbol{l}_1$ 为导体长度矢量，取向与电流方向相同；

$\mathrm{d}\boldsymbol{F}$ 的方向可由左手定则决定，$\mathrm{d}\boldsymbol{F}$ 作用力垂直于 $\mathrm{d}\boldsymbol{l}_1$ 与 $\boldsymbol{B}$ 两个矢量所形成的平面。其数量关系为

$$\mathrm{d}\boldsymbol{F} = i_1 B \sin\beta \mathrm{d}l_1$$ (3-2)

式中，β 为 $\boldsymbol{B}$ 与 $\mathrm{d}\boldsymbol{l}_1$ 之间的夹角。

对式（3-2）沿导体 l_1 全长积分，就可求得 l_1 全长上所受的总电动力 F，即

$$F = \int_{l_1} i_1 B \sin\beta \mathrm{d}l_1$$ (3-3)

由式（3-3）可知，要计算电动力 F，首先应知道导体上的磁感应强度 $\boldsymbol{B}$ 的分布情况。

设 $\boldsymbol{B}$ 为另一载有电流 i_2 的导体所产生，如图 3-6 所示。一般在均匀介质中，直载流导体产生的磁场呈现同心圆形磁场。按照毕奥-沙伐尔定律，电流 i_2 通过元长度 $\mathrm{d}l_2$ 在其附近 P 点处产生的磁感应强度 $\mathrm{d}\boldsymbol{B}$ 与 $i_2\mathrm{d}\boldsymbol{l}_2 \times \boldsymbol{r}$ 成正比，与 $\mathrm{d}l_2$ 到 P 点的距离 r 的二次方成反比，则

$$\mathrm{d}\boldsymbol{B} = \frac{\mu_0}{4\pi} i_2 \frac{\mathrm{d}\boldsymbol{l}_2 \times \boldsymbol{r}}{r^2} \text{（矢量表达式）}$$

$$\mathrm{d}B = \frac{\mu_0}{4\pi} i_2 \frac{\mathrm{d}l_2 \sin\alpha}{r^2} \text{（数值表达式）}$$ (3-4)

式中，μ_0 为真空磁导率，$\mu_0 = 4\pi \times 10^{-7} \mathrm{H/m}$；$\boldsymbol{r}$ 为距离 r 的单位矢量；α 为 $\mathrm{d}\boldsymbol{l}_2$ 与 $\boldsymbol{r}$ 的夹角。

那么整个导体 l_2 在 P 点处产生的磁感应强度为

$$B = \frac{\mu_0}{4\pi} i_2 \int_{l_2} \frac{\sin\alpha}{r^2} \mathrm{d}l_2 \text{（数值表达式）}$$ (3-5)

将式（3-5）代入式（3-3）进行积分，即可以求出长度为 l_1 的导体所受的电动力 F。

3.2.2 能量平衡法

能量平衡法计算电动力的原理是：在任何导电系统中，导体受到电动力作用向某一方向产生位移 ∂x 所作的功，应等于此系统中磁能的变化。即

$$\partial W = F \partial x$$ (3-6)

式中，∂W 为系统磁能的变化；∂x 为导体受电动力作用在 x 方向产生的元位移。

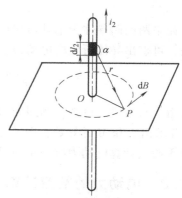

图 3-6 直载流导体产生的
磁场计算示意图

由此得出，作用在回路中导体上的电动力为

$$F = \frac{\partial W}{\partial x} \qquad (3-7)$$

式（3-7）中以偏微分形式表示是为了说明：磁能变化只需要从试图改变待求电动力的那个坐标的变化来考虑。

在载流导体回路中，若单回路电流为 i，回路电感为 L，则储存的磁场能量 W 为

$$W = \frac{1}{2} L i^2 \qquad (3-8)$$

则导体所受的电动力为

$$F = \frac{\partial W}{\partial x} = \frac{1}{2} i^2 \frac{\partial L}{\partial x} \qquad (3-9)$$

例如，现计算导线半径为 r、平均半径为 R 的圆形线匝的断裂力，如图 3-7 所示。当 $R \geqslant 4r$ 时，线匝电感 $L = \mu_0 R [\ln(8R/r) - 1.75]$，故作用于单位长度线匝上且沿半径方向的电动力为

$$f = \frac{\frac{1}{2} i^2 \frac{\mathrm{d}L}{\mathrm{d}R}}{2\pi R} = \frac{\frac{\mu_0}{2} i^2 \left(\ln \frac{8R}{r} - 0.75 \right)}{2\pi R} \qquad (3-10)$$

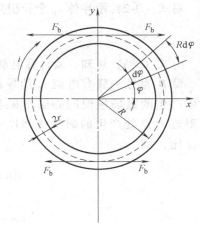

而作用于线匝使之断裂的电动力即 f 在 $\frac{1}{4}$ 圆周上的水平分量总和为

$$F_\mathrm{b} = \int_0^{\pi/2} Rf\cos\varphi\,\mathrm{d}\varphi = \frac{\mu_0}{4\pi} i^2 \left(\ln \frac{8R}{r} - 0.75 \right) \qquad (3-11)$$

两个相邻的载流导体回路中，系统中存储的磁能为

$$W = \frac{1}{2} L_1 i_1^2 + \frac{1}{2} L_2 i_2^2 + M i_1 i_2 \qquad (3-12)$$

式中，i_1、i_2 为回路 1 和回路 2 中的电流（A）；L_1、L_2 为回路 1 和回路 2 中的自感（H）；M 为两回路中的互感（H）。

图 3-7 线匝断裂力

如果两回路导体受电动力作用产生元位移 ∂x 时，导体系统中的电流不变，则由能量平衡法，可求出导体所受的电动力：

$$F = \frac{\partial W}{\partial x} = \frac{1}{2} i_1^2 \frac{\partial L_1}{\partial x} + \frac{1}{2} i_2^2 \frac{\partial L_2}{\partial x} + i_1 i_2 \frac{\partial M}{\partial x} \qquad (3-13)$$

由式（3-13）可知，利用能量平衡法计算电动力，只要已知导体系统的自感 L 和互感 M，并求出 L 和 M 的导数，电动力 F 即可确定。但通常 L 和 M 的确定是比较困难的，所以能量平衡法计算电动力有一定的局限性。

3.2.3 电动力的数值计算

对于电动力的计算，在电器工程中用得最为广泛的是利用毕奥-沙伐尔定律。由式（3-3）可知，当导体中的电流 i_1 的分布已知时，计算电动力 F 的关键在于求解载流导体中

磁感应强度 **B** 的分布。在求得载流导体中的磁感应强度 **B** 之后，即可利用式（3-3）求出作用于载流导体中的电动力。

在工程实践中，除了极个别情况以外，通常很难得到磁感应强度 **B** 的准确解析解。于是，只能根据具体情况给定的边界条件和初始条件，用数值解求其数值解。在电磁场的各种数值解法中，基于泛函和变分原理的有限元法得到了广泛应用。目前利用电磁场有限元法计算电动力已经很成熟。

关于电磁场有限元法的基本原理见附录。

采用能量平衡公式也可以进行电动力的数值计算，这时只需令待求导体虚位移一微小距离，在保持电流不变的条件下计算磁场的能量变化，即可按式（3-7）计算作用于该导体上的作用力。

值得说明的是，利用毕奥-沙伐尔定律和能量平衡公式计算电动力的方法是等效的，只是毕奥-沙伐尔定律计算较为方便。

3.2.4　回路因数与截面因数的基本概念

以下说明回路因数和截面因数的基本概念，并应用毕奥-沙伐尔定律针对几种典型的简单导体系统求出它们的电动力。

1. 导体回路对电动力的影响及回路因数

如图 3-8 所示，有两根无限细（忽略截面对电动力的影响）的直线导体 l_1 和 l_2，在空间做任意布置，其中分别有 i_1 及 i_2 流过，现用毕奥-沙伐尔定律分析导体 l_1 所受的电动力。作用在 l_1 上 $\mathrm{d}x$ 单元的作用力为

$$\mathrm{d}F_{1,2} = i_1 B \sin\beta \mathrm{d}x \tag{3-14}$$

式中，β 为 **B** 与 $\mathrm{d}x$ 间的夹角；**B** 为导体 l_2 中的电流 i_2 在 $\mathrm{d}x$ 处产生的磁感应强度，其值为

$$B = \frac{\mu_0}{4\pi} i_2 \int_{l_2} \frac{\sin\alpha}{r^2} \mathrm{d}y \tag{3-15}$$

式中，l_2 为导体的长度；$\mathrm{d}y$ 为导体 l_2 上的元长度；α 为线 r 与 $\mathrm{d}y$ 间的夹角。

将式（3-15）代入式（3-14），并积分，求得

$$F_{1,2} = \frac{\mu_0}{4\pi} i_1 i_2 \int_{l_1} \sin\beta \mathrm{d}x \int_{l_2} \frac{\sin\alpha}{r^2} \mathrm{d}y \tag{3-16}$$

令 $\displaystyle\int_{l_1} \sin\beta \mathrm{d}x \int_{l_2} \frac{\sin\alpha}{r^2} \mathrm{d}y = k_\mathrm{h}$，则

$$F_{1,2} = \frac{\mu_0}{4\pi} i_1 i_2 k_\mathrm{h} \tag{3-17}$$

式中，$\mu_0 = 4\pi \times 10^{-7}\mathrm{H/m}$；$k_\mathrm{h}$ 为回路因数，仅与导体回路的形状、长度、布置等导体本身情况有关。

式（3-17）表明，当已知无限细导体

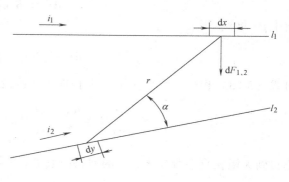

图 3-8　分析回路对电动力影响所用的
无限细导体系统

通过的电流时，只要求出回路因数，电动力即可确定。但 k_h 计算比较困难，只是对简单导体回路比较容易求出，对于复杂的导体回路，可用电磁场数值计算或实验方法确定。

下面举几个例子，求出电动力。

（1）两平行无限长直线导体

两平行无限长直线导体Ⅰ和Ⅱ，相隔距离为 a，导体截面周长远小于间距 a，其中流过电流 i_1 和 i_2，如图 3-9 所示。电流元 $i_2 dl_2$ 在导体元 dl_1 处建立的磁感应强度 dB 为

$$dB = \frac{\mu_0}{4\pi} i_2 dl_2 \frac{\sin\alpha}{r^2} \qquad (3-18)$$

整个导体Ⅱ中的电流 i_2 在导体Ⅰ中 dl_1 处建立的磁感应强度为

$$B = \frac{\mu_0}{4\pi} \int_{-\infty}^{\infty} \frac{i_2 \sin\alpha}{r^2} dl_2 \qquad (3-19)$$

磁感应强度 B 的方向可用右手螺旋定则确定。

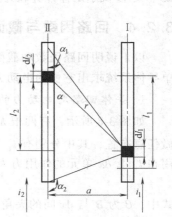

图 3-9 两平行无限长直载流
导体系统的电动力

由图 3-9 可见，$l_2 = a\cot\alpha$，则 $dl_2 = -\left(a \times \frac{1}{\sin^2\alpha}\right)d\alpha = -\frac{a d\alpha}{\sin^2\alpha}$，

而 $r = \frac{a}{\sin\alpha}$，将以上两式代入式（3-19），可得

$$B = -\frac{\mu_0}{4\pi} \int_{\alpha_2}^{\alpha_1} \frac{i_2}{a} \sin\alpha d\alpha = \frac{\mu_0}{4\pi} \frac{i_2}{a} (\cos\alpha_1 - \cos\alpha_2) \qquad (3-20)$$

对无限长导体，$\alpha_1 = 0$，$\alpha_2 = \pi$，代入式（3-20）可得

$$B = \frac{\mu_0 i_2}{2\pi a} \qquad (3-21)$$

由式（3-21）可知，电流 i_2 在导体 l_1 上任意一点产生的磁感应强度都是相同的，它只与电流 i_2 以及两平行导体间的距离 a 有关。

这样，作用在导体 l_1 上元线段 dl_1 上的电动力 dF 为

$$dF = i_1 B \sin\beta dl_1 \qquad (3-22)$$

由于 $\beta = 90°$，则

$$dF = i_1 B dl_1 = i_1 \frac{\mu_0 i_2}{2\pi a} dl_1 \qquad (3-23)$$

对式（3-23）积分，可得导体 l_1 上长度 L 的线段所受的电动力为

$$F = \int_0^L dF = \frac{\mu_0 i_1 i_2}{2\pi a} \int_0^L dl_1 = \frac{\mu_0 i_1 i_2}{2\pi a} L = \frac{\mu_0}{4\pi} i_1 i_2 \frac{2L}{a} \qquad (3-24)$$

则得到无限长直平行导体系统的回路因数为 $k_h = \frac{2L}{a}$。

（2）两平行有限长直线导体

若载流导体为有限长（图 3-10a 所示），则

$$\cos\alpha_1 = \frac{l_2 - x}{\sqrt{(l_2 - x)^2 + a^2}}; \quad \cos\alpha_2 = -\frac{x}{\sqrt{x^2 + a^2}} \qquad (3-25)$$

综合式（3-20）和式（3-24），此二载流导体间相互作用的电动力为

$$F = \frac{\mu_0}{4\pi} \frac{i_1 i_2}{a} \int_b^{b+l_1} \left[\frac{l_2 - x}{\sqrt{(l_2 - x)^2 + a^2}} + \frac{x}{\sqrt{x^2 + a^2}} \right] dx$$

$$= \frac{\mu_0}{4\pi} i_1 i_2 \frac{1}{a} \left[\sqrt{(l_1 + b)^2 + a^2} + \sqrt{(l_2 - b)^2 + a^2} - \sqrt{(l_2 - l_1 - b)^2 + a^2} - \sqrt{a^2 + b^2} \right] \quad (3\text{-}26)$$

由图 3-10b 可见，若式（3-26）方括号内的四项依次为 D_1、D_2、S_2 和 S_1，前二者为导体 Ⅰ、Ⅱ 所构成的梯形的对角线，后二者为其腰边。因此，回路系数为

$$k_{\mathrm{h}} = \frac{(D_1 + D_2) - (S_1 + S_2)}{a} \quad (3\text{-}27)$$

在特殊场合，如 $l_1 = l_2 = l$ 时 （$b = 0$），有

$$k_{\mathrm{h}} = \frac{2(\sqrt{l^2 + a^2} - a)}{a} \quad (3\text{-}28)$$

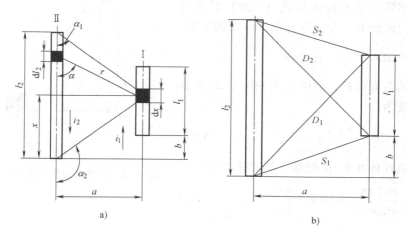

图 3-10　两平行有限长直线载流导体的电动力

a) 两平行有限长导体　b) 两导体构成的梯形

（3）两垂直直线导体

设载流导体如图 3-11 所示，其半径为 r_0，通过电流 i，且竖直导体 Ⅱ 为无限长。在水平导体 Ⅰ 上取一导体元 dx，按式（3-20），电流元 idl_2 在 dx 处建立的磁感应强度为

$$dB = -\frac{\mu_0}{4\pi} \frac{i}{x} \sin\alpha \, d\alpha \quad (3\text{-}29)$$

故全部载流导体 Ⅱ 在 dx 处建立的磁感应强度为

$$B = -\frac{\mu_0 i}{4\pi x} \int_{\frac{\pi}{2}}^0 \sin\alpha \, d\alpha = \frac{\mu_0 i}{4\pi x} \quad (3\text{-}30)$$

作用于导线 Ⅰ 的线段 $l = l_1 - r_0$ 上的电动力为

$$F = \frac{\mu_0}{4\pi} i^2 \int_{r_0}^{l_1} \frac{dx}{x} = \frac{\mu_0}{4\pi} i^2 \ln \frac{l_1}{r_0} \quad (3\text{-}31)$$

作用在 $\mathrm{d}x$ 上的电动力产生的关于点 O 的转矩为

$$\mathrm{d}T = x\mathrm{d}F = \frac{\mu_0}{4\pi}i^2\frac{\mathrm{d}x}{x} \cdot x = \frac{\mu_0}{4\pi}i^2\mathrm{d}x \tag{3-32}$$

故整个导体 I 所受到电动力关于点 O 的转矩为

$$T = \frac{\mu_0}{4\pi}i^2\int_{r_0}^{l_1}\mathrm{d}x = \frac{\mu_0}{4\pi}i^2(l_1 - r_0) = \frac{\mu_0}{4\pi}i^2 m_\mathrm{c}^0 \tag{3-33}$$

式中, m_c^0 为计算关于点 O 的转矩的回路因数。

由式（3-31）及式（3-33）可见，回路因数

$$k_\mathrm{h} = \ln\frac{l_1}{r_0} + \frac{1}{4} \; ; m_\mathrm{c}^0 = l_1 - r_0 \tag{3-34}$$

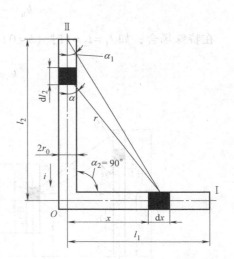

图 3-11　两垂直导体载流系统的电动力

在电流从竖直导体过渡到水平导体处，电流分布甚为复杂，实际上已不能应用式（3-31）计算考虑导线半径时的电动力。考虑到过渡处电流的影响，在式（3-34）中加入 "$\frac{1}{4}$" 这一项。

若竖直导体为有限长，则电流元 idl_2 在 $\mathrm{d}x$ 处建立的磁感应强度为

$$\mathrm{d}B = -\frac{\mu_0}{4\pi}\frac{i}{x}\sin\alpha\mathrm{d}\alpha \tag{3-35}$$

故全部载流导体 II 在 $\mathrm{d}x$ 处建立的磁感应为

$$B = -\frac{\mu_0 i}{4\pi x}\int_{\pi/2}^{\alpha_1}\sin\alpha\mathrm{d}\alpha = \frac{\mu_0 i}{4\pi x}\cos\alpha_1 \tag{3-36}$$

由于 $\cos\alpha_1 = \dfrac{l_2}{\sqrt{l_2^2 + x^2}}$，故作用在导体 I 上的电动力为

$$F = \int_{r_0}^{l_1}\frac{\mu_0 i^2}{4\pi x} \cdot \frac{l_2}{\sqrt{l_2^2 + x^2}}\mathrm{d}x = \frac{\mu_0}{4\pi}i^2\ln\left[\frac{l_1}{r_0} \cdot \frac{\left(l_2 + \sqrt{r_0^2 + l_2^2}\right)}{\left(l_2 + \sqrt{l_1^2 + l_2^2}\right)}\right] \tag{3-37}$$

则回路因数为

$$k_\mathrm{h} = \ln\left[\frac{l_1}{r_0} \cdot \frac{\left(l_2 + \sqrt{r_0^2 + l_2^2}\right)}{\left(l_2 + \sqrt{l_1^2 + l_2^2}\right)}\right] + \frac{1}{4} \tag{3-38}$$

2. 导体截面对电动力的影响及截面因数

以上研究的是圆形截面无限细导体，或者其截面周长与导体间距相比可以忽略不计。由于这样的导体磁场分布和电流沿导体轴线流动时相同，因此可以不考虑截面对电动力的影响。但是，对于圆截面较大以及非圆截面导体，而且导体之间布置又比较近的情况，实践证

明必须引入截面因数，以计及截面对电动力的影响，即

$$F = \frac{\mu_0 i_1 i_2}{4\pi} k_h k_c \tag{3-39}$$

式中，k_c 为截面因数。

截面因数值与导体尺寸、形状、导体间的相对位置有关。它既可通过计算求得，也可以在图表中查得。图 3-12 给出了矩形截面导体的截面因数曲线。当导体截面的周长远小于导体间距，也即 $(a-b)/(b+h) > 2$ 时，基本上可以不计导体几何参数的影响，而取 $k_c = 1$。

3.2.5 电动力沿导线的分布

为确定载流导体内的机械应力及其紧固件和支持件的机械负荷，不仅需要计算出作用在导体上总的电动力，而且还需要求出沿导体各点单位长度所受的电动力，即电动力沿导体各点的分布情况。

当载流导体处于同一平面内时，不论它们平行与否，电动力分布情况均易求得。以图 3-13 所示系统为例，计算步骤如下：

1）将导体 I 分割为若干段（例如 3 段）。

2）计算导体 II 中电流 i_2 在导体 I 各段边界点上建立的磁感应强度

$$B = \frac{\mu_0 i_2}{4\pi a} \left[\frac{l_2 - y}{\sqrt{(l_2-y)^2 + a^2}} + \frac{y}{\sqrt{y^2 + a^2}} \right]$$

3）计算边界点所在处单位长度上受到的电动力

$$f = \frac{\mathrm{d}F}{\mathrm{d}x} = i_1 B$$

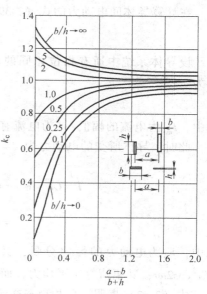

图 3-12 矩形截面导体的截面因数
a—两矩形截面无限长平行导体截面重心间的距离 b—矩形截面无限长导体的厚度 h—矩形截面无限长导体的宽度

4）绘制 f 的分布曲线。

至于等效电动力的作用点，应当是在此图形的重心的垂线上。

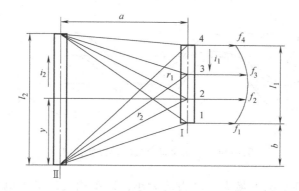

图 3-13 载流导体上的电动力分布

3.3　交流稳态电流下的电动力

当导体回路中的电流为直流时，电动力不随时间而改变；当电流为交流时，电动力就随时间而变。

3.3.1　单相交流电流下的电动力

在计算导体间电动力的式（3-39）中，令 $C=\dfrac{\mu_0}{4\pi}k_h k_c$，则电动力为

$$F=Ci_1 i_2 \tag{3-40}$$

设导体系统中通有相位相同的单位正弦交流电流，在稳态情况下，电流随时间的变化为

$$i=I_m\sin\omega t=\sqrt{2}I\sin\omega t \tag{3-41}$$

式中，I_m 为电流的幅值；I 为电流有效值；ω 为电流的角频率；t 为时间。

此时，导体所受的电动力为

$$F=CI_m^2\sin^2\omega t=CI_m^2\left(\frac{1-\cos2\omega t}{2}\right)=C\frac{I_m^2}{2}-C\frac{I_m^2\cos2\omega t}{2}$$

$$=CI^2-CI^2\cos2\omega t=F_-+F_\sim \tag{3-42}$$

式中，F_- 为电动力的恒定分量，又称平均力，$F_-=CI^2$；$F_\sim$ 为电动力的交变分量，$F_\sim=-CI^2\cos2\omega t$，其幅值等于平均力，而频率为电流频率的 2 倍。

式（3-42）表明，单相稳态交流系统中的电动力由恒定分量 F_- 和交变分量 $F_\sim$ 构成，该电动力和电流随时间变化的曲线如图 3-14 所示。

当电流随时间作正弦交变时，导体间的电动力也随时间作脉动变化，脉动频率是电流频率的两倍，但电动力作用方向不变，导体间的电动力或者都是斥力或者都是吸力。在电流最大时，电动力也最大，电动力最大值 $F_{max}=CI_m^2=2CI^2=2F_-$；在电流为 0 时，电动力最小，即 $F_{min}=0$。

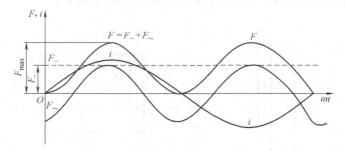

图 3-14　单相稳态交流电动力变化曲线

为了便于比较各种情况下最大电动力的大小，以单相交流最大电动力为基准尺度，令 $2CI^2=F_0$，以建立其他情况下电动力大小的概念。

3.3.2 三相交流电流下的电动力

设有三相导线 A、B、C 在同一平面内直列布置，导体间的距离为 a，如图 3-15 所示。三相导体中分别流过的三相正弦对称稳态电流为

$$i_A = \sqrt{2} I \sin\omega t$$

$$i_B = \sqrt{2} I \sin(\omega t - 120°) \qquad (3-43)$$

$$i_C = \sqrt{2} I \sin(\omega t - 240°)$$

下面分析各相导体所受的电动力。

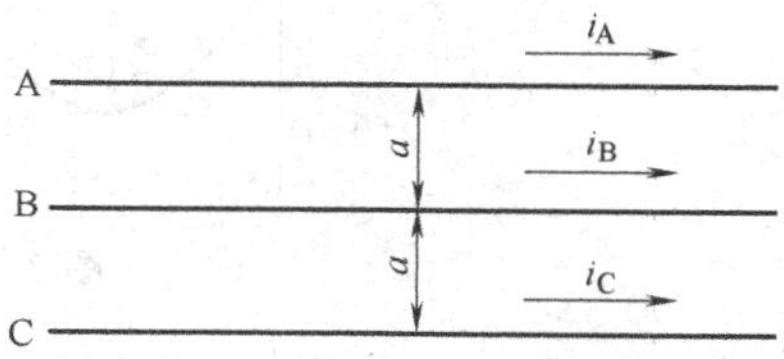

图 3-15 三相导体作直列布置

（1）作用在 A 相导体上的电动力

根据图 3-15 所规定 i_A、i_B、i_C 的方向，当其瞬间 i_1 与 i_2（i_3）流过导体的方向相同，则 A 相导体与 B 相（C 相）导体产生吸力。现规定 A 相导体与 B 相（C 相）导体之间的吸力方向为正方向，则作用在 A 相导体上的电动力，可以认为是 B 相和 C 相电流单独作用的叠加，即 $F_A = F_{AB} + F_{AC}$，此时 F_{AB}、F_{AC} 为正值。则由电动力计算公式（3-40）得

$$F_A = C_1 i_A \cdot i_B + C_2 i_A \cdot i_C = 2I^2 \sin\omega t \left[C_1 \sin(\omega t - 120°) + C_2 \sin(\omega t - 240°) \right] \qquad (3-44)$$

式中，$C_1 = \dfrac{\mu_0}{4\pi} (k_h)_{A \cdot B} (k_c)$；$C_2 = \dfrac{\mu_0}{4\pi} (k_h)_{A \cdot C} (k_c)$

其中 $(k_h)_{A \cdot B}$ 和 $(k_h)_{A \cdot C}$ 分别为 A、B 相和 A、C 相导体间的回路因数，k_c 为截面因数。

由于导体截面相同，只是 AC 两相的距离为 AB 两相距离的 2 倍，故 $C_2 = \dfrac{1}{2} C_1$。

因此

$$F_A = 2I^2 \sin\omega t \left[C_1 \sin(\omega t - 120°) + \frac{C_1}{2} \sin(\omega t - 240°) \right] \qquad (3-45)$$

经变换有

$$F_A = 2C_1 I^2 \left[\frac{3}{8} \cos 2\omega t - \frac{\sqrt{3}}{8} \sin 2\omega t - \frac{3}{8} \right] \qquad (3-46)$$

要求最大电动力，所以求 F_A 的导数为 0 可以找出最大电动力时的 ωt 值。

令 $\dfrac{\mathrm{d} F_A}{\mathrm{d}(\omega t)} = \dfrac{\mathrm{d}\left[\frac{3}{8} \cos 2\omega t - \frac{\sqrt{3}}{8} \sin 2\omega t - \frac{3}{8} \right]}{\mathrm{d}(\omega t)} = 0$，解得 $\tan(2\omega t) = -\dfrac{1}{\sqrt{3}}$，则

$\omega t = n\pi + 75°$（$n = 0, 1, 2, \cdots$）或 $\omega t = n\pi + 165°$（$n = 0, 1, 2, \cdots$）

以 $\omega t = n\pi + 75°$ 代入 F_A 中，则

$$F_A = -0.808 F_0 \qquad (3-47)$$

表示 A 相导体受最大电动斥力为 $0.808 F_0$。

以 $\omega t = n\pi + 165°$ 代入 F_A 中，则

$$F_A = 0.058 F_0 \qquad (3-48)$$

表示 A 相导体受最大电动吸力为 $0.058 F_0$。

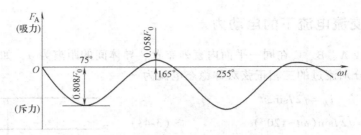

图 3-16　作用在 A 相导体上的电动力

由图 3-16 所示，作用在 A 相导体上的电动力是交变的。当 $\omega t = n\pi + 75°$ 时，导体受最大电动斥力为 $0.808F_0$，当 $\omega t = n\pi + 165°$ 时，导体受最大电动吸力为 $0.058F_0$。斥力的最大值远大于吸力最大值。

（2）作用在 B 相导体上的电动力

作用在 B 相导体上的电动力，可以认为是 A 相和 C 相电流单独作用的叠加。现假定 B 相导体受 A 相导体作用电动吸力的方向为 F_B 的正方向，则

$$F_B = F_{BA} - F_{BC} = C_1 i_A i_B - C_3 i_B i_C \qquad (3\text{-}49)$$

式中，$C_1 = \dfrac{\mu_0}{4\pi}(k_h)_{AB}(k_c)$；$C_3 = \dfrac{\mu_0}{4\pi}(k_h)_{BC}(k_c)$

其中 $(k_h)_{AB}$ 和 $(k_h)_{BC}$ 为 A、B 相和 B、C 相导体间的回路因数，k_c 为截面因数。

由于 A 相和 C 相导体截面相等，且 A、B 相与 B、C 相距离相等，故 $C_1 = C_3$，则

$$F_B = 2C_1 I^2 \sin(\omega t - 120°)[\sin\omega t - \sin(\omega t - 240°)] \qquad (3\text{-}50)$$

求 B 相所受的最大电动力 F_{Bmax}，令 $\dfrac{dF_B}{d(\omega t)} = 0$，解得 $\tan(2\omega t) = -\dfrac{1}{\sqrt{3}}$，故有

$$\omega t = n\pi + 75°(n = 0,1,2,\cdots) \text{ 或 } \omega t = n\pi + 165°(n = 0,1,2,\cdots)$$

以 $\omega t = n\pi + 75°$ 代入式（3-50）中，得

$$F_{Bmax} = -0.866F_0 \qquad (3\text{-}51)$$

以 $\omega t = n\pi + 165°$ 代入式（3-50）中，得

$$F_{Bmax} = 0.866F_0 \qquad (3\text{-}52)$$

式（3-51）和式（3-52）表明，B 相导体的吸力最大值和斥力最大值相等，工频每经过一周期，B 相导体向 A 相导体、C 相导体方向各摆动两次，如图 3-17 所示。

式（3-47）、式（3-51）和式（3-52）表明，B 相导体受到的最大电动力是 A 相导体的最大电动力的 $\dfrac{0.866F_0}{0.808F_0} = 1.07$ 倍。

（3）作用于 C 相导体的电动力

C 相导体与 A 相导体完全对称，故 C 相导体受到的最大电动吸力和斥力与 A 相完全相同，只

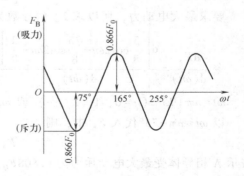

图 3-17　作用在 B 相导体上的电动力

是最大斥力和吸力达到的瞬间有所不同罢了。作用在 C 相导体上的电动力如图 3-18 所示。从以上分析，可以得到以下结论：

1）当 $\omega t = n\pi + 75°$ 时，A 相导体受到最大电动斥力，C 相导体受到最大电动吸力，当 $\omega t = n\pi + 165°$ 时，A 相导体受到最大电动吸力，C 相导体受到最大电动斥力。并且，A、C 两相导体受到最大电动吸力和斥力相等，最大吸力为 $0.058F_0$，最大斥力为 $0.808F_0$。

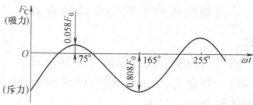

图 3-18　作用在 C 相导体上的电动力

2）B 相导体受到的最大电动吸力和斥力相等，分别发生在 $\omega t = n\pi + 75°$ 和 $\omega t = n\pi + 165°$，B 相导体受到的最大电动力为 A、C 两相导体受到最大电动力的 1.07 倍。因此，验算机械强度时，只要对 B 相验算即可。

3）无论 B 相导体还是 A、C 两相导体所受到的电动力都是交变的，其交变频率为电源频率的 2 倍，电动力的大小及方向均随时间变化。

为了避免三相直列布置的导体受力不均的缺点，有时将三相导体作等边三角形布置，如图 3-19 所示。根据同样的分析方法，可得 A 相导体受到的电动力为

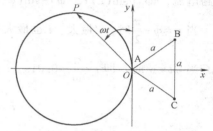

图 3-19　三相导体作等边三角形布置

$$F_A = \pm\sqrt{F_x^2 + F_y^2} = \pm\frac{\sqrt{3}}{2}F_0\sin\omega t \qquad (3-53)$$

式中，F_x 和 F_y 为 x 方向和 y 方向的分力。

式（3-53）表明，A 相导体受到的电动力其大小和方向随时间而变，可用矢量 OP 表示，OP 的端点随时间沿圆周移动。

B 相和 C 相导体受到的电动力与 A 相完全相同，只是时间上和空间上相位不同而已。

3.4　短路电流下的电动力

电力系统发生短路时，流过导体的短路电流将产生一个可能危害导体机械强度的巨大电动力。

3.4.1　单相系统短路时的电动力

当电力系统发生短路时，暂态短路电流中含有非周期分量（暂态分量）和周期分量（稳态分量），如图 3-20 所示。非周期分量与短路电流发生瞬间对电压的相位角有关。根据对短路的过渡过程的分析，得到短路电流的一般表达式为

$$\begin{aligned} i &= \sqrt{2}I\left[\sin(\omega t + \varphi - \phi) - \sin(\varphi - \phi)e^{-\frac{R}{L}t}\right] \\ &= 周期分量\ i''（稳态分量）+ \\ &\quad 非周期分量\ i'（暂态分量） \end{aligned} \qquad (3-54)$$

式中，I 为短路电流周期分量的有效值；φ 为短路瞬间电压的相位角；ϕ 为电流滞后于电压

的相位角；R 为线路电阻；L 为线路电感；$\dfrac{R}{L}$ 为短路电流非周期分量的衰减系数。

将式（3-54）代入电动力计算公式（3-40），并令 $i_1=i_2=i$，则交流单相短路时的暂态电动力为

$$F=Ci^2=$$

$$2CI^2\left[\sin(\omega t+\varphi-\phi)-\sin(\varphi-\phi)\mathrm{e}^{-\frac{R}{L}t}\right]^2$$

$$(3-55)$$

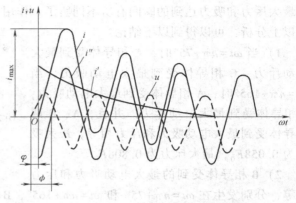

图 3-20　单相短路时短路电流的波形

要计算最大电动力，就应该用最大短路电流，即 $\left[\sin(\omega t+\varphi-\phi)-\sin(\varphi-\phi)\mathrm{e}^{-\frac{R}{L}t}\right]^2$ 最大时，i 最大，F 也最大。

当 $\varphi=\phi-\dfrac{\pi}{2}$ 时，i' 最大，i 也最大，此时 $i=\sqrt{2}I\left(-\cos\omega t+\mathrm{e}^{-\frac{R}{L}t}\right)$。

当 $\omega t=\pi$ 时，即 $t=\dfrac{\pi}{\omega}=0.01\mathrm{s}$，$i$ 达最大，相应的电动力为最大，即

$$F=2CI^2\left[-\cos\omega t+\mathrm{e}^{-\frac{R}{L}t}\right]^2 \qquad\qquad (3-56)$$

在电力系统中，电阻 R 值一般比较小，衰减系数 $\dfrac{R}{L}$ 的平均值约为 $22.311\mathrm{s}^{-1}$，此时最大的电动力为

$$F_{\max}=2CI^2\times3.24=3.24F_0 \quad (3-57)$$

式（3-57）表明单相暂态交流下的最大电动力是单相稳态交流下最大电动力的 3.24 倍。在极限情况下，若 $R=0$，则 $F_{\max}=4F_0$。

短路电流和电动力随时间变化曲线如图 3-21 所示，单相短路电流是交变的，它所产生的电动力也随时间变化，但电动力的作用方向不变。

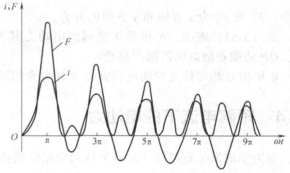

图 3-21　单相短路电流和电动力随时间的变化

3.4.2　三相系统短路时的电动力

现仍以并列处于同一平面内的平行三相导体为例。三相系统发生对称短路时的电流为

$$i_{\mathrm{A}}=\sqrt{2}I\left[\sin(\omega t+\varphi-\phi)-\sin(\varphi-\phi)\mathrm{e}^{-\frac{R}{L}t}\right]$$

$$i_{\mathrm{B}}=\sqrt{2}I\left[\sin(\omega t+\varphi-\phi-120°)-\sin(\varphi-\phi-120°)\mathrm{e}^{-\frac{R}{L}t}\right]$$

$$i_{\mathrm{C}}=\sqrt{2}I\left[\sin(\omega t+\varphi-\phi-240°)-\sin(\varphi-\phi-240°)\mathrm{e}^{-\frac{R}{L}t}\right]$$

$$(3-58)$$

对于直列布置的三相导体，作用在 A、B、C 相导体上的电动力分别为

$$F_A = C_1 i_A i_B + C_2 i_A i_C$$
$$F_B = C_1 i_A i_B - C_3 i_B i_C$$
$$F_C = C_2 i_C i_A + C_3 i_B i_C \tag{3-59}$$

因三相导体直列对称布置，根据前面的分析结果，得

$$C_1 = C_3, C_2 = \frac{1}{2} C_1 \tag{3-60}$$

将式 (3-58) 和式 (3-60) 代入式 (3-59)，即可求得三相交流系统发生对称短路时各相导体的电动力 F_A、F_B、F_C 的表达式。

若 $\frac{R}{L} = 22.311\mathrm{s}^{-1}$ 时，当 $\varphi = \phi - 105°$，$\omega t = \pi$ 时，A、C 相导体受到的最大电动斥力为 $-2.65F_0$；B 相导体受到的最大吸力和斥力值相同，达到最大值的时刻不同，其值为 $\pm 2.8F_0$，发生在 $\varphi = \phi - 45°$、$\omega t = \pi$ 时。

从以上分析可得以下结论：

1）A 相导体和 C 相导体受到最大电动力为斥力，其值为 $2.65F_0$。

2）B 相导体受到最大电动吸力和斥力相同，其值为 $2.8F_0$，但达到最大值的时刻不同。B 相导体所受的最大电动力大于 A、C 相导体所受的最大电动力。

3）无论中间相还是边缘相，其受力都是交变的。

对于等边三角形布置的三相导体，如令短路电流的衰减系数 $\frac{R}{L} = 0$，则 A 相导体最大电动力发生在 $\varphi = \phi - 90°$，并按以下规律变化：

$$F_A = \pm 2\sqrt{3} F_0 \sin^3 \frac{\omega t}{2} \tag{3-61}$$

B 相、C 相导体与 A 相导体受力相同，只是时间、空间相位不同。

例 3-1 某配电设备中三相母线直列布置，长度为 2.5m，二排中心距 0.35m，设短路冲击电流为 40kA（峰值），求中间相最大电动力。

解： $k_h = \dfrac{2L}{a} = \dfrac{2 \times 2.5}{0.35} = 14.29$

取 $k_c \approx 1$

$$F_m = 2.8F_0 = 2.8 \times 2Cl^2 = 2.8 \times 2 \times \frac{\mu_0}{4\pi} k_h k_c I^2$$

$$= 2.8 \times 2 \times \frac{4\pi}{4\pi} \times 10^{-7} \times 14.29 \times 1 \times \left(\frac{40}{\sqrt{2}} \times 10^3 \right)^2 \mathrm{N}$$

$$\approx 6399.99\mathrm{N}$$

3.5 电器的电动稳定性

电器能承受短路电流产生的电动力的作用而不致破坏，或产生永久性变形的能力，称为电器的动稳定性。动稳定性是考核电器性能的重要指标之一。

电器的动稳定性常用电器能承受的最大冲击电流的峰值来表示。有的用短路电流峰值和

额定电流的比值来表示。

对三相交流系统来说，短路的形式有单相短路、两相短路和三相短路。对于不同的短路形式，短路电流的大小和导体间作用的电动力也不同。根据前面几节所做的分析，如果短路电流的周期分量有效值相同时，单相短路电动力最大。但是，在现代电力系统中，不是所有变压器的中性点都接地，故当短路地点相同时，三相短路电流一般都比单相和两相短路电流大，即电器在电力系统中运行时，发生三相短路时受到的电动力最大。因此，在选用电器时，一般都根据三相短路电流来校核电器的动稳定性。但是，由于电力系统的具体结构不同，也可能有单相短路电流大于三相短路电流的情况，使用电器的原则是按系统短路最严重的情况来选择电器。

在电器设计时，还应对载流导体受最大电动力情况下存在的应力进行核算，其值应不大于导体材料的作用应力。另外，交流电动力的交变频率为电流频率的 2 倍。如果电动力的作用频率与导体系统的固有振荡频率相等，导体就会发生机械共振现象，这将对导体系统产生很大的破坏。为了避免共振，一切承受电动力的电器结构不应该具有和电动力频率接近的固有振荡频率。在考虑这一问题时，最好使承受电动力部件的固有振荡频率低于电动力的作用频率。因为当导体系统的固有频率高于基波电动力作用频率时，如果此时短路电流含有较大的高次谐波，导体便可能与高次谐波电动力发生共振。

在实际电器中，导体系统的结构和固定方式比较复杂，推导固有振荡频率的计算公式比较困难。对于单跨距导体，其固有振荡频率可按下式估算

$$f = \frac{35}{L^2}\sqrt{\frac{Ej_p}{m_0}} \tag{3-62}$$

式中，L 为支持绝缘子间的跨距（m）；E 为导体的弹性模量（Pa），对于铜导体，$E = 1.13 \times 10^{11}\,\mathrm{Pa}$；$j_p$ 为垂直于弯曲方向的轴的惯性矩（m^4），对于矩形截面导体 $j_p = \frac{bh^3}{12}$；其中对于圆形截面导体 $j_p = \frac{\pi d^4}{64}$；其中 b 为截面的宽，h 为高，d 为导体直径；m_0 为导体单位长度的质量（kg/m）。

习　题

3-1　载流导体间为什么有电动力的作用？力的方向如何？

3-2　计算电动力的基本方法有哪几种？其中用毕奥-沙伐尔定律计算时为什么要引入回路因数和截面因数？

3-3　载流导体常采用矩形母线，试分析平面布置宽边相对和窄边相对时的电动力和动稳定性。

3-4　试比较在导体中通过直流电流、单相交流电流或三相交流电流时，产生的电动力有何不同？

3-5　已知某三相断路器的动稳定电流为 52kA，三相导电杆在同一平面内平行放置，导电杆长度为 810mm，A 相与 B 相、B 相与 C 相的轴线距离均为 250mm，求 B 相所受的最大电动力是多少？

第4章

电弧的基本理论

4.1 概述

开断电路时，如果被开断的电流以及电路开断后加在触头两端的电压均超过一定的数值，则在触头间隙（简称弧隙）中会产生一团温度极高、发出强光和能够导电的气体，这就是电弧。

在开关电器中电弧的存在具有两重性：一方面给电路中磁能的泄放提供通路，从而降低电路开断时产生的过电压；另一方面延迟电路的开断、烧毁触头，严重情况下可能引起开关电器的着火和爆炸。因此，电器工作者研究电弧的目的，就是为了掌握不同介质中的电弧在其产生、发展直至熄灭期间相关物理现象的作用机理和变化规律，从而采取相应的措施尽快熄灭电弧。

电弧是电磁场、温度场和气流场等多个物理场之间强烈耦合的过程，同时伴随着与周围材料之间的相互作用，具有燃弧时间短、温度高、运动速度快等特点。因此，电弧的物理过程极其复杂，研究难度较大。目前对电弧的研究主要有实验和仿真两种手段，二者互为补充、相辅相成。

电弧实验研究，就是通过实验手段利用电弧测试技术测量电弧的外部宏观参数和内部微观参数，研究不同因素下电弧的动态特性及其时空演变规律，揭示电弧产生、燃烧、运动、熄灭、重燃等物理现象的作用机理并提出相应的调控方法。其中，电弧外部宏观参数包括电弧电压、电弧电流和电弧形态参数等，电弧内部微观参数包括电子温度、电子数密度、粒子组分、统计热力学参数和输运系数等。

电弧仿真研究，就是将电弧的各种物理现象用非线性微分方程等数学方法进行描述，建立特定应用背景下的电弧数学模型，并在一定的假设和简化条件下利用数值方法对该模型进行求解，从而获得电弧内部温度场、电场、磁场、流体场等多种物理场的数值解。常见的电弧模型有黑盒模型、一维模型、二维模型和磁流体动力学模型等。近年来，随着电弧建模技术和数值分析方法的不断进步，电弧仿真研究取得很大突破，仿真计算结果逐渐向真实情况逼近，电弧仿真已经成为电器设计中的重要辅助手段。

弧隙中的气体由绝缘状态变为导电状态，使电流得以通过的现象叫做气体放电。电弧是气体放电的一种形式。为了更好地理解电弧，有必要首先学习气体放电的物理过程。

4.2 气体放电的物理基础

4.2.1 电离和激励

物质是由分子或原子构成的，原子又是由原子核和若干电子构成的，这些电子沿着一定的轨道围绕原子核运动。在正常状态下，电子按一定规律分布在最低能级的轨道上。但是，当原子受到外界能量（热、光、碰撞等）的作用时，外层轨道上的电子就可能吸收这些能量。如果外界加到原子上的能量足够大，使电子能够克服原子核吸引力的束缚而自由活动，成为自由电子，而原来的中性原子或分子（简称中性粒子）变成一带有正电荷的正离子，这种现象叫做电离。电离出一个自由电子所需的能量，叫做电离能，用 W_{dl} 表示，单位为 eV。

$$W_{dl} = eU_{dl} \tag{4-1}$$

式中，e 为电子的电量，$e = 1.6 \times 10^{-19}$ C；U_{dl} 为电离电位。

表 4-1 为一些气体和金属蒸气的电离能。金属蒸气具有较低的电离能，在相同条件下更容易电离。

表 4-1　气体和金属蒸气的电离能和激励能

元素	电离能/eV	激励能/eV	元素	电离能/eV	激励能/eV
氢 H	13.54	10.2(12.1)	铝 Al	5.98	—
氧 O	13.5(35,55,77)	7.9	镉 Cd	9.0(16.9)	3.95(5.35)
氮 N	14.55(29.5,47,73)	6.3	镍 Ni	7.63	
氩 Ar	15.7(23,41)	11.5(12.7)	锡 Sn	7.33	
氟 F	17.4(35,63,87,114)	—	锌 Zn	9.39(18.0)	4.02(5.77)
碳 C	11.3(24.4,48,65)		铁 Fe	7.9	
银 Ag	7.57		汞 Hg	10.4(19,35,72)	4.86(6.67)
钨 W	7.98		钠 Na	5.14(47.3)	2.12(3.47)
铜 Cu	7.72				

注：表中括号中的数字分别表示从原子中电离出第 2、3、4 个电子所需的电离能，或表示第二激励能。

如果外界施加到中性粒子上的能量不够大，只能使其电子由正常运行的轨道跳到较外层的轨道，这种现象称为激励。激励一个电子所需的能量称为激励能，单位为 eV。一个原子可以有几个不同的激励能，分别对应于不同的外层轨道。表 4-1 也给出了一些气体和金属蒸气的激励能。

已被激励的中性粒子比较容易电离，因为此时为了产生电离所需的能量少于正常中性粒子电离所需的能量，减少的数值等于该元素的激励能。这种经过激励状态再电离的现象叫做分级电离。激励是一种不稳定的状态，大多数被激励的中性粒子会以光量子的形式释放能量而自动返回到正常状态。中性粒子处于激励状态的时间一般低于 $10^{-9} \sim 10^{-8}$ s。

还有一种特殊的激励状态，在该状态下，已经跳到较外层轨道上的电子不能很快地返回原来的正常轨道，常常必须再由外界增加能量，使已处于较外层轨道上的电子跳到更外层轨道上去，然后电子才能跳回到正常轨道，或者，电子在第二次外界能量的作用下发生电离，这种激励状态叫做介稳状态。中性粒子处于介稳状态的时间可达到 $10^{-4} \sim 10^{-2}$ s 甚至更长，因而在中性粒子的电离过程中起很大作用。

4.2.2　电离方式

气体通常是不导电的，但是如果气体中含有的带电粒子（电子、正离子和负离子）足够多，气体就会导电，这种气体叫做电离气体。气体中被电离的原子数与总原子数之比叫做电离度。电离度越高，气体的电导率越大。

气体的电离方式分为两大类：表面发射和空间电离。

1. 表面发射

金属电极表面在某些情况下能够发射电子进入弧隙，这种现象叫表面发射。按照发射电子的原因不同，表面发射分为以下几种：

1）热发射。当金属的温度升高到 2000~2500K 时，其表面的自由电子可能获得足够的动能，从而超越金属表面晶格电场造成的势垒而逸出金属表面，这种现象叫做热发射。一个电子逸出金属所需的能量叫做逸出功，单位：eV。部分金属元素的逸出功如表 4-2 所示。

表 4-2　部分金属元素的逸出功

元素	碳 C	汞 Hg	铬 Cr	银 Ag	钨 W	铜 Cu	铝 Al	镉 Cd	镍 Ni	锡 Sn	锌 Zn	铁 Fe
逸出功/eV	4.4	4.53	4.6	4.74	7.49	4.4	4.25	4.1	4.5	4.38	4.24	4.63

对于清洁均匀的金属电极表面，热发射的最大电流密度与金属表面的温度和材料的逸出功有关。相同条件下，金属表面所能达到的温度越高，热发射越容易，由此产生的热发射最大电流密度越大。只有沸点高的难熔金属，才有可能将其加热到产生明显热发射的温度。例如，难熔金属钨的热发射电流密度可达几千 A/cm^2，铜、银等易熔金属的热发射电流密度则不超过 $1A/cm^2$。

2）场致发射。当金属表面存在较高的电场强度（大于 $10^6V/cm$）时，金属表面势垒厚度减小，自由电子可能在常温下穿过势垒逸出金属，这种现象叫做场致发射。场致发射对高电压、高真空的击穿及放电过程具有重要意义。

3）光发射。当光线和射线照射到金属表面时引起电子逸出的现象叫做光发射。

照射到金属表面的光线必须具有足够高的能量，即该能量必须大于金属的逸出功，才能产生光发射。因此，相同条件下，光线的波长越短，光发射越强烈，并且从金属表面逸出的电子速度越高。波长较长的光线虽然其能量不足以直接引起光发射，但却能被金属吸收使金属温度升高，从而改变金属中自由电子的热运动速度，有利于在其他因素的联合作用下发射电子。

4）二次发射。带电粒子会在电场的作用下定向运动，在此运动过程中带电粒子被加速从而获得动能。当具有足够动能的带电粒子碰撞电极时，例如，正离子以很高的速度碰撞阴极，或者电子以很高的速度撞击阳极，会将其能量传递给电极金属，可能引起金属表面发射电子，这种现象叫做二次发射。

在气压较高的放电间隙中，通常阴极表面附近比阳极表面附近的电场强度高，所以阴极表面的二次发射较强，并在气体放电过程中起着重要作用。

2. 空间电离

电极间气体由于电离而产生带电粒子，使得气体由绝缘状态变为导电状态的现象，叫做空间电离。按照电离的原因不同，空间电离分为以下几种形式：

1）光电离。中性粒子受到光线的照射，当光子的能量大于气体原子或分子的电离能时，在空间就可能产生光电离。

相同条件下，光线的波长越短，其电离作用越强。X 射线、α 射线、β 射线、γ 射线、宇宙射线和紫外线都具有较强的电离作用，而可见光几乎不会引起气体电离。

2）电场电离。由光电离或表面发射所产生的存在于气体中的带电粒子，在电场作用下被加速，从而获得动能。若动能大于中性粒子的电离能，则当它在行进过程中与另一个中性粒子发生碰撞时，就可能使之电离，这种现象叫做电场电离或碰撞电离。

动能超过电离能的电子，并非每次碰撞中性粒子后都能使之电离，而是存在一定的几率。电离几率的大小既取决于动能的大小，又取决于电子和中性粒子两者磁场相互作用的时间。动能较小的电子，也可能通过碰撞使中性粒子先处于激励状态，然后再受到另一电子或其他粒子的碰撞而电离。通常碰撞发生电离或激励的几率很低。由于电子的体积小、重量轻，当平均自由行程较长时容易加速而积累足够的动能，因此，在产生电场电离时电子的作用大于正离子、负离子的作用。

有时电子碰撞中性粒子后，既不使之电离也不使之激励，而是附着在它上面形成负离子，这种现象称为粘合。

在电弧形成以后，弧柱的电场强度较低，因此弧柱中的电场电离作用可以不予考虑。

3）热电离。气体粒子由于高速热运动、互相碰撞所产生的电离，叫做热电离。

在常温下产生热电离的几率很小，只有当温度升高到 3000～4000K 以上时热电离才开始显著。相同条件下，温度越高，气体的热电离越强烈。在相同温度时，由于金属蒸气的电离能低于一般气体的电离能，所以金属蒸气更容易产生热电离。当气体中混有金属蒸气时，其电离度比纯气体时的大，电导率变大。

电弧弧柱中温度很高，热电离是弧柱中最主要的电离方式。

4.2.3　消电离方式

气体发生放电时，除了由于上述原因不断产生带电粒子的电离过程之外，还存在着与其相反的过程——带电粒子消失的过程。电离气体中带电粒子自身消失或者失去电荷变为中性粒子的现象，叫做消电离。

气体消电离的方式分为两类：复合和扩散。

1. 复合

两个带有异号电荷的带电粒子（正离子和负离子或电子）相遇时，可能会发生电荷的转移，使电荷相互中和而消失，同时带电粒子被还原为原子或分子。这种带异号电荷的带电粒子相遇后相互作用使电荷消失的现象叫做复合。复合有表面复合、空间复合两种形式。

（1）表面复合

发生在电极表面、不带电的金属表面以及绝缘材料表面的复合过程，称为表面复合。

表面复合存在以下几种情况：①电子进入阳极；②负离子接近阳极后将电子移给阳极，自身变为中性粒子；③正离子接近阴极后从阴极取得电子，自身变为中性粒子；④带电粒子接近不带电的金属表面时，在金属表面感应出相反极性的电荷，由于库仑力的作用，它被吸附于金属表面。如果此时再有另一异性带电粒子也接近金属表面时，则两带电粒子通过金属分别交出和取得电子而形成一个或两个中性粒子，如图 4-1 所示。⑤带电粒子到达绝缘材料表面，由于绝缘体被带电粒子感应极化后能吸引异号的带电粒子，因而也会产生类似于在金属表面的复合过程。

（2）空间复合

1）直接空间复合。正离子和电子在空间直接相遇而复合，形成一个中性粒子的过程，

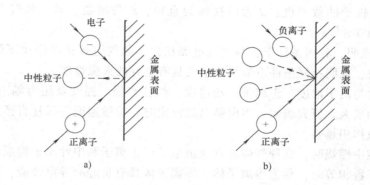

图 4-1　在金属表面的复合过程

a) 正离子和电子复合成一个中性粒子　b) 正离子和负离子复合成两个中性粒子

如图 4-2a 所示。

　　2) 间接空间复合。电子先和中性粒子粘合变为负离子，然后再和正离子复合成两个中性粒子的过程，如图 4-2b 所示。

　　异号带电粒子复合成中性粒子同样是由于电磁场相互作用的结果，因而也需要一定的作用时间。由于电子的运动速度比负离子大很多，所以直接空间复合的概率比间接空间复合的概率小得多，约小 1000 倍。因此，相同条件下，提高电离气体中负离子的浓度，有利于增强复合作用。

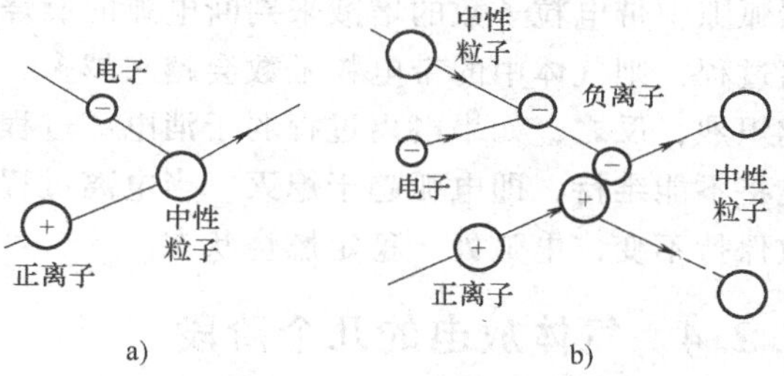

图 4-2　空间复合的过程

a) 直接空间复合　b) 间接空间复合

　　电子和中性粒子形成负离子的能力与气体的性质和纯度有关。惰性气体以及纯净的氮气、氢气都不能和电子粘合形成负离子，而氟原子及其化合物的分子对电子的粘合作用特别强，因而被称为负电性气体。例如，SF_6 气体就是一种负电性气体，它被广泛用作高压开关电器的绝缘介质和灭弧介质。

　　复合的过程伴随着能量的释放。表面复合释放的能量多用于加热电极、金属或绝缘物的表面；空间复合释放的能量常以光的形式向周围空间辐射，或者一部分用于增加形成的中性粒子的速度。

　　复合的速度与离子的浓度、温度、压力、电场强度等因素有关，其中最主要的影响因素是温度。相同条件下，加强弧隙的冷却使温度下降时，则复合的速度迅速增加，使消电离作用增强。

　　2. 扩散

　　电离气体中的带电粒子，由于热运动从浓度较高的区域向浓度较低的周围气体中移动的现象，叫做扩散。扩散使电极间的电离气体中带电粒子减少，从而其电离度下降。

　　当电离气体呈圆柱形（如电弧中）时，由于扩散而使带电粒子数密度降低的速度可用下式计算：

$$\frac{\mathrm{d}n}{\mathrm{d}t} = -K\frac{n}{d^2} \tag{4-2}$$

式中，n 为带电粒子的数密度；d 为圆柱体的直径；K 为系数，对于氢气约为 $1000\text{cm}^2/\text{s}$，对于空气约为 $600\text{cm}^2/\text{s}$。

式（4-2）表明，相同条件下，与空气电弧相比，氢气电弧扩散作用下带电粒子数密度下降的速度更快，说明相同条件下氢气比空气具有更好的灭弧性能。

扩散的速度与离子浓度、正离子运动速度、弧柱直径、温度及压力等因素有关，其中，弧柱直径的影响最大。研究表明，当电弧电流恒定时，扩散速度与弧柱直径成反比，即弧柱直径越细、扩散作用越强。

电弧在弧隙中燃烧时，这种气体通常是由电子、正离子和中性原子构成的。当电离气体中正负带电粒子数相等时，称为等离子体。等离子体具有良好的导电性能，并在客观上保持电中性。等离子体是物质存在的另一种聚焦态，通常被称为物质的第四态。电弧就是一种等离子体，因此，电弧的扩散必然是双极性扩散，即：在同一时间内，扩散的正离子数和负带电粒子数相等。否则，扩散不能继续进行。

气体的放电过程是电离和消电离共同作用的结果。电离的结果是不断地产生带电粒子，消电离则趋于使带电粒子消失。因此，可以从离子平衡（电离与消电离平衡）的角度，根据弧隙中带电粒子数的增减来判断电弧的燃烧状况。在相同时间内，如果电离过程强于消电离过程，则气体中的带电粒子数会越来越多，气体放电过程将会不断发展，即电弧燃烧越来越炽烈；反之，如果电离过程弱于消电离过程，则气体中的带电粒子数会越来越少，气体放电将不能维持，即电弧趋于熄灭。当电离过程与消电离过程相平衡时，则气体中的带电粒子数保持不变，电弧处于稳定燃烧状态。

4.2.4　气体放电的几个阶段

在正常状态下，气体间隙有良好的电气绝缘性能。但当在气体间隙的两端加上足够大的电场时，就可以使电流通过气体间隙，即放电。放电现象与气体的种类、压力、电极的材料和几何形状、两极间的距离以及加在间隙两端的电压等因素有关。

为了说明气体放电的各种形式，取一简单的直流电路，如图 4-3 所示。如果开始逐渐增大电源电压 E，然后再逐渐减少 R 以增大流过放电间隙的电流，则气体间隙两端的电压 U 与流过气体间隙的电流 I 的关系，即气体放电间隙的伏安特性，如图 4-4 所示。

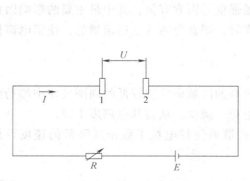

图 4-3　试验气体放电的电路

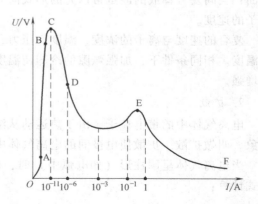

图 4-4　气体放电间隙的伏安特性

根据气体间隙放电的性质，将其伏安特性分为非自持放电阶段和自持放电阶段。

1. 非自持放电阶段

在该阶段，气体间隙中的带电粒子是由于外界电离因素（如各种光线、射线作用）产生的，一旦去掉外加的电离因素，则间隙中无自由电子存在、放电停止。非自持放电阶段的放电电流很小，并且放电几乎不会发光，又称暗放电。该阶段对应于图 4-4 中的 OABC 区域，其放电过程又可分为 OA、AB 和 BC 三个阶段。

1）OA 阶段。气体间隙存在的自然辐射照射在阴极上产生的光发射，以及宇宙射线和紫外线等使气体间隙发生微弱的光电离作用，产生少量带电质点。由于气体间隙的外加电压非常低，间隙中的电场很小，上述光发射和光电离产生的带电粒子不能够全部到达阳极，气体间隙的电流随外施电压的增加而增大。

2）AB 阶段。气体间隙中的电场强度仍然很小，不足以产生电场电离和场致发射，间隙中的带电粒子还是由外部的电离因素产生，带电粒子数较少。当外施电压到达 A 点时，气体间隙的带电粒子能够全部到达阳极，当所有电子都被阳极吸收后，气体间隙的电流出现饱和，电流大小与电压无关。

3）BC 阶段。气体间隙两端的电压较大，相应的电场强度较高，在电场作用下，能够产生场致发射、电场电离和二次发射，电离出来的带电粒子在电场作用下又参与到新的电离过程，于是电离过程就像雪崩似的增长，称为电子崩，使气体间隙的电流随外施电压的增加而出现较大程度地增加。BC 阶段被称为非自持暗放电阶段，又称为汤逊非自持放电阶段。

2. 自持放电阶段

当外施电压增加到临界值 C 点时，突然出现一种新的现象，即电流迅速增加到较大的数值，其大小取决于电源功率和回路电阻。此时，气体开始发光，气体间隙的两个电极变为炽热，在大气中放电时发生声响，即气体被击穿。C 点对应的电压，即气体间隙被击穿所需的最低电压，称为击穿电压 U_{jc}。

一旦气体间隙被击穿，气隙中由场致发射和二次发射产生的电子数已足够多，此时即使除去外界电离因素，也能由电子通过电场电离产生正离子，再由正离子通过二次发射产生电子这一往复作用维持气体间隙的放电过程，因此，将 C 点之后的放电称为自持放电阶段。

C 点是非自持放电阶段向自持放电阶段过渡的转折点。自持放电有多种形式，如自持性汤逊放电、辉光放电、电晕放电、火花放电、电弧放电等。从非自持放电转变到自持放电的何种形式，与气体压力、电流密度、电极形状以及电极间的距离等因素有关。

1）CD 阶段。气体间隙在 C 点被击穿以后，如果回路电阻很大，则气体放电可能进入 CD 阶段。该阶段是很不稳定的过渡阶段，只要回路电流稍有增加，则放电很快向 E 点以后转移。该阶段，称为汤逊自持放电阶段。

2）DE 阶段。气体间隙在 C 点被击穿以后，如果回路电阻不太大，则气体放电可迅速进入 DE 阶段。此时，气体间隙两端电压突然下降，电流迅速增加，气体立即发出较强的明暗交替的辉光，因此，将该阶段称为辉光放电阶段。

辉光放电的基本特征是：电流继续由电子崩机制维持，气体间隙的电离方式主要是电场电离；放电通道的温度为常温；电流密度较小（约 $0.1 A/m^2$）并且非常稳定；电压降主要降落在阴极区域，叫做阴极压降，阴极压降较高（几百伏）。

3）EF 阶段。在辉光放电之后，如果电流增大到 EF 区域，则可以看到极间气体发出耀眼的弧光，放电形式转变为弧光放电，即气体间隙中产生了电弧。此外，如果气体间隙在 C 点被击穿以后，立即在电极上加以较高的电压，并且回路中没有限流电阻限制电流的迅速上升，则气体放电会从点 C 突然转到点 E，直接进入弧光放电阶段。

弧光放电的基本特征是：气体间隙的电离方式主要是热电离；放电通道有明显的边界，放电通道的温度极高（6000K 以上）；电流密度很大（可达 $10^7 A/m^2$ 的数量级），阴极压降很小（几十伏）。

由此可见，电弧是气体自持放电的一种形式，也是气体放电的最终形式。

4.2.5 气体间隙的击穿理论

1. 汤逊放电理论

短间隙（间隙距离 d 小于 2cm）时的气体击穿过程可用汤逊放电理论进行解释。

汤逊放电理论假定：①电子动能小于气体粒子的电离能时，二者碰撞后不发生电离，反之一定发生电离；②电子和气体粒子碰撞时，释放全部动能，然后从零速开始下一次行程；③电子只沿电场方向运动，不考虑其实际轨迹的"之"字形特征。

在上述假定条件下，均匀电场中气体击穿的条件是：

$$\gamma(e^{\alpha d}-1) \geqslant 1 \tag{4-3}$$

式中，α 为空间电离系数，又称汤逊第一系数，表示一个电子沿电场方向行经单位距离时，平均发生的电场电离次数。如果设每次电场电离只产生一对新的带电粒子（一个自由电子和一个正离子），则 α 表示一个电子在单位长度行程内由于电场电离而产生的自由电子数或正离子数。

图 4-5 为标准大气条件（$p = 0.1013MPa$，$t = 20℃$）下，空气中电子空间电离系数 α 与电场强度 E 之间的关系。

电极间气隙中所产生的新的自由电子以及原来已经存在的自由电子在电场的作用下，将会发生上述电场电离现象，进而电离出新的带电粒子。只要电场中存在自由电子，便不断产生新的自由电子，同时有同样数目的正离子产生。这一气体电离过程，称为 α 空间电离过程。

式（4-3）中，γ 为表面电离系数，又称汤逊第二系数，表示一个正离子由于二次发射而使得阴极向电极间隙发射出的电子数。电极间隙中存在的正离子在电极作用下向阴极运动，撞击阴极表面使其产生二次发射的过程，称为 γ 表面电离过程。

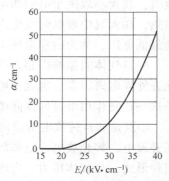

图 4-5 空气中电子空间电离系数与电场强度之间的关系

表 4-3 为不同电极（阴极）材料在不同气体环境中的表面电离系数。

表 4-3 不同电极（阴极）材料在不同气体环境中的表面电离系数

阴极材料	空气	氢 H_2	氮 N_2
铝 Al	0.035	0.1	0.1
铜 Cu	0.025	0.05	0.065
铁 Fe	0.02	0.06	0.06

式（4-3）表明，在一定条件下，如果电极间气隙的电场强度足够高，则从阴极出发的一个电子将会产生剧烈的电场电离，以至于由此所产生的全部正离子到达阴极后，又能由于 γ 表面电离而使得阴极至少重新释放一个电子，后者又可以在电场的作用下进行上述的 α 空间电离，由此产生的正离子又产生新的 γ 表面电离，如此反复，气体放电便会进入自持放电阶段。上述气体放电及击穿机理，称为汤逊放电理论。

汤逊放电理论仅适用于一定的 pd（pd 表示气体压力与间隙距离之积）范围。通常认为，空气中 $pd>200$（cm·133Pa）时，气体击穿机理将发生改变，不能再用汤逊放电理论解释。

2. 流柱放电理论

流柱理论可以较好的解释 pd 很大时的气体放电及击穿现象。

（1）电子崩

气体间隙中的自由电子在电场作用下向阳极运动过程中，如果积累的能量足够大，则与气体分子碰撞时就可能发生电场电离，产生一对新的自由电子和正离子。新生成的电子与已经存在的电子一起又继续从电场中获取能量，继续引起电场电离，这样会引起一系列连锁反应，使电子数量迅速增多，同时也会产生与新生成的电子数量相等的正离子，其过程类似于雪崩。电子和正离子在电场作用下分别向阳极和阴极运动，电子与正离子质量的差异，会使气体间隙的局部空间产生由不同空间电荷（带电粒子）密度构成的狭小区域，即电子崩。电子崩头（指向阳极方向）主要是电子，电子崩尾（指向阴极方向）主要是正离子，使电子崩的形状类似于具有球形头的锥体，如图 4-6a 所示。

随着电子崩的不断发展，电子崩中的电子数按指数规律增长，加之电子的扩散作用，使电子崩的半径不断增加，同时造成电子崩中空间电荷分布不均，空间电荷电场将使外电场发生畸变，导致电子崩头部和尾部的电场被增强，电子崩内部正、负空间电荷区域之间的电场被削弱，如图 4-6b 所示。

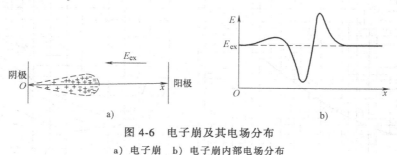

图 4-6　电子崩及其电场分布

a）电子崩　b）电子崩内部电场分布

（2）流柱的形成

当外施电压等于气体的击穿电压时，随着电子崩的发展，电子崩头部的电离越来越强烈，当电子崩走完整个间隙后，电子崩头部的电荷密度非常大使电子崩尾部的电场被大大加强，有利于粒子的激励，从而释放出大量的光子。如果能量足够高，这些光子又会在光电离作用下产生新的电子（光电子）。新形成的光电子将受到主电子崩头部正空间电荷的吸引并被电场电离，从而形成第二代电子崩。随着时间推移，二代电子崩将与主电子崩汇合，其头部的电子进入主电子崩头部的正空间电荷区（此时主电子崩的电子大部分已进入阳极内部）形成负离子。因此，主电子崩头部的原正空间电荷区域的正负离子密度大致相等，形成了等离子体，该区域称为正流柱。正流柱前方的强电场使流柱头部发生强烈的光电离作用并形成新一代的电子崩，它们又会被吸引至流注的头部形成新的等离子体，从而延长了流柱通道。如此反复，流柱通道不断被延长、并不断向阴极发展。一旦流柱发展到阴极，则整个电极间隙便被具有良好导电特性的流柱（等离子体）通道贯通，从而使气体间隙被击穿。

如果外施电压高于气体的击穿电压，则足够高的电场使电场电离足够强烈，电子崩不需要经过整个气体间隙，其头部的电离程度就已经足以形成流注。由于该流注形成以后向阳极发展，因此，称为负流注。一旦负流注到达阳极而贯通整个气体间隙，则气体间隙被击穿。

空间光电离是产生流柱的主要原因，因此，流注的形成及气体的击穿与阴极材料无关。

3. 巴申定律

在均匀电场中，若气体温度为常数，则气体间隙的击穿电压为

$$U_{jc} = \frac{-AU_{dl}pd}{\ln\left[\dfrac{\ln(1/\gamma)}{Apd}\right]} \qquad (4-4)$$

式中，A 为与气体性质有关的常数；U_{dl} 为气体的电离电位；γ 为表面电离系数。

式（4-4）表明：对于特定气体，其电离电位恒定，此时其击穿电压 U_{jc} 就只是气体压力与触头间隙距离乘积（pd）的函数，即 $U_{jc} = f(pd)$。这种关系称为巴申定律。

表 4-4 给出了开关电弧中常见原子的电离电位。

表 4-4 部分气体原子的电离电位

气体原子	Air	Ar	CO_2	H	N	O	Ag	Al	Cu	Ni	Mo	Sn	Pd	Pt	W
电离电位/V	14	15.7	14.4	13.5	14.5	13.5	7.6	6.0	7.7	7.6	7.2	7.3	8.3	9.0	8.0

图 4-7 为均匀电场条件下几种气体的巴申曲线。

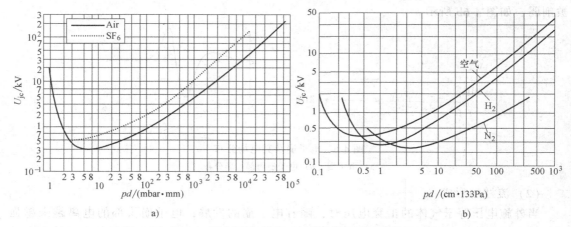

图 4-7 均匀电场条件下几种气体的巴申曲线

a）空气和 SF_6 气体的巴申曲线（注：1mbar = 100Pa） b）空气、H_2 和 N_2 的巴申曲线

图 4-7 表明，随着 pd 的变化，特定气体的击穿电压存在极小值 U_{jcmin}，代表间隙最容易被击穿的情况。这说明，提高电极间隙的气压或将间隙抽成高真空，均可以提高气体的击穿电压，从而提高气体的绝缘性能。表 4-5 为均匀电场下部分气体的最小击穿电压 U_{jcmin} 和相应的最小 pd 值 $(pd)_{min}$。

表 4-5　部分气体的最小击穿电压 U_{jcmin} 和相应的最小 pd 值 $(pd)_{min}$

气体	U_{jcmin}/V	$(pd)_{min}$/(10^{-3} Torr·m)	1 个大气压时的 d_{min}/(10^{-3}cm)
空气	327	5.7	0.75
Ar	137	3.9	1.18
N_2	251	6.7	0.83
H_2	273	1.5	1.51
O_2	450	7.0	0.92

注：1Torr = 133.322Pa。

巴申曲线可以解释如下：

带电粒子与中性粒子的碰撞，远不是每次都能使中性粒子电离，而是存在一定的几率。碰撞是否会引起电离，主要取决于带电粒子在两次碰撞之间是否能聚集足够的能量，该能量主要与两个因素有关：电场强度 E 和带电粒子的平均自由行程 λ。E 越大，则带电粒子在电场中受到的作用力越大，因此动能越大。当电压 u 一定时，在均匀电场中电场强度 E 与电极间的距离 d 成反比（因 $u=Ed$），又因为带电粒子的平均自由行程 λ 与气体压力 p 成反比，因此带电粒子在运动中可获得的动能与气体压力和电极间距离的乘积 pd 成反比。

当 pd 值较大时，带电粒子在运动中获得的动能减少，间隙电离减少。为此，必须提高电压才能使间隙击穿。因此，巴申曲线右半部分击穿电压 U_{jc} 随 pd 增加而上升；当 pd 值很小时，情况有所不同。此时带电粒子的平均自由行程 λ 与电极距离 d 相比，已不是很小的数值，个别电子的自由行程可能已超过电极距离 d，这就是说这些电子在整个行程中都没有获得与中性粒子碰撞的机会，因此使电离更困难。所以必须提高电压，即增加极间电场强度，以增加每次碰撞的电离几率。因此，巴申曲线左侧击穿电压 U_{jc} 随 pd 减小而增加。

巴申曲线表明，对于一个给定的 U_{jc} 有两个 pd 值，即：对于一个给定的 U_{jc} 和气体压力，有两个可能出现击穿的间隙距离。因此，只是增加触头开距不一定总能有效避免发生击穿。

必须指出，巴申曲线的左侧只适用于低气压或高真空的气体。若在大气条件下或接近大气条件下，因左侧部分对应的间隙 d 已在微米或微米以下的数量级上，这样间隙中的电场强度极高，会产生场致发射，使击穿电压大大降低。

巴申曲线只给出均匀电场的击穿电压。实际电器产品中的电场都不是完全均匀的，这时的击穿电压一般均低于巴申曲线上的数值。另外，当海拔升高时，大气的气体压力降低，在同样的电极距离时，pd 值较小，所以击穿电压会下降。

4.3　电弧的物理特征

4.3.1　生弧条件

在关合、开断绝大多数以空气为灭弧介质的继电器、接触器、低压断路器时，会出现大气压条件下的空气电弧，这类电弧是低压开关电器中最为常见的电弧形式。通常认为，对空气电弧的描述同样适用于以 SF_6 和 H_2 为灭弧介质的高气压电弧，但不适用于以高真空作为灭弧介质的真空电弧。本章如无特殊说明，均指空气电弧。

对于大气压条件下以空气为绝缘介质的电极间隙，如果电极两端的电压 U 大于最小生

弧电压 U_{min}，电路导通时的回路电流 I 大于最小生弧电流 I_{min}，则电极间隙会被击穿并一定产生电弧放电。

最新研究成果表明：对于在小电流电路中的某些电极（如银、铜、金、镍，等），在电极两端电压满足 $U>U_{min}$ 的条件下，即使回路电流 $I<I_{min}$，在电路开断过程中也会以一定概率产生电弧放电。只有当 $I<I_{lim}$ 时，才一定不会产生电弧放电，如图 4-8 所示。其中，I_{lim} 为不产生电弧时的最小生弧电流下限值。

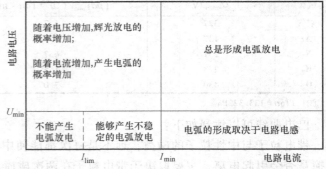

图 4-8　形成电弧及维持电弧所需的电路参数条件

最小生弧电流用于向阴极提供能量，使其能够产生表面发射。最小生弧电压用于维持电弧燃烧，其大小约等于阴极材料的功函数 U_φ 与气体电离电位 V_i 之和。

最小生弧电压、最小生弧电流与电极材料属性以及电极表面状态等因素有关。表 4-6 给出了几种触头材料在表面清洁状态时的最小生弧电压、最小生弧电流、功函数和电离电位。

表 4-6　几种触头材料的生弧参数

触头材料	V_i/V	U_φ/V	V_i+U_φ/V	U_{min}/V	I_{min}/A（旧值）	I_{min}/A（新值）	I_{lim}/mA
铝 Al	5.98	4.10	10.08	11.2	0.4		
银 Ag	7.57	4.74	12.31	12	0.4	0.37	60
金 Au	9.22	4.90	14.12	12.5	0.35	0.4	80
铜 Cu	7.72	4.47	12.19	13	0.4	0.29	45
铁 Fe	7.90	4.63	12.53	12.5	0.45		
镍 Ni	6.63	5.05	12.68	13.5	0.5		
钯 Pd	8.33	4.97	13.30	14	0.8	0.8	100
铂 Pt	8.96	4.60	13.56	14	0.9		
铑 Rh	7.70	4.57	12.27	13	0.35		
钨 W	7.98	4.49	12.47	13.5	1.0		
锡 Sn	7.3	4.64	11.94	13.5		0.2	15
碳 C	11.27	4.6	15.87	20	0.02		< 20
Ag(In/SnO$_2$)				11.0		0.5	60

4.3.2　电弧的形成

1. 开关电器开断过程中电弧的形成

绝大多数开关电器在开断过程均能满足生弧条件，不可避免地会产生电弧放电，电弧总是从触头蒸发的金属蒸气中产生。

此外，某些低压接触器、断路器等开关电器在关合操作时，由于动触头的刚合速度过大，导致合闸弹跳。如果动触头的弹跳距离大于静触头的材料形变距离，则弹跳会使动触头在首次合闸后被"斥开"，相当于带电分闸，此时也会产生电弧放电，其产生机制和开关电器开断过程中电弧的形成机理类似。

开关电器开断过程中电弧的形成过程简述如下：

在触头刚开始做分离运动时，动、静触头之间的接触压力逐渐下降，使有效接触面积减少、接触处的电流密度增大，导致接触区（特别是接触斑点）的温度不断升高。温度升高会使接触斑点的温度达到电极材料的熔点，以至于触头分开时接触斑点已经处于熔化状态，触头间会拉出一个熔融态的金属桥，称为液态金属桥。即使电流很小，或者触头以很高的加速度打开，甚至是在真空介质中开断，触头间总是会形成液态金属桥。

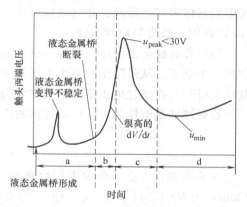

液态金属桥一旦形成，其电压变化率大约为2000V/s。随着液态金属桥不断地被拉长，在液态金属桥的表面张力、温度最高点的气化、液态金属桥根部与高温区域之间因温差而产生的对流等多种原因作用下，液态金属桥开始变得不稳定。当触头两端的电压近似等于阴极材料的沸点电压时，液态金属桥最终断裂并向弧隙释放金属蒸气。如图 4-9 中阶段 a 所示。

图 4-9　液态金属桥断裂及金属相电弧的形成

液态金属桥断裂后，触头两端电压会以 $10^3 \sim 10^9$V/s 的上升速率迅速上升，具体大小取决于液态金属桥断裂前的尺寸。液态金属桥断裂后会形成一个高气压（大约为 100 个大气压）、低电导的金属蒸气区域。随后，金属蒸气区域迅速扩大，使气压下降。当气体压力下降至 3~6 个大气压时，触头两端电压达到几十伏，使金属蒸气开始具备导电能力，形成准电弧放电状态。这一阶段主要通过正离子传导电流，由正离子轰击阴极时引发的二次发射产生自由电子。如图 4-9 中阶段 b 所示。

当弧隙金属蒸气的气体压力下降到 1~2 个大气压时，准电弧放电开始转变为正常的电弧放电。此时，触头两端的电压近似等于最小生弧电压，电弧在液态金属桥断裂形成的金属蒸气中燃烧，称为金属相电弧。维持金属相电弧燃烧所需的电流必须大于最小生弧电流。如图 4-9 中阶段 c 所示。

大多数情况下，随着触头开断的不断进行，弧隙的金属相电弧会逐渐转变为气体相电弧（真空电弧除外）。气体相电弧是指电弧在灭弧介质中燃烧，通过灭弧介质自身气体分子/原子的电离产生自由电子，并由自由电子来传导电流。如图 4-9 中阶段 d 所示。

在触头开断期间电弧形成的全过程如图 4-10 所示。

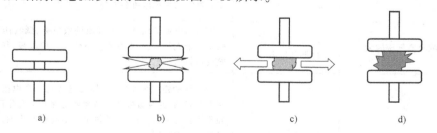

图 4-10　触头开断时电弧的形成过程

a）液态金属桥形成，对应图 4-9 中 a 阶段

b）液态金属桥断裂、向弧隙中喷射金属蒸气，并形成高压金属蒸气区域，对应图 4-9 中 a 阶段

c）金属蒸气区域的体积不断扩大，对应图 4-9 中 b 阶段

d）电弧形成，对应图 4-9 中 c、d 阶段

2. 开关电器关合过程中电弧的形成

开关电器关合过程中，动静触头在相互接触之前，如果弧隙的电场强度达到 3kV/mm，则弧隙会因预击穿而产生电弧放电，称预击穿电弧。预击穿电弧会引起触头熔焊。

研究表明，在电压低于 300V、弧隙间距小于 7μm 时，产生电子雪崩的强度不足以使大气中的气体击穿。然而，在真空间隙中，如果平均场强达到 20 ~ 500V/μm 时，弧隙就会在 1ns 以内因场致发射而被击穿。

当分开的触头之间施加足够高的电压时，弧隙需要经过一定的滞后时间才开始出现击穿的第一个电子。从弧隙出现首个电子直至电弧放电形成所需的时间称为放电建立时间 t_f。放电建立时间与击穿过电压系数、气体种类、触头几何形状和初始电子数目等有关。

若弧隙两端电压为 U，弧隙气体的击穿电压为 U_{jc}，则击穿过电压系数 θ 为

$$\theta = \frac{U - U_{jc}}{U_{jc}} \tag{4-5}$$

实验表明，当空气作为弧隙介质时，当 $U = 2U_{jc}$ 时，$t_f \approx 40ns$；当 $U = 1.1U_{jc}$ 时，$t_f \approx 400ns$；当 $U = 1.01U_{jc}$ 时，$t_f \approx 4\mu s$；当 $U = 1.001U_{jc}$ 时，$t_f \approx 40\mu s$。因此，一旦弧隙两端施加足够高的电压并且出现了首个电子，则弧隙会很快被击穿并形成电弧放电。

4.3.3 电弧的分类

通常可以按照不同的特征对电弧进行分类。常见的电弧分类方法如表 4-7 所示。

表 4-7 电弧的分类方法

序号	分类依据	电弧种类	特点说明
1	电弧电流的性质	1) 直流电弧 2) 交流电弧	二者的主要区别在于电弧电流能否自然过零。由于交流电弧电流存在自然过零点，因此，在相同条件下交流电弧比直流电弧更容易熄灭
2	电弧所在介质的种类	1) 金属相电弧 2) 气体相电弧	1) 如果在电弧燃烧过程中，电极本身气化而成为放电间隙的介质，则产生金属相电弧；当电极为难熔材料并且不参与形成气体介质时，则产生气体相电弧 2) 并非所有电弧都经历金属相电弧和气体相电弧两个阶段 3) 当电弧电流很小时，通常仅存在金属相电弧，燃弧时间极短；如果提高弧隙两端的电压，则金属相电弧向气体相电弧转变时所需的最小电流会下降
3	弧隙介质气压的大小	1) 高气压电弧 2) 低气压电弧	高气压电弧的气压为大气压的数量级；低气压电弧的气压低于 1 个大气压，一般专指真空介质中的电弧，其本质是金属蒸气电弧
4	弧隙重燃机理的差异	1) 短弧 2) 长弧	1) 短弧的弧隙距离极短（如几毫米），两个电极的相互热作用非常强烈，并且近极区域的物理过程起主要作用；长弧的弧隙距离相对较长，两电极的热过程不会相互影响，弧柱的物理过程起主要作用 2) 大多数低压开关的弧隙产生短弧；少量低压开关和大部分高压开关（真空开关除外）的弧隙产生长弧 3) 较低的电压（100 ~ 300V）即可维持短弧；长弧则需要较高的电压来维持

（续）

序号	分类依据	电弧种类	特点说明
5	电弧侵蚀时电极材料的转移方向	1）阳极电弧 2）阴极电弧	阳极电弧以阳极蒸发为主、使材料从阳极向阴极转移；阴极电弧以阴极蒸发为主、使材料从阴极向阳极转移
6	阴极发射电子过程	1）冷阴极电弧 2）热阴极电弧	冷阴极电弧由场致发射产生电子；热阴极电弧由热发射产生电子

4.3.4 电弧的组成

稳定燃烧的电弧可分为三个区域：近阴极区 C、弧柱区 Z 和近阳极区 A，如图 4-11 所示。其中，近阴极区和近阳极区又被称为近极区。电弧的两个电极：阴极和阳极，也可认为是电弧的组成部分。

1. 近阴极区

靠近阴极的区域为近阴极区，近阴极区具有以下特征：

1）区域长度很小，约等于电子的平均自由行程（小于 10^{-6} m）。

2）存在近阴极压降 U_c，其大小与阴极材料、弧隙中气体介质的种类有关。

当发生电弧放电时，由于弧隙中带电粒子质量的差异，会使它们在电场作用下被加速的快慢程度不同，造成近阴极区域积聚大量正离子，从而形成正的空间电荷区，导致近阴极区的电位有急剧的改变，这就是所谓的近阴极压降。

当电弧燃烧时，近阴极区域充满着气体以及从阴极表面蒸发出的金属蒸气，近阴极区的电离主要是上述气体及金属蒸气的电离。因此，通常情况下，阴极压降介于阴极材料金属蒸气的电离电位和弧隙间气体的电离电位之间。对于特定的阴极材料及弧隙间气体，其阴极压降近似为常数，如表 4-8 所示。

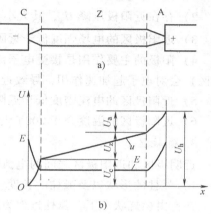

图 4-11 电弧的组成
a）电弧的三个区域
b）各区域的电压和电场强度

表 4-8 不同阴极材料和气体介质时的阴极压降

阴极材料	气体介质	电流范围 I/A	阴极压降 U_c/V
铜 Cu	空气	1～20	8～9
铁 Fe	空气	10～300	8～12
碳 C	空气	2～20	9～11
钠 Na	真空	5	4～5
汞 Hg	真空	1～1000	7～10
碳 C	氢气	—	20

3）近阴极区的电场强度很高，近阴极区和阴极的电离过程对电弧的产生和发展至关重要。

维持电弧放电所需的电子绝大多数是在近阴极区产生的，或是由阴极本身发射的。

近阴极区的电场强度平均高达 $10^8 \sim 10^9$ V/m，对加速正离子向阴极运动、轰击阴极表面以产生二次发射和形成场致发射具有重要作用。

根据阴极材料的特点，阴极发射电子有两种方式：难熔金属电极（例如钨）的热发射、低熔点金属的场致发射。

4）电流密度很大，约 $10^3 \sim 10^6$ A/cm^2，远高于弧柱区的电流密度，大约高 100 倍。其中，90% 的电流由电子提供，10% 的电流由离子提供。

5）近阴极区的温度梯度很大，阴极的温度约等于材料的沸点。

2. 近阳极区

靠近阳极的区域为近阳极区，近阳极区具有以下特征：

1）区域长度在 $10^{-6} \sim 10^{-4}$ m 之间，是近阴极区长度的十几倍。

2）存在近阳极压降 U_a，其大小与阳极材料有关，与近阴极压降相近，在 $0 \sim 20$ V 之间。

3）近阳极区的电场强度低于近阴极区的电场强度，一般为 $10^7 \sim 10^8$ V/m。

4）阳极的主要作用是接受电子流以保持电流的连续性，近阳极区的电子层（负空间电荷区）会对电子起加速作用，导致近阳极区的电子密度和离子密度不相等。

5）近阳极区的电流密度低于近阴极区的电流密度，电流全部由电子提供。

6）近阳极区的温度介于 200℃ 与阳极材料的沸点之间。

3. 弧柱区

近阴极区和近阳极区之间的电弧区域为弧柱区，弧柱区具有以下特征：

1）弧柱的形状以及弧柱的长度、直径与多种因素有关。

在自由燃烧状态下，弧柱近似为圆柱形；当电弧垂直放置时，由于对流作用，热气流上升，则弧柱呈现倒圆锥状；当电弧处于耐弧材料制成的狭缝中燃烧时，由于受到缝壁的限制，弧柱截面近似为椭圆形。

当电弧电流恒定时，弧柱的长度与触头极间距离和灭弧方式有关。若电弧自由燃烧，则认为弧柱长度近似等于触头极间距离；若电弧在磁吹、气吹、绝缘栅片等因素的作用下燃烧，则其弧柱或被吹弯，或进入栅片，导致弧柱长度长于极间距离。

大多数情况下，电弧包括中间明亮的部分，即弧心，以及周围较宽广而亮度较低的部分，即边界层。弧心是电弧导电的核心部分，它的电离度大、电导率高、密度小，几乎传导全部的电弧电流；边界层是围绕着弧心且已发光的高温气体层，其温度相对较低不足以显著地产生电导，电导率很低。在弧心和边界层的交界处，电导率的变化非常显著。因此，弧柱直径应该理解为弧心部分的直径。

弧柱直径沿着电弧长度并不是相等的，在距离电极某一位置处具有最大直径。弧柱直径与触头材料、电流大小、气体介质种类、气压以及气体介质与弧柱的作用强烈程度有关。相同条件下，增加电弧电流，则弧柱直径增大，但弧柱直径的变化将滞后于电弧电流的变化。

2）弧柱区为等离子体区域，其特点是电子密度等于离子密度；在大气压下，弧柱区存在局部热力学平衡，即电子温度＝离子温度＝气体温度。

3）存在弧柱压降 U_z，其大小等于弧柱区的电场强度 E 与弧柱长度 l 的乘积，即 $U_z = El$。

4）弧柱区的电场强度 E 是常数，其大小与电极材料、电流大小、气体介质种类、气压以及介质对电弧的作用强烈程度等多种因素有关。

作为示例，表 4-9 列出了在不同条件下的弧柱电场强度的大致数值。

表 4-9　不同条件下弧柱电场强度 E 的大致数值

实验条件	电流范围 I/A	电场强度 E/(V·m^{-1})
在空气中自由燃弧	200	800
在横吹磁场中熄弧	200	4000
在每厘米长有两块隔板的灭弧栅中	200	5000
在缝宽为 1mm 的窄缝灭弧室中	200	8500
在缝宽为 0.5mm 的窄缝灭弧室中	200	10000
在变压器油中自由燃弧	<10000	12000~20000
在变压器油中自由燃弧	>10000	9000~12000

5）弧柱区的温度非常高，该温度与多种因素有关，并且具有热惯性。

在电弧燃烧的不同阶段，弧柱温度差别较大。在开关电器中，一般认为，弧柱的温度在电弧炽烈燃烧时为 6000~20000K，在电弧趋向熄灭时为 3000~4000K。

当电弧基本处于稳定燃烧时，电弧横截面的中心温度最高，达 10000K 数量级。研究表明：随着距离电弧阴极表面距离的增加，沿电弧轴心方向其温度快速下降；从电弧轴心到其边界层的径向温度几乎按指数规律下降。例如，图 4-12 给出了碳电极、电流为 200A、电弧垂直放置时温度场的图形。

应当指出：随着电弧电流、电极材料、尺寸、形状和放置方式以及介质对电弧的作用方式的不同，电弧温度场将有不同的数值和分布图形。例如，相同条件下，强迫冷却电弧时，会使弧柱的轴心温度升高；增加电弧电流，会使弧柱温度升高。例如，在 10A 时碳弧弧柱的轴心温度稍高于

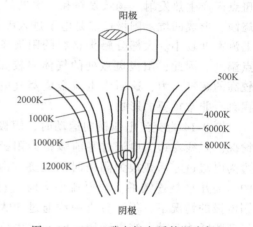

图 4-12　200A 碳电极电弧的温度场

6000K，而当电流增加到 200A 时，温度上升到 11000K。弧柱温度升高会使弧柱的电导增加、电位梯度下降。

虽然弧柱温度沿其轴向和径向的分布通常是不一致的，但工程上为了分析问题的方便，通常假定它们同处于某一个平均温度，这样就可以认为弧柱各点的电导率相同。鉴于弧柱区的特性类似于一个金属电弧，因此可以将弧柱电阻 R_z 表示为

$$R_z = \frac{4\rho_h l}{\pi d_z^2} \qquad (4\text{-}6)$$

式中，l 为弧柱长度；d_z 为弧柱直径；ρ_h 为弧柱电阻率，是气体介质压力和弧柱温度的函数。

在交流电弧的情况下，弧柱的温度不仅随着电流有效值的增大而增大，还随着电流相位角 φ 的变化而变化，如图 4-13 所示。由图 4-13 可见，弧柱的温度变化有两个特点：一是电流下降到零时，弧柱温度不为零；二是弧柱温度的最高值滞后于电流幅值一个相位角。可

见，弧柱温度的变化要滞后电流一定的时间。这是因为：构成电弧的气体具有一定的热容量，要使温度升高或降低，必须供给或从中散发一定的热量，而热量的供给或散发均需要经过一定的时间，因此温度的变化就要滞后于电流的变化，这种现象称为电弧的热惯性。

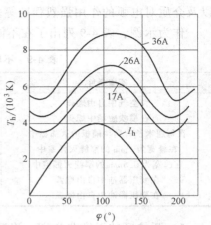

图 4-13 交流弧柱温度 T_h 随电流相位角 φ 的变化

4. 弧根和斑点

弧柱贴近电极的部分叫做弧根，弧根在电极表面上形成的圆形明亮点叫做斑点。阴极弧根和阳极弧根的截面积通常小于弧柱的截面积，因而接近电极的弧柱呈现收缩现象。

阴极斑点是维持电弧存在的电子发射处，其电流密度在大气中自由燃弧时可达 $10^4 A/cm^2$，当弧根在电极表面快速运动时可达 $10^7 A/cm^2$。在这样高的电流密度下，电极材料迅速气化，形成金属蒸气进入弧隙，同时斑点区产生热发射、场致发射和二次发射，向弧隙提供大量电子，结果导致阴极表面逐渐被烧蚀，形成凹坑。阳极斑点是电子进入阳极的主要入口，其面积一般较阴极斑点大，因而其电流密度较小。大部分触头材料的阳极斑点温度都超过其沸点温度。因此，阳极斑点处的气体率较高，阳极表面处存在较高的蒸气压力，这对大电流金属蒸气电弧的燃烧和熄灭过程具有非常重要的影响。

图 4-14 为交流电弧横向运动时，阴极和阳极弧根运动的情况。虚线左边为电流过零前弧根为阳极时的痕迹，虚线右边为电流过零后弧根为阴极时的痕迹。由图可见，阴极弧根的运动几乎是连续的。当电流增大时，它分成许多分支。在铜电极的情况下，每一分支中约通过 50A 电流。阳极弧根则呈现跳跃式运动。当电流增大时，它也分成许多弧根平行地向前跳动。

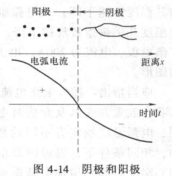

图 4-14 阴极和阳极弧根运动的情况

在开关电器中，通常需要采取特殊的灭弧措施，使电弧及其弧根、斑点能够在触头表面快速运动，以减小它们在触头表面某处的停留时间，从而减轻电弧对触头表面的烧损程度、延长触头使用寿命。

4.3.5 电弧的表征方法

通常采用电弧电压、电弧电流、电弧电阻、电弧功率、电弧能量、电弧直径、电弧长度、电弧温度、燃弧时间、以及电弧形态参数等物理量，从宏观的角度来反映电弧的燃烧状态及其演变规律。

1. 电弧电压

电弧电压，指电弧两端的总压降，是最重要的电弧参数之一。通常采用电压互感器、分压器、电压探针等进行测量。

电弧电压 U_h，由近阴极压降 U_c、近阳极压降 U_a 和弧柱压降 U_z 组成，即

$$U_h = U_c + U_a + U_z = U_0 + El \tag{4-7}$$

式中，U_0 为近极压降（V），$U_0 = U_c + U_a$。

按照近极压降和弧柱压降在电弧电压中所占的比例不同，可以将电弧分成短弧和长弧。

短弧是指极间距离很小，以致弧柱压降 U_z 可以忽略不计的电弧。在短弧中，近极区域的电离过程起主要作用，短弧的电弧电压几乎和电流无关。

长弧是指极间距离很长且 $U_z \gg U_0$ 的电弧。在长弧中，弧柱区域的电离过程起主要作用，长弧的电弧电压与电场强度 E、弧柱长度 l 成正比。

2. 电弧电流

电弧电流 I_h，指弧隙中带电粒子定向流动所形成的电流，其大小等于被分断电路的回路电流。电弧电流也是最重要的电弧参数之一，通常采用电流互感器、分流器、电流探针等进行测量。

利用实测的电弧电压和电弧电流波形，可以进一步分析电弧的伏安特性以及电弧电阻、电弧功率、燃弧时间、电弧能量等特性参数。

3. 电弧电阻

电弧是等离子体，具有导电性。电弧的导电能力用电弧电阻进行反映。

根据欧姆定律，将电弧电压与流过电弧的电流之比，定义为电弧电阻，即

$$R_h = \frac{U_h}{I_h} \tag{4-8}$$

由于长弧的电弧电压近似等于弧柱压降，因此可认为长弧的电弧电阻与弧柱电阻相等。

对于理想弧隙，认为电弧是一个理想导体，即电弧电流过零前，电弧电阻为零；电弧电流过零瞬间，电弧电阻立即变为无穷大。然而，由于实际弧隙中的气体介质不能完全被电离，因此电弧电流过零前的燃弧期间，电弧电阻并不等于零；由于电弧的热惯性，实际弧隙中带电粒子的消失需要一定的时间，特别是开断电流很大时，因此电弧电流过零瞬间，电弧电阻并不会立即变为无穷大。

4. 电弧能量

电弧能量会对开关电器的开断性能和触头的烧蚀程度产生重要影响，因此许多情况下需要计算电弧能量。

电弧能量 W_h，指电弧燃烧期间，回路向电弧输入的能量，其大小等于电弧功率 P_h 与燃弧时间 t_{rh} 的乘积，即

$$W_h = P_h t_{rh} \tag{4-9}$$

电弧功率 P_h，指电弧的输入功率。若将电弧看成是一个纯电阻性的发热元件，则电弧功率按下式计算：

$$P_h = U_h I_h \tag{4-10}$$

燃弧时间 t_{rh}，指电弧从产生到熄灭为止的时间间隔，可以通过分析实测的电弧电压和电弧电流波形得到。

5. 电弧直径

电弧直径是电弧的重要特征参数，它决定电弧的电流密度，进而影响着电弧的发热

过程。

电弧直径 d_h，约等于弧柱直径，指电弧中间明亮部分的直径。

电弧直径虽然能够用来反映电弧的燃烧状态，却由于电弧燃烧状态影响因素众多，导致燃弧期间电弧直径不断变化，加之电弧的高温，导致对电弧直径的准确测量难度较大。目前，常采用以下方法估测电弧直径：①采用高速摄影法，根据电弧图像的亮度估测电弧直径；②采用电弧仿真的方式，通过分析电弧的形状推算出电弧直径。

下面列出几种情况下，电弧直径 d_h 的经验计算公式：

对铜电极，在大气中自由燃弧，弧长 0.5~2cm，当电流 I_h 为 2~20A 时，有

$$d_h = 0.27\sqrt{I_h} \tag{4-11}$$

对铜电极，在大气中横向运动的电弧，当横向运动速度 $v = 20 \sim 50\text{m/s}$ 和 $I_h = 50 \sim 1000\text{A}$ 时，有

$$d_h = 0.08\sqrt{\frac{I_h}{v}} \tag{4-12}$$

对于受到压缩空气纵吹（即空气的流向和电弧轴线一致）的电弧，有

$$d_h = K(10^{-5}p)^m I_h^n \tag{4-13}$$

式中，K 为常数，$K = 0.0023 \sim 0.0039$；p 为压缩空气的压力（Pa）；m、n 为指数，$m = 0.22 \sim 0.27$，$n = 0.6 \sim 0.7$。

6. 电弧温度

电弧温度 T_h 是描述电弧等离子体热力学状态的重要参数之一，通过对电弧温度的研究，可以得到电弧等离子体内部的参数变化和基本过程，并由此分析出电弧内部参数的变化规律。

由于电弧温度是一个分布参数，在电弧的不同区域，电弧温度差异很大、温度变化范围很宽。并且，电弧的燃弧时间短、温度高且体积小，因此，准确测量电弧温度也是很困难的。通常采用以下方法测量电弧温度：①朗缪尔探针法；②激光干涉法；③动态热偶法；④光谱分析法。此外，还可以利用流体动力学软件对电弧温度场进行仿真计算，进而获得电弧的温度场分布。

7. 电弧图像

电弧图像可以直观地反映电弧从产生到熄灭各个阶段电弧形态的时空演变规律。

采用数字图像处理技术对电弧图像进行分析，可以获得电弧亮度、电弧弧长、电弧直径、电弧面积等电弧形态参数。利用上述参数，以及电弧电压和电弧电流的波形，可以更好地揭示电弧产生、燃烧、运动、熄灭、重燃等物理过程的作用机理，进而丰富电弧理论、优化灭弧装置、提高开关电器的开断性能。

目前，通常采用 CCD 数字式高速摄像机和光纤测试系统两种方法拍摄电弧图像。其中，采用高速摄像机拍摄灭弧室内部的电弧图像时，需要在开关外壳或灭弧室上增设透明观察窗，会影响开关电器的灭弧性能，其拍摄速度一般为 10^4 幅/s 的数量级；而光纤测试系统，可以将光纤插入灭弧室内部，对开关电器的灭弧性能影响较小，其拍摄速度可达 10^6 幅/s 的数量级，但电弧图像的清晰度和空间分辨率却远低于 CCD 数字式高速摄像机，其像素点取决于采用的光纤数。

4.3.6 电弧的等离子体喷流

在某些条件下,特别是在电弧电流很大并且斑点稳定或运动缓慢的情况下,利用高速摄影技术可以观测到有粒子束从斑点处流出,这种现象称为等离子体喷流。

发生在阴极处的喷流,称为阴极喷流;发生在阳极处的喷流,称为阳极喷流。

1. 等离子体喷流的产生

有下列三种方式可以产生等离子体喷流:

1) 金属蒸气与等离子体粒子的直接碰撞引起喷流。这种喷流方式仅适用于阴极喷流。阴极斑点的高温使阴极材料被蒸发,产生金属蒸气。金属蒸气以一定的速度进入电弧收缩区,并在该区域内会受到电子和离子的碰撞而被强烈地加热、膨胀。限于电极表面和弧柱放电通道的限制,这些膨胀的等离子流会向垂直到电极表面的方向喷出,形成阴极喷流。

2) 电场对空间电荷区带电粒子的加速作用引起喷流。在空间电荷区的电子及离子会在电场的作用下被加速而获得动能,并将该动能传送给该收缩区的等离子体,从而形成喷流。

在等离子体的准中性区域并不存在这种喷流,同时这种方式也是仅适用于阴极喷流。

3) 固有磁场对等离子体粒子的收缩压力作用引起喷流。弧柱中心电弧电流产生的固有磁场,会对等离子体中的带电粒子产生一个指向弧心方向的径向收缩压力。当电弧电流恒定时,弧柱半径越小,则弧柱中心处的径向收缩压力越大。自由燃烧的电弧,其弧根处的弧柱半径最小,因而该处弧柱中心的径向收缩压力最大。在该收缩压力的作用下,弧根中心部分的等离子体将沿弧柱轴线向压力较低的弧柱中部流动,从而形成等离子体喷流。

2. 径向收缩压力的计算

现以图 4-15 所示的圆形弧柱截面为例,推导径向收缩压力沿弧柱半径方向变化的规律。

图 4-15 中圆形弧柱截面的半径为 r_h,轴向长度为 l。在距中心为 r 处取一厚度为 dr 的圆筒形薄层,设电弧电流 I_h 沿弧柱截面均匀分布,则在圆筒形薄层中心空间内流过的电流为

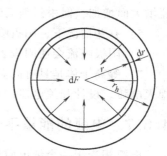

$$I_r = \frac{I_h}{\pi r_h^2} \cdot \pi r^2 = \frac{I_h r^2}{r_h^2} \qquad (4\text{-}14)$$

圆筒形薄层所在处的磁感应强度为

$$B_r = \frac{\mu_0 I_r}{2\pi r} = \frac{\mu_0 I_h r}{2\pi r_h^2} \qquad (4\text{-}15)$$

图 4-15 圆形弧柱截面

在圆筒形薄层壁内流过的电流为

$$dI_h = \frac{I_h}{\pi r_h^2} 2\pi r dr = \frac{2I_h r}{r_h^2} dr \qquad (4\text{-}16)$$

作用在圆筒形薄层上总的电动力为

$$dF = B_r l dI_h \qquad (4\text{-}17)$$

将式 (4-15) 和式 (4-16) 代入式 (4-17) 并化简,得

$$dF = \frac{\mu_0 I_h^2 l r^2}{\pi r_h^4} dr \qquad (4\text{-}18)$$

电动力 dF 的方向为由筒壁指向中心。因为圆筒形薄层的侧面面积等于 $2\pi r l$,于是作用

在它上面的压强为

$$dp = \frac{dF}{2\pi rl} = \frac{\mu_0 I_h^2 r dr}{2\pi^2 r_h^4} \tag{4-19}$$

对式（4-19）进行积分，并令 $r=r_h$ 时 $p=0$，则得 p 随 r 变化的关系为

$$p = -\frac{I_h^2}{\pi r_h^2}\left(1 - \frac{r^2}{r_h^2}\right) \times 10^{-3} \tag{4-20}$$

式中，I_h 为电弧电流（A）；r_h 为弧柱半径（cm）；p 为弧柱截面压强（Pa），通常称为收缩压力或是压力。

由式（4-20）知，在弧柱中心处，由于 $r=0$，则收缩压力最高，其大小为

$$p_{max} = \frac{I_h^2}{\pi r_h^2} \times 10^{-3} \tag{4-21}$$

式中，p_{max} 为弧柱中心处压强的绝对值（Pa），为最大收缩压力。

从式（4-20）和式（4-21）可见，收缩压力 p 与弧柱电流 I_h 的二次方成正比，与弧柱半径 r_h 的平方成反比。

3. 等离子体喷流的特性

等离子体喷流具有以下特性：

1）当电弧电流达到一定的数值时，在电弧被点燃后的若干微秒内就会发生喷流。

2）喷流不仅存在于弧根处，也会存在于电弧的任何收缩部位，例如，利用人工方法使弧柱截面缩小的位置。在金属电极的电弧中，可能同时存在阴极喷流和阳极喷流。

3）喷流的方向垂直于电极表面，并且具有显著的线束轮廓。

4）喷流的运动速度与电弧电流和电极材料有关。一般来说，喷流的运动速度随电弧电流增大而增加，但汞弧喷流的运动速度与电弧电流无关。

5）有些情况下，阴极喷流会和阳极喷流碰撞，进而影响电弧的燃烧状态。

6）阴极喷流会使阴极表面强烈冷却，从而使阴极的电流密度增加。

7）等离子体是具有高温并带有金属蒸气的电离气体，等离子体喷流进入弧隙，不利于熄灭电弧。设计开关电器的触头与灭弧系统时，需要考虑喷流现象对灭弧性能的影响。

4.3.7 电弧的能量平衡

电弧相当于一个纯电阻性发热元件，所以电弧的输入功率 P_h 可表示为

$$P_h = I_h U_h = I_h(U_0 + U_z) = I_h(U_a + U_c + U_z) \tag{4-22}$$

由式（4-22）可见，电弧的输入功率在近阴极区、近阳极区、弧柱区三个区域分布。

由电弧功率转变而成的热量通过热传导、热对流及热辐射三种方式散失。其中，短弧的能量主要是先传给电极，然后再由电极传导给其他零件和散向周围介质；长弧的能量，由电极传导的热量较少，绝大部分由弧柱直接散向周围介质。一般认为，功率 $I_h U_0$ 由电极散发，功率 $I_h U_z$ 由弧柱散发。其中，短弧主要考虑热传导；长弧主要考虑热对流和热辐射。

1. 电弧的散热功率

电弧向外散失能量的功率，即电弧的散热功率 P_s，按下式计算：

$$P_s = P_{cd} + P_{dl} + P_{fs} \tag{4-23}$$

式中，P_{cd}、P_{dl} 和 P_{fs} 分别为由热传导、热对流和热辐射散发的功率（W）。

（1）热传导散发的功率 P_{cd}

假定弧柱截面为圆形，半径为 r_h，长度为 l，表面温度为 T_h，在弧柱外围半径为 r_0（$r_0 = 100\,r_h$）处气体温度与环境温度 T_0 相等。令气体的热导率 λ 为常数，则弧柱由热传导散发的功率 P_{cd} 为

$$P_{cd} = \frac{2\pi\lambda l(T_h - T_0)}{\ln\dfrac{r_0}{r_h}} \tag{4-24}$$

式（4-24）表明，λ 越大，则 P_{cd} 越大。因此，相同条件下，增大弧隙中灭弧介质的热导率有利于熄灭电弧。例如，由于氢气的热导率远高于空气的热导率，所以采用氢气代替空气作为灭弧介质，可以提高开关的灭弧性能。

（2）热对流散发的功率 P_{dl}

电弧的温度远高于周围气体（或液体）介质的温度，电弧会与周围介质发生热对流作用，使一部分能量散失到周围介质中。

当电弧在周围介质中自由燃烧时，仅发生自然对流作用，此时热对流功率与热传导功率处于相同的数量级；如果对电弧采取强迫吹弧措施，例如强制气体或液体灭弧介质对电弧进行快速移动，则电弧与介质之间发生强迫对流作用，此时热对流散热起主要作用。

开关电器中最常见的强迫吹弧方式有横吹和纵吹两种，如图 4-16 所示。横吹就是指流体介质（气体或液体）的运动方向与电弧轴线垂直，纵吹则指流体介质的运动方向与电弧轴线平行。

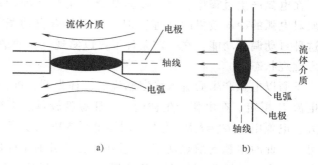

图 4-16 强迫吹弧示意图
a）纵吹 b）横吹

横吹，或者介质不动而电弧本身作横向运动时，热对流散发的功率 P_{dl} 与弧柱的纵断面面积成正比，即

$$P_{dl} = v d_h l \int_{T_0}^{T_h} c\,\mathrm{d}T \tag{4-25}$$

式中，v 为流体介质垂直于电弧轴线运动的速度（cm/s）；T_0 为流体介质未与电弧接触时的温度（K）；T 为流体介质被电弧加热后的温度（K）；T_h 为弧柱平均温度（K）；c 为单位体积流体介质的比热容 [J/(cm^3·K)]；d_h 为弧柱直径（cm）；l 为弧柱长度（cm）。

纵吹时，热对流散发的功率 P_{dl} 与弧柱的横断面面积成正比，即

$$P_{dl} = \frac{\pi}{4} d_h^2 v \int_{T_0}^{T_h} c\,\mathrm{d}T \tag{4-26}$$

对于 1 个大气压时的空气介质，$c = \dfrac{0.41}{T}$，将其分别代入式（4-25）、式（4-26），可以得到此时电弧热对流散发的功率分别为

横吹：
$$P_{dl} = 0.41 v d_{\mathrm{h}} l \ln \frac{T_{\mathrm{h}}}{T_0} \qquad (4\text{-}27)$$

纵吹：
$$P_{dl} = 0.322 d_{\mathrm{h}}^2 v l \ln \frac{T_{\mathrm{h}}}{T_0} \qquad (4\text{-}28)$$

由式（4-27）和式（4-28）可知，强迫吹弧时热对流散发的功率与介质的吹弧速度 v 成正比，因此增大 v 是加强电弧冷却的有效手段之一。

（3）热辐射散发的功率 P_{fs}

电弧热辐射散发的功率按下式计算：
$$P_{\mathrm{fs}} \approx 71.6 r_{\mathrm{h}}^2 l \varepsilon_{\mathrm{fs}} \left[\left(\frac{T_{\mathrm{h}}}{1000} \right)^4 - \left(\frac{T_0}{1000} \right)^4 \right] \qquad (4\text{-}29)$$

式中，$\varepsilon_{\mathrm{fs}}$ 为弧柱发射率 $[\mathrm{W}/(\mathrm{cm}^3 \cdot \mathrm{K}^4)]$。

试验表明，热辐射散发的功率与电极材料以及气压等参数有关。在大气中自由燃弧时，通常只占总散发功率的百分之几到十几。所以，当开关电器中采用了强迫冷却措施时，热辐射散发的功率可以忽略不计。

2. 电弧的能量平衡过程

在电弧产生过程中，以及稳定燃烧的电弧受到扰动作用（例如，电弧电流波动、灭弧介质对电弧的冷却效果改变等）时，电弧具有自动调节其弧柱温度和弧柱直径的功能。利用这种自动调节功能，在一定条件下可以实现电弧的输入功率与散热功率相平衡，使其进入稳定燃烧状态。

下面以电弧产生后进入稳定燃烧的过程为例，进一步阐述电弧的自动调节功能。假定电弧电流 I_{h} 恒定。在电弧产生初期，弧柱温度较低、直径较小。这时，一方面，电弧电阻 R_{h} 较大、电弧电压 $U_{\mathrm{h}} = I_{\mathrm{h}} R_{\mathrm{h}}$ 较大，因而电弧的输入功率 $P_{\mathrm{h}} = I_{\mathrm{h}} U_{\mathrm{h}}$ 较大；另一方面，从散热公式可见，此时电弧的散热功率 P_{s} 较小。由于此时电弧的输入功率大于散热功率，即 $P_{\mathrm{h}} > P_{\mathrm{s}}$，则电弧剩余的功率将用于提高弧柱温度、扩大弧柱直径。随着弧柱温度、弧柱直径的增加，电弧电阻 R_{h} 将下降，使电弧的输入功率 $P_{\mathrm{h}} = I_{\mathrm{h}}^2 R_{\mathrm{h}}$ 减小，而此时电弧的散热功率 P_{s} 不断增加。这种调节过程一直持续到 $P_{\mathrm{h}} = P_{\mathrm{s}}$ 为止。一旦电弧的输入功率等于其散热功率，则弧柱温度和弧柱直径便稳定在一个固定的数值上，电弧进入稳定燃烧状态。

电弧电流数值不同时，电弧进入稳定燃烧状态时的弧柱温度和弧柱直径不同，因而相应的电弧电阻也不同。在电弧自由燃烧状态时，电弧电流越大，则稳定燃烧时的弧柱温度越高、弧柱直径越大，同时，电弧电阻越低、电弧电压越小。此时，电弧的输入功率较大，否则电弧的输入功率将不能补偿因弧柱温度升高和弧柱直径增大而增加的电弧散热功率。

弧柱温度和弧柱直径的变化，其实质是弧柱中能量的变化。由于能量的吸收和散发都需要经历一定的时间，即电弧存在热惯性，所以，弧柱温度和弧柱直径的自动调节功能不能瞬时完成，而是要滞后电弧电流或散热功率的变化。

3. 电弧的热效应

电弧的动态能量平衡方程为
$$\frac{\mathrm{d}W_{\mathrm{h}}}{\mathrm{d}t} = P_{\mathrm{h}} - P_{\mathrm{s}} \qquad (4\text{-}30)$$

根据式（4-30），可以利用能量平衡原理，通过某段时间内电弧能量的变化来判断电弧的燃烧状态，即：

若 $P_h > P_s$，则 W_h 逐渐增多，使弧柱温度升高、弧柱直径增加，电弧趋于炽烈燃烧状态；

若 $P_h = P_s$，则 W_h 保持不变，使弧柱温度和弧柱直径保持不变，电弧处于稳定燃烧状态；

若 $P_h < P_s$，则 W_h 逐渐减少，使弧柱温度下降、弧柱直径减小，电弧趋于熄灭状态。

总体来说，电弧具有"热-电"效应，电弧是热与电的统一体。从热（能量平衡）的角度考虑，熄灭电弧的关键在于迅速冷却电弧，使电弧的输入功率小于散热功率；从电（离子平衡）的角度考虑，若要熄灭电弧，应使电离过程弱于消电离过程。

4.4 直流电弧的特性和熄灭原理

4.4.1 直流电弧的伏安特性

1. 静态伏安特性

设有如图 4-17 所示的直流回路，电源电动势为 E。假定电弧在触头 1 和 2 之间自由燃烧，则可以近似地认为电弧弧长 l 等于触头的极间距离。在实验过程中，保持触头的极间距离不变，令弧长为 l_1，调节可变电阻 R 得到某一个电弧电流值 I_h，电弧电流给定后稍停一些时间（约几百微秒），待电弧达到稳定燃烧状态时，测量触头两端的电压，即可得到对应的电弧电压 U_h。改变电弧电流，便可得到一系列 I_h 和 U_h 点，由此得到电弧稳定燃烧时电弧电压与电弧电流之间的关系曲线，称为直流电弧的静态伏安特性曲线。改变触头的极间距离，重复上述实验过程，可以得到不同弧长时直流电弧的静态伏安特性曲线，如图 4-18~图 4-20 所示。

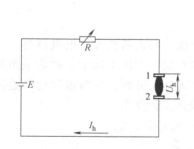

图 4-17　测量直流电弧伏安特性的电路

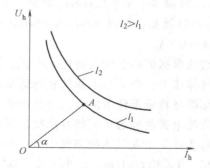

图 4-18　不同弧长时直流电弧的静态伏安特性

如图 4-18 和图 4-19 所示，小电流时直流电弧的静态伏安特性为负的伏安特性，曲线的两端分别趋于最小生弧电流 I_{min} 和最小生弧电压 U_{min}。负的伏安特性表现为：电弧电压 U_h 随电弧电流 I_h 的增加而减小，或者说，电弧电阻 R_h（静态伏安特性曲线的任一点 A 处，$R_h = U_h/I_h = \tan\alpha$）随电弧电流 I_h 的增加而减小。这是因为：在其他条件保持不变的情况下，增加电弧电流 I_h，则电弧的输入功率 $U_h I_h$ 增加，使弧柱温度升高、直径增大，导致电弧电

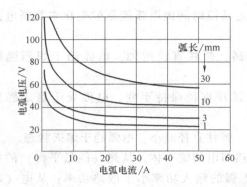

图 4-19　铜电极、小电流直流电弧的静态伏安特性

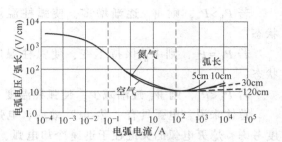

图 4-20　电流变化跨越 8 个数量级时直流
电弧的静态伏安特性随弧长的变化

阻 R_h 下降，对外呈现负阻性。当电弧电流继续增加至大电流（千安数量级）时，负的伏安特性先趋于平坦，然后随电弧电流的增加而升高，体现为正的伏安特性，如图 4-20 所示。

图 4-18 和图 4-19 表明，相同条件下，增加触头的极间距离（弧长），则直流电弧的静态伏安特性曲线上升，即弧长越长，电弧电压越高。当电弧弧长与触头的极间距离（触头开距）不相等时，空气中自由燃烧的直流电弧，其电弧电压与触头开距的关系如图 4-21 所示，相应的可用式（4-31）进行描述。

$$U_h = 26 + (\tau + l)E(I_h) \qquad (4\text{-}31)$$

$$E(I_h) = b\left(\ln\frac{I_h}{q}\right)^{-3} \qquad (4\text{-}32)$$

式中，l 为电弧弧长（cm）；τ 为触头开距（cm）。银触头：$\tau = 1.1\text{cm}$；铜触头：$\tau = 1.3\text{cm}$；钨触头：$\tau = 1.6\text{cm}$；$b = 5400\text{V/cm}$；$q = 7.4\times10^{-3}\text{A}$。

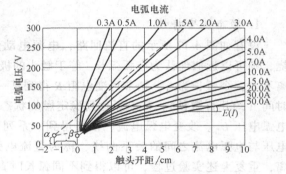

图 4-21　空气中自由燃烧的直流电弧，
电弧电压与触头开距的关系曲线

直流电弧的静态伏安特性是电弧燃烧状态的宏观反映，与电弧长度、电极材料、气体介质、气体压力、介质与电弧的相对运动速度等多种因素有关。实际工作中，通常采用实验手段实际测量特定条件下的直流电弧静态伏安特性曲线。为便于分析，有时也采用经验公式来描述直流电弧的静态伏安特性曲线。下面列举一些经验公式供参考。

对于在 1 个大气压的空气中自由燃烧的电弧，有下列经验公式：

1）当弧长 $l > 1\text{cm}$、I_h 小于几十安时，电弧电压 U_h 为

$$U_h = A + Bl + \frac{C+Dl}{I_h^n} \qquad (4\text{-}33)$$

式中，l 为电弧长度（cm）；U_h 为电弧电压（V）；I_h 为电弧电流（A）；A、B、C、D 为常数。对于铜电极，$A = 30$，$B = 17$，$C = 48$，$D = 33$；n 为与阳极材料的气体温度有关的指数，$n = 2.62\times10^{-4}T$，其中，T 为阳极材料的沸点（K）。部分触头材料的沸点等特性参数，请查阅表 5-7。

2) 对于铜电极，当弧长 $l = 0.8\text{cm}$、$I_h < 600\text{A}$ 时，电弧电压 U_h 为

$$U_h = 31 + \frac{96.7}{\sqrt{I_h}} \tag{4-34}$$

通常情况下，直流电弧的静态伏安特性常采用下式表示：

$$U_h = U_0 + \frac{cl}{I_h^n} \tag{4-35}$$

式中，U_0 和 U_h 分别为近极压降和电弧电压（V）。c 和 n 为常数。$n = 0.25 \sim 0.6$，其中，0.25 对应于大电流，0.6 对应于 1~20A 的小电流；c 与介质性质和冷却条件有关。

2. 动态伏安特性

如果在实验过程中以较快的速度改变电弧电流 I_h，并且在电弧尚未达到其稳定燃烧状态时便测量电弧电压 U_h，则可以得到直流电弧的动态伏安特性曲线，如图 4-22 所示。

设电弧已经处于稳定燃烧状态，电弧电流为 $I_h = I_1$，电弧位于图 4-22 中静态伏安特性曲线 6-1-4 的点 1。

若改变电路参数，使电弧电流 I_h 以某一较快的速度由 I_1 增大到 I_2（即 $\frac{dI_h}{dt} > 0$），则电弧电压 U_h 将不是沿曲线 6-1-4 下降，而是沿着较高的曲线 1-3 变化，最终趋于新的稳定燃烧点 4；若电弧电流 I_h 瞬间从 I_1 增大到 I_2（即 $\frac{dI_h}{dt} \to \infty$），则电弧电压 U_h 沿直线 1-2 变化，最终稳定于点 4。

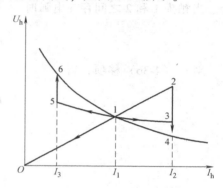

图 4-22　直流电弧的动态伏安特性曲线

若改变电路参数，使电弧电流 I_h 以某一较快的速度由 I_1 减小到 I_3（即 $\frac{dI_h}{dt} < 0$），则电弧电压 U_h 将不是沿曲线 4-1-6 上升，而是沿着较低的曲线 1-5 变化，最终趋于新的稳定燃烧点 6；若电弧电流 I_h 瞬间从 I_1 减小到零（即 $\frac{dI_h}{dt} \to -\infty$），则当忽略电弧的近极压降时，电弧电压 U_h 沿直线 1-O 趋向于零。

图 4-22 表明，直流电弧的动态伏安特性曲线不同于其静态伏安特性曲线。这是因为：电弧电压并不是系统电压或电路电压的函数，而是由维持电弧所需的输入能量决定。电弧的能量与电弧电导率和能量流动速率有关，而电弧电导率无法立即响应电流的变化，因此电弧电导率和电弧电压要滞后于电弧电流的变化。滞后的程度取决于电弧电流变化的快慢以及电弧的惯性。

当电弧电流以较快的速度增加时，电弧温度的升高以及电弧直径的增加均相对滞后，使电弧电阻的减小相对于静态伏安特性有些缓慢，其结果是电弧电压虽然也下降，但其变化速度相对较低，导致电弧电压高于相同电弧电流下静态伏安特性曲线的电弧电压，使其动态伏安特性曲线 1-3 高于静态伏安特性曲线 1-4。同理，当电弧电流以较快的速度下降时，其动态伏安特性曲线 1-5 低于静态伏安特性曲线 1-6。

如果电弧电流的变化速度无限快 $\left(\dfrac{\mathrm{d}I_\mathrm{h}}{\mathrm{d}t}\rightarrow\pm\infty\right)$，则在电弧电流变化期间，电弧温度和电弧直径将保持不变，电弧电阻也保持不变，所以电弧电压将沿直线 O-1-2 变化。此时的电弧电阻呈现出一般金属电阻所具有的正伏安特性曲线。

在一定条件下，直流电弧的静态伏安特性曲线只有一条，而其动态伏安特性曲线却因电弧电流变化速度的不同有无数条。

4.4.2 直流电弧的熄灭原理

1. 直流电弧的稳定燃烧点

设有如图 4-23 所示直流回路，E 为电源电动势，L 和 R 分别为电路中的电感和电阻，C 为折算到弧隙两端的线路分布电容。通常 C 的数值很小，当电弧电压变化不快时可忽略不计。当触头 1 和 2 之间存在电弧时，可写出微分方程式：

$$E = L\frac{\mathrm{d}I_\mathrm{h}}{\mathrm{d}t} + I_\mathrm{h}R + U_\mathrm{h} \tag{4-36}$$

对式（4-36）移项，得

$$L\frac{\mathrm{d}I_\mathrm{h}}{\mathrm{d}t} = E - I_\mathrm{h}R - U_\mathrm{h} \tag{4-37}$$

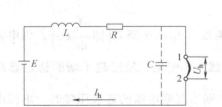

图 4-23　带有电弧的直流电路

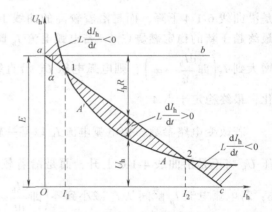

图 4-24　直流电弧的稳定燃烧点

在图 4-24 中，曲线 A'-A 表示给定条件下电弧的静态伏安特性，水平直线 ab 表示电源电动势 E，直线 ac 与 ab 成一夹角 α。令 $\alpha = \arctan R$，则 ac 的高度表示 $E - I_\mathrm{h}R$。直线 ac 和曲线 A'-A 交于 1、2 两点。

电弧稳定燃烧状态时，电弧电流 I_h＝常数，即 $\dfrac{\mathrm{d}I_\mathrm{h}}{\mathrm{d}t} = 0$，由式（4-36）知

$$E = I_\mathrm{h}R + U_\mathrm{h} \tag{4-38}$$

从图 4-24 可见：

1）在点 1 以左和点 2 以右的区域，直线 ac 的高度低于曲线 A'-A 的高度，即 $(E - I_\mathrm{h}R) - U_\mathrm{h} < 0$，得 $L\dfrac{\mathrm{d}I_\mathrm{h}}{\mathrm{d}t} < 0$，所以，这两个区域内，$I_\mathrm{h}$ 将随时间的变化不断减小。

2）在点 1 以右和点 2 以左的区域，直线 ac 的高度高于曲线 $A'\text{-}A$ 的高度，即 $(E-I_hR)-U_h>0$，得 $L\dfrac{\mathrm{d}I_h}{\mathrm{d}t}>0$，所以，在这个区域内，$I_h$ 将随时间的变化不断增大。

3）在点 1 和点 2 上，有 $(E-I_hR)-U_h=0$，得 $L\dfrac{\mathrm{d}I_h}{\mathrm{d}t}=0$，也就是 I_h 为常数，电流 I_h 不随时间变化，电弧处于稳定燃烧状态。

由此可见，存在两个稳定点：点 1 和点 2，分别对应于电流 I_1 和 I_2。但是经仔细分析可知，点 1 的稳定燃烧是虚假的。这是因为：当 $I_h=I_1$ 时，若有某种原因（例如弧长稍有变化）引起 I_h 稍大于 I_1，则电路工作状态将背离点 1 进入点 1 和点 2 之间的区域，由于该区域 $\dfrac{\mathrm{d}I_h}{\mathrm{d}t}>0$，于是 I_h 将继续增大，直到 $I_h=I_2$；反之，若某种原因使 I_h 稍小于 I_1，则进入 1 点以左的区域，此区域 $\dfrac{\mathrm{d}I_h}{\mathrm{d}t}<0$，因此 I_h 将继续减小直到电弧熄灭。点 2 的情况则完全不同：当 $I_h=I_2$ 时，不论何种原因引起 I_h 稍微偏离 I_2，使电路工作状态进入点 2 以右或以左的区域，I_h 都会自动返回到点 2。由此可见，只有点 2 才是直流电弧的稳定燃烧点。

2. 直流电弧的熄灭条件

在开关电器中，人们希望电弧不存在稳定燃烧点，从而促使电弧尽快熄灭。

图 4-24 表明，若使直流电弧不存在稳定燃烧点，必须使直线 ac 与曲线 $A'\text{-}A$ 没有交点。因此，直流电弧的熄灭条件为：

$$E-I_hR<U_h \tag{4-39}$$

式（4-39）说明，当电路中电源电压不足以维持稳态电弧电压和线路上的压降时，或者说，外界电路施加在弧隙两端的电压低于维持电弧稳态燃烧所需的电压时，直流电弧趋于熄灭。

3. 直流电弧的灭弧方法

根据直流电弧的熄灭条件，结合图 4-24 可知，可以从两个方面采取措施：一是增加回路电阻 R，使 α 角增大、直线 ac 变成 ac'；二是提高电弧的静态伏安特性曲线 $A'\text{-}A$，使其移至 $A'_1\text{-}A_1$、不与直线 ac 相交。使稳定燃烧点不存在的措施如图 4-25 所示。

为了熄灭直流电弧，低压开关电器通常采用提高电弧静态伏安特性的措施。由式（4-7）可知，提高直流电弧的静态伏安特性，即增大 U_h，可以采取以下措施：

（1）增大近极压降 U_0

采用 n 个平行排列的金属栅片将电弧分割成 $n+1$ 个串联的相对较短的短弧，如图 4-26 所示。

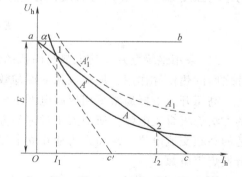

图 4-25 使稳定燃烧点 2 不存在的措施

由于每一个短弧都有一个近极压降 U_0，则总的电弧电压 U_h 为

$$U_h = (n+1)U_0 + El' \qquad (4\text{-}40)$$

式中，n 为串联的短弧数；l' 为全部短弧的长度之和。

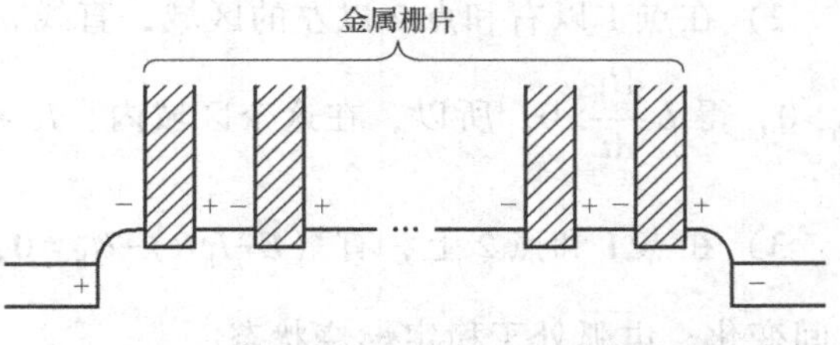

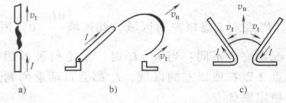

图 4-26　用金属栅片将电弧分割成串联短弧

（2）增大电弧长度 l

工程中常用的具体方法如下：

1）用机械的方法增加触头之间的距离，如图 4-27a 所示。

2）依靠导电回路自身的磁场或外加磁场使电弧横向拉长，如图 4-27b 所示。

3）在磁场的作用下，使弧根在电极上移动以拉长电弧，如图 4-27c 所示。

（3）增大弧柱的电场强度 E

1）增大气体介质的压力 p。在高气压气体介质中，$I_h = 1 \sim 20A$ 时，弧柱的电场强度 E（V/cm）为

$$E = cI_h^{-n}(10^{-5}p)^m \qquad (4\text{-}41)$$

式中，p 为气体介质的气压（Pa）；c、n 和 m 均为常数。对于空气，$c=80$，$n=0.6$，$m=0.31$；对于氢气，$c=400$，$n=0.7$，$m=0.32$。

v_t—切向速度　　v_n—法向速度

图 4-27　增加弧长的方法

由式（4-41）可知，相同条件下提高气体介质的压力 p，可以增加弧柱的电场强度 E。当气体介质的压力升高以后，电弧内部带电粒子的浓度增加，其平均自由行程减小，动能减小，使碰撞电离困难、电弧热传导及热对流的散热效果也越强，因此不易产生电离，导致弧柱的电场强度 E 上升。

2）增大电弧与流体介质之间的相对运动速度 v。电弧与其周围气体介质之间的相对运动方式包括：电弧在磁场作用下在静止的流体介质中横向运动、采用高速运动的流体介质横吹或纵吹电弧（如图 4-16 所示），进而达到提高电弧电压的目的。

在 1 个大气压的空气中，铜电极间横向运动的电弧，当 $v<200\text{m/s}$、$I_h<600A$ 时，弧柱的电场强度 E（V/cm）与电弧运动速度 v 的关系为

$$E = \frac{9.2(v+10)}{\sqrt{I_h}} \qquad (4\text{-}42)$$

3）采用绝缘栅片。使电弧与耐弧的绝缘栅片（如陶土）密切接触，依靠电弧与绝缘栅片之间的热传导作用，加强电弧的冷却效果，使复合能力增加、弧柱的电场强度 E 增加。

高压开关电器通常采用提高电弧电压和串联回路电阻相结合的方式，或者采用人工过零的方法熄灭直流电弧。所谓人工过零的方法，就是在开断电路时对直流电弧电流叠加一个合适的高频交流电流，从而人为地建立电弧电流过零点，再利用交流电弧电流过零易于熄灭的特性熄灭电弧。

图 4-28 为一种人工过零电路。图中，U 为电源电压，R_{fz} 为负载电阻，L_1 和 L_2 为限流电感。当弧隙 K_1 闭合、辅助开关 S_2 打开时，电路中流过的电流为 I_1。由辅助开关 S_2 控制

的 LC 回路与弧隙 K_1 并联。电容 C 上预先充有图中所示极性的电压，当开断电路时，弧隙 K_1 中产生电弧，此时将开关 S_2 闭合，电容 C 便通过电感 L、开关 S_2 和弧隙 K_1 放电。放电电流 I_2 按正弦规律上升。由于 I_2 和 I_1 方向相反，因此，流过 K_1 弧隙的电流 I_1-I_2 便逐渐减小。当 $I_1=I_2$ 时，弧隙 K_1 中的电流为零，于是电弧熄灭。只要此时弧隙 K_1 足以承受熄弧后加在该弧隙两端的电压而不发生击穿，则电路便被完全开断。L_1 和 L_2 在电容 C 放电时起减少放电电流流入电源和负载的作用。

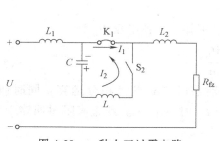

图 4-28　一种人工过零电路

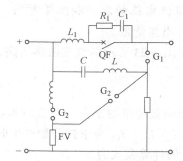

图 4-29　一种直流电弧开断电路

图 4-29 为一种直流电弧开断电路。图中，L_1 为饱和式电感线圈，QF 为交流断路器，R_1 和 C_1 为断路器两端的并联电阻和并联电容，G_1 和 G_2 为真空触发间隙或电力电子开关器件，L 和 C 分别是振荡回路的电感和电容，FV 为过电压吸收装置。当主断路器 QF 开始断开时，在触头间产生直流电弧。控制回路使 G_1 导通，则由 L_1、QF、G_1、L 和 C 构成的振荡回路会产生高频振荡电流，该振荡电流与被开断的直流电流叠加，形成强迫电流过零点，再由交流断路器 QF 熄灭这个具有电流过零点的电弧，从而开断电路。控制回路使 G_2 导通，则过电压吸收装置 FV 投入运行，用来抑制电路开断时可能产生的过电压。

图 4-29 中，振荡回路中电容 C 和电感 L 的选择至关重要。电容 C 的选择取决于：①保证振荡回路电流的幅值，足以抵消被开断的直流电流，使叠加后的电流能够产生若干次电流过零点；②回路振荡时电容 C 两端的最大电压要低于电容的最大允许电压。电容 C 可按下式计算：

$$C=L_0\frac{I^2}{(U_{cm}-U)^2}\tag{4-43}$$

式中，L_0 为被开断直流电路的电感；U、I 为被开断直流电路的电压和电流；U_{cm} 为电容 C 的最大允许电压。

振荡回路电感 L 的选择，取决于电容 C 和振荡角频率 ω，即

$$L=\frac{1}{\omega^2 C}\tag{4-44}$$

开断直流电弧电流时，为保证主断路器能够承受电流过零前的电流变化率 $\frac{dI_h}{dt}$ 和电流过零后触头两端暂态恢复电压变化率 $\frac{dU_h}{dt}$ 的乘积，还需要采取以下措施：①采用饱和式电感线圈 L_1，当线路通过负载电流时，L_1 饱和而电感较小；通常 L_1 的电流下降时，L_1 有较大的电

感，从而可以减小电路开断时的$\dfrac{\mathrm{d}I_h}{\mathrm{d}t}$；②在断路器 QF 两端并联电阻 R_1 和电容 C_1，以降低电路开断时的$\dfrac{\mathrm{d}U_h}{\mathrm{d}t}$。

4.4.3 直流电弧熄灭时的过电压

1. 直流电弧的能量和燃弧时间

（1）电弧能量

对于图 4-23 所示的直流阻感回路，由式（4-36）可知，电弧电压 U_h 为

$$U_h = E - I_h R - L \frac{\mathrm{d}I_h}{\mathrm{d}t} \tag{4-45}$$

根据电弧能量的定义，对式（4-45）中各项分别乘以 $I_h \mathrm{d}t$ 并做积分运算，同时假定：$t=0$ 时，$I_h = I_{h0}$，I_{h0} 为电弧开始产生时刻的电流；$t = t_{rh}$ 时，$I_h = 0$。则直流阻感回路中电弧能量 W_h 的计算公式为

$$\begin{aligned}
W_h &= \int_0^{t_{rh}} U_h I_h \mathrm{d}t \\
&= \int_0^{t_{rh}} E I_h \mathrm{d}t - \int_0^{t_{rh}} I_h^2 R \mathrm{d}t - \int_{I_{h0}}^0 L I_h \mathrm{d}I_h \\
&= \int_0^{t_{rh}} E I_h \mathrm{d}t - \int_0^{t_{rh}} I_h^2 R \mathrm{d}t + \frac{1}{2} L I_{h0}^2
\end{aligned} \tag{4-46}$$

式（4-46）中，等号右侧第一项为燃弧期间电源供给的能量，第二项为在此期间电阻 R 消耗的能量，第三项为燃弧开始时电感存储的能量（磁能）。

由此可见：整个燃弧期间消耗在电弧中的能量，不仅是电源供给的能量与电阻中消耗的能量之差，还包括电感中存储的磁能。在相同条件下，回路电感越大，则电感中储存的磁能越多，电弧的输入能量越多，熄灭越困难。

在开断直流阻感回路时，回路电感中存储了一定的磁能，使电弧熄灭时需要从弧隙散发更多的能量。同时，电弧具有热惯性，弧隙中电弧能量的释放需要一定的时间，因此，弧隙中产生电弧以后，即使满足了电弧的熄灭条件，电弧也不会立即熄灭，而是开始趋向熄灭，只有当弧隙中的能量全部释放完毕后，电弧才能熄灭。

（2）燃弧时间

对于图 4-23 所示的直流阻感回路，由式（4-36）可知

$$\mathrm{d}t = L \frac{\mathrm{d}I_h}{E - I_h R - U_h} \tag{4-47}$$

则燃弧时间 t_{rh} 为

$$t_{rh} = \int_0^{t_{rh}} \mathrm{d}t = L \int_{I_{h0}}^0 \frac{\mathrm{d}I_h}{E - I_h R - U_h} = L \int_0^{I_{h0}} \frac{\mathrm{d}I_h}{U_h - (E - I_h R)} \tag{4-48}$$

式（4-48）表明：燃弧时间与电路参数、电源电压、开断电流时刻以及电弧电压有关。在相同条件下，电感 L 越大、电流 I_{h0} 越大，则燃弧时间 t_{rh} 越长；电弧电压 U_h 越大，则燃弧时间 t_{rh} 越短。

2. 过电压的产生及危害

为了减轻电弧的危害、快速开断电路，通常希望燃弧时间越短越好。然而，由于线路中不可避免地存在电感，如果燃弧时间过短，则电弧电流会从某一初始值以很快的速度下降到零，即电弧电流的时间变化率很大，这样电感中就会产生很高的自感电动势，它与电源电压一起施加到弧隙两端以及与之相连的线路和电气设备上，该电压可能比电源电压高几倍甚至十几倍，通常称为过电压。

由式（4-45）可知，施加在弧隙两端的过电压 U_g 为

$$U_g = U_h = E - I_h R - L \frac{dI_h}{dt} \tag{4-49}$$

通常在电弧电流 I_h 趋于零时，弧隙的消电离作用最强、电流的时间变化率最快，则过电压 U_g 最高，其最大值 U_{gmax} 为

$$U_{gmax} = E - L \frac{dI_h}{dt} \bigg|_{I_h \to 0} \tag{4-50}$$

从式（4-50）可知：其他条件相同时，L 越大、$\frac{dI_h}{dt}$ 最大，则最大过电压 U_{gmax} 越大。

开断直流阻感回路时，如果被开断的回路电流较小，开关的灭弧能力很强，则弧隙的消电离作用过于强烈，可能发生电弧电流减小到某一个数值时，弧隙中电离气体被强行吹走、电弧电流被强行截断的现象，即截流现象。出现截流时，电流的变化率极高，由此产生的过电压，称为截流过电压。

以图 4-23 为例，发生截流现象时，由于电感电流不能跃变，流过电感 L 的电流不会突然停止，于是原来流过弧隙的电流便转而流入与弧隙并联的电容 C，使电容 C 被充电；当电感 L 中的电流等于零时，电容 C 两端的电压 U_C（即弧隙两端的电压）达到最大。随后，电容 C 再对电感回路放电，即电路发生能量交换的振荡过程。经数次衰减振荡之后，弧隙两端的电压最终稳定在电源电压上，如图 4-30 所示。

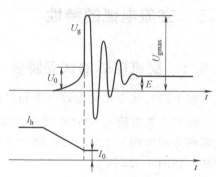

图 4-30　发生截流时弧隙两端的电压变化情况

设电流被截断时的瞬时值（截流值）为 I_0，此时弧隙两端的电压为 U_0，根据能量平衡原理，即截流前后储存于电感和电容中的能量相等，则

$$\frac{1}{2} C U_{gmax}^2 = \frac{1}{2} C U_{Cmax}^2 = \frac{1}{2} L I_0^2 + \frac{1}{2} C U_0^2 \tag{4-51}$$

式中，U_{Cmax} 为弧隙两端并联电容 C 上的最高电压。

在最不利的情况下，弧隙两端的最大过电压 U_{gmax} 为

$$U_{gmax} = \sqrt{\frac{L}{C} I_0^2 + U_0^2} \tag{4-52}$$

过电压产生之后，一方面可能会击穿弧隙，使电弧重新燃烧；另一方面可能将电气设备的绝缘击穿，引起破坏性事故。因此，必须采取措施抑制电弧熄灭时产生的过电压。

3. 过电压的抑制方法

通常采用以下三种方法来降低直流电弧熄灭时的过电压，如图 4-31 所示。

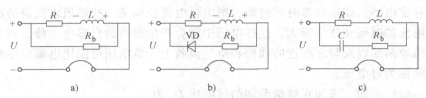

图 4-31   限制直流过电压的措施

1）在 R、L 两端并联电阻 R_b，如图 4-31a 所示。在电弧熄灭过程中，电感线圈产生的感应电动势在 R-L-R_b 回路中产生环流，电流不会突然截断，其衰减速度由电路时间常数决定，并且电感磁能的一部分消耗在电阻上，因此降低了过电压。

2）在 R、L 两端并联一个二极管 VD 和一个电阻 R_b，如图 4-31b 所示。当负载通电时，电阻 R_b 上没有电流，因此无附加损耗，只有在开断电路的过程中，R_b 上才有电流通过，泄放电感中储存的一部分磁能。此电路应用较广。

3）在 R、L 两端并联一个电容 C 和一个电阻 R_b，如图 4-31c 所示。当负载通电在稳态时，R_b 上也没有电流。在开断电路的过程中，电感电流通过 R_b-C-R-L 回路形成衰减振荡。电感 L 中的一部分磁能以及电容器 C 中的电能在此回路中消耗，变为热能，因此降低了过电压。

4.5   交流电弧的特性

4.5.1   交流电弧的伏安特性

对于随时间变化的电弧电压和电弧电流，分别用小写字母 u_h 和 i_h 表示。

假定电弧电流 i_h 随时间按正弦规律变化、电流幅值不变，并且假定弧长不变、介质对电弧的冷却作用不十分强烈，则交流电弧一个周期内 u_h 和 i_h 的关系，称为交流电弧的伏安特性，如图 4-32a 所示。

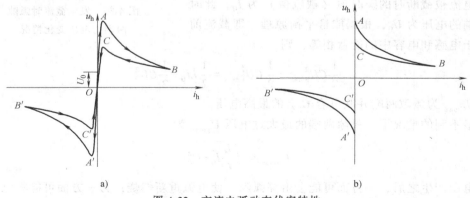

图 4-32   交流电弧动态伏安特性

a）i_h 过零时，R_h 为有限值   b）i_h 过零时，R_h 为无穷大

由于交流电弧的电流瞬时值随时间变化，使得交流电弧一直处于动态变化过程，因此，交流电弧的伏安特性指动态伏安特性。交流电弧电流每个周期存在两个自然过零点，使得交流电弧通常在电流过零时自行熄灭。若未能熄灭，则电弧在电流的另一个半周内重燃。在这种情况下，电流正负半周时的电弧伏安特性关于坐标原点对称，如图 4-32 所示。

图 4-32a 中，箭头表示 i_h 的变化方向。以电弧电流位于正半周时为例，利用电弧能量平衡理论，对交流电弧伏安特性曲线分析如下：

OA 段：i_h 从零开始上升，由于在 i_h 过零期间，$P_h \approx 0$，由式（4-30）可知，$\dfrac{\mathrm{d}W_h}{\mathrm{d}t} = -P_s$，即 W_h 随时间的变化而减少。于是，弧柱变冷、变细，R_h 增大。因此，i_h 过零以后，$u_h = i_h R_h$ 将从 U_0 开始以很陡的斜率上升。

AB 段：随着 i_h 的继续增大，P_h 不断增大、W_h 逐渐增多。当 $P_h > P_s$ 时，弧隙的热电离作用使电弧重燃。此后，R_h 继续减小，使电弧呈现负阻性，故 u_h 开始随着 i_h 的增大而减小。图中 A 点对应的电压，称为燃弧尖峰 U_{rh}。

BC 段：i_h 从最大值 B 点开始逐渐减小，弧柱的热惯性，使 i_h 减小时 R_h 增大较少，因此，u_h 沿曲线 BC 上升，曲线 BC 低于曲线 AB。随着 i_h 的继续减小，P_h 不断减小。当 i_h 继续减小至电流半波即将结束时，为维持 i_h，u_h 反而升高。

CO 段：当 i_h 继续减小至某一时刻（例如 C 点），$P_h < P_s$，u_h 不足以维持 i_h，使电弧开始熄灭，u_h 随 i_h 的减小不断减小。当 i_h 趋近于零时，电弧熄灭，u_h 也趋近于零。图中 C 点对应的电压，称为熄弧尖峰 U_{xh}。

U_{rh} 和 U_{xh} 的大小以及它们与纵坐标的距离，与电弧电流的幅值、介质对电弧的冷却作用等因素有关。当 i_h 的幅值较小或者介质对电弧的冷却作用很强时，在燃弧前和熄弧后 i_h 非常小，因此可将其忽略，即曲线的 OA 段、OC 段均与纵坐标重合，此时电弧的伏安特性如图 4-32b 所示。

一个电流周期内高气压交流电弧的 u_h 和 i_h 随时间 t 的变化关系如图 4-33 所示。由图可见，在 i_h 半周开始和半周末尾附近，u_h 曲线分别出现了较高的峰值——U_{rh} 和 U_{xh}，并且 $U_{rh} > U_{xh}$，使 u_h 的曲线形状类似于马鞍形，故又称该曲线为马鞍曲线。对比图 4-33a 和图 4-33b 发现，当 i_h 较大时，u_h 较小并且在 i_h 半周内变化较小，只是在半周开始和半周末尾的一个小区间内才能观察到 u_h 较大的变化，出现尖峰，在半周中部 u_h 曲线几乎平行于坐标轴线。

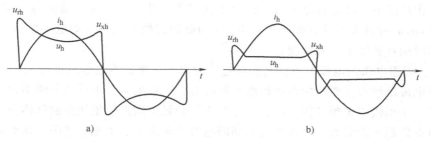

a)　　　　　　　　　　　　　b)

图 4-33　电弧电压和电弧电流随时间的变化关系

a）i_h 较小　b）i_h 较大

4.5.2　交流电弧对电路的影响

1. 零休现象

（1）零休现象的定义

在交流电弧电流自然过零前后的一段时间内，弧隙电阻变得相当大，以致成为限制电弧电流的主要因素。在这段时间内，电弧电流一般并不按照正弦波变化，而是等于电弧电压与电弧电阻的比值。由此产生的电弧电流近似为零的现象称为零休现象。零休现象的持续时间，称为零休时间。

i_h 过零直至下半周 U_{rh} 出现之前，R_h 很大，此时 i_h 与负载电流相比，几乎可以认为是零，这种现象称为电流过零后的零休，简称零后零休。相应的时间间隔即为零后零休时间；在 i_h 过零前，U_{xh} 出现之后，i_h 迅速减小到很小的数值，近似于零，这种现象称为电流过零前的零休，简称零前零休。相应的时间间隔即为零前零休时间。

零休时间的长短对电弧的重燃和熄灭过程具有很大影响。相同条件下，零休时间越长，在电弧电流过零后，电弧越不易重燃、电弧越容易熄灭。这是因为零休时间增加，意味着在电流过零前后的较长一段时间内，$P_h \approx 0$，从而使电弧熄灭后弧隙的温度更低、电阻更高，更有利于弧隙向绝缘状态的转变，从而更有利于电弧的最终熄灭。

（2）零休现象的影响因素

零休时间的长短不仅与弧隙内部的电离和消电离过程有关，还与电路条件，特别是与负载类型有关。通常，零休时间在几微秒至几十微秒之间，最多不超过几百微秒。

1）弧隙内部电离和消电离过程的影响。对于图 4-34 所示的具有电弧的交流电路，令电源电压 $u = E_m \cos\omega t$，则电弧燃烧时电路的 KVL 和 KCL 方程为

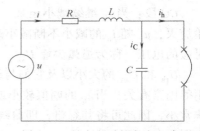

图 4-34　具有电弧的交流电路

$$\begin{cases} L\dfrac{\mathrm{d}i}{\mathrm{d}t} + iR + u_h = E_m\cos\omega t \\ u_h = i_h R_h \\ i = i_C + i_h = C\dfrac{\mathrm{d}u_h}{\mathrm{d}t} + i_h \end{cases} \tag{4-53}$$

假定：①R 很小，将 R 忽略不计；②以电流过零时为计时起点，此时 u 为最大值，$u = E_m$；③当 $t = \alpha/\omega$ 时触头开始分离产生电弧，α 为电弧起燃相位角。则电弧电流 i_h 的组成及其实际过零时刻存在以下三种情况：

情况 1：理想电弧的电弧电流，其实际过零时刻与电流自然过零点重合。

当电弧电流足够大，弧隙的电离程度足够高时，电弧电阻很小可以忽略不计，因此可将电弧看成是一个短接的理想导体。电弧一旦熄灭，若触头间隙能很快变成气体介质，则假设间隙的电阻立即趋于无穷大。这种在燃弧期间电弧电阻为零、熄弧后电阻立即变为无穷大的电弧，称为理想电弧（或理想弧隙）。为分析方便，在某些情况下可近似地用理想电弧来取代实际电弧。

理想电弧在燃弧期间，$R_h = 0$、$u_h = U_h = 0$，对式（4-53）进行化简，并在电流正半周内对其进行积分计算，可得电弧电流 i_h 的表达式为

$$i_h = i' = \frac{E_m}{\omega L}\sin\omega t \tag{4-54}$$

式（4-54）表明，理想电弧的电弧电流可近似地看作按正弦变化，电弧电流的实际过零点与电流的自然过零点重合。

情况 2：当 i_C 忽略不计时，电弧电流的实际过零点比电流自然过零点提前。

当触头两端的电容 C 很小且 u_h 变化不大的情况下，即电弧电压 $|u_h| = U_h$（常数），并且随电流改变正负号，则 i_C 较小可以忽略不计。此时，对式（4-53）进行化简，并在电流正半周内对其进行积分计算，可得电弧电流 i_h 的表达式为

$$i_h = i' - i'' = \frac{E_m}{\omega L}\left[\sin\omega t - \frac{U_h}{E_m}(\omega t - \alpha)\right] \tag{4-55}$$

由式（4-55）可知，i_h 由 i' 和 i'' 两个分量组成。其中，i' 是滞后于电压90°的正弦电流分量，$i' = \frac{E_m}{\omega L}\sin\omega t$；$i''$ 是随时间线性变化的分量，$i'' = \frac{U_h}{\omega L}(\omega t - \alpha)$。电弧电压 U_h 所起的影响体现在 i'' 上，U_h 越大，则 i'' 越大，使 i_h 波形发生的畸变越大。i_h、i' 和 i'' 的变化曲线如图 4-35 所示。

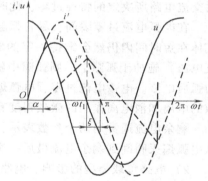

由式（4-55）或利用作图法可以求得电弧电流 i_h 的实际过零时刻。由图 4-35 可知，i_h 的两个分量 i' 和 i'' 的交点所对应的时刻 t_1，即为 i_h 的实际过零时刻。可见，i_h 的实际过零点 t_1 早于正弦分量 i' 的电流零点——电流的自然过零点。也就是说，电弧电流不仅波形发生了畸变，而且实际过零的时间也发生了变化，出现了电弧电流实际过零点比电流自然过零点提前的现象。

图 4-35 中，ξ 为 i_h 提前过零的相位角，$\xi = \pi - \omega t_1$，则有

图 4-35 i_h、i' 和 i'' 的变化曲线

$$\frac{\sin\xi}{\pi - \xi - \alpha} = \frac{U_h}{E_m} \tag{4-56}$$

式（4-56）表明，相同电路条件下，U_h 越大，则 U_h/E_m 越大、ξ 越大，使 i_h 过零提前的越早。

情况 3：当考虑 i_C 对 i_h 的影响时，电弧电流的实际过零时刻取决于弧隙消电离的变化速率。

当交流电流趋于零时，电流 i 的数值很小，此时若 du_h/dt 足够大，以致于 i_C 与 i 大小可比拟时，i_C 对 i_h 的影响就不能忽略不计。因为在某一瞬间，当 i_C 与 i 相等时，即 $i_C = i$ 时，$i_h = 0$，此时电弧电流被突然转移到电容中去，使电弧熄灭。这通常在弧隙的消电离作用较强时发生。

由于电容 C 既可以吸收电流又可以放出电流，因此，i_h 的实际过零时刻既可以在电流 i 的自然过零点之前，又可以在电流 i 的自然过零点之后，主要取决于弧隙消电离的变化速率。

在电流趋于零时，因 u_h 的变化，弧隙两端的电容将使 i_h 波形再次发生畸变，导致 i_h 和 u_h 不一定同时经过零点，而是存在超前过零和同时过零两种情况，如图 4-36 所示。

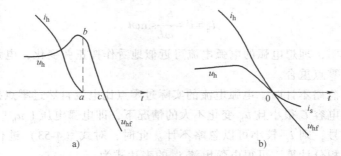

图 4-36　两种电弧电流过零现象

a) 超前过零　b) 同时过零

a—i_h 的过零点　b—$i_h = 0$ 时的电弧电压　c—u_h 的过零点　i_s—剩余电流　u_{hf}—恢复电压

若在电流零点之前，因灭弧装置的作用，使间隙的电导预先消失、电弧电流为零，则电流会转移到电容中，此时间隙中就会有一定的电压，从而出现超前过零现象；若在电流零点前，电弧的散热功率较小，使弧隙的热电离作用没有停止，仍有一定的电导，则电弧电流将按交流电路所决定的特性过零，此时，电弧电压和电弧电流将同时过零。

在电弧电流过零瞬间，尽管弧隙上没有电场的作用，但由于热惯性，残余弧柱中的电离气体在短时间内仍然会维持一定的电离过程，弧隙电导并不消失。此时如果有电压（如恢复电压）施加于弧隙上，则弧隙中就会有电流流过，该电流被称为弧隙的剩余电流，又称为弧后电流。电弧电流过零、电弧熄灭以后，弧隙是否存在剩余电流，与电弧电流过零前弧隙的电离和消电离作用的激烈程度有关。

剩余电流通常用两个参数表示：最大幅值和持续时间。其中，剩余电流的持续时间是指从电弧熄灭瞬间到剩余电流最后一次等于其最大值 10% 瞬间的时间间隔。

2）电路负载类型的影响。电路的负载类型在一定程度上也会影响零休时间的长短。纯阻性负载与纯感性负载时，u_h 和 i_h 随时间 t 的变化关系如图 4-37 所示。

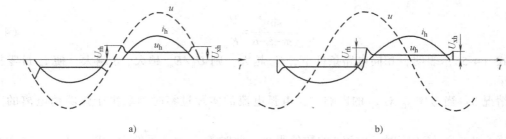

a)　　　　　　　　　　　　　　　　b)

图 4-37　两种负载情况下 u_h、i_h 随时间 t 的变化关系

a) 纯阻性负载　b) 纯感性负载

注：为便于观察，图中已将零休时间故意放大

如图 4-37a 所示，在纯阻性负载电路中，回路电流 i（即电弧电流 i_h）和电源电压 u 同相位，因此，当 $i_h = 0$ 时，$u = 0$。当 i_h 过零、电弧熄灭后，弧隙的电阻非常大，弧隙可以看作是具有一定漏电流的绝缘间隙，因此，弧隙两端的电压等于 u。在 i_h 过零以后，弧隙两端

的电压和 u 一样，均是从零开始按正弦规律上升。随着 u 上升，i_h 逐渐增大。当 u 上升到 $u = U_{rh}$ 时，恰好满足 $P_h = P_s$，弧隙中重新引燃电弧，使 R_h 迅速减小、i_h 迅速增大。此后，i_h 基本上取决于电路负载的大小，弧隙两端的电压开始等于 u_h，其大小取决于电弧的动态伏安特性。当 i_h 从峰值开始减小时，P_h 不断减小，弧隙中的电离过程逐渐减弱，R_h 不断增大，以至于当 i_h 减小至某一数值时，R_h 增大的速度高于 i_h 减小的速度，从而导致 u_h 开始升高，直至 $u_h = U_{xh}$ 时，电弧被熄灭，使 i_h 提前过零。此后，弧隙两端的电压又随 u 变化，直到 $u = 0$。因此，u_h 过零时刻将滞后于 i_h 的过零时刻。

如图 4-37b 所示，在纯感性负载电路中，i_h 的相位滞后于 u 的相位 90°，当 i_h 过零时 u 处于幅值位置。因此，当 i_h 过零、电弧熄灭后，u 将以极快的速度加到弧隙上。即弧隙两端的电压将从零开始以比纯阻性负载电路时快得多的速度趋向于 u 的幅值。因此，弧隙两端的电压很快达到 U_{rh}，使 U_{rh} 出现的较早。因此，与纯阻性负载电路相比，相同条件下纯感性负载电路中电弧电流过零、电弧熄灭后弧隙重燃的时间更短。同理，当电弧重燃后，i_h 基本上取决于电路负载的大小，弧隙两端的电压开始等于 u_h，其大小取决于电弧的动态伏安特性。当 i_h 从峰值开始减小至半周结束附近时，u_h 开始随 i_h 的减小而上升，当 $u_h = U_{xh}$ 时电弧熄灭，使 i_h 提前过零。此后，弧隙两端的电压由负载电感中的自感电动势决定，与电源电压 u 无关。

与纯阻性负载相比，相同条件下纯感性负载回路 i_h 的零休时间更短，并且 i_h 零休期间施加于弧隙两端的电压的上升、下降速度更快，因此，感性负载回路中的电弧更难熄灭。

2. 感性负载回路电流过零时的下降速度变快

在电感性负载电路中，当 i_h 下降到接近于零时，u_h 使 i_h 的下降速度变快。

通过图 4-38 所示的两种情况对比来解释上述结论。

(1) 线路中没有电弧

若电源电压 $u = U_m \sin\omega t$，U_m 为电源电压的幅值，则回路的 KVL 方程为

$$L \frac{\mathrm{d}i}{\mathrm{d}t} = U_m \sin\omega t \qquad (4-57)$$

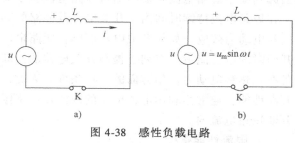

图 4-38　感性负载电路
a) 不带电弧　b) 带电弧

在纯感性负载中，i 在相位上滞后于 u 的相位 90°。当 i 下降到零时，u 正处于幅值 U_m，所以，电流过零时的电流变化率为

$$\left. \frac{\mathrm{d}i}{\mathrm{d}t} \right|_{i \to 0} = \left. \frac{U_m \sin\omega t}{L} \right|_{\omega t \to \pm\frac{\pi}{2}} = \pm \frac{U_m}{L} \qquad (4-58)$$

(2) 线路中有电弧

若线路中有电弧，电弧电压为 u_h，电弧电流为 i_h，则回路的 KVL 方程为

$$L \frac{\mathrm{d}i_h}{\mathrm{d}t} = U_m \sin\omega t + u_h \qquad (4-59)$$

如果 u_h 比 u 的幅值 U_m 小得多，当 i_h 下降到零时，u 正处于幅值 U_m；又假设 i_h 过零时，$u_h = U_{xh}$，则电流过零时的电流变化率为

$$\left.\frac{\mathrm{d}i_h}{\mathrm{d}t}\right|_{i_h\to 0}=\pm\frac{1}{L}(U_m+U_{xh}) \qquad (4\text{-}60)$$

式（4-60）中，将 U_m 与 U_{xh} 相加，是因为在 i_h 的相位滞后于 u 的相位 $90°$ 的情况下，i_h 过零时 u_h 总是和 u 的方向相反。

由式（4-58）和式（4-60）可见，当线路中存在电弧时，i_h 过零时的下降速度随着 U_{xh} 的增大而加快。i_h 过零时的下降速度增大，意味着在电流过零前电弧的散热时间较短，在电流过零后弧柱将较热、较粗，因此仅从这一点来看，U_{xh} 的增大不利于熄灭电弧。

3. 限流作用

（1）限流原理

对于图 4-34 所示的具有电弧的交流阻感电路，若将 R 和 i_C 忽略不计，令电弧电压 $|u_h|=U_h$（常数），并且随电流改变正负号，则在电流正半周内，电弧电流 i_h 由式（4-55）计算。该式表明，i_h 由正弦电流分量 i' 和随时间线性变化的电流分量 i'' 叠加而成。在相同条件（电路参数保持不变）下，电流分量 i' 相同、电流分量 i'' 仅与电弧电压 U_h 有关。电弧电压 U_h 越大，则电流分量 i'' 越大、i_h 越小、i_h 的实际过零时刻越会提前，使 i_h 的第一个半波时间缩短，如图 4-35 所示。

由此可见，电弧电压 U_h 的存在，不仅使 i_h 的最大值减小，还会使 i_h 第一个半波的时间小于电源频率的半波时间。将 U_h 起到的减小 i_h 幅值、缩短 i_h 第一个半波电流时间的现象，称为限流作用。

研究表明，当图 4-34 所示的阻感回路出现短路时，回路的电弧电流与短路电流相同，此时无论短路电流是否存在非周期分量，只要 U_h 与电源电压幅值 E_m 相比不太小，则 U_h 同样会起到减小短路电流峰值和缩短短路电流首半波电流时间的限流作用。

在短路电流持续时间内，开关电器及回路的其他电气设备都要承受短路电流引起的发热效应和电动力效应。如果开关电器能够在短路电流首半波电流过零时将电弧熄灭，就可以减小开断时的电弧能量，有利于提高开关电器的开断能力，同时还会大大减轻电路中所有电气设备在发热和电动力作用方面的工作条件。因此，为了降低短路电流的危害、提高开关电器的开断性能，通常会利用电弧电压的限流作用来限制短路电流。限流电器就是利用限流原理来开断短路电流的。

（2）限流性能指标

一般用限流系数来表示限流电器的限流能力。

限流系数是指电器开断时的最大通过电流峰值（即限流电流峰值，单位：kA）与预期的短路电流周期分量有效值（单位：kA）之比。限流系数越小，表示限流性能越好。

限流能力还可以用特性曲线表示，曲线的纵坐标为限流电流峰值，横坐标为预期短路电流的有效值，它表示在开断短路电流时，实际分断的短路电流峰值与预期短路电流有效值之间的关系。

（3）低压限流电器

1）实现原理。最常见的限流电器是 A 类低压断路器，即在短路情况下没有明确指明具有选择性保护功能的低压断路器。目前，A 类低压断路器主要包括大量的塑壳断路器、小型断路器和一部分小电流规格的万能断路器。

限流式低压断路器一般采用电动斥力原理或冲击电磁铁原理快速增大电弧电压，从而达到限流目的。电动斥力原理如图 4-39a 所示，当短路电流通过 U 形静触头回路和动触头导电杆时，由平行导体产生的电动斥力 F_L 及触头接触处因电流线收缩产生的霍尔姆（Holm）力 F_H，使动触头快速打开，产生电弧电压进而限流。这种结构通常应用于额定电流在几十安至千余安之间的低压塑壳断路器中。冲击电磁铁原理如图 4-39b 所示，其结构是使用一个与主回路串联的冲击电磁铁，当短路电流通过电磁铁线圈时，动铁心作为一种快速打击器直接打开动触头，产生电弧电压进而限流。这种结构用于额定电流低于 125A 的小型断路器中。

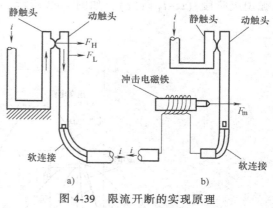

图 4-39　限流开断的实现原理

a) 电动斥力　b) 冲击电磁铁

　　2）结构方案。基于电动斥力原理，ABB 公司对比分析了图 4-40 所示的五种不同结构方案的限流特性，实验和仿真对比结果如图 4-41 所示。

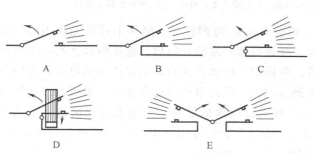

图 4-40　五种不同的限流断路器结构方案

A—非限流型结构　B—触头单面斥开结构　C—触头双面斥开结构
D—具有磁场增强效应的双面斥开结构　E—双断点结构

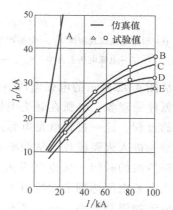

图 4-41　限流电流峰值 I_p 与预期短路电流有效值 I 的关系

　　图 4-41 表明，在图 4-40 的五种结构方案中，方案 A 没有限流效果，方案 B、C、D、E 的限流效果依次增强。其中，方案 B 结构简单、成本低、工作可靠，采用这种结构的中等限流效应的塑壳断路器已大量生产，额定电流为 125~1250A，分断能力在 380V/415V 下可达 70~80kA（有效值）；方案 D 利用一个 U 形磁铁套在静触头导电板上以增强触头区导电回路的自励磁场，进而增强作用在触头臂上的电动斥力，使触头快速斥开、获得很高的电弧电压；方案 E 的两个触头串联，在电动力作用下同时被斥开，利用两个电弧串联来获得很高的电弧电压。因此，双断点断路器具有最佳的限流效应，并且适用于额定电压较高的场合。

　　3）影响因素。基于栅片灭弧原理的限流型塑壳断路器，其短路电流开断过程会依次经历机构动作阶段（$O-t_0$ 阶段）、电弧停滞阶段（t_0-t_1 阶段）、电弧运动阶段（t_1-t_2 阶段）、电弧熄灭阶段（t_2-t_3 阶段），如图 4-42 所示。

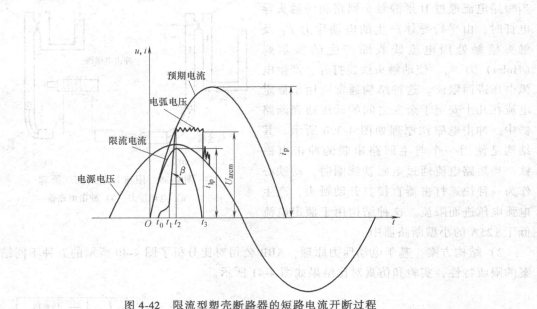

图 4-42　限流型塑壳断路器的短路电流开断过程

O—短路电流出现瞬间　t_0—电弧产生时刻　t_1—电弧开始运动　t_2—电弧进入栅片　t_3—限流电流下降到零

β—电弧电压上升率　U_{arcm}—最大电弧电压峰值　i_{lp}—限流电流峰值　i_p—预期短路电流幅值

从图 4-42 所示的电弧电压波形来看，动触头在 t_0 时刻打开、触头上开始出现电弧，由于电弧停滞现象，电弧在触头上保持不动。经过电弧停滞阶段以后，电弧电压才有一个迅速升高的过程，这一过程就是电弧运动阶段，在该阶段电弧会在自励磁场产生的电动力作用下离开触头进入灭弧栅片，从而使电弧电压迅速增大。提高电弧的运动速度，可以有效缩短电弧运动阶段的时间。从电弧进入灭弧栅片直到电弧熄灭的过程，即电弧熄灭阶段。在该阶段，当电弧电压达到最大峰值 U_{arcm} 时，U_{arcm} 已经大于电源电压瞬时值，则电弧趋于熄灭、短路电流被强制减小，至 t_3 瞬间短路电流降至零、电弧熄灭。

图 4-42 表明，决定电弧电压的参数有四个，即限流机构的动作时间 t_0、电弧停滞时间 t_i、电弧电压上升率 β 和最大电弧电压峰值 U_{arcm}。显然，若能减小 t_0 和 t_i，增大 β 和 U_{arcm}，则能增强低压断路器的限流作用。

下面仅对电弧停滞现象及电弧停滞时间做进一步介绍。

低压开关电器在分断过程中，电弧在触头呈现到电弧开始运动的时间间隔，称为电弧停滞时间 t_i。从电弧电压波形看，t_i 是指从触头分断瞬间 t_0 到电弧电压波形突然上升的时刻 t_1 之间的时间间隔（见图 4-42），即：$t_i = t_1 - t_0$。

有的低压电器，电弧要通过弧角或弧道才能进入栅片，这样弧根或电弧斑点必须转移到弧角或弧道上电弧才能运动，这就要求电弧弧根要从触头上移动到弧角上或通过间隙跳到跑弧道上。对于这种情况，电弧停滞时间还应该包括电弧从触头转移到弧角或跑弧道的转移时间。

电弧停滞现象的形成机理简述如下：触头间呈现电弧后，要使电弧运动必须在电弧前进方向形成新的阴极和阳极斑点，以便为电弧从老的通道转移到新的通道创造条件。当触头斥开时，首先使接触电阻不断增加，逐渐形成液态金属桥，当液态金属桥被拉断形成金属相电弧时，弧柱直径较大不易运动，直到电弧拉长至极限长度时，周围气体进入到电弧内部，金属相电弧转变为气体相电弧，电弧在电磁力作用下才开始运动。

触头开断过程中对应于电弧停滞时间存在一个使电弧开始运动的极限长度，若触头打开距离小于该极限长度，则电弧就会停滞不动。该极限长度取决于电弧电压、磁感应强度、电极材料的密度、金属蒸气的热特性等因素，几乎与触头开断速度无关。

电弧停滞时间对低压电器性能有很大影响。减小电弧停滞时间，可以减小开断过程中电弧高温对触头的侵蚀，从而提高触头的使用寿命。此外，减小电弧停滞时间，可以使开断后的电弧电压迅速增长，从而提高低压限流断路器的限流性能。

影响电弧停滞时间的因素很多，其中：触头区域的磁场、触头开断速度、触头材料、灭弧室结构和器壁材料、触头形状和表面状况是主要因素。

4. 减小电路的功率因数角

当交流电路中存在电弧时，电路的功率因数角 φ 将减小。

在电感性负载中，如图 4-43a 所示的电路，其电源电压 u 的幅值为 U_m，电路电感为 L，弧隙 K 的 $u_\mathrm{h} = U_\mathrm{h}$，为常数，则当电弧稳定燃烧时，若以电流 i 正半波起始零点为起点，有

$$L\frac{\mathrm{d}i}{\mathrm{d}t} + U_\mathrm{h} = U_\mathrm{m}\sin(\omega t + \varphi) \tag{4-61}$$

式中，φ 为 $t=0$ 时电源电压的相位角。

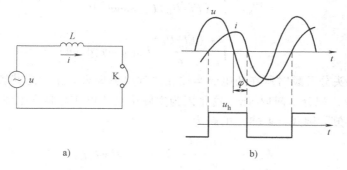

图 4-43 电弧电压对电路功率因数 φ 的影响

a) 交流感性电路 b) u、i 和 u_h 的波形

式 (4-61) 的解为

$$i = -\frac{U_\mathrm{m}}{\omega L}\cos(\omega t + \varphi) - \frac{U_\mathrm{h}}{L}t + K \tag{4-62}$$

式中，K 为积分常数。

在电流正半波起始点：$t=0$ 时，$i=0$。将其代入式 (4-62)，得

$$K = \frac{U_\mathrm{m}}{\omega L}\cos\varphi \tag{4-63}$$

则

$$i = -\frac{U_\mathrm{m}}{\omega L}\cos(\omega t + \varphi) - \frac{U_\mathrm{h}}{L}t + \frac{U_\mathrm{m}}{\omega L}\cos\varphi \tag{4-64}$$

在电流半波之末：$\omega t = \pi$，即 $t = \dfrac{\pi}{\omega}$ 时，$i = 0$。将其代入式（4-64），则

$$-U_m \cos(\pi + \varphi) - U_h \pi + U_m \cos\varphi = 0 \tag{4-65}$$

于是此时电路的功率因数角为

$$\varphi = \arccos \frac{\pi U_h}{2U_m} \tag{4-66}$$

由式（4-66）可见，U_h / U_m 越大，则 φ 越小。或者说，U_h 越大，φ 越小。这就是说，电弧的存在相当于在电路中串联了电阻，使电路的功率因数角减小。

4.5.3 交流电弧能量的计算

交流电弧能量 W_h 的基本计算公式为

$$W_h = \int_{t_s}^{t_x} u_h |i_h| \, dt \tag{4-67}$$

式中，t_s 为从 $t = 0$ 到电弧产生的时间；t_x 为从 $t = 0$ 到电弧熄灭的时间。

式（4-67）中 i_h 取绝对值是因为电弧输入功率 P_h 总是正值。为计算方便，通常取 u_h 为正值，因而 i_h 需要取绝对值。

在计算 W_h 时，通常规定：$i_h = I_m \sin\omega t$，$u_h = El + U_0$（不计电弧燃烧产生时出现的 U_{rh} 和 U_{xh}），同时规定：E 是一常数，则

$$
\begin{aligned}
W_h &= \int_{t_s}^{t_x} (El + U_0) I_m |\sin\omega t| \, dt \\
&= \int_{\omega t_s}^{n\pi} \frac{(El + U_0)}{\omega} I_m |\sin\omega t| \, d(\omega t)
\end{aligned} \tag{4-68}
$$

式中，n 指包括触头分开瞬时所在的电流半波在内到电弧熄灭为止，总共燃弧的半波数。

式（4-68）中，积分上限取 $n\pi$，这是因为实际中交流电弧总是在电流过零时熄灭。

设弧长 l 为常数，则式（4-68）的解为

$$W_h = \frac{(El + U_0) I_m}{\omega} \left[2n - 1 + \cos(\omega t_s) \right] \tag{4-69}$$

若设 $l = v_p(t - t_s)$，v_p 为触头的平均运动速度，则

$$W_h = \frac{E v_p I_m}{\omega^2} \left[n^2 \pi - (2n - 1)\omega t_s - \sin(\omega t_s) \right] + \frac{U_0 I_m}{\omega} \left[2n - 1 + \cos(\omega t_s) \right] \tag{4-70}$$

由于难以获得 E、l、n 等参数，所以式（4-69）和式（4-70）只具有理论分析价值。实际应用时，可根据实测的电弧电压和电弧电流波形，直接由波形积分得到 W_h 和 $\int i^2 dt$，其中，$\int i^2 dt$ 对判断开关电器的开断性能更为重要。

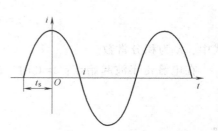

图 4-44 某开关电器中流过的工频短路电流波形

例 4-1 设某开关电器中流过的工频短路电流波形如图 4-44 所示。短路电流的有效值为 10kA，$t_s = 0.005$s，$U_0 = 20$V。问：（1）当电弧电压 $U_h = 40$V 时；

（2）当触头分开平均速度 $v_{\mathrm{p}}=200\mathrm{cm/s}$ 和弧柱电场强度 $E=10\mathrm{V/cm}$ 时，电弧能量各为多少？

解：由图 4-44 可见，$n=3$。又 $I_{\mathrm{m}}=14140\mathrm{A}$，$\omega t_{\mathrm{s}}=2\pi\times50\times0.005=\pi/2$。所以：

（1）因为 $U_{\mathrm{h}}=El+U_0=40\mathrm{V}$，由式（4-69）得

$$W_{\mathrm{h}}=\frac{(El+U_0)I_{\mathrm{m}}}{\omega}\left[2n-1+\cos(\omega t_{\mathrm{s}})\right]$$

$$=\frac{40\times14140}{314.16}\left(2\times3-1+\cos\frac{\pi}{2}\right)\mathrm{J}=9000\mathrm{J}$$

（2）由式（4-70）得

$$W_{\mathrm{h}}=\frac{Ev_{\mathrm{p}}I_{\mathrm{m}}}{\omega^2}\left[n^2\pi-(2n-1)\omega t_{\mathrm{s}}-\sin(\omega t_{\mathrm{s}})\right]+\frac{U_0I_{\mathrm{m}}}{\omega}\left[2n-1+\cos(\omega t_{\mathrm{s}})\right]$$

$$=\frac{10\times200\times14140}{314.16^2}\left[3^2\pi-(2\times3-1)\frac{\pi}{2}-\sin\frac{\pi}{2}\right]+\frac{20\times14140}{314.16}\left[2\times3-1+\cos\frac{\pi}{2}\right]\mathrm{J}$$

$$=10065\mathrm{J}$$

4.6 交流电弧的熄灭原理

交流电弧电流过零时，电弧的输入功率为零，此时弧隙得不到能量，却仍以热对流、热传导等方式继续散出能量，使弧隙温度迅速下降，这样弧隙的消电离作用将大大增强，电弧会暂时熄灭。在电弧电流过零以后，电弧可能再次重新燃烧，也可能就此熄灭。只要弧隙在电弧电流过零以后不再发生重燃，则电弧就会最终熄灭。因此，交流电弧电流过零为熄灭电弧创造了有利条件，相同条件下熄灭交流电弧要比熄灭直流电弧更容易。

从电弧电流过零时刻开始，弧隙上同时进行着作用相反而又相互联系的两个物理过程：一个是弧隙中电离气体从导电状态迅速转变为绝缘状态，使弧隙能够承受电压作用而不发生电弧重燃的过程，叫介质恢复过程，用介质恢复强度 u_{jf} 表示；另一个是由于电弧熄灭后电路被开断，使弧隙两端的电压从零或反向电弧电压上升到电源电压的过程，叫电压恢复过程，用恢复电压 u_{hf} 表示。

显然，介质恢复过程使弧隙的介质强度不断增加，它将阻碍弧隙的重燃而使电弧最终熄灭；而电压恢复过程使弧隙上的电压升高，将可能引起电弧重燃。因此，电弧电流过零以后，交流电弧能否不发生重燃而真正熄灭，将取决于介质恢复过程和电压恢复过程的竞赛。若介质恢复强度 u_{jf} 的数值总是大于恢复电压 u_{hf} 的数值，如图 4-45 中 u_{jf1} 与 u_{hf} 所示，则电弧趋于熄灭；若 u_{jf} 在某一瞬间小于 u_{hf}，如图 4-45 中 u'_{jf1} 与 u_{hf} 所示，则电弧可能继续燃烧。

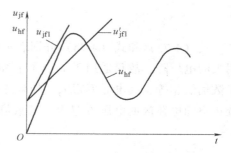

图 4-45　交流电流过零后，弧隙中的介质
恢复过程和电压恢复过程曲线

4.6.1 弧隙的介质恢复过程

1. 介质恢复过程

交流电弧电流过零以后，弧隙中近阴极区和弧柱区的介质恢复过程不尽相同。

（1）近阴极区的介质恢复过程

如图 4-46 所示的弧隙，在电弧电流过零之前，左侧电极为正（阳极），右侧电极为负（阴极）。在电流过零期间，弧隙两端的电压也将过零。此时弧隙的正负带电粒子由于热运动而处于均匀分布状态。当弧隙两端的电压极性改变而成为左负右正时，如图 4-46a 所示，电子将迅速向阳极方向运动，而正离子由于质量很大，加速缓慢，在极短的时间内可以认为是停留在原来的位置上。如果在电弧电流过零期间新的阴极（原来的阳极）已经冷却到基本上不产生热发射的温度，则在阴极附近就形成了正的空间电荷区，从而在阴极区就形成了一个电场。

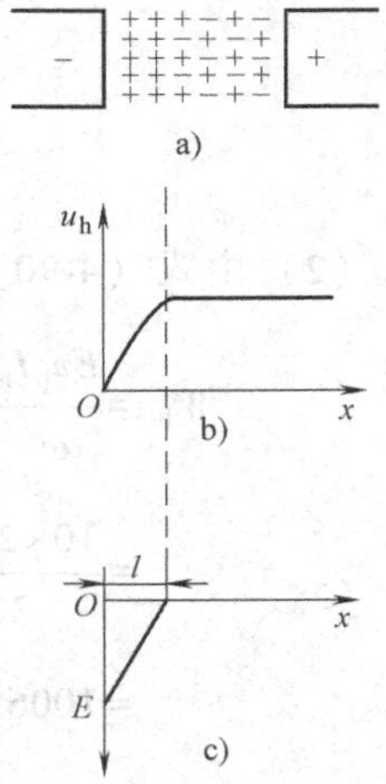

如果选取新的阴极表面处为坐标原点，并以阴极表面作为参考电位，则阴极区的电场强度 E 可以由泊松方程计算，即

$$\frac{d^2 U}{dx^2} = -\frac{dE}{dx} = -\frac{nq}{\varepsilon} \tag{4-71}$$

图 4-46 近阴极效应
a) 带电粒子 b) 电压 u_h
c) 电场强度 E

式中，x 为距阴极的距离；U 为距阴极 x 处、相对于阴极的电位；n 为正电荷的数密度；q 为 1 个带电粒子的电量；ε 为弧隙介质的介电常数。

若正空间电荷区的厚度为 l（见图 4-46c），令 $x=l$ 处，$E=0$，对式（4-71）积分，得

$$E = -\frac{nq}{\varepsilon}(l-x) \tag{4-72}$$

式（4-72）中，等号右侧的负号表明 E 的方向为指向阴极的方向。由该式可知，阴极表面（$x=0$）处具有最高的电场强度 E_{max}，其大小为

$$E_{max} = \frac{nql}{\varepsilon} \tag{4-73}$$

将式（4-72）代入式（4-71）并积分，令 $x=0$ 时，$U=0$，得

$$U = \frac{nqx}{\varepsilon}\left(l-\frac{x}{2}\right) \tag{4-74}$$

式（4-73）和式（4-74）分别表示阴极附近正电荷区距阴极表面 x 处的电场强度和相对阴极的电压降，故只适用于 $x \leq l$ 有正空间电荷的区域。在弧隙中的其他区域，正负带电粒子数仍然相等，其电导率很大。如果忽略其间的电压降（例如短弧），则可以认为，在 $x=l$ 处正空间电荷区的电压 U 最大，其数值恰好等于此时加在电极两端的电压 U_j，即

$$U_j = \frac{nql}{\varepsilon}\left(l-\frac{l}{2}\right) = \frac{nql^2}{2\varepsilon} \tag{4-75}$$

联立式（4-73）和式（4-75），得电弧电流过零瞬间 E_{max} 与 U_j 的关系为

$$E_{\max} = \sqrt{\frac{2nqU_{\mathrm{j}}}{\varepsilon}} \qquad (4\text{-}76)$$

式（4-76）表明，在电弧电流过零后 $0.1 \sim 1\mu s$ 的极短时间内，如果施加于电极两端的电压为 U_{j}，则新的阴极表面处的最高电场强度为 $E_{\max}$，并且 $E_{\max}$ 随 U_{j} 的增大而增加。

若使弧隙重燃，则弧隙必须能够产生足够多的带电粒子。如果电弧电流过零后，弧隙及电极的温度较低，不足以产生热电离和热发射，则只能通过阴极表面的场致发射来产生电子。为此，电弧电流过零后，只有当 U_{j} 足够高使 $E_{\max}$ 大于某一数值时，才能使阴极产生场致发射，才有可能发生电弧重燃。否则，当 U_{j} 较小时，电弧便不会产生。从间隙绝缘的角度来看，好像弧隙在电弧电流过零后立即获得了一定的耐压强度，这一现象叫做近阴极效应。电弧电流过零后，弧隙立即能承受的耐压强度，叫做弧隙的介质初始恢复强度，用 U_{jf0} 表示。

如果电弧电流过零前阳极和（或）弧隙的温度足够高，则电弧电流过零后新的阴极和（或）弧隙会有一定程度的热发射和（或）热电离过程，其结果是使近阴极效应减弱、U_{jf0} 下降；极端情况下，如果热发射或热电离过程很强，以致于电弧电流过零后弧隙仍具有足够高的电离度，则近阴极效应消失。

近阴极效应和电极材料以及电弧电流过零前的阳极温度和弧隙温度有关。对于冷的铜电极，U_{jf0} 约为 250V。相同情况下，随着电弧电流的增加，电极及电弧的温度也随之升高，会使 U_{jf0} 不断下降。

近阴极效应产生的 U_{jf0} 对于熄灭交流短弧具有重要作用，因此，近阴极效应已被广泛应用于低压交流开关电器的熄弧系统。

阳极是电子汇集的场所，近阳极区对介质恢复过程一般不起重要作用。

（2）弧柱区的介质恢复过程

在交流长弧中，近阴极效应所起的作用微不足道，弧柱区的介质恢复过程对熄灭电弧起主要作用。因此，研究弧柱区的介质恢复过程，是高压开关电器和部分低压开关电器灭弧装置设计的理论基础。

电弧燃烧期间，弧柱区是等离子体分布区域。弧柱区的介质恢复过程，其实质是弧隙的温度下降、带电粒子消失、弧隙介质的绝缘能力逐渐恢复的过程。扩散理论认为，弧柱区的介质恢复过程主要取决于弧隙中能量和离子的扩散作用，灭弧介质的散热能力较其绝缘强度更利于熄灭电弧，在灭弧装置中加强对弧隙的冷却至关重要。

开关电器中广泛采用流体（液体或气体）吹弧的方式冷却弧隙，使弧柱区的介质恢复强度快速上升，进而熄灭电弧。流体的作用就是加强扩散效应，尤其是加强热的传导和离子的扩散。即：流体的湍流作用使热的流体与冷的液体迅速混合，以加速热的扩散，并且使强烈电离的气体与未电离的气体迅速混合，使离子扩散到周围较大的空间中去。

对于高压长弧来说，电弧重燃有两种情况：热击穿和电击穿。

1）热击穿。由于弧柱具有热惯性，在电弧电流过零后，如果弧隙的温度还很高，例如 3000K 以上，使弧隙中仍然存在一定程度的热电离，则弧隙就会存在一定数量的带电粒子，具有一定的导电能力。此时，在恢复电压的作用下，弧隙中就会产生剩余电流，从而使电源得以继续向弧隙输入能量。如果恢复电压较高，使 $P_{\mathrm{h}} > P_{\mathrm{s}}$，则弧隙的温度升高，使弧隙的热电离过程加强、剩余电流增加，进而使 P_h 再次增大。如此的正反馈过程最终使弧隙不能承受恢复电压的作用而发生击穿，从而引起电弧重燃。

在电弧电流过零后的某段期间，因 $P_h > P_s$ 使弧隙被加热而引起的电弧重燃现象，称为热击穿。热击穿通常发生在电弧电流过零后的开始阶段。热击穿的时间，即从剩余电流开始上升至弧隙被完全击穿所需的时间，大约为 $50 \sim 200\mu s$。

在热击穿阶段，如果弧柱区的输入功率恰好等于弧隙的散热功率，如式（4-77）所示，则弧隙处于能量平衡的临界状态，此时，弧柱电阻 R_z 保持不变。这意味着此时的弧隙能够承受所加的电压 u_z，电弧不会重燃。因此，u_z 就代表了弧柱区的介质恢复强度 u_{jf}。

$$\frac{u_z^2}{R_z} = P_s \tag{4-77}$$

式中，u_z 为弧柱压降；R_z 为弧柱电阻。

由式（4-77）得，此时弧柱区的介质恢复强度 u_{jf} 为

$$u_{jf} = u_z = \sqrt{R_z P_s} \tag{4-78}$$

2）电击穿。在电弧电流过零后，如果弧隙温度降低到 3000K 以下时，弧隙的热电离过程已基本停止，弧柱电阻趋于无穷大。弧隙中只存在一团温度较高的气体，弧隙已经从导电状态转变成了实际的绝缘状态。此时，如果施加于弧隙的恢复电压足够高、高于弧隙的介质恢复强度，则弧隙介质可能会在电场电离的作用下重新被击穿，使电弧重燃。这种重燃现象，称为电击穿。

在电击穿阶段中，将弧隙在每一瞬时所能承受的最大电压，看做是此阶段弧柱区的 u_{jf}。u_{jf} 的大小与介质种类、气压、温度以及介质流动速度等参数在弧隙中的分布情况有关，同时，与触头的材料、形状和表面状况也有关系。

综上所述，在电弧电流过零后，电弧的熄灭过程要经过热击穿和电击穿两个阶段。热击穿的特征为：弧隙具有一定数值的电阻，当弧隙加有电压时，弧隙中可以流过电流；电击穿的特征为：弧隙电阻趋向无穷大，但是由于介质温度较高，此时弧隙的耐压强度远比常温介质低，因而击穿比较容易。

对应电击穿，可用图 4-45 的电压恢复和介质恢复两种过程的竞争来说明电弧过零后是否重燃；对应热击穿，由于弧柱的击穿决定于输入与散出弧柱能量的对比，弧隙在这种情况不是一种介质，因而用图 4-45 所示的两种过程的竞争来说明电弧是否重燃仅有等效的概念。

2. 介质恢复强度特性

（1）介质恢复强度特性的分类

开关电器弧隙的介质恢复强度随时间变化的关系，叫做介质恢复强度特性。

由于弧隙中的介质恢复过程与弧隙上是否施加电压有关，因此从理论上说，介质恢复强度特性可以分为以下两种：

1）固有介质恢复强度特性。它是指在交流电弧电流过零以后，弧隙上不施加电压时，介质在自然恢复的情况下弧隙所能承受的电压的特性。这种特性在给定的弧隙介质条件下只有一条。

由于在弧隙上若不施加电压则无法测量出其能承受的电压数值，因此，固有介质恢复强度特性只在理论上存在，实际中无法测量。

2）实际介质恢复强度特性。它是指在交流电弧电流过零以后，弧隙上施加某种波形的电压时，弧隙所具有的介质恢复强度特性。这种特性会随施加电压的大小和波形的不同而不同。因此，即使在给定弧隙介质条件的情况下，实际介质恢复强度特性也可以有很多条。

（2）介质恢复强度特性的测量方法

通过测量弧隙的介质恢复强度特性，便可以知道弧隙能否承受住给定的恢复电压波形，从而判定灭弧装置能否开断给定的开断电流。

实验测得的介质强度恢复特性，是对应于某一特定施加电压波形时的实际介质恢复强度特性。如果采取措施尽量减小施加电压对弧隙介质恢复过程的影响，也可以使测得的介质恢复强度特性接近于固有介质恢复强度特性。

用来测量弧隙介质恢复强度的实验电路，可以根据不同要求而各异，但其测量原理是相同的，即：在电弧电流过零后，在弧隙两端施加探测电压，弧隙被击穿时刻对应的击穿电压值就是该时刻的弧隙介质恢复强度。在测量介质恢复强度的线路中，通常将实验电流过零后加在被测弧隙两端的恢复电压，称为探测电压，用 u_T 表示。

图 4-47 所示为弧隙介质恢复强度的一种实验测量电路，该电路利用间隙的多次击穿，能够通过一次实验就可以获得介质恢复强度曲线，被称为多次击穿法。

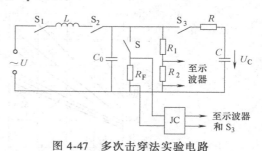

图 4-47 中线路的工作过程如下：实验前，S、S_1 和 S_2 均处于闭合位置，实验电流经 U、S_1、L、S_2、S 和 R_F 构成电流回路。实验开始时，将开关 S_2 和 S 同时打开，在它们的弧隙中产生电弧。在实验电流过零前某一极短时刻，电流检零触发装置 JC 通过分流器 R_F 检测到电流即将过零的信号，并发出两个电压脉冲，分别使示波器开始扫描记录、使开关 S_3 在实验电流过零时闭合。一旦开关 S_3 闭合，则作为探测电压电源的电容 C（实验前电容电压充至 U_C，$U_C = 1\sim5kV$）开始通过限流电阻 R 向并联于弧

图 4-47　多次击穿法实验电路

U—工频电源（或用 LC 振荡回路代替）

S_1、S_2、S_3—开关　S—被试开关

L—调节实验电流大小的电感

C_0—调节探测电压上升陡度的电容

C—用作探测电压电源的电容（实验前电容电压充至 U_C）

R_F—分流器　R_1 和 R_2—电阻分压器

R—限流电阻　JC—电流检零触发装置

隙的电容 C_0 放电，该弧隙两端的探测电压 u_T 近似地按直线规律上升，如图 4-48 所示。

如果在某一时刻（例如图 4-48 中的 t_1 点），u_T 的数值增长至稍微超过介质恢复电压 u_{jf}，则弧隙被击穿，电容 C_0 通过弧隙放掉其上积累的电荷。弧隙两端的探测电压 u_T 下降至零。由于限流电阻 R 很大（$10^3\sim10^4\Omega$）、C_0 很小（$10^{-4}\sim10^{-3}\mu F$），则弧隙击穿后流过弧隙的电流很小，不足以维持弧隙的自持放电，于是弧隙击穿后又迅速恢复到绝缘状态，C_0 又被充电，弧隙两端的探测电压 u_T 又从零开始近似地按直线规律上升。当 u_T 又上升到稍微超过 u_{jf} 时（例如图 4-48 中的 t_2 点），则弧隙又被击穿。如此继续进行，可以得到如图 4-48 中实线所示的探测电压 u_T 的波形。将探测电

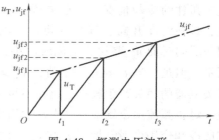

图 4-48　探测电压波形

压 u_T 波形的各峰顶端（u_{jf1}、u_{jf2}、u_{jf3}、…、u_{jfn}）连接起来，就可以获得一条开断某实验电流时的介质恢复强度特性曲线。

（3）低压开关电器的介质恢复强度特性

低压开关电器中，弧隙的介质恢复过程可分为以下三个阶段：①电流过零开始至阴极斑点冷却不足以热发射电子为止；②近极区逐渐冷却；③整个弧柱区冷却至 3000K 以下，热电离基本停止。

对于低压开关电器，在电流过零后 0～300μs 内（电弧熄灭与否的关键阶段），u_{jf} 可用下式表示：

$$u_{jf} = U_{jf0} + K_{jf}t \tag{4-79}$$

式中，U_{jf0} 为介质初始恢复强度；K_{jf} 为介质恢复强度的上升速度；t 为从电流过零瞬间起计算的时间。

在大气中自由燃弧情况下，不同开断电流 I_0 时，交流电弧第一次电流过零后 u_{jf} 和 t 的变化关系如图 4-49 所示，按此图求得的 U_{jf0} 和 K_{jf} 随 I_0 变化的关系如图 4-50 所示。

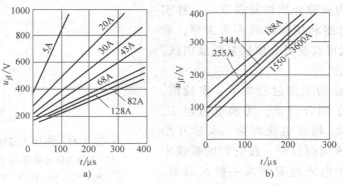

图 4-49　介质恢复强度 u_{jf} 随时间 t 的变化关系

a）小电流　b）大电流

图 4-50 表明，随着 I_0 的增大，U_{jf0} 下降。因为开断电流 I_0 的增大，使弧柱温度升高、直径变粗，在电流过零后，新的阴极受弧柱高温的影响保持着较高的温度，有助于热发射，从而使近阴极效应减弱，导致 U_{jf0} 下降。

图 4-50 还表明，随着 I_0 的增大，K_{jf} 呈现先减小后增大的变化趋势。这是因为 K_{jf} 的大小取决于弧柱的冷却情况。一般来说，随着 I_0 的增大，弧柱温度升高、直径变粗，在电流过零后同一瞬间时的 u_{jf} 要比小电流时的小，如图 4-49

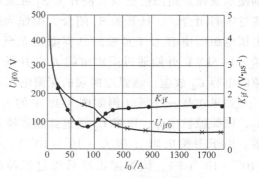

图 4-50　U_{jf0} 和 K_{jf} 随 I_0 的变化关系

所示。但是，当 I_0 超过一定值，K_{jf} 又随 I_0 的增加而增大并逐渐趋于恒定。这是因为，低压开关电器的触头开距较小，电弧不可避免地要受到触头回路磁场产生的电动力的影响。当 I_0 较大时，弧隙中磁场增强，电动力增大，电弧将由于电动力的作用迅速运动，从而使电弧受到的冷却作用增强，抵消了由于电流增大使弧柱温度升高和直径变粗的影响，因而 K_{jf} 随 I_0

的增加反而上升或基本稳定。

触头材料的沸点和热导率对 U_{jf0} 具有较大影响。因为电弧阳极斑点的温度约等于触头材料的沸点，沸点越高，则阳极斑点的温度越高。在电弧电流过零以后，阳极转变为新的阴极，原阳极斑点区域的高温要传递给触头其他部分，触头材料的热导率越大，则原阳极斑点区域冷却越快，即新阴极越冷。因此，在相同条件下，触头材料的沸点越低、热导率越高，则近阴极效应越显著，U_{jf0} 越高。如图 4-51 所示，银具有最低的沸点和最高的热导率，所以当开断电流 I_0 相同时，银的 U_{jf0} 最大。

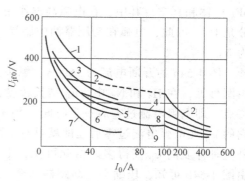

图 4-51　不同触头材料时 U_{jf0} 和 I_0 的关系

1—银　2—黄铜　3—银-镍　4—铜　5—银-钨
6—银-氧化镉　7—银-石墨　8—铝　9—钢

对于正弦形电流，从触头分开起到电流过零的时间 t_f 对 u_{jf} 的影响如图 4-52 所示。图 4-52 表明，随着 t_f 的减小，u_{jf} 起初增大，当 t_f 减小到一定值（当电源频率为 50Hz 时，t_m 约为 1ms）时，u_{jf} 出现最大值。之后 u_{jf} 随着 t_f 的减小而减小。这是因为，当 t_f 减小时，电弧电流逐渐减小，燃弧时间不断缩短，使弧隙中的能量逐渐减小、弧柱和触头的温度不断降低，因而 u_{jf} 上升。当 t_f 过分减小时，在电流过零瞬间触头的开距过小，金属蒸气不容易从弧隙中散走，致使弧隙中气体的电离电位下降，因而 u_{jf} 减小。

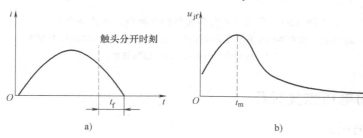

图 4-52　t_f 及其对 u_{jf} 的影响

a）t_f 示意图　b）u_{jf} 和 t_f 的关系

图 4-53 为开断电流 800A、不同弧长时，电弧电流过零后 u_{jf} 随 t 变化的关系。随着弧长的增加，u_{jf} 反而稍许下降。这表明，u_{jf} 的增长主要由近极区的介质恢复强度所决定，与弧柱区的介质恢复强度关系较小。当弧长较短时，弧隙中含有的热量较少，近极区的热量又容易传向电极而散发，所以 u_{jf} 增长较快。当弧长较长时，弧柱中的热量将向近极区传递，使近极区的温度下降缓慢，所以使 u_{jf} 的增长速度变慢。

（4）高压开关电器的介质恢复强度特性

在高压开关电器中，弧隙的介质恢复强度主要依赖于灭弧介质对弧柱的冷却和消电离作用。为了加强灭弧效果，灭弧介质一般采用变压器油、压缩空气、

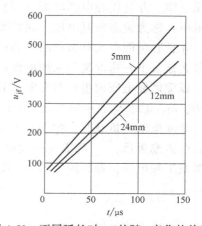

图 4-53　不同弧长时 u_{jf} 的随 t 变化的关系

SF_6 气体和真空。其中，在电弧高温作用下变压器油会被蒸发并分解成气泡，气泡的主要成分是 H_2，因此，电弧在变压器油中燃烧，实质上是电弧在 H_2 中燃烧。压缩空气的主要成分为 N_2。

图 4-54a 为开断电流为 1600A、触头开距为 6mm 时不同灭弧介质的介质恢复强度特性。由图可见，在 H_2 和 N_2 中，u_{jf} 增长较慢，在 SF_6 中，u_{jf} 增长较快。但是它们都有一个共同特点，即电弧电流过零后一定时间（约 100μs）时，u_{jf} 才开始上升。然而，在真空介质中，它的 u_{jf} 在电弧电流过零后立即就具有很高的数值，并且在相同的触头开距下，它的 u_{jf} 比另外三种介质的 u_{jf} 高得多。由此可见，上述四种灭弧介质中，真空和 SF_6 的灭弧性能较好。由图 4-54b 可知，压缩空气断路器的介质恢复强度特性上升较陡，而油断路器的上升较缓。当采用特殊结构的灭弧装置时，油断路器的弧隙也能获得上升较陡的介质恢复强度特性。

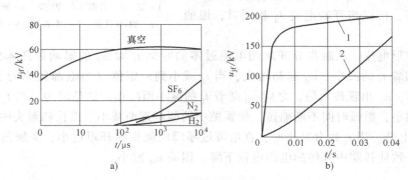

图 4-54　高压开关电器弧隙的介质恢复强度特性

a) 不同灭弧介质的介质恢复强度特性　b) 断路器的介质恢复强度特性

1—压缩空气断路器　2—油断路器

4.6.2　弧隙的电压恢复过程

1. 恢复电压的组成

在一般情况下，弧隙的恢复电压包含稳态分量和暂态分量，稳态分量又可能包含直流电压和工频电压。若稳态分量仅为工频电压，则称为工频恢复电压。暂态分量通常具有复杂的变化规律，并且仅在电弧电流过零后极短（几百微秒）的时间内出现。包含暂态分量的恢复电压，称为瞬态恢复电压。通常瞬态恢复电压的上升速度要远快于工频恢复电压的上升速度，并且有可能在几百微秒的时间内达到其峰值。因此，电弧电流过零后弧隙瞬态恢复电压的最大值及上升速度是关系到电弧能否成功熄灭的关键。

弧隙恢复电压的组成与开断电路的负载性质有关，如图 4-55 所示。图中，电源电压为 $u = U_m \sin(\omega t)$，t_0 表示触头分开、产生电弧的时刻。

开断电阻性负载时，如图 4-55a 所示，电弧电流 i_h 与电源电压 u 同相位，两者同时过零。电弧熄灭后，u_{hf} 随着 u 一起由零按照正弦规律变化。因此，u_{hf} 没有暂态分量，其稳态分量是工频电压，即弧隙上的 u_{hf} 只是工频恢复电压。此时，u_{hf} 的最高上升速度为

$$\frac{\mathrm{d}u_{hf}}{\mathrm{d}t}\bigg|_{\max} = \omega U_m = \sqrt{2}\,\omega U \tag{4-80}$$

式中，U 为电源电压 u 的有效值。

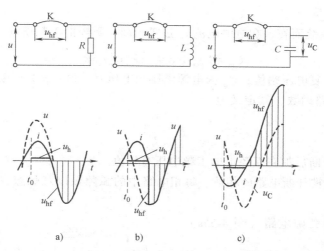

图 4-55 开断不同性质负载电路时的恢复电压

a）电阻性负载 b）电感性负载 c）电容性负载

开断电感性负载时，如图 4-55b 所示，i_h 滞后于 u 约 90°，当 i_h 过零时 u 处于幅值。若在 i_h 过零后电弧熄灭，电路开断，则 u_{hf} 在理论上将从零跃升到 u 的幅值（实际上由于弧隙两端总有并联电容，弧隙两端电压将按一个快速的过渡过程上升），然后再按工频电压变化。在开断电感性负载电路时，u_{hf} 通常含有暂态分量，其上升速度要比开断电阻性负载时快得多。由于理论上 u_{hf} 的上升速度为无限大，因此，相同开断条件下，开断电感性负载电路时弧隙更容易重燃，开断电感性负载电路时熄灭电弧更困难。

开断电容性负载时，如图 4-55c 所示，i_h 超前 u 约 90°，i_h 过零时 u 处于幅值。在 i_h 过零瞬间，电容 C 被充电到约为 u 的幅值。电弧熄灭后，电容 C 上电荷无处泄放，将一直保持其两端电压约为 u 的幅值。在 i_h 过零后，u_{hf} 为电源电压 u 和电容 C 两端电压的叠加。当 u 变化到反向幅值时，u_{hf} 将达到约两倍电源电压的幅值。若 i_h 过零瞬间电容 C 两端电压视为一个直流电压分量，则开断电容性负载时，u_{hf} 不含暂态分量，其稳态分量为直流电压与工频电压之和，u_{hf} 的最大值约为工频电压的两倍，u_{hf} 的最高上升速度如式（4-80）所示。

开断不同性质负载电路时恢复电压的组成如表 4-10 所示。

表 4-10 开断不同性质负载电路时的恢复电压

恢复电压	电阻性负载	电容性负载	电感性负载
稳态分量	工频电压	直流电压+工频电压	工频电压
暂态分量	无	无	有

工程中绝大多数的电路阻抗为感性负载，并且一般电网中的短路电流都是电感性的，因此，除一些特殊情况之外，开关电器灭弧装置的设计和试验都以开断电感性电路为准。本节仅讨论开断电感性负载电路时弧隙的电压恢复过程。

实际的电感性负载电路中总会存在线路电阻和各种等效电容，因此，电弧熄灭以后弧隙的恢复电压是一个以有限速度快速上升的瞬态恢复电压，当其暂态分量在极短的时间内消失以后，则恢复电压只存在稳态分量，即工频恢复电压。

2. 工频恢复电压

对于三相交流系统而言，在电弧电流 i_h 过零瞬间，弧隙的工频恢复电压瞬时值 U_{g0} 为

$$U_{g0} = U_{gm}\sin\varphi = \sqrt{2}K_x U_\varphi \sin\varphi \tag{4-81}$$

式中，U_{g0} 为工频恢复电压幅值；U_φ 为电源电压相电压有效值；φ 为开断电路电流和电源电压相位差；K_x 为线路因数，其定义为

$$K_x = \frac{U_{gp}}{U_\varphi} \tag{4-82}$$

式中，U_{gp} 为电路开断后加在弧隙上的工频电压有效值。

线路因数 K_x 与被开断电路的相数、每相电路中的弧隙数以及弧隙在电路中的工作情况有关：

1）开断一相单弧隙电路（图 4-56a）时，$K_x = 1$。

2）开断两相两弧隙电路（图 4-56b）时，$K_x \geq \sqrt{3}/2$。

3）开断电源和负载的中点都不接地的三相三弧隙电路（图 4-56c），以及电源或负载的中点接地的三相三弧隙电路时，首开相弧隙的 $K_x = 1.5$。

4）开断电源和负载的中点都接地的三相三弧隙电路（图 4-56d）时，首开相弧隙的 $K_x = 1 \sim 1.5$。

考虑到三相开关电器一般都有三个弧隙，但是在开断电路时无法确定首开相，因此，对三相开关电器的每相弧隙，均取 $K_x = 1.5$；只有在超高压电网中，才对每相弧隙取 $K_x = 1.3$。

3. 瞬态恢复电压

交流电弧熄灭后，弧隙上的恢复电压与被开断电路的电路参数（如接线方式、元件参数等）、弧隙参数（如剩余电阻、熄弧电压等）有关。

为了便于说明恢复电压和电路参数之间的关系，做出以下假定和简化：

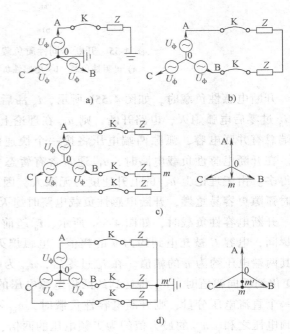

图 4-56 不同开断情况下线路因数 K_x 的确定

a）开断一相单弧隙电路 b）开断两相两弧隙电路
c）开断电源和负载中点都不接地三相三弧隙电路
d）开断电源和负载的中点都接地的三相三弧隙电路
U_φ—电源相电压 Z—每相电路阻抗 m—B、C相线电压的中点
三相开断时假定：①首开相为 A 相；
②三相电源电压对称；③各相线路阻抗相等

1）弧隙为理想弧隙，即：在燃弧期间，$R_h = 0$；在电弧电流过零瞬间，$R_h = \infty$。

2）发生短路故障时，电流滞后于电源电压的相位约 90°。因此，将回路电阻忽略不计，由式（4-81）可得，在电流过零瞬间，工频恢复电压的瞬时值为：$U_{g0} = U_{gm} = \sqrt{2}K_x U_\varphi$。

3）在历时极短（几百微秒）的电压恢复过程中，电源电压恒定，即 $u = U_{gm} = $ 常数。

基于上述假设和简化条件，分析开断短路电流情况下弧隙的瞬态恢复电压。根据短路故

障类型以及故障点距离电源位置的不同，弧隙的瞬态恢复电压可能呈现出单频或多频的频率特征。因此，需要分别讨论开断单频电路和多频（双频）电路时弧隙的瞬态恢复电压。

（1）开断单频电路时的瞬态恢复电压

在电源附近发生的短路故障电路及其等效电路如图 4-57 所示。图中 u 为电源电压，L 为电源及线路的等效电感，C 为折算到弧隙两端的等效电容，它包括电源绕组和线路的对地电容以及线间电容，R 为折算到弧隙两端的等效电阻，它包括电源和线路的电阻，以及各种电和磁损耗的等效电阻。令 i_L、i_C、i_R 和 i_h 分别为流过 L、C、R 和弧隙 K 的电流，u_C 为等效电容 C 两端的电压，u_{hf} 为弧隙 K 的恢复电压。

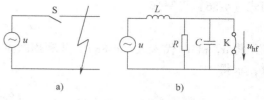

图 4-57　单频电路及其等效电路
a）短路故障电路　b）等效电路

对于理想弧隙 K，有：①电弧电流过零之前，$R_h = 0$，因此，$u_{hf} = u_C = R_h i_h = 0$，$\mathrm{d}u_{hf}/\mathrm{d}t = \mathrm{d}u_C/\mathrm{d}t = 0$；②电弧电流过零之后，$R_h = \infty$，因此，$i_h = 0$，$i_L = i_C + i_R$，$u_C = u_{hf}$。

由于 $i_C = C\mathrm{d}u_C/\mathrm{d}t$，并且假定在电压恢复过程中 $u = U_{gm} =$ 常数，则根据电路 KCL 和 KVL 定律，可以得到弧隙 K 中电弧电流过零之后恢复电压的微分方程为

$$i_L = i_C + i_R = C\frac{\mathrm{d}u_{hf}}{\mathrm{d}t} + \frac{u_{hf}}{R} \tag{4-83}$$

$$U_{gm} = L\frac{\mathrm{d}i_L}{\mathrm{d}t} + u_{hf} = LC\frac{\mathrm{d}^2 u_{hf}}{\mathrm{d}t^2} + \frac{L}{R}\frac{\mathrm{d}u_{hf}}{\mathrm{d}t} + u_{hf} \tag{4-84}$$

式（4-84）的解为

$$u_{hf} = K_1 e^{\alpha_1 t} + K_2 e^{\alpha_2 t} + U_{gm} \tag{4-85}$$

式中，K_1、K_2 为积分常数。

$$\alpha_{1,2} = -\frac{1}{2RC} \pm \sqrt{\left(\frac{1}{2RC}\right)^2 - \frac{1}{LC}} \tag{4-86}$$

根据初始条件：$t = 0$（即 $i_h = 0$）时，$u_{hf} = 0$，$\mathrm{d}u_{hf}/\mathrm{d}t = 0$，将式（4-85）对 t 取导数，则可以求得

$$K_1 = \frac{\alpha_2}{\alpha_1 - \alpha_2} U_{gm}, \quad K_2 = \frac{\alpha_1}{\alpha_2 - \alpha_1} U_{gm} \tag{4-87}$$

于是，式（4-85）可以写成

$$u_{hf} = U_{gm} - \frac{U_{gm}}{\alpha_2 - \alpha_1}(\alpha_2 e^{\alpha_1 t} - \alpha_1 e^{\alpha_2 t}) \tag{4-88}$$

根据式（4-86）能否具有实数根，分以下两种情况讨论 u_{hf} 的变化。

情况 1：当 $\sqrt{\left(\frac{1}{2RC}\right)^2 - \frac{1}{LC}} < 0$ 时，有 $R > \frac{\sqrt{L/C}}{2}$，此时，式（4-86）有两个共轭虚根。

令 δ_0 为电路固有振幅衰减系数，ω_0 为电路固有振荡角频率，即

$$\delta_0 = \frac{1}{2RC} \tag{4-89}$$

$$\omega_0 = \sqrt{\frac{1}{LC} - \left(\frac{1}{2RC}\right)^2} \tag{4-90}$$

则式（4-86）可写成

$$\alpha_{1,2} = -\delta_0 \pm j\omega_0 \tag{4-91}$$

将 α_1 和 α_2 代入式（4-88），并利用欧拉公式 $e^{j\alpha t} = \cos\alpha t + j\sin\alpha t$ 将指数函数代换成三角函数，求得

$$u_{hf} = U_{gm} - U_{gm}\sqrt{\left(\frac{\delta_0}{\omega_0}\right)^2 + 1}\ e^{-\delta_0 t}\sin(\omega_0 t + \varphi) \tag{4-92}$$

式中，$\varphi = \arctan\dfrac{\omega_0}{\delta_0}$。

式（4-92）表明，u_{hf} 由稳定分量（工频恢复电压）U_{gm} 和暂态分量组成。其中，该暂态分量是一个角频率为 ω_0、振幅逐渐衰减的正弦波。由式（4-92）得到的 u_{hf} 随 t 变化的关系如图 4-58a 所示。可见，此时瞬态恢复电压的最大值 U_{hfm} 将超过工频恢复电压的峰值 U_{gm}，并且恢复电压开始阶段的电压上升速度较快。

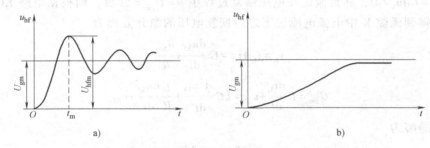

图 4-58　开断单频电路、理想弧隙 u_{hf} 随 t 的变化关系

a) $\sqrt{\left(\dfrac{1}{2RC}\right)^2 - \dfrac{1}{LC}} < 0$　b) $\sqrt{\left(\dfrac{1}{2RC}\right)^2 - \dfrac{1}{LC}} > 0$

情况 2：当 $\sqrt{\left(\dfrac{1}{2RC}\right)^2 - \dfrac{1}{LC}} > 0$ 时，有 $R < \dfrac{\sqrt{L/C}}{2}$，此时，式（4-86）有两个不相等的实数根。

令 $\beta_0 = \sqrt{\left(\dfrac{1}{2RC}\right)^2 - \dfrac{1}{LC}}$，则式（4-86）可写成

$$\alpha_{1,2} = -\delta_0 \pm \beta_0 \tag{4-93}$$

将 α_1 和 α_2 代入式（4-88），整理后得

$$u_{hf} = U_{gm} - U_{gm}e^{-\delta_0 t}\left(\frac{\delta_0}{\beta_0}\text{sh}\beta_0 t + \text{ch}\beta_0 t\right) \tag{4-94}$$

式（4-94）表明，u_{hf} 仍然由稳定分量（工频恢复电压）U_{gm} 和暂态分量组成。此时，该暂态分量是一个随时间单调变化的函数。由式（4-94）得到的 u_{hf} 随 t 变化的关系如图 4-58b 所示，可见，此时瞬态恢复电压的最大值 U_{hfm} 不会超过工频恢复电压的峰值 U_{gm}，并且恢复电压开始阶段的电压上升速度较慢。

（2）开断多频电路时的瞬态恢复电压

在大多数实际情况下，开关电器开断的电路是双频或多频的。

例如，对于图 4-59a 所示的电路，如果在变压器 T 的一次侧发生短路，而短路电流由开关 S_1 开断，则其等效电路如图 4-59b 所示。图 4-59b 中，L_1、C_1 和 R_1 为 S_1 左侧电源和有关线路的等效电感、电容和电阻，L_2、C_2 和 R_2 为 S_1 右侧变压器和有关线路的等效电感、电容和电阻。当通过 S_1 的电流过零后，电路将分裂为两个独立的振荡回路 L_1-C_1-R_1 和 L_2-C_2-R_2，因而，u_{hf} 包含两个频率的暂态分量；如果在变压器 T 的二次侧发生短路，而短路电流由开关 S_2 开断，则其等效电路如图 4-59c 所示。图 4-59c 中，L_1、C_1 和 R_1 为变压器电源和有关线路的等效电感、电容和电阻，L_2、C_2 和 R_2 为变压器及其二次侧线路的等效电感、电容和电阻。在这种情况下，u_{hf} 也包含两个频率的暂态分量。

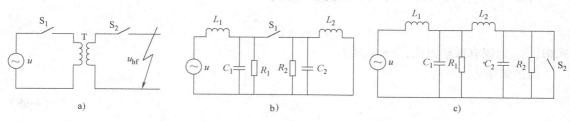

图 4-59　双频电路及其等效电路

a）短路电流　b）变压器一次侧短路时的等效电路　c）变压器二次侧短路时的等效电路

又如，如图 4-60a 所示，当开断距离开关 S 较远处的 O' 点发生架空线短路故障时，加在弧隙上的恢复电压 u_{hf} 则是开关 S 电源侧和线路侧瞬态恢复电压的矢量和，此时 u_{hf} 便是一个双频恢复电压，如图 4-60b 所示。

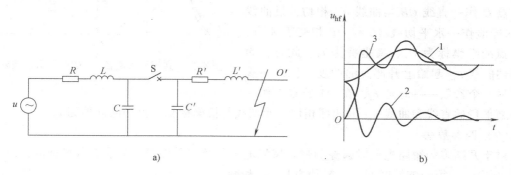

图 4-60　双频电路及其恢复电压

a）双频电路　b）恢复电压波形

R、L、C—开关电源侧线路的等效电阻、电感和电容　R'、L'、C'—开关线路侧的等效电阻、电感和电容

曲线 1—电源侧电压　曲线 2—线路侧电压　曲线 3—弧隙上的瞬态恢复电压

在其他更加复杂的电网接线情况下，u_{hf} 可以包含更多频率的暂态分量。

4. 瞬态恢复电压的表示方法

（1）两参数法

在实际开断单频短路电流的情况下，u_{hf} 大多数为图 4-58a 所示的振荡波形。对于这种单频振荡的电压恢复过程，通常采用两个参数表示其特征，这种表示方法称为两参数法。

在低压开关电器中，国标规定采用振幅因数 γ 和振荡频率 f 两个参数，其定义为

$$\gamma = \frac{U_{hfm}}{U_{gm}} \tag{4-95}$$

$$f = \frac{1}{2t_m} \tag{4-96}$$

式中，U_{hfm} 为瞬态恢复电压的最大值；t_m 为从电流过零起到 U_{hfm} 出现止所经历的时间，如图 4-58a 所示。

由式（4-92）可知，当 $t = t_m = \pi/\omega_0$ 时，有

$$U_{hfm} = U_{gm} + U_{gm}e^{-\frac{\pi\delta_0}{\omega_0}} \tag{4-97}$$

将式（4-97）代入式（4-95），得振幅因数为

$$\gamma = \gamma_0 = 1 + e^{-\frac{\pi\delta_0}{\omega_0}} \tag{4-98}$$

式中，γ_0 为固有振幅因数，$1 \leqslant \gamma_0 \leqslant 2$。

振荡频率为

$$f = f_0 = \frac{\omega_0}{2\pi} \tag{4-99}$$

式中，f_0 为电路固有振荡频率。

在高压开关电器中，国标规定采用恢复电压峰值 U_c 和峰值时间 t_3 两个参数，如图 4-61 所示。

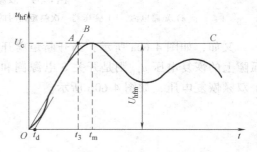

图 4-61　高压开关电器 u_{hf} 的两参数法表示

在图 4-61 中，参数 U_c 和 t_3 的求解方法为：从原点 O 作一直线 OB 与曲线 u_{hf} 相切，过曲线 u_{hf} 的峰值作一水平切线 AC 和 OB 相交于 A 点，则 A 点的纵坐标为 U_c、横坐标为 t_3。此外，为了描述曲线 u_{hf} 起始上升部分的凹度，标准还规定了另一个参数——时延 t_d，在 OA 的右方作一条与之平行的直线和曲线 u_{hf} 的凹部相切，此切线与横坐标轴交点的时间值为 t_d。

（2）四参数法

对于开断多频短路电流时弧隙的瞬态恢复电压，通常采用四个参数表示其特征，即第一波幅电压 U_1、第一波幅时间 t_1、峰值电压 U_c 和峰值时间 t_2，这种表示方法称为四参数法。

对于不同形状的多频恢复电压，如何求其 U_1、t_1、U_c 和 t_2，在 IEC（国际电工委员会）标准中给出了具体规定。例如，在图 4-62 中，双频振荡恢复电压 u_{hf} 的上述四个参数的求取方法为：从原点 O 作一直线 OB 与曲线 u_{hf} 相切，又作一水平线 AC 与曲线 u_{hf} 的峰值相切，然后再作一斜线 AB 与曲线 u_{hf} 在 D 点相切并交直线 OB 于 B 点、交直线 AC

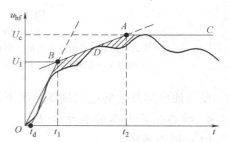

图 4-62　高压开关电器 u_{hf} 的四参数法表示

于 A 点。直线 AB 的斜率应使得在 D 点两边、曲线 u_{hf} 与直线 AB、OB、AC 所构成的带有阴影的面积相等。此时，B 点的纵、横坐标分别为 U_1 和 t_1，A 点的纵、横坐标分别为 U_c 和 t_2。同样，为了描述曲线 u_{hf} 起始上升部分的凹度，标准还规定了时延 t_d，其求解方法与两参数法相同。

当电力系统电压等于或高于 110kV，并且短路电流比较大时，高压断路器弧隙的瞬态恢复电压适于用四参数法表示；当电力系统低于 110kV，或者虽高于 110kV 但是短路电流比较小，并且经变压器供电的情况下，高压断路器弧隙的瞬态恢复电压接近于一种单频衰减振荡波形，适于用两参数法表示。

在理想弧隙开断电路时，弧隙恢复电压的幅值和波形只与电路参数（电压大小、频率、电阻、电感和电容等）有关，而与开关本身无关。将这种情况下的恢复电压称为电路的固有恢复电压，相应的振幅因数和振荡频率等也加上"固有"二字，并用下标 0 表示，如，γ_0 和 f_0，以便与实际弧隙开断电路时的恢复电压区别。

在断路器标准中规定的瞬态恢复电压均指电路的固有瞬态恢复电压。

5. 电弧参数对电压恢复过程的影响

前面讨论了理想弧隙条件下开断单频、多频电路时瞬态恢复电压的变化过程及其表示方法。由于工程中并不存在理想弧隙，因此有时候还需要考虑实际弧隙中电弧参数对电压恢复过程的影响。

在实际弧隙中，燃弧期间电弧电阻 R_h 并不为零，其大小与弧隙的电离和消电离过程的剧烈程度有关，电离过程越剧烈、消电离过程越弱，则 R_h 越小。在电弧电流 i_h 过零，电弧熄灭瞬间，由于电弧的热惯性，R_h 并不会立即变为无穷大，而是从一个有限值逐渐趋向于无穷大。由于 i_h 过零时，R_h 是一个有限值，这样当 i_h 过零后、恢复电压施加到弧隙上时，弧隙中仍将流过电流，即剩余电流，相应的电弧电阻称为剩余电阻或弧后电阻，记为 R_s。剩余电阻是不断变化的，对于暂态分量为单频的恢复电压而言，通常是指在电压恢复过程中第一个波峰以前的平均数值。理想弧隙与实际弧隙的特点对比如表 4-11 所示。

表 4-11 理想弧隙与实际弧隙的特点对比

名称	燃弧期间	电弧电流过零瞬间
理想弧隙	$R_h = 0$	R_h 立即变为无穷大
实际弧隙	$R_h \neq 0$	R_h 逐渐趋于无穷大

下面仅以图 4-57 所示的单频电路为例，简要分析电弧参数对瞬态恢复电压的影响。

对于图 4-57a 所示的单频电路，若在电弧电流过零附近将弧隙 K 用电弧的剩余电阻 R_s 代替，并且假定 R_s 为常数，则此时的等效电路如图 4-63 所示，图中各符号的含义与图 4-57 相同。

由图 4-63 可以得到电弧电流过零之后电路的 KCL 和 KVL 方程分别为

$$i_L = i_C + i_R + i_h = C\frac{\mathrm{d}u_{hf}}{\mathrm{d}t} + \frac{u_{hf}}{R} + \frac{u_{hf}}{R_s} \qquad (4\text{-}100)$$

$$U_{gm} = L\frac{\mathrm{d}i_L}{\mathrm{d}t} + u_{hf} = LC\frac{\mathrm{d}^2u_{hf}}{\mathrm{d}t^2} + \left(\frac{L}{R} + \frac{L}{R_s}\right)\frac{\mathrm{d}u_{hf}}{\mathrm{d}t} + u_{hf} \qquad (4\text{-}101)$$

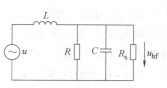

图 4-63 实际弧隙时单频
电路的等效电路

对比式（4-100）和式（4-83）、式（4-101）和式（4-84）发现，当考虑实际弧隙的剩余电阻 R_s 时，只需用 $\dfrac{1}{R}+\dfrac{1}{R_s}$ 代替 $\dfrac{1}{R}$，则在理想弧隙和实际弧隙两种情况下等效电路的 KCL 和 KVL 方程完全相同，因此可以采用求解式（4-84）的思路求解式（4-101）。

仿照式（4-85），可以写出式（4-101）的解为

$$u_{hf}=K_1 e^{\alpha_1 t}+K_2 e^{\alpha_2 t}+U_{gm} \qquad (4\text{-}102)$$

式中，K_1、K_2 为积分常数。

$$\alpha_{1,2}=-\left(\frac{1}{2RC}+\frac{1}{2R_s C}\right)\pm\sqrt{\left(\frac{1}{2RC}+\frac{1}{2R_s C}\right)^2-\frac{1}{LC}} \qquad (4\text{-}103)$$

若以熄弧尖峰 U_{xh} 出现的时刻作为考虑问题的起点，则有初始条件：$t=0$ 时，$u_{hf}=-U_{xh}$，$du_{hf}/dt=0$。将其代入式（4-102）并对 t 取导数，则可以求得

$$K_1=\frac{\alpha_2}{\alpha_1-\alpha_2}(U_{gm}+U_{xh}),\ K_2=\frac{\alpha_1}{\alpha_2-\alpha_1}(U_{gm}+U_{xh}) \qquad (4\text{-}104)$$

于是，式（4-102）可以写成

$$u_{hf}=U_{gm}-\frac{U_{gm}+U_{xh}}{\alpha_2-\alpha_1}(\alpha_2 e^{\alpha_1 t}-\alpha_1 e^{\alpha_2 t}) \qquad (4\text{-}105)$$

根据式（4-103）能否具有实数根，分以下两种情况讨论 u_{hf} 的变化。

情况 1：当 $\sqrt{\left(\dfrac{1}{2RC}+\dfrac{1}{2R_s C}\right)^2-\dfrac{1}{LC}}<0$ 时，有 $\left(\dfrac{1}{R}+\dfrac{1}{R_s}\right)<2\sqrt{C/L}$，此时，式（4-103）有两个共轭虚根，即

$$\alpha_{1,2}=-\delta_s\pm j\omega_s \qquad (4\text{-}106)$$

式中，δ_s 为电路实际振幅衰减系数，ω_s 为电路实际振荡角频率。δ_s 和 ω_s 按下式计算：

$$\delta_s=\frac{1}{2RC}+\frac{1}{2R_s C} \qquad (4\text{-}107)$$

$$\omega_s=\sqrt{\frac{1}{LC}-\left(\frac{1}{2RC}+\frac{1}{2R_s C}\right)^2} \qquad (4\text{-}108)$$

将 α_1 和 α_2 代入式（4-105），并利用欧拉公式将指数函数代换成三角函数，求得

$$u_{hf}=U_{gm}-(U_{gm}+U_{xh})\sqrt{\left(\frac{\delta_s}{\omega_s}\right)^2+1}\ e^{-\delta_s t}\sin(\omega_s t+\varphi) \qquad (4\text{-}109)$$

式中，$\varphi=\arctan\dfrac{\omega_s}{\delta_s}$。

式（4-109）表明，u_{hf} 由稳定分量（工频恢复电压）U_{gm} 和暂态分量组成。其中，该暂态分量是一个角频率为 ω_s、振幅逐渐衰减的正弦波。与式（4-92）相比，该式的暂态分量幅值多出 U_{xh} 一项。由式（4-109）得到的 u_{hf} 随 t 变化的关系如图 4-64a 所示。

当 $t=t_m=\pi/\omega_s$ 时，u_{hf} 达到最大值：

$$U_{hfm}=U_{gm}+(U_{gm}+U_{xh})e^{-\frac{\pi\delta_s}{\omega_s}} \qquad (4\text{-}110)$$

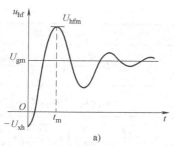 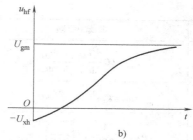

图 4-64 开断单频电路、实际弧隙 u_{hf} 随 t 的变化关系

a) $\sqrt{\left(\dfrac{1}{2RC}+\dfrac{1}{2R_sC}\right)^2-\dfrac{1}{LC}}<0$ b) $\sqrt{\left(\dfrac{1}{2RC}+\dfrac{1}{2R_sC}\right)^2-\dfrac{1}{LC}}>0$

实际振幅因数 γ_s 为

$$\gamma_s = 1+\left(1+\frac{U_{xh}}{U_{gm}}\right)e^{-\frac{\pi\delta_s}{\omega_s}} \tag{4-111}$$

由式（4-111）可知：$1\leqslant\gamma_s\leqslant 2+\dfrac{U_{xh}}{U_{gm}}$。

实际振幅频率 f_s 为

$$f_s = \frac{\omega_s}{2\pi} \tag{4-112}$$

情况 2：当 $\sqrt{\left(\dfrac{1}{2RC}+\dfrac{1}{2R_sC}\right)^2-\dfrac{1}{LC}}>0$ 时，有 $\left(\dfrac{1}{R}+\dfrac{1}{R_s}\right)>2\sqrt{C/L}$，此时，式（4-103）有两个实根，即

$$\alpha_{1,2} = -\delta_s\pm\beta_s \tag{4-113}$$

式中，$\beta_s = \sqrt{\left(\dfrac{1}{2RC}+\dfrac{1}{2R_sC}\right)^2-\dfrac{1}{LC}}$。

将 α_1 和 α_2 代入式（4-105），整理后得

$$u_{hf} = U_{gm}-\left(U_{gm}+U_{xh}\right)e^{-\delta_s t}\left(\frac{\delta_s}{\beta_s}\mathrm{sh}\beta_s t+\mathrm{ch}\beta_s t\right) \tag{4-114}$$

式（4-114）表明，u_{hf} 仍然由稳定分量（工频恢复电压）U_{gm} 和暂态分量组成。此时，该暂态分量是一个随时间单调变化的函数。与式（4-94）相比，该式的暂态分量幅值同样多出 U_{xh} 一项。由式（4-114）得到的 u_{hf} 随 t 变化的关系如图 4-64b 所示，由图可见，$U_{hfm}\leqslant U_{gm}$，因此，$\gamma_s\leqslant 1$。

综上，开断单频电路时理想弧隙和实际弧隙两种情况下的恢复电压对比如表 4-12 所示。

表 4-12　理想弧隙与实际弧隙的恢复电压对比

对比项目	理 想 弧 隙	实 际 弧 隙
等效电路		

（续）

对比项目	理想弧隙	实际弧隙
KVL 方程	$U_{gm} = LC \dfrac{d^2 u_{hf}}{dt^2} + \dfrac{L}{R} \dfrac{d u_{hf}}{dt} + u_{hf}$	$U_{gm} = LC \dfrac{d^2 u_{hf}}{dt^2} + \left(\dfrac{L}{R} + \dfrac{L}{R_s} \right) \dfrac{d u_{hf}}{dt} + u_{hf}$
u_{hf} 的求解	$u_{hf} = K_1 e^{\alpha_1 t} + K_2 e^{\alpha_2 t} + U_{gm}$ $\alpha_{1,2} = -\dfrac{1}{2RC} \pm \sqrt{\left(\dfrac{1}{2RC} \right)^2 - \dfrac{1}{LC}}$ 初始条件：$t=0$ 时，$u_{hf}=0$，$du_{hf}/dt=0$ $K_1 = \dfrac{\alpha_2}{\alpha_1 - \alpha_2} U_{gm}$，$K_2 = \dfrac{\alpha_1}{\alpha_2 - \alpha_1} U_{gm}$ $u_{hf} = U_{gm} - \dfrac{U_{gm}}{\alpha_2 - \alpha_1} (\alpha_2 e^{\alpha_1 t} - \alpha_1 e^{\alpha_2 t})$	$u_{hf} = K_1 e^{\alpha_1 t} + K_2 e^{\alpha_2 t} + U_{gm}$ $\alpha_{1,2} = -\left(\dfrac{1}{2RC} + \dfrac{1}{2R_s C} \right) \pm \sqrt{\left(\dfrac{1}{2RC} + \dfrac{1}{2R_s C} \right)^2 - \dfrac{1}{LC}}$ 初始条件：$t=0$ 时，$u_{hf} = -U_{xh}$，$du_{hf}/dt=0$ $K_1 = \dfrac{\alpha_2}{\alpha_1 - \alpha_2} (U_{gm} + U_{xh})$，$K_2 = \dfrac{\alpha_1}{\alpha_2 - \alpha_1} (U_{gm} + U_{xh})$ $u_{hf} = U_{gm} - \dfrac{U_{gm} + U_{xh}}{\alpha_2 - \alpha_1} (\alpha_2 e^{\alpha_1 t} - \alpha_1 e^{\alpha_2 t})$
情况 1：u_{hf} 的暂态分量衰减振荡　条件	$\sqrt{\left(\dfrac{1}{2RC} \right)^2 - \dfrac{1}{LC}} < 0$	$\sqrt{\left(\dfrac{1}{2RC} + \dfrac{1}{2R_s C} \right)^2 - \dfrac{1}{LC}} < 0$
情况 1：u_{hf} 的暂态分量衰减振荡　曲线		
情况 2：u_{hf} 的暂态分量单调变化　条件	$\sqrt{\left(\dfrac{1}{2RC} \right)^2 - \dfrac{1}{LC}} > 0$	$\sqrt{\left(\dfrac{1}{2RC} + \dfrac{1}{2R_s C} \right)^2 - \dfrac{1}{LC}} > 0$
情况 2：u_{hf} 的暂态分量单调变化　曲线		

用实际弧隙开断电路时，弧隙上的恢复电压特性称为实际恢复电压特性。

仅以开断单频电路并且当 u_{hf} 的暂态分量衰减振荡时为例，说明实际弧隙的电弧参数对电压恢复过程的影响。由表 4-13 可知，剩余电阻 R_s 和熄弧尖峰 U_{xh} 对电压恢复过程的影响不同。相同条件下，减小 R_s，则 γ_s、f_s 均减小；增大 U_{xh}，则 γ_s 增加，也就是使 U_{hfm} 增大，但是对 f_s 没有影响。因此可以得出以下结论：弧隙的实际恢复电压特性与固有恢复电压特性相比，振荡频率降低，或者说阻尼作用更强，而振幅因数的变化需视具体情况而定。

4.6.3　交流电弧的熄灭条件

交流电弧的熄灭条件可总结为：电流过零后，弧隙的实际介质恢复强度特性在任何时刻始终高于弧隙上的实际恢复电压特性。如图 4-65 所示，如果电流过零后的实际介质强度恢复特性曲线在任何时刻都高于实际电压恢复特性曲线，则电弧熄灭；否则，电弧重燃；或者从弧隙能量平衡的角度考虑，当弧隙的输入能量小于弧隙的散出能量时，电弧趋于熄灭。

表 4-13　实际弧隙参数（剩余电阻 R_s 和熄弧尖峰 U_{xh}）对恢复电压 u_{hf} 的影响

对比项目	理想弧隙	实际弧隙	弧隙参数的影响	
			R_s 减小	U_{xh} 增大
振幅衰减系数	$\delta_0=\dfrac{1}{2RC}$	$\delta_s=\dfrac{1}{2RC}+\dfrac{1}{2R_sC}$	δ_s 增大	
振幅因数	$\gamma_0=1+e^{-\frac{\pi\delta_0}{\omega_0}}$ $1\leqslant\gamma_0\leqslant2$	$\gamma_s=1+\left(1+\dfrac{U_{xh}}{U_{gm}}\right)e^{-\frac{\pi\delta_s}{\omega_s}}$ $1\leqslant\gamma_s\leqslant2+\dfrac{U_{xh}}{U_{gm}}$	γ_s 减小	γ_s 增大
振荡角频率	$\omega_0=\sqrt{\dfrac{1}{LC}-\left(\dfrac{1}{2RC}\right)^2}$	$\omega_s=\sqrt{\dfrac{1}{LC}-\left(\dfrac{1}{2RC}+\dfrac{1}{2R_sC}\right)^2}$	ω_s 减小	
振荡频率	$f_0=\dfrac{\omega_0}{2\pi}$	$f_s=\dfrac{\omega_s}{2\pi}$	f_s 减小	

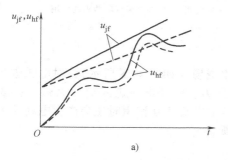 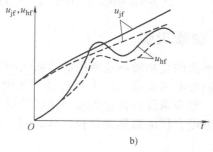

图 4-65　介质恢复强度特性和恢复电压特性
a）电弧重燃　b）电弧熄灭
实线—固有特性　虚线—实际特性

当不满足交流电弧的熄灭条件时，交流电弧可能会在电弧电流过零、电弧自然熄灭后再次重燃。电弧重燃可能是在高电场作用下造成的电击穿，也可能是由于剩余电流作用下引起的热击穿，重燃原因可以借助于熄弧过程中测得的实际 u_{hf} 波形和剩余电流 i_s 波形来判定，如图 4-66 所示。

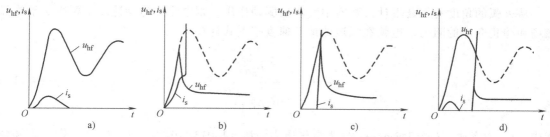

图 4-66　实际恢复电压和剩余电流的波形
a）有剩余电流，不击穿　b）热击穿　c）电击穿　d）有剩余电流，电击穿

4.7 交流电弧的灭弧方法

4.7.1 简单开断灭弧

简单开断灭弧指在大气中分开触头，拉长电弧使之熄灭的灭弧方法。它借助于特殊的电极结构、机械力或电弧电流本身产生的电动力拉长电弧，并使之在运动中不断与新鲜空气接触而冷却。这样，随着弧长 l 和弧柱电场强度 E 的不断增大，使电弧伏安特性因电弧电压增大而上移，当电弧电压足够大时电弧熄灭。

简单开断灭弧在低压电器的刀开关和直动式交流接触器中均有应用，如图 4-67 所示。

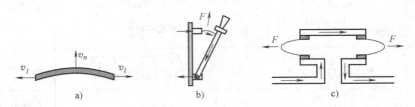

图 4-67　简单开断灭弧示意图

a）沿法向和切向拉长电弧　b）在刀开关中的应用　c）在交流接触器中的应用

4.7.2 磁吹灭弧

利用触头的自励磁场或专用的磁吹线圈产生磁场（如图 4-68 所示），对电弧进行磁吹熄灭电弧。磁吹有两重意义：①对电弧产生洛伦兹力，驱动电弧进入栅片灭弧室；②冷却电弧。此外，触头系统的自励磁场与流过动触头杆的电流相互作用时还会产生电动斥力，加速动触头的开断、使电弧迅速拉长，从而利于灭弧。

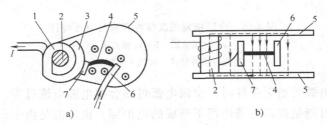

图 4-68　磁吹线圈的结构

1—磁吹线圈　2—铁心　3—引弧角　4—电弧　5—钢夹板　6—动触头　7—静触头

从灭弧的角度看，若不计灭弧室中气吹的驱动作用，则电弧的运动速度主要决定于吹弧磁场和静止介质的阻力。电弧在弧道的运动速度按下式计算

$$v = C_0 \frac{5\dfrac{BI}{P_0 d}}{\sqrt{49 + 42\dfrac{BI}{P_0 d}}} \tag{4-115}$$

式中，C_0 为音速，$C_0 = 343\text{m/s}$；P_0 为空气压力，$P_0 = 1.013 \times 10^5 \text{Pa}$；$B$、$I$、$d$ 分别是磁场强度、电弧电流及电弧直径。

式（4-115）表明，相同条件下，增加吹弧磁场、增加电弧电流减少电弧直径，可以提高电弧运动速度，从而有利于熄灭电弧。

某些交流接触器依靠触头系统的自励磁场对电弧产生磁吹。例如，采用图 4-69 所示的三种静导电回路下进线 U 形结构时，触头的自励磁场依次增强。因此，可以采用铁磁片达到增加磁场的目的。研究表明，增强吹弧磁场可以减小接触器的电弧停滞时间和重燃几率。

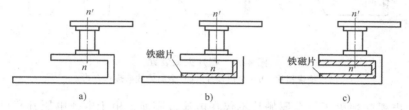

图 4-69　接触器的三种触头结构

4.7.3　纵缝灭弧

为限制弧区扩展并加速冷却以削弱热电离，常采用耐弧绝缘材料（石棉、水泥、陶土等）制成的具有纵向缝隙的灭弧室（纵缝指灭弧的缝隙方向与电弧的轴线平行），使电弧进入后在与缝壁的紧密接触中被冷却。

纵缝灭弧装置有单纵缝、多纵缝和纵向曲缝等多种，如图 4-70 所示。为克服电弧进入宽度略小于其直径的狭缝的阻力，有时还需磁吹配合。

纵缝多采取下宽上窄的形式，以减小电弧进入时的阻力。多纵缝的缝隙甚窄，且入口处宽度是骤变的，故仅当电流较大时效果明显。纵向曲缝兼有逐渐拉长电弧的作用，故其效果较好。

这种灭弧方式既可用于熄灭直流电弧，也可以熄灭交流电弧，多用于低压开关电器，也可用于 3 ~ 10kV 的高压开关电器。

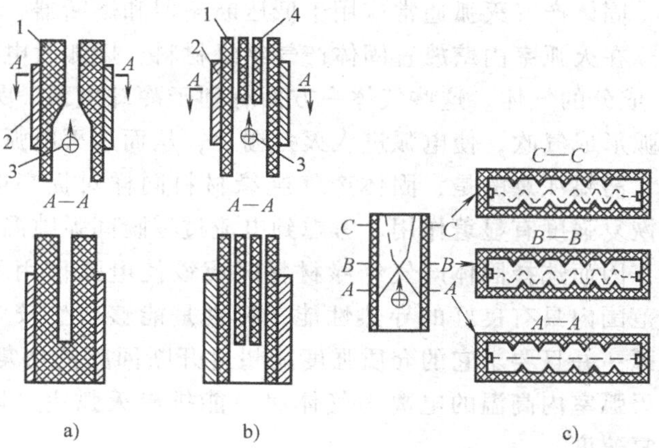

图 4-70　串联磁吹线圈
a）单纵缝　b）多纵缝　c）纵向曲缝
1—灭弧室壁　2—钢夹板　3—电弧　4—绝缘隔板

4.7.4　栅片灭弧

栅片灭弧装置有绝缘栅片与金属栅片两种：前者借拉长电弧并使之在与它紧密接触的过程中迅速冷却；后者将电弧截割为多段短弧，利用增大近极区电压降（特别是交流时的近阴极效应）以加强灭弧效果，如图 4-71 所示。金属栅片为钢质，它有吸引电弧的作用和冷却作用，但其 V 形缺口是偏心的，且要交错排列以减小对电弧的阻力。

因为每一个短弧都有阳极压降与阴极压降，其和为 20~24V 左右，当熄灭直流电弧时只要被开断的电压小于各栅片引起的总的近极压降，电弧就熄灭了。

在熄灭交流电弧时，金属栅片的作用如下：当交流电流过零时，产生近阴极效应，其初始介电强度大约为 150~260V，若有 n 个短弧，则提高弧隙初始介电强度多倍。若被开断电

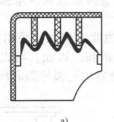
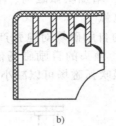

图 4-71　栅片灭弧装置

a）绝缘栅片　b）金属栅片　c）金属栅片的排列方式

压小于此值，电弧就熄灭了。金属栅片不仅在电流过零前，由于电弧电压升高可以减小电弧电流幅值，和改善被开断电路的功率因数，降低电流过零时的工频恢复电压瞬时值，而且在电流过零后，由于 n 段短弧存在的 n 个近阴极效应，从而可以大大提高弧隙的介质恢复强度特性，灭弧性能良好。

栅片灭弧装置适用于高低压直流和交流开关电器，以低压交流开关电器用得较多。

4.7.5　固体产气灭弧

固体产气灭弧通常应用于低压断路器和熔断器。

在灭弧室内壁放置固体产气绝缘材料，燃弧时电弧的高温使产气绝缘材料气化产生含有 H_2 成分的气体。这些气体一方面有利于冷却电弧，另一方面使灭弧室的压力升高，从而对电弧形成气吹，使电弧进入灭弧栅片，从而熄灭电弧。

需要注意的是，固体产气绝缘材料同样对提高电弧电流过零后的介质恢复强度有显著作用。考虑到电流过零瞬间弧隙温度在 3000~5000K 之间，因而选择固体产气绝缘材料时应该使电弧作用下产生的气体在该温度范围内具有良好的导热性能，特别是能够产生较多的氢气以利于冷却电弧，并且要求它的介质强度能超过开断回路的恢复电压。电流过零后，让灭弧室内高温的电离态气体尽可能排出灭弧室，以提高过零后的介质恢复速度。

常用的固体产气绝缘材料有钢纸、有机玻璃、聚甲醛、尼龙、三聚氰胺等。

图 4-72 表示利用固体材料产生气体，提高气压以进行灭弧的低压密封式熔断器的结构。

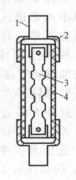

图 4-72　低压密封式熔断器的结构

1—触刀　2—端帽
3—熔片　4—熔管

图 4-72 中熔片为用锌片冲成，带有狭项，熔管用钢纸制成，触刀用来连接电路，端帽用以固定触刀和将熔管密封。当流过短路电流时，熔片的所有狭颈部分迅速熔化、气化形成几个串联的短弧。在电弧的高温作用下，狭颈部分的金属进一步剧烈气化，短弧的长度逐渐延长。同时钢纸管内壁分解，产生的气体使管内的压力迅速升高。这种熔断器由于采用了串联短弧和提高介质气压两种措施，电弧电压上升很快，甚至可以使短路电流尚未达到预期值之前就截流，提前分断电路。

4.7.6　石英砂灭弧

利用石英砂限制弧柱的扩展并冷却电弧使之熄灭的方法为石英砂灭弧。石英砂灭弧也是主要用于高低压熔断器。如在高压限流式熔断器中，充满颗粒状的石英砂，当短路电流通过时，熔体熔断、气化并形成电弧。熔体金属从固态变为气态后，体积受周围石英砂的限制，不能自由膨胀，于是在燃弧区形成很高的压力，此压力推动游离气体深入到石英砂缝隙中去，使它受到冷却和表面复合作用，强烈地发生消电离，从而熄灭电弧。

4.7.7　油灭弧

触头在油中分断电路时，产生在油中燃烧的电弧，称为油中电弧。油断路器就是依靠具有高介质强度的矿物油（如变压器油）来增强熄弧能力的。当电弧在矿物油中燃烧时，电弧的高温将其周围的油加热和分解，电弧的能量大约有 25%~30% 用于油的分解，从而产生大量气体，在电弧周围形成气泡。气泡中油的蒸气约占 40%，其他气体占 60%，而在其他气体中氢气占 70%~80%、乙炔占 15%~20%、甲烷和乙烯占 5%~10%。显然，气泡的主要成分是氢气，因此油中电弧可认为是氢气中的电弧。

1. 静止油中电弧的熄灭

以图 4-73 所示的油中简单开断装置为例，说明静止油中电弧的熄灭原理。

静止油中电弧的熄灭原理如下：

1）气泡中氢气的冷却作用。当触头开断时，触头间形成的电弧处于以氢气为主体的气泡包围中。由高温时的气体导热性可知，当温度在 4000K 附近时，氢气与其他气体相比，导热系数非常高，一般比空气大十几倍，因此电弧可受到热传导造成的强烈冷却作用。

2）气泡的高压力增强了复合作用。油被电弧分解后产生的气体体积很大，其大小与燃弧时间内的电弧能量成正比。由于气体的突然形成，开始生成的油气就具有很大的压力，它力图膨胀自己的体积并推动油层迅速向四周运动。但是由于箱壁以及气泡上面油层惯性的阻碍，膨胀将受到限制，使气泡中的压力可维持在 5~10 个大气压。高压力使电弧中游离质点的浓度增加，自由行程减小，从而增强了复合使用。

3）气泡内外油气的扰动作用增强了冷却效果。气泡中弧柱的温度较高，气泡外层的温度较低，因此气泡内由于温度和压力差而产生剧烈的扰动，将高温的油气卷向气泡外层冷却，外层温度较低的油气被卷入弧柱中心，加强了弧柱的冷却作用。

在油中简单开断的情况下，燃弧时间与断路器的结构、触头的分离速度和开断电流的大小有关。

2. 气吹型油中电弧的熄灭

在油中简单开断装置中，电弧被包围在静止的气泡中，使其熄灭电弧的能力有限，无法满足开断大电流的要求。因此，油断路器均装设灭弧室。

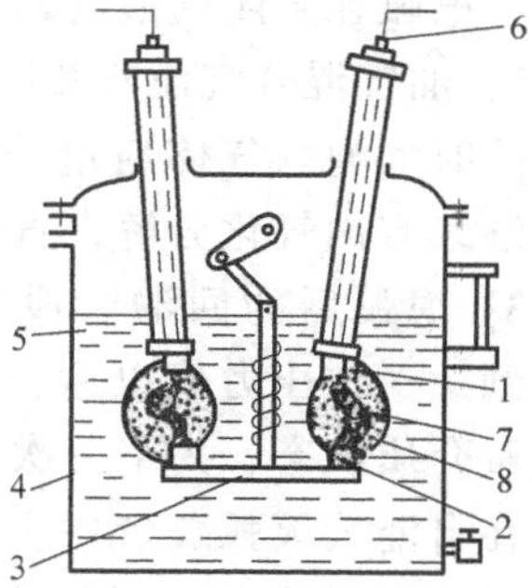

图 4-73　油中简单开断装置
1—静触头　2—动触头　3—导电横担
4—油箱　5—油　6—导电杆
7—电弧　8—气泡

油断路器的灭弧室，就是装设在触头周围的、用绝缘材料制成的限制电弧燃烧并产生高速气流对电弧进行强烈气吹而使之熄灭的部件。因此，油断路器的灭弧室不仅是利用氢气中的热传导造成的冷却来熄灭电弧，而主要是利用氢气等离子体的等熵冷却来熄灭电弧。如何有效利用油分解的氢气形成所需的气吹压力、控制气体的流向使电弧得到有效的冷却是设计油断路器灭弧室的关键。

3. 油吹灭弧装置

按照产生气吹的能源来分，油吹灭弧装置主要分为两种：

（1）自能式灭弧装置

利用电弧自身的能量使油蒸发、分解从而产生气泡，提高灭弧室中的压力。当喷口打开时，由于灭弧室内外的压力差而在喷口产生高速油气流，对电弧进行气吹而使之熄灭。

图 4-74 为简化后的油自能式灭弧装置示意图。油自能式灭弧装置的工作过程包括以下三个阶段：封闭气泡阶段、油气混合气流吹弧阶段和熄弧后的回油阶段。

1）封闭气泡阶段。触头间产生电弧后，在动触头杆脱离喷口之前，只有少量的油从吹弧喷口与动触头杆间的缝隙或其他预定的排油通道排出，电弧在封闭气泡内燃烧，灭弧室内压力增长很快。

2）油气混合气流吹弧阶段。动触头杆脱离喷口之后，开始气吹作用。此时气泡内气体通过喷口向灭弧室外排出，吹拂电弧，同时，气泡内继续有油气化分解，直到电弧熄灭。

3）熄弧后的回油阶段。电流过零电弧熄灭后，灭弧室内压力下降。到达一定压力值以后，外部新鲜油开始进入灭弧室，恢复灭弧室内正常介质状态，为下一次开断做准备。

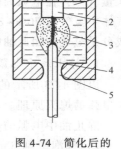

图 4-74　简化后的油自能式灭弧装置
1—空气垫　2—静触头
3—电弧　4—动触头
5—喷口

在自能式灭弧装置中，灭弧室压力的大小，也就是吹弧能力的大小取决于电弧能量。开断的电流越大，电弧能量越大，单位时间内产生的气体越多，灭弧室内的压力越高，则灭弧能力越强、燃弧时间越短。相反，当开断小电流时，灭弧能力较弱、燃弧时间较长。自能式灭弧装置的开断电流从小增大时，燃弧时间随电流的增加而增加，在达到一定电流值以后，燃弧时间又随电流的增加而减小。即开断某一电流值时的燃弧时间最长，此电流称为临界开断电流。

（2）外能式灭弧装置

利用外界能量（通常是用油断路器合闸过程中储存在弹簧中的能量）在分断过程中推动活塞，提高灭弧室的压力以驱动油气来熄灭电弧。外能式灭弧装置的灭弧能力只取决于外界能量，与被开断电流的大小无关。在设计给定的范围内，熄弧能力强、燃弧时间稳定，一般不会出现临界开断电流。

油断路器灭弧装置的主要吹弧形式有：纵吹（气流方向与电弧轴线平行）、横吹

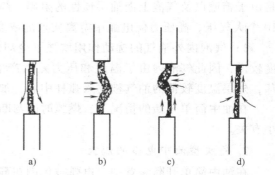

图 4-75　油断路器灭弧室的吹弧形式
a）纵吹　b）横吹　c）纵横吹　d）环吹

（气流方向与电弧轴线垂直）、纵横吹和环吹四种，如图 4-75 所示。

油吹灭弧装置曾在高压断路器中占重要地位，近年来逐渐被其他灭弧装置所取代。

4.7.8 压缩空气灭弧

压缩空气断路器就是利用压缩空气的气吹作用来熄灭电弧的。压缩空气的熄弧原理在于利用压缩空气的流动，在喷口处形成一股高速气流对电弧进行强烈气吹和冷却，从而使电弧熄灭。喷口就是用来约束气流使之产生高速流动并与电弧紧密接触的部件，如图 4-76 所示。对于高速气流中的电弧来说，等熵冷却是起决定性作用的散热冷却方式。当电弧等离子体沿着压力梯度流动时，每单位容积受到 $-v\mathrm{grad}p$ 的冷却力。当在喷口处形成高速气流时，在喷口的最小截面处产生的压力梯度是相当大的，在电弧温度下，流速 v 可达 10 倍左右音速的速度。

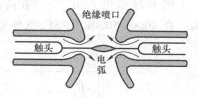

图 4-76 两个触头都是棒状的
压缩空气灭弧装置

在压缩空气中，电弧弧心的温度约为 15000K，弧焰部的温度约为 7000K。开断大电流时会形成直径较大的电弧。喷口和气压一定时，当电弧电流超过某一数值，则电弧的能量显著增大，致使等离子体压力上升，会引起气流堵塞现象。当出现这种堵塞现象时，说明该压缩空气灭弧装置已达到接近于极限的开断能力。

压缩空气灭弧装置依靠外界能量来气吹灭弧，属于外能式灭弧装置，其燃弧时间几乎与开断的电流大小无关。压缩空气灭弧装置的灭弧能力是按照开断大电流的情况设计的，因此在开断感性小电流时，由于灭弧能力过强，常会引起截流现象而产生较高的过电压。

4.7.9 SF$_6$ 气体灭弧

1. SF$_6$ 气体的基本性能

六氟化硫（SF$_6$）气体是一种无色、无臭、无毒和不可燃的惰性气体，也是一种强负电性气体。SF$_6$ 气体的液化温度高、高压力时易液化。

SF$_6$ 的热稳定性好，它开始分解的温度约为 2000K，当温度升至约 3700K 以上时，大部分可分解为硫原子和氟的单原子。但是一旦促使它们分解的能量消除，分解物将在不大于 10^{-5}s 的时间内再结合为 SF$_6$。在有金属蒸气参与反应时，常可生成金属氟化物和硫的低氟化物，如 SF$_4$（四氟化硫）等。如气体中含有水分时，SF$_4$ 等还能生成腐蚀性很大的氢氟酸 HF；如气体中水分较多，SF$_6$ 本身在高温下也会与水作用而分解，分解物随 SF$_6$ 气体中含水量的增加而增加。在这些分解物中，HF 和 SO$_2$ 对绝缘材料、金属材料都有很大的腐蚀性。

纯净的 SF$_6$ 气体是稳定和无毒的介质，但是高温分解出来的低氟化物却有剧毒。尽管在温度降低后大部分低氟化物也会复合，但总会残留一小部分，因此必须注意。可以用分子筛或活性氧化铝等吸附低氟化物。

SF$_6$ 气体的击穿电压很高，绝缘性能很好，在 2.94×10^{10}Pa 压力下，SF$_6$ 气体的绝缘能力就能达到和超过变压器油，压力再增高时，则绝缘能力比变压器油要大得多。

2. SF$_6$ 气体的灭弧性能

SF$_6$ 气体具有很强的灭弧能力，在静止 SF$_6$ 气体中的开断能力为空气的 100 倍以上。当

用 SF_6 气体吹弧时，气体压力和吹弧速度都不需要很大，就能在高压下开断相当大的电流。

SF_6 气体灭弧性能特别强的原因主要是：

1）SF_6 气体的分解温度（2000K）比空气（主要是氮气，分解温度约 7000K）的低，而需要的分解能（22.4eV）却比空气（9.7eV）高。因此，SF_6 气体分子在分解时吸收的能量多，对弧柱的冷却作用强。由于气体分子的分解，在相应的分解温度上就出现气体热导率的高峰，如图 4-77 所示。

图 4-78 给出了 SF_6 气体在高温下电离形成的电导率与温度之间的变化关系。图 4-78 表明，在 4000~5000K 时 SF_6 气体的电导率急剧增大。

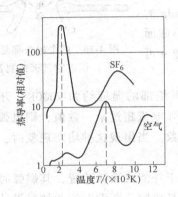

图 4-77　热导率与温度的关系

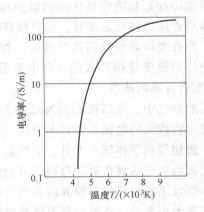

图 4-78　SF_6 气体的电导率与温度的关系

3000K 附近是含有金属蒸气的弧柱热电离温度，也就是弧柱导电部分边界上的温度，此时 SF_6 气体的热导率特别高，使弧柱的边界周围形成陡峭的径向温度梯度。图 4-79 为同样条件下获得的弧柱温度沿弧柱半径的分布情况。与空气电弧相比，SF_6 气体中的弧柱直径要小得多。

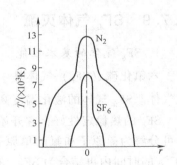

图 4-79　弧柱温度沿弧柱
半径的分布情况

2）SF_6 气体在高温时分解的硫、氟原子和正负离子，与其他电弧介质相比，在同样的弧温时，有较大的电离度。在维持相同的电离度时，弧柱温度就较低。SF_6 气体中电弧的电压梯度与气压的二次方根近似成正比关系，比空气中电弧的电压梯度约小 3 倍。因此，SF_6 气体中电弧电压也较低，燃弧时的电弧能量较小、对灭弧有利。

3）由于 SF_6 气体的强负电性，能吸附电子和正离子复合，故复合速度快、消电离作用特别强。尤其在电流过零前后，可使弧隙中带电粒子减少，电导率下降。SF_6 气体电弧的时间常数也很小，为微秒级或更小，在电弧电流过零后，弧柱温度将急剧下降，分解物也就急速地复合。因此，SF_6 弧隙的介质强度及其恢复速度都很高，能耐受很高的恢复电压作用，电弧在电流过零后不易重燃。

从上述分析可知，SF_6 气体中电弧的熄灭原理与空气电弧和油中电弧是不同的，它并不依靠气流等的压力梯度所形成的等熵冷却作用，而主要是利用 SF_6 气体的特异的热化学性和强负电性，因此 SF_6 气体具有特别强的灭弧能力。对于灭弧来说，供给大量新鲜的 SF_6 的中性分子并使之与电弧接触是有效的方法，这也是 SF_6 断路器灭弧的基本原理。

3. SF_6 灭弧装置

常用的 SF_6 灭弧装置有双压式、单压式、自能式和旋弧式。

双压式 SF_6 灭弧装置，具有高压（1.0~1.5MPa）和低压（0.3~0.6MPa）两个气压系统，灭弧时喷口打开，高压 SF_6 气体经过喷口吹向低压系统，与电弧发生能量交换使电弧熄灭。

如图 4-80 所示，灭弧室结构系统放在低压 SF_6 气体箱内，当触头闭合，静触头只与动触头周围接触，定弧极则处于静触头一端的中空部分，触头系统被吹弧口和吹弧屏罩环绕，以控制电弧的位置和热气体的运动。动触头为中空的喷口形，在用弹簧加压的中间触头内移动。动触头侧面具有孔，让热的 SF_6 气体从高压区吹向低压区；在分闸时，动静触头分离瞬间，在定弧极和动触头中空内壁之间产生电弧。这时通向高压系统的主阀已经打开，SF_6 气体从高压区顺着箭头方向吹向低压区，电弧受喷口和吹弧屏罩的控制，最后在 SF_6 气吹的作用下熄灭。

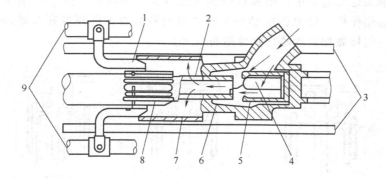

图 4-80 双压式 SF_6 灭弧装置示例

1—动触头的横担 2—动触头侧面上孔 3—绝缘支持棒 4—定弧极 5—静触头的载流触指
6—灭弧室 7—吹弧屏罩 8—中间触头 9—绝缘操作棒

单压式 SF_6 灭弧装置，又称压气式 SF_6 灭弧装置，只有一个气压系统（气压为 0.4~0.6MPa），灭弧装置的可动部分带有压气装置，靠分闸过程中活塞气缸的相对运动，造成短时间的气压升高产生吹弧作用来熄灭电弧。这种灭弧装置结构简单，已被广泛应用于 SF_6 断路器中。

图 4-81 所示为 SF_6 单压式灭弧装置的原理结构。静触头固定在灭弧装置的上部，动触头和利用耐弧绝缘材料制成的喷嘴以及压气罩在机械上固定在一起。压气罩内装有固定的活塞。整个灭弧装置内充以约 0.5MPa 的 SF_6。当关合电路时，动触头向上运动和静触头相接触；当开断电路时，动触头连同喷嘴、压气罩一起向下运动。在动触头退出喷口之前，压气罩内气体受到压缩而压力升高；在动触头退出喷口时，压气罩内的高压气体向上冲出喷口，对电弧进行

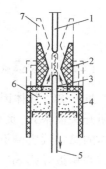

图 4-81 单压式单向
吹弧灭弧室

1—静触头 2—喷嘴
3—动触头 4—压气罩
5—动导电杆 6—压气室
7—合闸位置

纵吹使之熄灭。

自能式 SF_6 灭弧装置最大限度地利用电弧自身的能量，加热膨胀室或压气室中的 SF_6 气体建立起高气压，形成压差。通过高压力 SF_6 膨胀，在喷口处形成高速气流，与电弧发生强烈的能量交换，在电流过零时熄灭电弧。

自能式 SF_6 灭弧装置的开断能力与开断电流大小极其相关。在开断大电流时，由于电弧能量很强，灭弧室气压能够达到熄弧所需的压力；而在开断小电流时存在临界开断电流区域，在此区域内电弧能量很弱，灭弧室气压不足，此时只靠电弧自身的能量并不能使电弧熄灭，因而还需要一种辅助的开断手段（例如助吹活塞）开断临界电流值以下的电流。通常，自能式 SF_6 断路器在开断大电流时靠电弧本身的热膨胀吹弧，在开断小电流时靠小的压气活塞形成助吹，达到开断小电流的目的。自能式 SF_6 灭弧装置可以显著减小断路器机构的操作功、减小断路器的体积、提高其动作可靠性。自能式 SF_6 断路器已成为高压断路器的主要发展趋势之一。

旋弧式 SF_6 灭弧装置，又称磁吹电弧式 SF_6 灭弧装置，是利用磁场的作用，使开断电弧在 SF_6 中同心电极之间作旋转运动，得到冷却而熄灭。

图 4-82 为旋弧式 SF_6 灭弧装置的工作原理。如图 4-82a，分闸时动触头与静触头之间产生电弧，在动触头运动过程中，电弧由静触头过渡到金属圆筒电极上（图 4-82b），由于串联驱动线圈的磁场作用，使电弧绕动触头轴线以每秒数百米的速度在金属圆筒电极内侧旋转，与筒内 SF_6 气体做相对运动得到冷却而熄灭。

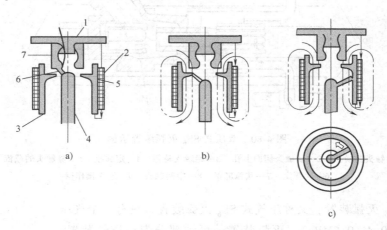

图 4-82　旋弧式 SF_6 灭弧装置的工作原理

1—静触头座　2—驱动线圈　3—圆筒电极　4—动触头　5—圆筒电极中电弧过渡区域　6—电弧　7—静触头

虽然 SF_6 气体因其良好的绝缘性能和灭弧性能被广泛用于断路器、GIS（气体绝缘金属封闭开关设备）、负荷开关等领域，但是，SF_6 气体是一种温室效应极强的气体，为减小 SF_6 气体的温室效应，不仅需要减小 SF_6 气体的用气量和排放量、对 SF_6 气体回收净化再利用，还需要积极寻找 SF_6 替代气体或采用 SF_6 混合气体。

长期以来，人们一直在寻找 SF_6 气体的替代介质，但目前还没有发现一种介质可以替代 SF_6 气体。现已发现的 CF_3I（三氟碘甲烷）气体的绝缘性能很好，在均匀电场中的绝缘水平是 SF_6 气体的 1.2 倍，近区故障开断性能约为 SF_6 气体的 0.9 倍，但其价格昂贵，还没能实际应用；从环保的角度，寻找替代气体的范围正逐渐缩小到空气、氮气、氧气、氢气、二氧化碳，惰性气体的氦气、氩气及其混合物上，迄今已取得一定进展并逐步走向应用领域。对 SF_6 混合气体的研究表明，SF_6 和 N_2 混合气体的综合效果最佳，在恰当混合比（例如 $40\% SF_6 + 60\% N_2$）的条件下，混合气体既可用于绝缘又可用于灭弧，但各方面性能有所下降。

4.7.10 真空灭弧

1. 真空间隙的击穿

真空一般指的是气体稀薄的空间。凡是绝对压力低于正常大气压力的状态都可称为真空状态。触头在真空介质中分断电路时将产生真空电弧，真空电弧属于低气压电弧。

真空间隙具有良好的绝缘性能，其绝缘强度比常温常压下的空气和 SF_6 的击穿电压高得多，如图 4-83 所示。真空间隙的绝缘强度还与真空间隙的气体压力有关，如图 4-84 所示，当真空间隙的气体压力降至 1.33×10^{-2} Pa 以下时，绝缘强度几乎保持不变。因此，一般要求真空灭弧室的气体压力处于 $1.33 \times 10^{-5} \sim 1.33 \times 10^{-2}$ Pa 之间。

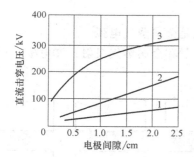

图 4-83 真空、空气和 SF_6 气体的绝缘强度对比

1—空气 2—SF_6 3—真空

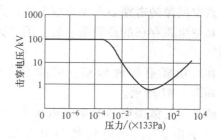

图 4-84 真空的绝缘强度与气体压力的关系

电极材料：钢电极；间隙长度：1mm

在高电压作用下真空间隙的击穿机理与其他介质的击穿机理有很大不同。在高气压气体介质中，气体分子的自由行程短，绝缘破坏主要是由高电场作用下的碰撞电离所致。然而，在气体压力为 10^{-2} Pa 以下的高真空中，气体分子的数量极少，并且气体分子的平均自由行程（几十至几千米）远大于电极间隙的距离（几毫米至几十毫米），因此，真空间隙内存在的电子从一个电极向另一个电极运动时，与真空中剩余的气体分子几乎没有碰撞作用，不会因分子碰撞而造成真空间隙的击穿。

关于真空间隙的击穿机理，目前有以下三种假说：①场致发射。高电场强度集中于阴极表面的微小突起和尖端部分，引起电子发射，使该部分金属熔化蒸发而发展成电弧；②团粒作用。附着在电极表面的微小金属屑（统称团粒），受到电场作用从一极加速通过真空间隙达到另一极，团粒和电极碰撞，使团粒熔化和蒸发，金属蒸气被电子电离导致绝缘击穿，如图 4-85 所示；③粒子交换作用。在电极不十分清洁、附有大量的气体或有机物的场合，由阴极发射的一次电子在电极间加速并撞击阳极。阳极受到一次电子的撞击后以较高的速度使阳极表面的气体电离，产生正离子和光子，它们再受到电场的作用，加速后又撞击阴极，使阴极发射二次电子，该过程反复进行，使二次电子不断增加，最后导致真空间隙击穿，如图 4-86 所示。

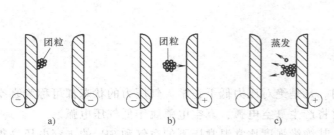

图 4-85 团粒作用击穿过程示意图

a）电离前 b）加速中 c）撞击后

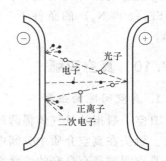

图 4-86 粒子交换击穿过程示意图

许多研究者认为：当真空间隙（电极间距离）很小时，击穿主要是由场致发射引起；真空间隙较大时，团粒作用成为击穿的主要原因；由粒子交换作用造成击穿的可能性很小。真空间隙的击穿非常复杂，与许多因素有关，例如：电极材料、电极形状、电极尺寸、电极表面状况、真空间隙的长度、真空度（气体压力）、外施电压的波形、老炼作用等。

2. 真空电弧的形态

真空间隙的击穿会产生真空电弧，真空电弧实质上是金属蒸气电弧。

真空电弧存在的必要条件是：①阴极的大量电子发射和金属蒸气发射；②电极中存在金属蒸气。

真空电弧有两种形态：扩散型和集聚型，如图 4-87 所示。

通常，扩散型电弧的电弧电流小于几千安培（小电流），当电流超过几千安培时（大电流），即发展成集聚型电弧。在同一电弧燃烧装置中，当电弧电流变化时，这两种电弧形态的转换与电极材料、电极大小及形状有关，也与电流的变化率和外界磁场有关。

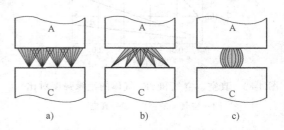

图 4-87 真空电弧形态示意图

a）扩散型 b）过渡阶段 c）集聚型

（1）扩散型真空电弧

在真空电弧中，当电弧电流小于 100A 时，阴极上通常只有一个阴极斑点。阴极斑点面积很小、电流密度很大，温度就很高，它不仅要提供强大的电子流，也同时蒸发出大量的金属蒸气来维持真空电弧的燃烧。真空间隙的气体压力很低，由于阴极斑点蒸发出大量的金属蒸气，从斑点向外就形成很高的轴向和径向压力梯度，金属蒸气和电离质点向外扩散，形成从阴极斑点向阳极逐渐扩散的锥形光亮弧柱，在阴极斑点上的锥形角约为 60°。在该等离子锥体内，金属原子、离子和电子的密度增加，使弧柱的蒸气压力有所提高。阴极斑点的电流及等离子区传导的电流按外电路的参数而改变，真空电弧的外形则基本不变。

如果电弧电流超过某一数值时，阴极斑点会分裂，电流越大，分裂的斑点越多，而每一个斑点所传导的电流几乎保持常值。每一个阴极斑点都有它自己的等离子锥。邻近的等离子锥会有部分区域重叠，所以扩散型真空电弧是由许多阴极斑点和等离子锥组成的，每一个阴极斑点和等离子锥体都构成单独的分支弧柱并且相互并联在一起。

扩散型真空电弧等离子区的电压降通常很小，蒸气压力也不高，粒子间基本不发生碰撞。所以正离子依靠其初始动能就能克服电场的阻滞而到达阳极，这样等离子体中的电子和正离子都由阴极跑向阳极。

在扩散型真空电弧中，由于弧柱区域为锥状，阳极接收电子和正离子，没有阳极斑点，阳极表面的电流密度和温度都比较低，这对交流真空电弧的熄灭非常有利。由于阴极斑点的高速扩散，对于阴极斑点在阴极表面上所经过的任一点来说，加热时间很短，阴极不会出现大面积的熔化区域，整个阴极的平均温度也处于材料的熔点以下。

扩散型真空电弧内的金属蒸气和电离粒子，都要向弧柱外的真空区域扩散，所以要靠阴极斑点不断地提供金属蒸气和电离粒子才能维持电弧燃烧。在某一小电流值时，由于弧柱扩散速度过快，阴极斑点附近的蒸气压力和温度剧降，使斑点的发射和蒸发不能维持弧柱的扩散，则电弧熄灭。由于真空中的强烈扩散作用，小电流真空电弧是不稳定的，一般只能维持不长的时间便自动熄灭。当扩散型真空电弧熄灭以后，在数微秒内弧隙又立即转变为真空间隙，耐压水平恢复，足以耐受很高的恢复电压。

（2）集聚型真空电弧

当电弧电流增大到超过某一电流值时，电弧形态将突然发生变化，阴极斑点不再向四周扩散，而是集聚在一个或几个较大的面积上，其直径可达 1～2cm，并且出现阳极斑点，这种真空电弧称为集聚型真空电弧。

在真空电弧电流增大时，电弧电压增高，正离子受到电场的阻滞作用也增强，正离子在没有到达阳极前，速度被降为零并在电场作用下返回阴极。这样，阳极前的正空间电荷急剧减小，而出现负空间电荷区，形成阳极压降。阳极前的电子受阳极压降的加速而轰击阳极，使阳极蒸发并使金属蒸气电离。阳极区产生的金属蒸气使弧柱电压降低，放电沿着这个低放电电压的通道发展，原来的放电被停止。

集聚型电弧形成后，若无外界磁场的作用，则阴极斑点团和阳极斑点以很缓慢的速度移动，甚至基本不动。从而使阴极和阳极表面局部区域被强烈加热，导致严重熔化，电弧难于熄灭。

集聚型真空电弧的弧区有较高的蒸气压力，可达数个大气压，它的电弧电压比扩散型有明显的增加，使电弧能量更大。

3. 真空电弧的特性

（1）真空电弧的电弧电压和伏安特性

扩散型真空电弧的电弧电压低，一般在 40V 以下，其波形是在直流电压上叠加一个数千到数兆赫的交变分量，当电弧电流超过 1kA 时，交变分量的幅值可达 5～6V。扩散型电弧电压的平均值取决于阴极材料，材料的沸点与导热系数的乘积越小，电弧电压越低。这是因为材料沸点越低、在较低的温度下就能产生足够的金属蒸气；导热系数越小，热量散失越少，则阴极表面的温度越高。两者的乘积小，输入较小的能量就能产生足够多的金属蒸气，因而电弧电压越低。

真空电弧的伏安特性为正特性，即随着电弧电流的增加，电弧电压上升。图 4-88 为铜电极真空电弧的伏安特性曲线。由图可见，它有三个区域：在小电流时，电弧电压几乎不变，主要是阴极压降，此时等离子区压降不随电流而变化；在 1~6.5kA 之间，电弧电压从 20V 左右平稳地升到 40V，这是因为等离子锥重叠，使弧区蒸气密度逐渐增大，粒子间碰撞几率增多，等离子区电压降逐渐增大；在电流超过 6.5kA 时，电弧电压突然升高，电弧电压可达 100V 以上，这是因为出现了阳极压降而造成的，而且电压的变化变得很不稳定。如果电弧不受外界磁场的作用，则阳极压降形成以后不久，电极就会严重熔化，真空电弧电压可能重新降低。

（2）磁场对真空电弧的影响

横向磁场能吹拂电弧，使真空电弧沿电极表面运动。高气压电弧在磁场中受力运动的方向与载流导体的情况相同，符合安培定则，如图 4-89a 所示。然而，真空电弧的情况并非完全如此。扩散型真空电弧在横向磁场中所受的力和运动方向与载流导体的受力方向相反，出现所谓的逆动现象，如图 4-89b 所示。集聚型真空电弧在磁场中所受的力和运动方向又与高气压电弧和载流导体的相同。横向磁场还能使真空电弧弯曲，从而使电弧电压增大。

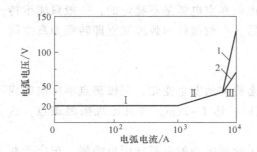

图 4-88　真空电弧的伏安特性

（直径 2.5cm，开距 0.5cm）

1—电极熔化前的电弧电压　2—电极熔化后的电弧电压

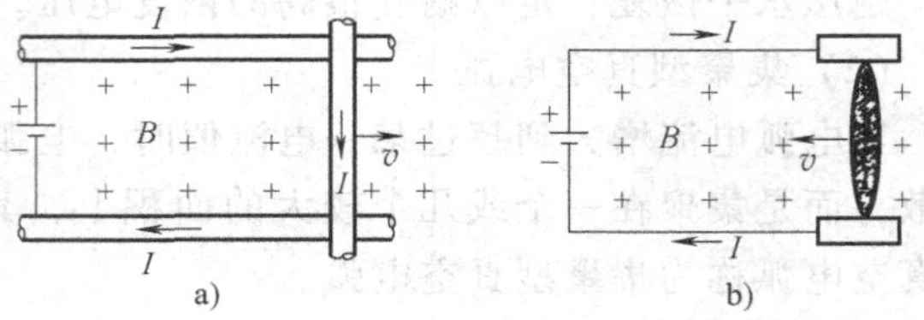

图 4-89　载流导体和扩散型真空电弧

在横向磁场中的受力

a）载流导体　b）扩散型真空电弧

纵向磁场能够约束电弧，在一定范围内能够起到降低真空电弧电压的作用。在某一纵向磁场作用下电弧电压有最小值。它能极大地提高由扩散型电弧转变为集聚型电弧的电流（集聚电流）值。

4. 真空电弧的熄灭原理

扩散型交流真空电弧在电弧电流过零后，电极不会再产生新的阴极斑点，间隙的介质强度恢复十分迅速。因此，若此时触头间距已足够大，就不会再发生电弧重燃现象。扩散型交流真空电弧一般在电弧电流过零后就能最终熄灭。

集聚型交流真空电弧虽在电流过零时也会造成熄灭的有利时机，电弧熄灭，弧柱区电离质点向四周真空区域迅速扩散，但是由于阴极和阳极表面都有面积较大且有一定深度的熔区，这些熔区的冷却需要毫秒级的时间。在这段时间内，电极的熔区仍向弧隙提供大量金属蒸气，在恢复电压的上升过程中，充满金属蒸气的弧隙不可避免地要发生击穿而使电弧重燃。集聚型交流真空电弧难于熄灭，不能用它来开断电流。

用真空介质开断较大的交流短路电流时，须采用以下必要措施：①利用纵向磁场，提高集聚电流值，使电弧在被开断的电流范围内始终保持扩散型；②利用横向磁场，加强横向吹拂，使集聚型交流真空电弧在工频半周的末尾重新转变为扩散型电弧，使在电流过零后不会再引起重燃而熄灭。因为横向磁吹作用使集聚型真空电弧迅速运动，阴极斑点不断地被移向冷的电极表面，不能停留在原来的熔区上。当在后半周电流减小时，集聚型电弧就不能维持，在新的触头表面上转变成扩散型电弧。

5. 真空灭弧装置

真空灭弧装置，即真空灭弧室，主要由外壳、波纹管、屏蔽罩、触头等部件组成，如图 4-90 所示。

灭弧室的主体是一个抽真空后密封的外壳，外壳中部通过可伐合金环焊成一个整体。静触头焊在静导电杆上，静导电杆又焊在与外壳焊在一起的右端盖上。动触头焊在动导电杆上，与不锈钢质波纹管的一端焊牢。波纹管的另一端与左端盖焊接，而该端盖与外壳焊在一起。

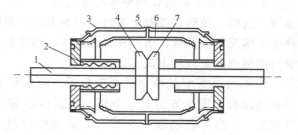

图 4-90 一种真空灭弧室结构
1—动导电杆 2—波纹管 3—外壳 4—动触头
5—可伐合金环 6—屏蔽罩 7—静触头

分合闸时，通过动导电杆的运动拉长和压缩波纹管，使动、静触头接触与分离，而不致破坏灭弧室的真空度。屏蔽罩主要用来冷凝和吸附燃弧时产生的金属蒸气和带电粒子，以增大开断能力，同时保护外壳的内表层，使之不受污染，确保内部的绝缘强度。其结构和布置应尽可能使灭弧室内电场和电容分布均匀，以得到良好的绝缘性能。

触头是真空灭弧室最重要的元件，真空灭弧室的开断能力和电气寿命主要由触头决定。真空开关中常用的触头有以下几种：圆柱形触头、横磁场触头（又分螺旋槽触头和杯状触头两种）和纵磁场触头。真空开关的触头材料除要求具有开断能力大、耐压水平高及耐电磨损以外，还要求含气量低、抗熔焊性能好和截流水平低。目前真空断路器通常采用铜铬合金触头材料。

4.7.11 无弧分断

实现无弧分断一般有两种方法：一是在交变电流自然过零时分断电路，同时以极快的速度使动、静触头分离到足以耐受恢复电压的距离，使电弧甚弱或无从产生；二是给触头并联晶闸管，并使之承担电路的通断，而触头仅在稳态下工作。

1. 同步开关

众所周知，交流电流每秒要通过零点 $2f$（f 是电源频率）次。如果能使开关电器的触头在电流过零瞬时分开，并以极高的速度拉开到足以承受恢复电压而不发生间隙击穿的距离，则此时弧隙中将不产生电弧，也不存在所谓热击穿阶段。同时，由于弧隙是未电离的，只需较小的极间距离，就可承受较高的恢复电压。这种开断电路的方法叫做同步开断，而相应的开关电器叫做同步开关。由上述可见，这种理想的同步开关无需采用灭弧装置。然而，事实上实现这一理想方案非常困难。其原因主要为：

1）技术上还不能保证开关电器的触头稳定地每次恰好在电流过零时分开。

2）还没有比较简便的方法使开关电器的动触头获得所需的高速度。

因此，目前工程上获得实际应用的为带灭弧装置的同步开关，即在现有的开关电器灭弧装置上加装同步装置，使触头在电流过零前的极短时刻分开，同时提高触头运动速度，使触头从分开到电流过零这段时间内动、静触头能分开到足够距离。这样做的好处是：

1）触头分开时刻的稳定性要求降低。

2）有较长的时间让动触头在电流过零时达到一定的开距，从而可以减小动触头的运动速度。这时，虽然在弧隙中流过一定的电流，但因数值较小，而且持续时间较短，弧隙中气体电离情况不太严重，所以在电流过零后弧隙的介质恢复强度数值较高，从而使现有的灭弧装置能够开断更大的电流。

图 4-91 为带有压缩空气灭弧装置的同步开关的原理结构。图中 6 为管状静触头，其内腔和大气相通，5 为棒状动触头，其右端通过绝缘杆 3 与一用良导体制成的金属盘 4 固定连接；1 为触头沿其轴向移动的导向元件；2 是静止的大电流线圈（静止线圈），它通过晶闸管 V 由电容 C 供电。饱和式电流互感器 TA 的一次绕组串联在被开断的电路中，当一次侧流过的电流瞬时值较大时，它的铁心工作在饱和状态，二次侧电流可以认为是零。只有当一次电流瞬时值减小到某一数值时，铁心退出饱和状态，二次绕组中才出现与一次绕组中电流成正比的电流。TA 的二次侧通过一过电流继电器的常开触头 KA 接到同步触发装置 TS 的输入端，后者的输出端接到晶闸管 V 的控制极上。

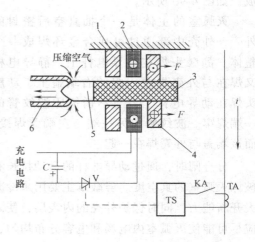

图 4-91 同步开关原理结构

1—导向元件 2—静止线圈 3—绝缘杆
4—金属盘 5—棒状动触头 6—管状静触头

接通电路时，棒状动触头和管状静触头接触。电容器 C 被充有如图所示极性的电压。当电路中发生短路时，过电流继电器的常开触头 KA 闭合，于是当被开断电流 i 的瞬时值减小到某一数值时，电流互感器的二次绕组中产生电流使 TS 发出触发脉冲，将晶闸管 V 导通。电容 C 通过晶闸管 V 对线圈放电。线圈产生的强大磁通在穿过金属盘时在其中感应出很大的电流，此电流又产生磁通，力图抵消穿过金属盘的外来磁通。于是，在金属盘和线圈之间便产生一相互推斥的轴向电动力 F。此力推动金属盘连同动触头向右运动。如果所有元件的动作时间足够短，便可在电流过零前某一极短时刻将动触头和静触头分开。在触头之间产生的短时电弧受到压缩空气的纵吹。电流过零后，弧隙介质恢复强度迅速恢复，于是电路被开断。

为实现电流过零前的同步开断，人们已发明了许多种同步装置，但因开关电器采用同步装置后将使结构复杂，成本增加，所以它们未能获得广泛的应用。

2. 混合式开关

晶闸管具有可控单向导电的性质。如图 4-92a 所示，如果将它和开关电器 S 并联，并且当交流电流 i 的流向为如图所示的方向时，将开关 S 的触头分开，同时使晶闸管 V 触发导通，于是开断电流将从 V 中流过。由于 V 的电

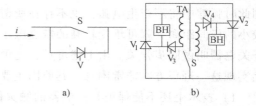

图 4-92 交流混合式开关电路

a）工作原理图 b）接线图

压降大大低于生弧电压，弧隙中将无电弧。此后，当晶闸管 V 中交流电流过零时，它将自动闭锁，于是电路被开断。这种综合有触点开关电器和晶闸管而成的开关，通常称为混合式开关。

图 4-92b 表示交流混合式开关的原理接线图。闭合电路由有触点开关电器的触头 S 完成。电路闭合后，线路中电流全由触头 S 中流过。此时电流互感器 TA 的二次线圈中产生电流交替流过晶闸管 V_1 和 V_2 的控制极，为电路开断时 V_1 或 V_2 导通做好准备。当开断电路时，触头 S 两端的电压同时也加于晶闸管的两端，视触头 S 两端电压方向不同，V_1 或 V_2 导通，于是电流由触头 S 转流入晶闸管中。电流过零后，已导通的晶闸管进入闭锁状态，电流不再流通。同时，由于主回路中已无电流，电流互感器 TA 的二次线圈也无电流流过，因而另一个晶闸管不能导通，电路被完全开断。图中的 V_3 和 V_4 分别是用来保证 V_1 和 V_2 在规定的电流流向时导通的整流器。BH 为一保护装置，它用来抑制当主电路电流过大或短路时在晶闸管控制极上产生的过强信号。

混合式开关的优点为具有较高的电寿命，缺点是结构较复杂、价格较昂贵，目前尚未获得普遍应用。

习　题

4-1　你所知道的放电现象有哪些？电弧放电有何特点？

4-2　什么是电离和消电离？各有哪几种基本形式？

4-3　试分别从离子平衡角度和能量平衡角度说明电弧的燃烧情况。

4-4　从气体放电的理论来看，弧柱直径的边界是由什么决定的？

4-5　电弧电阻和导体电阻在性质上有哪些不同？

4-6　在大气中自由燃弧的情况下，一个电极间两个并联的电弧是否都能稳定地燃烧？为什么？

4-7　试分析直流电弧的熄灭条件。

4-8　弧长不变的交流电弧，在稳定燃烧时为什么燃弧尖峰总是高于熄弧尖峰？

4-9　在交流情况下，为什么熄灭电感性电路中的电弧要困难些？

4-10　什么是零休现象？零休现象对电路和灭弧有什么影响？

4-11　交流电弧电流过零后，弧隙会同时存在哪两个物理过程？二者对电弧的重燃有什么影响？若想实现不重燃，应该满足什么条件？

4-12　交流长弧和短弧的重燃机理有何不同？电击穿和热击穿有什么区别？

4-13　何谓近阴极效应？它对熄灭哪一种电弧更有意义？哪些因素会影响到短弧弧隙的介质初始恢复强度？

4-14　分析交流电弧的熄灭条件，说明介质恢复过程和电压恢复过程的概念。

4-15　分别简述油中静止电弧、运动电弧的灭弧原理。

4-16　SF_6 断路器和 GIS 中的 SF_6 气体分别具有什么作用？SF_6 气体具有良好灭弧性能、绝缘性能的原因是什么？

4-17　SF_6 断路器的灭弧原理是什么？SF_6 断路器的灭弧室有哪几种形式？

4-18　真空电弧与空气电弧有什么区别？相同条件下为什么扩散型电弧比集聚型电弧更容易熄灭？

4-19　真空电弧的灭弧原理是什么？简述真空灭弧室的组成及其各部件的作用。

4-20　简述同步开关和混合式开关的工作原理及其实现方案。

第 5 章

电接触理论

5.1 电接触的分类和要求

5.1.1 电接触的定义

两个导体之间相互接触并通过接触界面实现电流传递或电信号传输的现象称为电接触。工程应用中，电接触通常指接触导体的具体结构或接触导体本身。接触导体又称为接触元件。

电接触理论正是研究电接触产生、维持和消除过程当中，两导体接触界面或导体与等离子体界面发生的物理化学过程的学科。研究电接触理论的最终目的是在满足一定的技术条件和经济效益的前提下，提高电接触的工作可靠性和工作寿命。

5.1.2 电接触的分类

根据工作方式不同，电接触分为固定电接触、可分合电接触、滚动/滑动电接触。

1. 固定电接触

固定电接触的特点是接触元件在工作期间固定接触在一起，既不做相对运动又不相互分离。

固定电接触又可分为永久连接和紧固连接两种。永久连接具有很高的机械强度、低而稳定的接触电阻，可以通过接触熔焊、涂覆、沉积、电火花熔合和机械连接等方法形成，例如熔焊连接、粘合连接等；紧固接触是指将接触元件直接采用螺栓或螺钉等方式进行机械连接，或者使用夹具等中间部件将其机械连接在一起，例如螺栓连接、螺钉连接、压接连接、铆钉连接、绕线连接、插拔连接等。紧固连接的接触界面会受到接触压力和接触元件变形能力的影响。为改善紧固连接的电接触性能，通常在接触表面覆有锡、银、镉等软且耐腐蚀的材料，或者使用表面清洁技术。

固定电接触典型实例如图 5-1 所示。

固定电接触只有一种工作状态，即长期闭合状态。接触元件在长期闭合通电运行期间容易被腐蚀，特别是在高温、高湿、含有腐蚀性气体的应用场合，不同材料的接触元件接触时会产生电化学腐蚀现象，会引起接触电阻和温升的恶性循环，以至于影响其正常工作。此外，对于螺栓或螺钉连接的固定电接触，由于机械振动、电动斥力、材料蠕变和应力松弛作用等因素，会使原有的紧固力矩逐渐下降，造成接触电阻增加、电接触性能下降。因此，需要定期监测螺栓连接器的接触压降或重新加固螺栓。

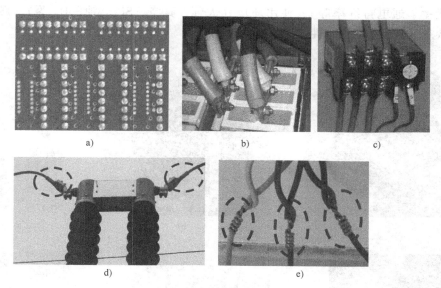

图 5-1　固定电接触实例

a) 焊接连接　b) 螺栓连接　c) 螺钉连接　d) 压接连接　e) 绕接连接

2. 可分合电接触

可分合电接触的特点是接触元件在工作期间可以随时接触或者分离。可分合接触元件是各类机械触点式开关电器用以接通、分断和转换电路的执行元件，又称触头或触点。触头总是以动触头和静触头的形式成对出现。

触头有不同的分类方式，例如：主触头和弧触头、主触头和辅助触头、常开触头和常闭触头等。其中，根据开断功率、工作电流以及工作电压的不同，触头分为小功率触头、中等功率触头、大功率触头。

（1）小功率触头　额定工作电流较小（几安以下），能够在数百伏的电压下运行，并且不会产生明显的电磨损。这类触头一般用于仪器控制、自动控制、数据通信以及电信系统，例如，控制继电器的触头、接触器的辅助触头。为保证小功率触头的电接触性能，除了使接触电阻小而稳定、选择合适的触头材料以外，还必须考虑触头材料的氧化、接触表面是否存在污染物（杂质、灰尘）、触头设计（形状、尺寸、接触压力、镀层）等因素。

（2）中等功率触头　额定工作电流较大（5A 至几百安之间），短时工作电流可达几万甚至几十万安，能够在高达 1000V 的电压下运行，开断电路时会产生一定的电磨损。这类触头应用于工业、家电和分布式网络的控制设备，例如，大多数低压电器的触头。为满足非常苛刻的运行条件，选择触头材料时必须考虑其熔焊、材料转移和电弧侵蚀的倾向性。

（3）大功率触头　额定工作电流非常大（百安以上，甚至几十千安），并且能在几千伏甚至几百千伏的高压下运行，电路转换期间会产生严重的电磨损。这类触头主要应用于接触器、起动器和断路器中，主要关注触头的电弧开断能力以及耐电弧侵蚀能力。

开关电器的触头结构是多种多样的，例如，指形触头、桥式触头、瓣式触头等，如图 5-2。触头的结构形式决定了触头的结构参数和工作特点，进而会影响触头的耐弧性能和电接触性能。触头结构的设计与选择，必须考虑触头的工作参数（额定电压、额定电流、工作制、操作频率、通电持续率等）、使用环境（大气、真空、SF_6、油、H_2 等）、触头材料，以及短路状态下触头的动稳定性、热稳定性要求。

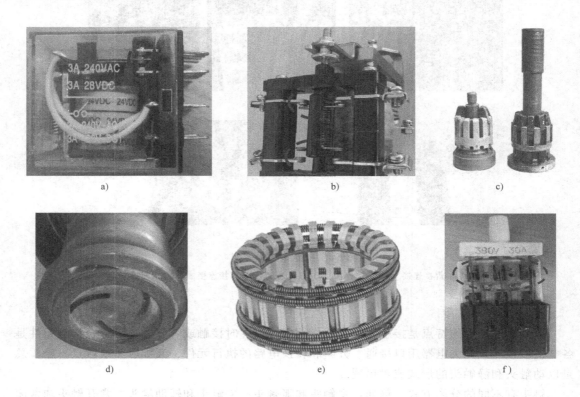

图 5-2　触头结构举例

a）指形触头　b）桥式触头　c）瓣式（玫瑰）触头　d）螺旋槽触头　e）梅花触头　f）铡刀触头

　　触头的结构参数是保证触头在工作参数下可靠工作的结构措施，在开关使用期间经常通过观测触头的结构参数来评估其工作状态。触头有四个基本的结构参数，分别是开距、超程、初压力和终压力，如图 5-3 所示。

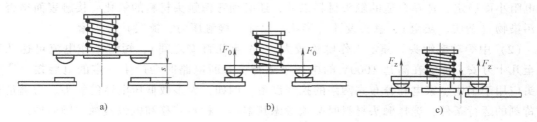

图 5-3　触头的基本结构参数

a）断开状态　b）刚合位置　c）闭合状态

　　1）开距 s：是触头处于完全断开状态时其动、静触头之间的最短距离，用于保证动静触头能够安全开断电弧以及触头断开后必要的安全绝缘间隔。

　　2）超程 r：指动触头运动至闭合位置后，如果将静触头移开时动触头还能继续移动的距离。超程用于保证触头经磨损至电寿命终结之前仍能可靠地接触。超程的大小取决于触头的电寿命以及触头材料特性。当触头要求具有较高的电寿命，或者触头材料的耐电弧侵蚀特性较差时，超程较大。超程在触头服役期间会不断减小。

3）初压力 F_0：指动、静触头刚刚接触瞬间，每对触头之间承受的压力。初压力由调节触头弹簧的预压缩量来保证。适当增加初压力有助于减轻触头闭合过程的弹跳现象。

4）终压力 F_z：指动、静触头处于闭合终了位置时，每对触头之间承受的压力。终压力由触头弹簧的最终压缩量来保证，其大小取决于接触电阻、温升、熔焊等多种因素。适当增加终压力有助于减小触头的接触电阻并使其稳定。

触头有 4 种工作状态，分别为：①合闸保持状态，即触头处于闭合状态；②分闸保持状态，即触头处于断开状态；③合闸操作状态，即触头从断开状态向闭合状态转换的过程；④分闸操作状态，即触头从闭合状态向断开状态转换的过程。

合闸保持状态下的触头主要用于传递信号或传导规定的电流，面临的主要问题是触头的发热、熔焊及其动、热稳定性。对于小功率触头而言，需要采取措施使触头间的接触电阻小并且保持稳定；对于大、中功率触头而言，不仅需要减小接触电阻、改善散热条件以防止触头熔焊，还需要合理设计导电回路的布置方式、适当增加终压力，以增强短路电流作用下触头间的动稳定性，防止触头被斥开或者产生机械振动，导致熔焊。

分闸保持状态下的触头，需要有足够大的开距，以保证动、静触头之间处于绝缘状态，使触头所在回路处于断开状态。

触头合闸操作过程中，会因触头碰撞作用而发生合闸弹跳现象；高压开关的触头在合闸操作时还会发生预击穿现象。合闸弹跳以及预击穿产生的电弧放电会加重触头材料的电磨损，甚至产生熔焊。触头接通过程中是否发生熔焊，不仅取决于工作电流的大小，还与预击穿时触头间的距离、预击穿时间、合闸弹跳现象的强弱有关。应采取措施缩短预击穿时间、抑制合闸弹跳。

分闸操作是触头最繁重的工作过程。触头分闸操作过程中一般会产生电弧，电弧不仅会延缓电路开断，还会增加触头的电磨损。开断电流越大、燃弧时间越长，电磨损越严重。如何尽快熄灭电弧、减小电磨损是触头分闸操作期间需要重点考虑的问题。对开关电器的触头系统、灭弧装置以及操动机构进行改进设计以提高灭弧性能，以及选用抗熔焊、耐电弧侵蚀的触头材料是解决上述问题的关键。

3. 滚动/滑动电接触

滚动/滑动电接触的特点是接触元件在工作期间通过旋转或平移运动来实现静止接触件与运动接触件之间的电能转换，是一种特殊的电接触形式。

滚动/滑动电接触的典型工程应用主要有：开关中的滚动/滑动触头、载流轴承、高速铁路电力机车的弓网系统、电磁轨道炮发射系统、直流电机的电刷-换向器系统、航天器导电滑环、滑动电位器等，如图 5-4 所示。

在滚动/滑动电接触中，两接触元件能做相对滚动和滑动运动，却不相互分离。通过接触区域的电流将伴随发生电效应、机电效应和热效应等物理现象，使接触元件表面层的状态特征发生变化而与无电流运行时不同。上述物理现象的严重程度取决于通过接触处的电流大小和特性、外加电压、运行条件和接触材料。

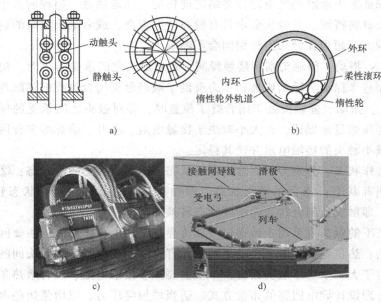

图 5-4 典型的滚动/滑动电接触应用实例

a）高压开关的滚动触头　b）航天器的滚动滑环　c）电刷-换向器系统　d）弓网系统

5.1.3 电器对电接触的要求

正由前文所述，固定电接触在工作中出现的主要问题是：接触电阻、接触温升和接触熔焊。滚动和滑动电接触除上述问题之外，还有接触元件之间的摩擦、润滑和磨损。可分合电接触在工作期间经常出现电弧，电弧的热等离子体与接触元件相互作用，会带来比固定电接触和滚动/滑动电接触严重得多的问题。因此，在上述三种类型的电接触中，接触电阻、温升和熔焊是电接触普遍存在的共性问题，摩擦、润滑与磨损是滚动/滑动电接触的特殊问题，电弧放电引起的温升、熔焊和磨损在可分合电接触工作中负担最重，因而也是最难的问题。

可分合电接触主要涉及以下问题：①闭合状态下接触元件间的接触电阻及其发热问题；②因接触元件熔焊、材料转移、电弧放电引起的触头开断失效问题；③断开状态下触头间隙的绝缘强度低的问题；④触头微动产生的接触噪声问题；⑤严重的电弧侵蚀问题。

为了保证电接触长期稳定可靠工作，对其提出以下要求：

1）当长期通过额定电流时，电接触表面的温升应不超过国标规定的数值，且温升长期保持稳定。

2）当短时通过短路电流或脉冲电流时，电接触表面应不发生熔焊或松弛。

3）可分合电接触在开断过程中，触头材料的电弧烧蚀应尽量小。

4）可分合电接触在闭合过程中，接触处不应因触头的弹跳而发生熔焊；不应发生不能断开的熔焊，且触头材料表面不应有严重的损伤或变形。

基于上述要求，电接触理论主要研究接触电阻、温升、熔焊和磨损等几个重要现象的机理和计算问题。近年来国内外学者还针对电接触材料、电接触可靠性、电接触诊断与测试技术以及电接触应用等方面开展了深入细致的研究，取得了丰硕的研究成果。

5.2 接触电阻理论及其计算

5.2.1 接触电阻的定义及组成

1. 接触电阻的定义

如图 5-5 所示，将一根均匀截面的导体通以恒定电流 I，在其两端测得电压为 U。若将该导体先截成两段再对接在一起，采取同样的测量方法测得其两端的电压为 U'。实验发现，无论施加于对接的两段导体之间的作用力有多大，无论接触表面如何处理，总是 $U'>U$。由于两种情况下导体均通以相同的恒定电流 I，说明对接以后该段导体的电阻 R' 总是大于截断以前该段导体的电阻 R，即 $R'>R$。二者的差值为

$$R_j = R' - R \tag{5-1}$$

显然，电阻增量 R_j 是在截断后的两段导体对接触处产生的附加电阻。通常将电接触处产生的附加电阻，称为接触电阻。

由于接触处附近的导体电阻远小于接触电阻，因此，工程中通常把接触处附近导体的电阻也包含在接触电阻以内，近似认为：

$$R_j \approx R' \tag{5-2}$$

2. 接触电阻的组成

（1）电接触内表面的物理图景

任何固体表面，无论经过怎样的精细加工，从微观上看总是凸凹不平、波纹起伏的，如图 5-6a 所示。表面微观突起和凹陷的形状、高度变化、平均距离以及其他几何特征都取决于表面的加工过程。

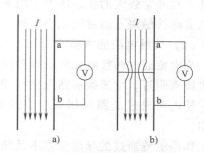

图 5-5 导体及电接触连接的电阻

a）均匀截面的导体电阻 $R = \dfrac{U}{I}$

b）导体截断后对接形成的接触电阻 $R_j \approx R' = \dfrac{U'}{I}$

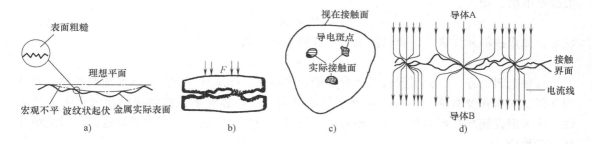

图 5-6 固体-固体接触表面的物理图景

a）固体表面的微观图景　b）接触表面的接触状态　c）接触斑点与导电斑点　d）电流收缩现象

当两个固体接触元件相互接触时，即使外加很大的接触压力，在接触表面内部真正发生机械接触的并不是两个导体宏观重叠接触的面积，而只能是少数的几个微小的点或小面，如

图 5-6b 所示，这些实际接触的小面承受着全部的外加接触压力。在电接触理论中，将两导体宏观重叠接触的面积称为视在接触面，将实际发生机械接触的小面称为机械接触斑点，简称接触斑点。即使在接触斑点的接触区域内，由于导体表面通常都覆盖有一层表面膜，所以真正能够传导电流的区域只是那些金属直接接触或者金属与导电的表面膜接触的区域，这些区域称为导电斑点，如图 5-6c 所示。由于电接触学科的奠基人霍尔姆（R. Holm）假定导电斑点是半径为 a 的圆形区域，因此，又称导电斑点为 a 斑点。

研究表明，工程应用中的电接触，实际接触斑点的总面积往往只占视在接触面积的千分之几，在非常强大的接触压力作用下，该比例也只能达到百分之几，而导电斑点的总面积又要比实际接触斑点的总面积小得多。

（2）接触电阻的本质

当电流通过两接触元件的接触内表面时，电流将集中流过那些极小的导电斑点，因而在导电斑点附近，电流线必然发生收缩，如图 5-6d 所示。由于电流线在导电斑点附近发生收缩，使电流流过的路径增长、有效导电面积减小，因而出现局部的附加电阻，称为收缩电阻。

如果电流通过的导电斑点不是纯金属接触，而是存在可导电的表面膜，则还存在另一附加电阻，称为表面膜电阻，简称膜电阻。

收缩电阻和膜电阻在电路上是串联的，共同形成的附加电阻就是接触电阻。因此，接触电阻的本质是收缩电阻和膜电阻。

（3）接触电阻的组成

如果两个接触元件的材料不同，又有表面膜存在，则接触电阻应有以下三个分量组成：一个接触元件一边的收缩电阻 R_{s1}、接触面之间的膜电阻 R_b、另一个接触元件一边的收缩电阻 R_{s2}，即

$$R_j = R_{s1} + R_b + R_{s2} \tag{5-3}$$

如果两个接触元件的材料相同，并且接触面两边的电流-电位场对称，则 $R_{s1} = R_{s1} = R_s$，此时

$$R_j = 2R_s + R_b \tag{5-4}$$

若接触元件表面不存在表面膜或者膜电阻远小于收缩电阻，例如，真空中清洁金属表面的接触电阻，则

$$R_j \approx 2R_s \tag{5-5}$$

反之，如果接触元件表面的膜电阻远大于收缩电阻，则

$$R_j \approx R_b \tag{5-6}$$

接触电阻的存在，会引起接触面附加的功率损耗，导致局部过热，从而加剧氧化、腐蚀的进程，而氧化及腐蚀又会进一步增大接触电阻。这样恶性循环将使接触面完全失去导电性，或者因发热严重而熔焊，这是绝对不允许的。因此，在实际应用中接触电阻应尽量小并且保持稳定。

在高压或低压强电流电器中，接触压力通常很大，足以将表面膜压碎并且容易在膜两侧形成大于 $10^6 \mathrm{V/cm}$ 的高场强将膜击穿，故接触电阻主要是收缩电阻；在低压小容量电器中，特别是弱电电接触领域，表面膜生成后不易破坏，其接触电阻主要是膜电阻。为保证弱电电接触的可靠性，通常不允许生成或存在表面膜。弱电技术领域电接触的研究，主要集中在两

个方面：①表面膜的生成机理；②从电接触材料本身的组分和制造工艺入手提高电接触的可靠性。

为了实现电器应用过程中的接触电阻小而稳定，有必要进一步分析收缩电阻和膜电阻。

5.2.2 收缩电阻理论

收缩电阻是由导电斑点处的电流收缩效应引起的，因此，收缩电阻与导电斑点的大小、形状、数量及其分布有关，整个接触面的收缩电阻是接触面内部各个导电斑点收缩电阻的并联值。

1. 圆形导电斑点的收缩电阻

导电斑点的形状多种多样，其中研究最多的是圆形导电斑点。大多数的电接触问题都可以用圆形导电斑点描述，特别是研究具有各向同性的粗糙表面时，通常假定导电斑点为圆形。所谓各向同性，指物体的物理、化学等方面的性能不会因方向的不同而有所变化，即，某一物体在不同方向所测得的性能数值完全相同，也称为均质性。除非特殊说明，下文对收缩电阻的描述都是在直流条件下进行的，交流收缩电阻的计算单独说明。

假定：①导电斑点为圆形，圆形半径恒为 a，其尺寸远小于视在接触面积，这种收缩区范围比导电斑点尺寸大得多的情况称为 "长收缩"。理论分析时，令收缩区延伸到无限远。②两个接触元件材料相同，而且是均质的，即两个接触元件的电阻率相等，$\rho_1 = \rho_2 = \rho$。③忽略温度对电阻率的影响，认为收缩区内各点的电阻率为常数。④导电斑点的圆形平面上电位处处相等，并取此电位为零电位。⑤导电斑点的圆形平面上没有表面膜，因此膜电阻为零。⑥忽略热电势和接触电势。

基于上述假设，接触电阻只有收缩电阻，并且两个接触元件的收缩电阻对称相等，因此，只需要分析任一接触元件半无限大空间的收缩电阻。对于圆形导电斑点，其等位面为旋转半椭球面，如图 5-7 所示。

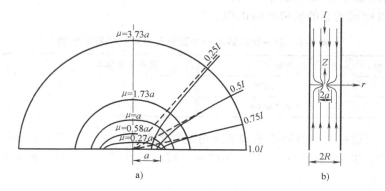

图 5-7 圆形导电斑点收缩电阻椭球场模型

a) 收缩区附近的等位面和电流线　b) 半径为 R 的导电圆柱内，电流收缩通过半径为 a 的圆形导电区域

a—圆形导电斑点的半径　μ—半椭球体等位面的高度（电流线收缩的范围）

图 5-7 中，该圆形导电斑点与高度为 μ 的某半椭球等位面之间的收缩电阻为

$$R_\mu = \frac{\rho}{2\pi a} \arctan \frac{\mu}{a} \tag{5-7}$$

由式（5-7）可知，图 5-7 中相邻两等位面之间的电阻为一个接触元件总收缩电阻的 1/6，所有半椭球等位面的焦点 c 位于导电斑点的圆周边界上。接触元件在无限大空间（即 $\mu = \infty$，导电斑点为长收缩）内接触元件一边的收缩电阻 R_{s1} 和接触元件另一边的收缩电阻 R_{s2} 为

$$R_{s1} = R_{s2} = \frac{\rho}{4a} \tag{5-8}$$

接触元件的总收缩电阻为

$$R_s = R_{s1} + R_{s2} = \frac{\rho}{2a} \tag{5-9}$$

式（5-9）表明，长收缩、单个圆形导电斑点的总收缩电阻，其大小与接触元件材料的电阻率成正比，与导电斑点的直径成反比。

霍尔姆等人用实验证明，式（5-9）的误差极限为 $\pm 1.5\%$ 以内。如果导电斑点不是圆形而是椭圆形，并且椭圆平面的长轴、短轴分别为 α、β，只要满足 $\alpha\beta = a^2$，则仍然可以采用式（5-9）计算椭圆形导电斑点的收缩电阻。因此，工程中广泛应用该式分析和计算清洁接触表面的接触电阻。

如果两个接触元件是不同材料，电阻率分别为 ρ_1 和 ρ_2，元件接触时各自的收缩电阻分别为 $R_{si} = \rho_i/(4a)$，$i = 1$，2。则接触元件的总收缩电阻为

$$R_s = R_{s1} + R_{s2} = \frac{\rho_1 + \rho_2}{4a} \tag{5-10}$$

表 5-1 为铜-铜接触（电阻率 $\rho = 1.75 \times 10^{-8} \Omega \cdot m$）时一个圆形导电斑点收缩电阻的计算实例。由表 5-1 可知，导电斑点半径的微小变化，会导致收缩电阻显著变化。当圆形导电斑点的半径为 $10 \mu m$ 时，其收缩电阻大约为 $1 m\Omega$，这是一个非常低的电阻值。事实上，当该导电斑点传导 20A 电流时，斑点内部不会明显过热。相应地，半径为 $100 \mu m$ 的圆形导电斑点流过 200A 电流时也不会明显过热。由此可见，当两个导体相互接触导电时并不需要太大的导电斑点就可以得到满意的低值收缩电阻。

表 5-1　铜—铜接触时一个圆形导电斑点的收缩电阻

斑点半径/μm	收缩电阻/Ω	斑点半径/μm	收缩电阻/Ω
0.01	0.875	1.0	8.75×10^{-3}
0.1	8.75×10^{-2}	10.0	8.75×10^{-4}

图 5-7 中，通过导电斑点圆心的虚线为电流线的路径，用总电流的百分值标注，实线为实际电流线路径，其电流值比虚线标注的值小。圆形导电斑点中的电流密度为

$$J(r) = \frac{I}{2\pi a} \frac{1}{\sqrt{a^2 - r^2}} \tag{5-11}$$

式中，r 为距导电斑点中心的距离。

由图 5-7 可知，电流线集中在圆形导电斑点的边缘，由式（5-11）积分可以得出，通过半径为 $0.866a$ 的圆面的电流刚好为通过导电斑点圆形平面总电流的一半，也就是说，一半的电流分布在距球心大于 $0.866a$ 的空间区域。

在视在接触面内部各相邻的导电斑点之间距离很近的"短收缩"情况下，不能再利用

式（5-9）计算收缩电阻。假定：①视在接触面有 n 个半径均为 a 的圆形导电斑点；②n 个导电斑点在视在接触面内均匀分布；③两个相邻导电斑点之间的中心距离为 $2l$，则单个导电斑点的收缩电阻为

$$R_s(a,l) = \frac{\rho}{2\pi a} \arctan \frac{\sqrt{l^2 - a^2}}{a} \tag{5-12}$$

2. 小尺寸导电斑点的收缩电阻

当导电斑点的尺寸足够大，远大于电子平均自由行程，则电子经收缩区通过导电斑点是纯扩散运动，这种情况下收缩电阻的导电机理与一般金属的导电机理相同，即电流通过导电斑点发生收缩（电流路径增长、导电截面变小）而导致收缩区的金属电阻增加。此时的收缩电阻又称扩散电阻，单个导电斑点的收缩电阻（扩散电阻）按式（5-9）及式（5-10）计算。

如果导电斑点的尺寸非常小，远小于电子平均自由行程，则电子通过微小的导电斑点时会沿着路径撞击移动产生剧烈地散射，如图 5-8 所示，导致另一附加电阻分量。因此，当导电斑点足够小时，电流通过导电斑点产生的收缩电阻一般由以下两个分量组成：

$$R_s = \frac{\rho}{2a} \Gamma(K) + \frac{4\rho}{3\pi a} K \tag{5-13}$$

式中，K 为诺申比率，$K = l/a$，其中 l 为电子平均自由行程；a 为圆形导电斑点的半径；$\Gamma(K)$ 为与 K 有关的函数，当 $K = 0$ 时，$\Gamma(K) = 1$；当 K 增加到很大值时，$\Gamma(K)$ 缓慢下降到 0.69。

式（5-13）表明，当导电斑点尺寸足够大（$K \ll 1$）时，$R_s = \rho/(2a)$，其结果与式（5-9）相同；当导电斑点足够小（$K \gg 1$）时，R_s 由两个电阻分量组成，电阻分量 $4\rho K/(3\pi a)$ 不能忽略，该项电阻称为诺申电阻。

3. 非圆形导电斑点的收缩电阻

当粗糙表面不满足各向同性时，导电斑点通常为非圆形。在分析导电斑点形状对收缩电阻的影响时，暂不考虑诺申电阻分量。

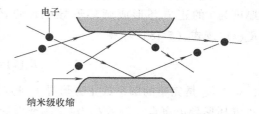

图 5-8 电子通过非常小尺寸
导电斑点时的撞击运动

对于椭圆形导电斑点，假设其长轴和短轴分别为 $\alpha = \gamma a$、$\beta = a/\gamma$，则该椭圆导电斑点的面积 $\pi\alpha\beta$ 便等于半径为 a 的圆形导电斑点的面积 πa^2。其中，γ 为形状因数，表示椭圆导电斑点的椭圆度，$\gamma = \sqrt{\alpha/\beta}$，$\gamma$ 越大，说明椭圆越宽扁。此时，在无限大空间（即 $\mu = \infty$）内具有 1 个椭圆形导电斑点的两个接触元件的总收缩电阻为 $2R_s(\alpha, \beta)$，其中，$R_s(\alpha, \beta)$ 按式（5-14）计算

$$R_s(\alpha, \beta) = R_s(a, a) f(\gamma) = \frac{\rho}{4a} f(\gamma) \tag{5-14}$$

式中，$R_s(\alpha, \beta)$ 及 $R_s(a, a)$ 分别为具有相同面积的椭圆形、圆形导电斑点的收缩电阻；$f(\gamma)$ 为形状因数函数，由图 5-9 确定，$f(\gamma)$ 随 γ 的增加而减小，当 γ 由 1 增加到 10 时，则收缩电阻迅速下降。

对于长度和宽度分别为 l 和 w 的矩形导电斑点，在无限大空间（即 $\mu = \infty$）内具有 1 个

矩形导电斑点的两个接触元件的总收缩电阻为 $2R_s(l, w)$，其中，$R_s(l, w)$ 按式 (5-15) 计算

$$R_s(l, w) = \frac{\rho}{4L}\left[\frac{k'}{w^{0.26}}\left(\frac{w}{l}\right)^{0.13}\right] \quad (5\text{-}15)$$

式中，L 是和矩形斑点面积相等的正方形的边长，$L = \sqrt{wl}$；$k' = 4k$，k 是与宽度 w 有关的系数，当导电斑点的宽度从 1mm 增加到 10mm 时，k 从 0.36 增加到 1。

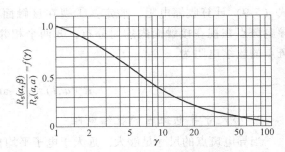

图 5-9 导电斑点的形状因数函数

若矩形导电斑点的长宽比 $l/w \geq 10$ 时，收缩电阻 $R_s(l, w)$ 也可以按式 (5-16) 计算

$$R_s(l, w) = k\frac{\rho}{S^{0.63}} \quad (5\text{-}16)$$

式中，S 为矩形导电斑点的面积（mm^2）。

对于边长为 L 的正方形导电斑点，在无限大空间（即 $\mu = \infty$）内具有 1 个矩形导电斑点的两个接触元件的总收缩电阻为 $2R_s(L)$，其中，$R_s(L)$ 按式 (5-17) 计算

$$R_s(L) = 0.868\frac{\rho}{L} \quad (5\text{-}17)$$

对于图 5-10 所示的正方环形、圆环形导电斑点，在无限大空间（即 $\mu = \infty$）内具有 1 个厚度为 t 的正方环形或圆环形导电斑点的两个接触元件的总收缩电阻为 $2R_s(t)$，其中，$R_s(t)$ 按式 (5-18) 计算

$$R_s(t) = R_0\left[F(\zeta)\right]^{-1} \quad (5\text{-}18)$$

式中，R_0 是完整的圆形或正方形导电斑点的收缩电阻；ζ 是环形导电斑点的形状因数，对于正方环形导电斑点，$\zeta = t/L$，对于圆环形导电斑点，$\zeta = t/a$，其中，t 为环的宽度，L 和 a 分别为正方环形、圆环形外环的半边长和半径；$F(\zeta)$ 是环形导电斑点的相对电导率，正方环形、圆环形导电斑点的 $F(\zeta)$ 几乎相同，查图 5-11 确定。

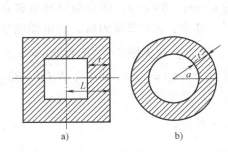

图 5-10 正方环形和圆环形导电斑点

a) 正方环形 b) 圆环形

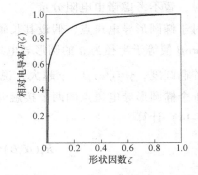

图 5-11 环形导电斑点的相对电导率 $F(\zeta)$

表 5-2 为铜-铜接触（电阻率 $\rho = 1.75\times10^{-8}\Omega \cdot m$）、导电面积均为 $100\mu m^2$ 但导电斑点形

状不同时 1 个导电斑点的收缩电阻计算结果，由此可知，导电斑点的形状对收缩电阻具有较大影响。

表 5-2   铜-铜接触、面积相同但形状不同时 1 个导电斑点的收缩电阻

导电斑点形状	半径/μm	长度/μm	宽度/μm	环宽/μm	收缩电阻×10^{-3}/Ω
圆形	5.64	—	—	—	1.55
正方形	—	10	10	—	3.04
矩形	—	50	2	—	0.43
圆环形	16.41	—	—	1	0.71

4. 多个导电斑点时的收缩电阻

实际上，两个名义平面之间真正的接触区域是一系列彼此分离的接触斑点，而实际接触斑点是由一系列纳米级粗糙凸丘构成的更小斑点组成，因此，电接触发生在成群的导电斑点上。导电斑点群的位置由大尺度的接触表面的起伏程度来确定，而导电斑点的位置则由小尺度的接触表面的粗糙凸丘来确定。在这种情况下，收缩电阻不仅受导电斑点的数量和大小的影响，还会受到导电斑点群的分布和尺寸的影响。对于这种多斑点情况下的收缩电阻，是必须进一步讨论的问题。

如果一个导电斑点群中有 n 个圆形导电斑点，n 足够多，如图 5-12，则该导电斑点群的总收缩电阻近似等于导电斑点的收缩电阻 $\rho/(2na_p)$ 与霍尔姆电阻 $\rho/(2a_H)$ 之和，即

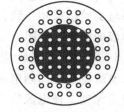

$$R_s = \rho\left(\frac{1}{2na_p} + \frac{1}{2a_H}\right) \tag{5-19}$$

图 5-12   导电斑点群示意图

式中，a_p 为导电斑点的平均半径，$a_p = \frac{1}{n}\sum a_i$，$a_i$ 为第 i 个导电斑点的半径；a_H 为导电斑点群的半径，又称霍尔姆半径。

图 5-12 为具有 76 个相同的圆形导电斑点规则排列时的斑点群示意图，图中阴影区域为与其电阻相等时单个导电斑点的面积，外面的圆轮廓线半径为该导电斑点群的霍尔姆半径。利用式（5-19）对图 5-12 中斑点群的收缩电阻进行计算，若假定相邻导电斑点之间的距离为 1，导电斑点的最大半径为 0.5，则结果表明，当导电斑点的半径 $a>0.05$ 时，霍尔姆电阻 $\rho/(2a_H)$ 开始超过导电斑点的收缩电阻 $\rho/(2na_p)$，而具有同样收缩电阻的单个导电斑点的半径与霍尔姆半径 a_H 相近。

在许多情况下，接触面上没有绝缘膜，接触斑点均匀地分布在整个视在接触面积中，这时导电斑点的数量和分布对于收缩电阻的影响不大。当视在接触面积一定时，导电斑点在整个接触面中的位置对收缩电阻没有显著影响，只有当导电斑点分布在视在接触面的边缘部位时才会对收缩电阻有较大影响，即使在这种情况下的收缩电阻也只是正常分布情况的 2 倍。因此，在工程中可以利用霍尔姆半径来估算导电斑点群的收缩电阻。霍尔姆半径 a_H 可以通过实际接触面积 A_c 进行计算，即

$$A_c = \eta\pi a_H^2 \quad \text{或} \quad a_H = \sqrt{A_c/\eta\pi} \tag{5-20}$$

式中，η 为经验系数，对于清洁的接触表面，取 $\eta = 1$。

在大多数情况下实际接触斑点的变形都是塑性变形，接触斑点承载的接触压力由相接触的两种材料中较软的一种材料上的微凸体的塑性流动来承担。因此，实际接触面积 A_c 只与接触压力 F 和接触材料的硬度 H 有关，而与视在接触面积、接触元件的尺寸无关。实际接触面积 A_c 按式（5-21）计算

$$F = A_c H \qquad (5\text{-}21)$$

当实际接触中存在弹性变形时，实际接触面积要比式（5-21）的计算结果要大，因此，需要对其乘以系数 ξ 进行修正，即

$$F = \xi A_c H \qquad (5\text{-}22)$$

式中，修正系数 ξ 的取值范围为 $1/3 \sim 1$，当接触压力大时，ξ 可取的大一些。

若接触表面没有绝缘膜，并且在霍尔姆半径 a_H 内分布着足够多的导电斑点，则收缩电阻近似为

$$R_s = \frac{\rho}{2a_H} \qquad (5\text{-}23)$$

联立式（5-20）、式（5-22）和式（5-23），则收缩电阻为

$$R_s = \sqrt{\frac{\rho^2 \eta \xi \pi H}{4F}} = \frac{\rho}{2}\sqrt{\frac{\eta \xi \pi H}{F}} \qquad (5\text{-}24)$$

式（5-24）在较大的接触压力范围内具有广泛的有效性，对于多种接触元件材料其计算结果与实验结果相一致，目前已广泛用于在接触压力和材料硬度已知的条件下估算无绝缘膜接触表面的收缩电阻。

5. 交流条件下的收缩电阻

交流特别是高频电流条件下，电流流过导体时会产生趋肤效应，趋肤效应限制了电磁场的穿透深度，使电流集中在导体表面，导致交流条件下的收缩电阻不同于直流收缩电阻。

在交流情况下，如果某导体的穿透深度小于其本身的特性尺寸，则该导体的交流收缩电阻就会偏离其直流收缩电阻。如果趋肤效应非常显著，则电流被限制在不超过 5 个穿透深度厚的导体薄层中。如果交流电流频率高于 10MHz，则穿透深度会对半径为几微米的收缩区产生影响；如果电流频率低于 10kHz，则穿透深度不会对半径为几百微米的收缩区有影响。

图 5-13 为不同电流频率作用下收缩半径在 $5 \sim 50\mu m$ 时的收缩电阻。图 5-13 表明，不同频率下的收缩电阻值随收缩半径的增加而趋近于一致，而且存在一个临界半径，当收缩半径小于临界收缩半径时，频率将是影响收缩电阻的一个主要因素。临界半径约等于导体穿透深度的 8 倍。当收缩半径相同时，收缩电阻随电流频率的增加而下降。

电流频率对收缩电阻的研究尚不充分，随着电气与电子工程中高频电路的应用日益增多，还需要进一步开展相关研究工作。

5.2.3 表面膜电阻理论

由于种种原因在电接触表面上覆盖着的一层导电性很差的物质，称为表面膜。表面膜会使接触电阻增大并产生严重的接

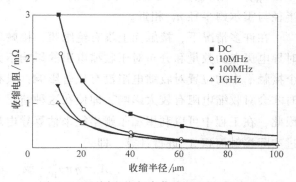

图 5-13 不同电流频率作用下的收缩电阻

触电阻不稳定现象，表面膜已成为弱电技术领域电接触故障的重要原因之一。然而，在开关触头和滑动接触领域，表面膜能够减小冷焊和摩擦，从而对改善电接触性能有益。因此，在不妨碍导电性能的前提下应该允许表面膜的存在。

1. 表面膜的种类

1）根据导电性能，表面膜分为两类：绝缘膜和导电膜。

绝缘膜的厚度为 $10^{-9} \sim 10^{-8}$ m 的数量级，其电阻率非常大，约为 $10^5 \sim 10^{10} \Omega \cdot$ m 的数量级。常见的绝缘膜包括：普通金属表面上的氧化膜、少数贵金属表面上的硫化膜、有机蒸气环境中形成的聚合物膜、某些材料在电弧作用下形成的玻璃状绝缘膜。

导电膜的厚度为 10^{-10} m 的数量级，电子可借"隧道效应"透过薄膜而导电，其面电阻率大约为 $10^{-9} \sim 10^{-4} \Omega \cdot cm^2$ 的数量级。

2）根据厚度，表面膜分为吸附膜、保护膜和暗膜。

吸附膜只有一个或几个原子厚，又可分为物理吸附和化学吸附两种。前者借范德华力以 0.05eV 的能量弱束缚于金属表面，不与金属构成共价键化合物；后者以 $1 \sim 8$eV 的能量强束缚于金属表面，并与金属构成共价键化合物。

在某些金属表面，当表面膜生长到 $1 \sim 10$nm 的数量级时便停止生长，这种膜能够有效地保护金属表面避免氧化或其他化学侵蚀，称为保护膜。保护膜只能生长到一个最大厚度 δ_{max}，这是因为：保护膜的结构是完整的，离子通过膜的扩散必将受到阻碍而需要电场的帮助。在膜的外表面上负的氧离子和膜与金属内表面上相应的正离子之间形成电场，其电场强度大约为 $(1 \sim 2)/\delta$ V/m，当膜厚 δ 增加时，电场强度会下降，直到膜厚增加到 δ_{max} 时，离子的扩散便不能维持，此时膜的生长便停止。例如，当采用铝（Al）作接触元件时，其表面易形成最大厚度约为 6nm 的 Al_2O_3 保护膜，该膜为绝缘膜，必须将其破坏掉才能导电；不锈钢表面会形成 $1 \sim 2$nm 的保护膜，因其厚度较薄，电子可借"隧道效应"而导电。

暗膜是一种能够连续生长、加厚，并且颜色灰暗的表面膜，会在许多金属表面上生成。

3）根据膜的成因，表面膜分为：尘埃膜、吸附膜、无机膜和有机膜。

尘埃膜指飞扬于空气中的固体微粒（如灰粉、尘土、纺织纤维物等）由于静电吸引力而覆盖于接触表面形成的表面膜。在外力作用下，这些吸附的微粒极易脱落，使电接触重新恢复，导致接触电阻变化极不稳定，具有随机性的特点。

吸附膜指气体分子或水分子在接触表面形成的吸附层。

无机膜指暴露于空气中的接触元件因化学腐蚀作用而形成的各种无机化合物薄膜，如氧化膜、硫化膜等；此外，处于潮湿空气中的接触元件，因电解质的作用使不同金属之间发生电化学腐蚀时，在接触表面形成的锈蚀物也属于无机膜。

有机膜指从绝缘材料中析出的有机蒸气，在电接触表面形成的粉状有机聚合物。有机膜的阻值高达几兆欧，其击穿电压为无机膜的 10 倍左右。

2. 表面膜的生长规律

表面膜的生长与材料的种类、环境介质的情况，以及其他许多复杂的因素有关。

一般来说，贵金属在空气中不易氧化，但可能会与某种气体作用生成化合物。贵金属材料的表面膜或者能够借助隧道效应而导电，或者表面膜易于去除，从而对接触无害。因此，贵金属材料在弱电领域得到了广泛应用；然而，普通的贱金属材料在大气中大多都能够生成肉眼可见的氧化暗膜。在膜厚 $\delta > 10nm$、温度为几百摄氏度的情况下，氧化膜的生长速率满足著名的抛物线氧化速率定律，并且较高的温度会促进氧化膜的生长。

图 5-14 为几种常用触头材料在不同条件下氧化膜的生长规律。图 5-14 表明，氧化膜的起始生长速率很快，以后逐渐减慢并趋于一个稳定的生长速率；不同材料、不同介质、不同温度对膜的生长影响很大。在材料和介质一定的条件下，温度通常是膜生长的决定性因素。如图 5-14b 所示，油中的铜，当温度超过 120℃ 以后，膜的生长速率明显增加。

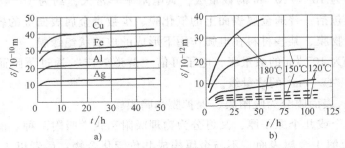

图 5-14　几种常用触头材料在不同条件时氧化膜的生长规律
a）空气中　b）油中

常见金属材料的表面膜生长特点如下：

（1）金（Au）

金在空气中不氧化，但在 180℃ 与氯（Cl）作用生成 $AuCl_2$。金在空气中也会生成化学吸附膜，但不会发展成暗膜，这层膜极易隧道导电，对接触无害。

（2）银（Ag）

银在常温空气中也不易氧化，但当大气中有臭氧存在时，银的表面便能氧化成 Ag_2O。Ag_2O 较软，易于用机械方法擦除，并且在 200℃ 时即分解，对导电性能没影响。由于银比金的价格低，所以工业中大量使用银作为触头材料。

当银暴露于含有 H_2S 的大气中时，其表面容易生成一层 Ag_2S 绝缘暗膜。干燥的 H_2S 不易侵蚀银，只有当 H_2S 或 SO_2 与银表面的水膜发生化学反应形成酸以后才能使银硫化，生成 Ag_2S。经验表明，即使大气中 H_2S 或 SO_2 的含量非常微弱，温度也很低，银的表面也能毫无困难地生成 Ag_2S。Ag_2S 暗膜不是保护膜，它能在大气中缓慢地生长。在含硫的潮湿空气中，在嵌金或镀金的银表面，Ag_2S 暗膜会爬过银面生长到金面上来，Ag_2S 暗膜也能够通过镀金层的孔隙漫延到镀金层的表面上来。由于 Ag_2S 的电阻率很大，室温下为 $10^5 \sim 10^{10}$ $\Omega \cdot m$，接近于绝缘体的半导体，因此长期工作于含硫气体中的银触头，易于出现接触导电失效的现象。实验指出，室温下的铂（Pt）不与硫作用，它与银制作合金能够防止硫化。

（3）铜（Cu）

暴露于空气中的铜，在温度低于 400℃ 时氧化生成 Cu_2O，在 400℃ 以上时生成 CuO，当温度超过 1100℃ 时，CuO 又变成 Cu_2O，直到 2000℃ 时氧化物全部分解。因此，开关中铜触头或电极上，在电弧刚跑过的痕迹内，原有的氧化膜被分解并挥发，只留有重新轻微氧化的膜，而在靠近弧痕的两边却产生各种不同颜色的厚氧化膜。

黄铜和纯铜一样，也能从化学吸附膜发展为暗膜，但黄铜上膜的生长速率会逐渐减小。

（4）镍（Ni）

镍在干燥的空气中开始形成几个原子厚的膜，并有一定的保护作用。但是在潮湿的空气中氧化增快。如果镍表面有灰尘附着，它会吸收空气中的水气而产生微电池作用，加速表面的电解腐蚀。NiO 膜与 Ni 的机械强度相当，接触时不易破裂，会影响到接触电阻。

（5）锌（Zn）

锌的表面生成绝缘的保护膜，锌和金一样软，故接触时膜较易破裂而形成导电斑点，温度升高时暗膜生长加速。

（6）钨（W）

钨在电弧作用下会被氧化成 WO_3，这种氧化物在电弧斑点周围形成，为淡黄绿色粉末，约在 1700K 时升华。在斑点以内形成一层多孔的易熔黑色氧化物。室温下钨的氧化膜可维持厚约 50nm。银钨或银钼在电弧作用下会生成钨酸盐或钼酸盐。

暴露于潮湿空气中的金属表面往往吸附着一层水膜，厚约 5~10nm，甚至更厚。当触头分离时，水膜并不形成桥，当触头趋于闭合时，水膜被破坏并挤走，只有在弹性变形的地方可能保留着单层膜。足够厚的水膜会使触头表面产生局部电池效应，即使触头是同一种材料，该效应也不能避免。例如，铁，它的纯金属斑点作为局部电池的阳极，其他覆盖氧化物或沾污（如炭）的斑点作为阴极，这样就在不同的斑点之间形成电流而产生局部电池效应。这种效应会生成一种海绵状的氢氧化物（俗称铁锈）沉淀下来，铁锈的生成过程通常比氧化膜生长快得多，对接触有很大危害。如果触头表面存在易于吸潮的灰尘粒子，则将大大增强局部电池效应，对接触不利。

工业大气中的有机蒸气在触头的滚滑作用下会形成高分子量的无定形固体粒子，它在接触面上堆积起来将触头绝缘。例如，钯（Pd）触头，在闭合撞击和摩擦作用下（无论有无电流），在触头表面形成暗褐钯的绝缘粉末，这些粉末是一种异量的有机物，与原始蒸气的成分相同但分子量不同，称为"摩擦异量"。铂（Pt）、钌（Ru）、钼（Mo）、钽（Ta）和铬（Cr）都是形成褐色沉积物的触媒剂，金（Au）形成这种固体沉积物的效应很小，银（Ag）完全没有，镍（Ni）、铜（Cu）、铁（Fe）、钨（W）类似于银（Ag）。上述异量化效应在碳氢化合物中普遍存在，其中乙炔（C_2H_2）和芳香族（包括苯 C_6H_6）效应最明显，只有甲烷（CH_4）不存在异量化。如果触头间产生电弧，电弧将部分沉积物烧掉变成炭，这些炭化物能帮助触头在闭合过程中引燃电弧。值得注意的是，即使触头间不存在摩擦，也可以生成"摩擦异量"，只是形成速率较慢。在工程应用中，为避免大气中有机蒸气和其他有害气体对触头的侵害，一些电器的触头采用了密封结构，例如舌簧继电器的触头就密封于玻璃泡中。

3. 导电膜的膜电阻

经典力学表明，不论膜的厚度如何，电子均不能穿过膜而导电。量子力学表明，电子具有粒子和波动双重性质。其中，电子作为波的性质，可以以一定的几率透过薄膜而导电，这种现象称为隧道效应。

设电子透过薄膜形成的电流密度为 J，接触面之间的电压为 U，则定义 $\sigma = U/J$ 为膜的面电阻率，σ 的单位为 $\Omega \cdot m^2$。膜的面电阻率 σ 主要取决于膜的厚度 δ、接触元件的电子逸出功 φ，如图 5-15 所示。

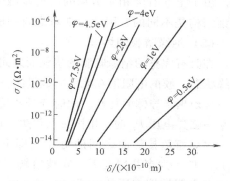

图 5-15 面电阻率 σ 与膜的厚度 δ 的关系

根据膜的面电阻率的定义，电子透过斑点 a 表面膜所遇到的膜电阻为

$$R_b = \frac{\sigma}{\pi a^2} \tag{5-25}$$

如果接触表面内部有 n 个导电斑点，其平均半径为 a_p，则总的膜电阻为

$$R_b = \frac{\sigma}{\pi n a_p^2} \tag{5-26}$$

4. 绝缘膜的破坏

对于极薄的导电膜，电子可借隧道效应而导电；对于较厚的绝缘膜，电子透过膜的几率非常小，因此，绝缘膜是不导电的，又称绝缘暗膜。绝缘暗膜不利于接触导电，绝缘暗膜的破坏是电接触必须研究的基础问题之一。

具有绝缘膜的两金属表面接触时，有下列两种方法可以使膜破坏：

方法一：机械的方法。在接触元件上施加一定的接触压力，使实际接触面上获得极高的应力，当表面凸丘受力变形时，表面膜随之破裂。或者，在两金属表面接触受力的同时，使两表面做相对滚滑运动，将膜磨碎并剥离。

方法二：电的方法。在接触元件两端施加一定的电压，当膜内的电场达到很高数值时，膜因被"击穿"而被破坏。由于膜的击穿不同于介质击穿，因此，通常又将膜的击穿称为膜的熔解。

(1) 绝缘暗膜的机械破坏

要使表面膜在凸丘变形时易于破裂，必须满足两个条件：①凸丘受压变形处表面膜应受到极高的机械应力；②表面膜的硬度和韧性与基底金属相比有很大差别。如果基底金属较软、韧性很好，但是表面膜较硬且具有脆性，则当凸丘在很高的压力下产生变形时，表面膜便不能和基底金属一起变形，因此脆性的表面膜便极易破裂。工程应用中，铜母线连接处镀锡，就是由于锡的表面膜性质能很好地满足上述条件。

在不同的接触方式中，表面膜的破裂情况极不相同。对于两金属表面无相对滑动的接触，实际接触面内表面膜的破裂呈现不规则的网状分布，表面膜破裂成一块块小矩形碎片，在碎片与碎片之间，基底金属被挤压填满这些缝隙，因此，只有在表面膜裂缝与裂缝的交叉处才能形成金属直接接触；对于两金属表面具有相对滑动的接触，当接触斑点上的表面膜被压碎后，表面膜碎片在切线力的作用下产生大块剥离，在接触斑点中会形成大面积的金属接触。由于上述有无相对滑动的两类接触中，接触斑点内表面膜的破裂情况和形成金属接触的详细结构是不同的，因此，在考虑收缩电阻和有关特性时应区别对待。

(2) 绝缘暗膜的熔解

在具有完整的绝缘暗膜的接触面之间施加电压，当电压由零逐渐升高时，膜一直会保持在绝缘状态，膜的电阻值在兆欧的数量级，但是膜电阻随电压的上升而下降，降低电压则阻值回升，呈现出半导体的特性。此时膜处于完好的绝缘状态，如图5-16中实线所示。当电压升高到某一临界电压 U_0 时，电阻突然消失，电流导通，则膜被熔解，如图5-16中虚线所示。

膜熔解后接触面之间的电压立即下降至零点几伏的数量级，最后稳定在终止点 (R_z, U_z) 工作。大多数情况下，膜被熔解后的电压在 $0.3 \sim 0.5V$ 的数量级，称为 A 类熔解；某些情况下膜被熔解后的电压在 $0.01 \sim 0.02V$ 的数量级，则称为 B 类熔解。

绝缘暗膜的熔解机理有电击穿和热击穿两种假说。电击穿假说认为，膜的击穿是由电场内部电子发射开始，通过电子云的形成，导致金属表面局部加热直至熔化。由于强大静电力作用，液态金属被吸入放电通道而桥接，最后形成金属的电流通路；热击穿假说认为：由于膜的不均匀性，电流集中通过局部电导率较高的点，引起半导体膜的温度升高，电导率增大，又使电流更加集中和加大，以致发生最终的热击穿，被熔化的金属最后引入击穿通道而桥接。

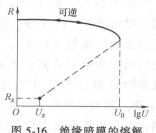

图 5-16 绝缘暗膜的熔解

5.2.4 接触电阻的工程计算方法

由于收缩电阻和膜电阻解析表达式中的导电斑点数 n 和平均半径 a_p 等重要参数在使用时难以确定，故工程中常用经验公式（5-27）估算接触电阻。

$$R_j = \frac{K_j}{(0.102F)^m} \tag{5-27}$$

式中，F 为接触压力（N）；R_j 为接触电阻（$\mu\Omega$）；m 为与接触形式、压力范围和实际接触点的数目等因素有关的指数。在压力不太大的范围内，对于点接触，$m=0.5$；线接触，$m=0.5\sim0.8$；一般取 $m=0.7$；面接触，$m=1$。K_j 为与接触材料、表面状况等有关的系数，通常由实验确定。部分接触材料的 K_j 见表 5-3。

表 5-3 部分接触材料的 K_j 值

接触材料	表面状况	K_j
银-银	未氧化	60
铜-铜	未氧化	80~140
黄铜-黄铜	未氧化	670
铝-铜	未氧化	980
铝-黄铜	未氧化	1900
镀锡的铜-镀锡的铜	未氧化	100
$Ag\text{-}CdO_{12}\text{-}Ag\text{-}CdO_{12}$	未氧化	170
$Ag\text{-}CdO_{12}\text{-}Ag\text{-}CdO_{12}$	氧化	350

例 5-1 已知某低压开关的动静触头为银-银接触，接触形式为点接触，触头终压力为 10N。试计算该触头的接触电阻。

解： 由已知条件，有 $m=0.5$；查表 5-3，得 $K_j=60$。

由式（5-27），求得

$$R_j = \frac{60}{(0.102\times10)^{0.5}}\mu\Omega = 59.41\mu\Omega$$

式（5-27）表明：R_j 与 K_j、m 及 F 等因素有关。但必须指出，式（5-27）的局限性很大，不能概括各种因素对接触电阻的影响。不同研究者得出的 K_j 和 m 的数值差别很大。因此，工程中还通常采用"四端法"实际测量接触电阻，其原理如图 5-17 所示。

图 5-17 中，R_j 为待测接触电阻，C_1 和 C_2 为电流测试端，接恒流源，P_1 和 P_2 为电压测试端。测量时为保持接触元件原有的接触状态不变，应使测试电流越小越好，对弱电领域接触电阻的测量尤为如此。为保证测量时接触温度及其附近温升不会升至过高，一般规定接触电压不超过 20mV。四端接线法可有效地消除接线电阻的影响。在这种

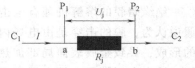

图 5-17　四端法测量接触电阻原理图

结构中，虽然电流也会流过电压测试引线，但很小的测试电流在测试引线上产生的电压降非常小，可以认为测得的电压近似等于接触元件两端的接触电压。通过测得 P_1 和 P_2 之间的接触电压 U_j 和流过 a、b 的电流 I，就可以利用欧姆定律得到接触电阻，即

$$R_j \approx R_{ab} = \frac{U_j}{I} \tag{5-28}$$

5.2.5　接触电阻的影响因素

影响接触电阻的因素主要有材料性能、接触形式、接触压力、接触温度、接触表面的粗糙度等。

1. 材料性能

电接触材料的电阻率、硬度以及材料的化学性能将直接影响接触电阻的大小。

由式（5-24）知，在其他条件相同时，接触元件材料的电阻率越大，则收缩电阻越大、接触电阻越大；接触元件材料的硬度越高，则材料越不易变形，在一定的接触压力作用下实际接触面积越小。因此，相同条件下材料的硬度越高，则收缩电阻越大、接触电阻越大。

电接触材料的化学性能，特别是材料的化学腐蚀、电化学腐蚀特性将直接影响接触电阻的大小和稳定性。

单独由化学作用引起的腐蚀，称为化学腐蚀。例如，活泼性金属接触材料与周围环境中的 O_2、H_2S、SO_2、Cl 等接触时，会在接触表面发生氧化及硫化作用生成表面膜，表面膜的特性及其膜电阻的大小将显著影响接触电阻的大小和稳定性。通常采用下列方法减小化学腐蚀：①增大接触压力，将接触表面的表面膜压碎；②设计触头时，使动、静触头在闭合过程中相对滑动，使其能自动清除表面膜、实现触头表面自动净化；③在接触表面覆盖保护层，例如，铜触头镀银或锡；铝表面镀锡、镀银；钢表面镀镉或锌等。锡在大气中很稳定；氧化银的电导率几乎与银相同；锌的氧化膜容易破裂而形成导电斑点；镉对 SO_2 和 Cl 的作用很稳定，不起化学反应；因此它们可以保护接触面，减小化学腐蚀；④采用触头密封装置，或者在密封装置内充惰性气体、抽真空等。

当金属和电解质溶液接触时，由于化学作用而引起的腐蚀，称为电化学腐蚀。金属电化电位的高低将直接影响电化学腐蚀。金属电化电位顺序表如表 5-4 所示，电化电位越低者金属越活泼。当两种不同的金属组成化学电池时，负电化电位越低的金属，其活泼性越大，构成电池负极时容易被腐蚀，电池的正极则不被腐蚀。例如，铜和铝的电接触处受潮后，会在接触表面形成以铝为负极、铜为正极的化学电池，使铝电极逐渐被腐蚀，如图 5-18 所示。

表 5-4　金属电化电位顺序表

金属	铝 Al	锌 Zn	铬 Cr	铁 Fe	镉 Cd	镍 Ni	锡 Sn	氢 H	铜 Cu	银 Ag	铂 Pt	金 Au
电位/V	-1.66	-0.76	-0.74	-0.44	-0.4	-0.25	-0.14	0	0.34	0.8	1.2	1.5

研究表明，两种金属的电化电位相差越大，构成负电极的金属腐蚀越严重。为了减小电化学腐蚀作用，不宜采用在电化顺序表中相隔较远的金属构成电接触。在两种金属的接触表面，用电镀或喷涂等方法覆盖同一种金属，可以减少电化学腐蚀，但覆盖层金属应具有较稳定的化学性能及良好的电性能。

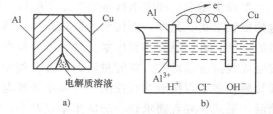

图 5-18　受潮的铜-铝接触处的电化学腐蚀

例如有些电接触必须采用铜与铝接触时，可在铝表面用铜或银覆盖，或在铜和铝之间加上锌垫片。此外，保持触头清洁并与大气隔绝，如在电接触缝隙处涂漆及凡士林等薄膜，可以避免空气中的水分凝聚在接触表面，也能有效预防电化学腐蚀。

2. 接触形式

根据接触面几何形状的不同，电接触的接触形式分为三类：点接触、线接触和面接触，如图 5-19 所示。

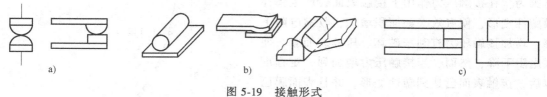

图 5-19　接触形式
a）点接触　b）线接触　c）面接触

从几何角度讲，当一个球面与一个平面或者两个球面相互接触时，两面会接触于一个点，称为点接触；当一个圆柱面与一个平面相接触，或者两个圆柱面按图 5-19b 所示相接触时，两面会接触于一条直线，称为线接触；当两个平面相互接触时，接触面是一个平面，称为面接触。由于接触材料会在接触压力作用下发生弹性或（和）塑性变形，点接触、线接触和面接触的实际接触点并不是 1 个、2 个和 3 个接触点，而是分布在若干个小面积上的许多个接触点。一般来说，点接触的接触点数量最少，面接触的接触点数量最多，线接触的介于二者之间。

接触形式对收缩电阻的影响主要体现在接触点的数量上。根据式（5-19），相同情况下接触点的数量越多，收缩电阻越小；接触形式对膜电阻的影响主要取决于每个接触点承受的压力，该压力等于接触压力与接触点数量之比。因此，相同条件下，接触点数量越多，则每个接触点承受的压力越小，表面膜被机械破坏的概率越小、膜电阻越大。接触形式对接触电阻的影响还与接触压力的大小有关。由表 5-5、图 5-20 所示，当接触压力较小时点接触的接触电阻比面接触的小；反之，则面接触的接触电阻比点接触的小。

表 5-5　接触形式与铜触头的接触电阻的关系

接触形式	$R_j/\mu\Omega$	
	$F = 9.807N$	$F = 980.7N$
点接触	230	23
线接触	330	15
面接触	1900	1

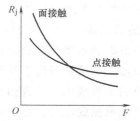

图 5-20　接触形式对接触电阻的影响

工程实际中，固定电接触通常采用螺栓、螺钉或铆钉装配，接触压力较大，多采用面接触的接触形式。此外，面接触的散热面积及热容量较大，多用于大电流的场合；可分合电接触的连接一般用触头弹簧压紧，接触压力较小，考虑到装配检修方便和工作可靠，多采用点接触或线接触的形式，在容量较大场合，例如高压断路器和低压自动开关中，还可采用多个线接触或多个点接触并联使用，以减小接触电阻；继电器触头的接触压力较小，多数采用点接触的形式，并且要求触头的曲率半径要小，以保证必要的压强、最大限度的破坏和清除表面膜。点接触的散热面积及热容量均小，所以多应用于小电流的场合。

3. 接触压力

接触压力对接触电阻具有重要影响。没有足够的接触压力只靠增加接触表面的外形尺寸并不能使接触电阻显著减小。

式（5-27）和图 5-20、图 5-21 表明，接触电阻与接触压力呈近似双曲线关系，接触电阻在一定的压力范围内随接触压力的增加而减小。这是因为：在接触压力作用下接触表面会产生弹性及塑性变形，使有效接触面积增加，收缩电阻下降；增加接触压力有利于破坏、压碎表面膜，使膜电阻下降；然而，当接触压力增加到一定程度以后，接触表面已达到塑性变形，并且表面膜已经稳定在一个较小的数值，此时再继续增加接触压力，则接触电阻也不会明显减小，即接触电阻基本保持不变。

由图 5-21 还可以看到，接触电阻的分散度很大。当接触压力很小时，接触压力微小的变化将使接触电阻产生很大的波动，随着接触压力的增加，分散度逐渐减小。

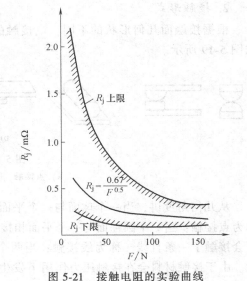

图 5-21　接触电阻的实验曲线

材料：黄铜-黄铜；接触形式：球-平面；
表面加工：0 号砂纸打光后擦净；试验电流：20A

在实际应用中，为确保接触电阻小而稳定，需要选择适当的接触压力。通常，接触压力不能小于某个规定值，如表 5-6 所示。但是接触压力也不能过大，过大的接触压力不仅不能有效减小接触电阻，还可能破坏电接触连接。

表 5-6　弱电继电器触头接触压力的规定最小值

触头材料	金	铂	铂-铱	银	钯	钨	铜
$F_{min}/(\times 10^{-3}\text{N})$	9.9	29.5	29.5	147	147	393	2950

4. 接触温度

收缩电阻的本质是金属电阻。相同条件下，增加接触温度，会使金属的电阻率增大、收缩电阻增加；当接触温度上升至材料的软化点以后，材料硬度会急剧下降，使有效接触面积增加、收缩电阻减小。二者相互补偿，接触电阻的变化较小。当接触表面传导短路电流或接触表面产生电弧放电时，在短路电流的焦耳热或者电弧热的作用下，接触温度急剧升高，使接触表面的化学腐蚀和氧化作用增加，从而加速表面膜的形成，导致接触电阻增加，并进一步使接触温度再次升高，形成恶性循环，最终可能导致接触表面发生熔焊。因此，国标明确规定了电接触部件长期工作时的最高允许发热温度。

5. 接触表面的粗糙度

接触表面的粗糙度会影响实际接触斑点的数量，因而会影响接触电阻。接触表面越粗糙，越容易污染和氧化，在接触表面越容易形成各种表面膜，使接触电阻增加。接触表面的粗糙度与接触表面的加工工艺有关，其加工精度要根据负载大小、接触形式和用途而定。过于精细加工的接触表面不一定能够有效降低接触电阻。

对于传导大、中电流的接触表面，不需要精加工，通常使接触表面的粗糙度 Ra 达到 $Ra = 12.5 \sim 3.2\mu m$ 即可。鉴于两个平整而较粗糙的平面接触在一起时，会增加接触斑点的数量并且能够有效清除表面膜，因此，应努力提高接触表面的平整度。

对于某些小功率电器，流过接触表面的电流小至毫安级以下时，为保证接触电阻小而稳定，通常要求接触表面的粗糙度越低越好，达到 $Ra < 0.2\mu m$。

5.3 电接触的热效应

5.3.1 φ-θ 理论

1. 概述

当电流流过两导体的连接处时，电流线发生收缩，电流密度增大。其中，在导电斑点上电流线收缩达到极限，电流密度最大。在发热方面，由于转化为焦耳热的功率损耗与电流密度的二次方成正比，因此在电流收缩区内会产生大量的焦耳热。在散热方面，接触内表面中空气隙很小、无法与外界对流；同时空气的热导率很小、传热能力极差；接触处正常工作时的温度不高，所以辐射散热很小、可以忽略不计。因此，电流收缩区产生的热量只能通过接触元件本身传导出来，最后散失到周围介质中去。由于导电斑点上的电流密度最大、传热面积最小、散热效果最差，所以导电斑点的温度最高。距离导电斑点越远的地方，电流密度越低、传热面积越大，则温度越来越低，直至与远处的导体温度相等。导电斑点的温度超过收缩区外导体的温度数值，称为导电斑点的超温。

由此可见，接触电阻是导致接触区温度升高的主要原因。接触区温度升高又会使接触电阻增加，引起温升继续上升，形成恶性循环，导致接触区温度不断升高，严重时接触点的温度可以达到接触元件材料的软化点、熔化点甚至沸腾点，最后使接触面产生金属性的焊接（即熔焊），造成电接触性能劣化甚至失效。因此，必须采取措施减小接触区的发热和温升，防止接触元件发生永久性的熔焊。

研究电接触热效应的根本目的就是要找出导电斑点及其附近区域的温度大小和分布。由于导电斑点的尺寸非常小，只有微米至零点几毫米的数量级，并且分布于接触内表面之中，因此不能直接测得导电斑点的温度，必须从理论上找出难于测量的导电斑点温度与易于测量的接触电压之间的关系，利用测量的接触电压间接地求出导电斑点的温度。通常采用电位-温度理论（即 φ-θ 理论）确定导电斑点的温度，并分析整个收缩区的温度分布。

2. 对称收缩区中的 φ-θ 理论

假定：①忽略热电效应；②两个接触元件的材料相同，且都是均质的，其电阻率 ρ 和热导率 λ 都与温度有关；③导电斑点是半径为 a 的圆形斑点，为一等位面和等温面，电位为零（$\varphi=0$）、温度 $\theta=\theta_m$；④收缩区中各导电斑点彼此相距甚远，以致斑点与斑点之间的热流-温度场互不干扰；⑤两个半无限大收缩区中电位场和温度场完全对称且重合。由于两个半无限大收缩区中对称点的温度相等，因此，没有热量从一个元件流向另一个元件。则只需研究一个导电斑点一侧收缩区中的热流-温度场，如图 5-22 所示。

令在导电斑点平面上 $\varphi=0$、$\theta=\theta_m$，收缩区中任一个等位面上 $\varphi=\varphi$、$\theta=\theta$，收缩区外 $\varphi=\frac{1}{2}U_j$、$\theta=\theta_0$。其中，U_j 为接触电压。在距离导电斑点任意远处，取一个由两个无限靠近的等温面形成的半椭球壳作为研究对象，分析其热平衡。椭球壳内表面的电位和温度分别为 φ 和 θ，外表面的电位和温度分别为 $\varphi+d\varphi$ 和 $\theta+d\theta$。

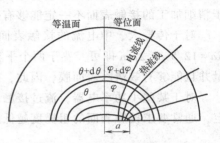

图 5-22 电接触收缩区中的热流-温度场（一侧）

单位时间内半椭球壳本身的发热量为

$$Q=\frac{(d\varphi)^2}{dR} \tag{5-29}$$

式中，$d\varphi$ 为半椭球壳内外表面间的电压降；dR 为半椭球壳内外表面之间的电阻。

在半椭球壳内表面边界上，单位时间传入壳内的热量为

$$Q_1=\lambda A_\theta\left(\frac{d\theta}{dn}\right)_\theta \tag{5-30}$$

式中，λ 为材料的热导率；A_θ 为半椭球壳内表面的面积；$\left(\dfrac{d\theta}{dn}\right)_\theta$ 为半椭球壳内表面沿法线方向的温度梯度。

在半椭球壳外表面边界上，单位时间内由壳内传出的热量为

$$Q_2=-\lambda A_{\theta+d\theta}\left(\frac{d\theta}{dn}\right)_{\theta+d\theta} \tag{5-31}$$

式中，$A_{\theta+d\theta}$ 为半椭球壳外表面的面积；$\left(\dfrac{d\theta}{dn}\right)_{\theta+d\theta}$ 为半椭球壳外表面沿法线方向的温度梯度。

在稳定情况下，半椭球壳的热平衡式为

$$Q+Q_1=Q_2 \tag{5-32}$$

联立式（5-29）~式（5-32），忽略高阶无限小项并对其进行积分，电位 φ 的积分上下限分别取 φ 和 0，温度 θ 的积分上下限分别取 θ 和 θ_m，φ 和 θ 分别是收缩区内任一等位面上的电位和温度。由此可得

$$\int_\theta^{\theta_m}\lambda\rho d\theta=\frac{1}{2}\varphi^2 \tag{5-33}$$

式（5-33）是收缩区中任一点处的电位-温度（φ-θ）关系的一般表达式，适用于稳定传热状态，也是分析电接触热问题的基础。

当积分的上下限是从导电斑点取到整个收缩区的外边界时，由式（5-33）得

$$\int_{\theta}^{\theta_{\mathrm{m}}} \lambda\rho\mathrm{d}\theta = \frac{1}{2}\left(\frac{U_{\mathrm{j}}}{2}\right)^2 = \frac{U_{\mathrm{j}}^2}{8} \tag{5-34}$$

由于电阻率 ρ 和热导率 λ 都是温度的函数，求解式（5-34）的左边积分比较困难。为简化计算，取 $\lambda\rho$ 的平均值 $\overline{\lambda\rho}$，认为它是与温度无关的常数，则由式（5-34）得

$$\theta_{\mathrm{m}} - \theta_0 = \Delta\theta_{\mathrm{m}} = \frac{U_{\mathrm{j}}^2}{8\overline{\lambda\rho}} \tag{5-35}$$

式中，$\Delta\theta_{\mathrm{m}}$ 为导电斑点的超温。

式（5-35）表明，导电斑点的超温 $\Delta\theta_{\mathrm{m}}$ 与接触压降 U_{j} 的二次方成正比，与材料的热导率及电阻率乘积的平均值 $\overline{\lambda\rho}$ 成反比。对于一定的接触材料，$\overline{\lambda\rho}$ 为定值，当收缩区外导体的温度 θ_0 已知时（θ_0 易于测量或计算），导电斑点的超温 $\Delta\theta_{\mathrm{m}}$ 只是接触电压 U_{j} 的简单函数。U_{j} 易于测量，利用式（5-35）通过测量 U_{j} 就可间接地求出导电斑点的温度。

但是，$\overline{\lambda\rho}$ 值一般是未知的，故需要利用魏得曼-弗朗兹（Wiedemann-Franz）定律进行求解。魏得曼-弗朗兹定律指出：对于任何纯金属材料，从理论上讲，其热导率与电导率的乘积 $\lambda\rho$ 与温度 T 成线性关系，即

$$\lambda\rho = LT \tag{5-36}$$

式中，L 为洛伦兹（Lorenz）系数，在常温下其大小为 2.4×10^{-8}（V/K）^{2}；T 为材料的绝对温度，单位为 K。

若魏得曼-弗朗兹定律对于所有的纯金属以及在固相、液相下都成立，则联立式（5-34）和式（5-36），得

$$T_{\mathrm{m}}^2 - T_0^2 = \frac{U_{\mathrm{j}}^2}{4L} \tag{5-37}$$

式中，T_{m} 为导电斑点的温度（K）；T_0 为收缩区外导体的温度（K）。

当导电斑点的温度相当高时，例如达到了材料的软化点或熔化点，则 $T_{\mathrm{m}}^2 \gg T_0^2$，此时，$T_0^2$ 项与 T_{m}^2 项相比可以忽略不计。这时，导电斑点的温度与接触电压之间的关系为

$$T_{\mathrm{m}} \approx 3200 U_{\mathrm{j}} \tag{5-38}$$

式（5-33）、式（5-35）、式（5-37）和式（5-38）的计算结果在工程应用中具有重要意义。不同的接触材料具有不同的软化、熔化和气化温度，如果令 T_0 为室温（$T_0 = 293K$），则根据式（5-37）可以定义接触材料对应的软化、熔化和气化电压。

实验表明，洛伦兹系数 L 只是在一定温度范围内才视为常数。某些材料或合金以及高温状态的金属，其洛伦兹系数会偏离其理论值 2.4×10^{-8}（V/K）^{2}。如果考虑不同材料在不同的温度范围内采用不同的洛伦兹系数，则可由式（5-37）得到适用于不同条件的经验公式。例如，对于贵金属材料，软化温度约在 $400\sim800K$ 范围内，其 L 的平均值为 2.5×10^{-8}（V/K）^{2}，若假定 $T_0 = 300K$，则导电斑点的最高温度可由式（5-39）计算，即

$$T_{\mathrm{m}} = 3100\sqrt{U_{\mathrm{j}}^2 + 0.009} \tag{5-39}$$

式（5-37）是在假定收缩电阻的导电机理与一般金属导体相同并且无膜的影响下得到

的。如前所述，若导电斑点的尺寸足够小，则收缩电阻还应包括"诺申"电阻分量。如果再考虑表面膜对热传导的影响，则这种情况下不能应用式（5-37）估算导电斑点的超温。

例 5-2 已知某低压开关银-银触头的接触电阻 $R_j = 5.9 \times 10^{-5}\Omega$，额定电流 $I = 200\text{A}$，若触头本体温度为 65℃，计算该触头长期通过额定电流时的超温。

解： 触头本体温度为 65℃，则 $T_0 = 273 + 65 = 338\text{K}$

触头长期通过额定电流时的接触电压为

$$U_j = 200\text{A} \times 5.9 \times 10^{-5}\Omega = 0.018\text{V}$$

由式（5-37）可得触头导电斑点的温度为

$$T_m = \sqrt{\frac{U_j^2}{4L} + T_0^2} = \sqrt{\frac{(0.018)^2}{4 \times 2.4 \times 10^{-8}} + (338)^2}\,\text{K} = 342.96\text{K}$$

该触头长期通过额定电流时的超温为

$$\Delta\theta = \theta_m - \theta_0 = (T_m - 273) - (T_0 - 273) = 4.96℃$$

3. 非对称收缩区中的 $\varphi\text{-}\theta$ 关系

实际应用过程中，经常遇到以下情况：①两接触元件具有不同的电阻率；②两接触元件具有不同的或差别极大的热导率。对于这种电阻率或热导率不同的元件接触，其最大温度不再位于导电斑点所在的接触面 A_c 上，而是向电阻率较大或热导率较小的元件体内偏移。

对于第①种情况，设两接触元件的电阻率分别为 ρ_1 和 ρ_2，并且 $\rho_1 < \rho_2$。令 h 为最高温度的等温面顶端与接触面 A_c 之间的距离。因最高温度等温面两边的收缩电阻基本相等，则有

$$\rho_2\left(1 - \frac{4}{\pi}\arctan\frac{h}{a}\right) = \rho_1 \tag{5-40}$$

当 ρ_1 和 ρ_2 已知时，$\dfrac{h}{a}$ 可以由式（5-40）求出，其中 a 为圆形导电斑点的半径。例如，铂-铜接触时，得到 $\dfrac{h}{a} = 0.593$。

对于第②种情况，两接触元件的热导率有很大差别，例如，铜-碳接触，收缩电阻的主要部分在碳元件内，因铜是很好的良导体，故对碳来说导电斑点表面可近似地看成是等位和等温的，然而两半收缩区相互对称的点不再满足温度相等的条件。分析表明，当导电斑点半径和通过的电流相同时，铜-碳接触在碳元件体内的最高超温比碳-碳接触导电斑点平面上的最高超温低 8%。

5.3.2 收缩区中的温度分布

1. 对称收缩区中的温度分布

在 $\theta_m \gg \theta_0$ 的情况下，将 θ_0 忽略不计。根据式（5-33）和式（5-34），用平均值 $\overline{\lambda\rho}$ 代替 $\lambda\rho$，积分后将两式相除，可得

$$\left(\frac{\varphi}{\frac{1}{2}U_j}\right)^2 = \frac{\theta_m - \theta}{\theta_m} \tag{5-41}$$

接触元件一边的收缩电阻 $R_s = \dfrac{\frac{1}{2}U_j}{I}$，导电斑点到 φ 之间的收缩电阻 $R_{s\varphi} = \dfrac{\varphi}{I}$，$I$ 为流过接触元件的电流，故

$$\left(\frac{\varphi}{\frac{1}{2}U_j}\right)^2 = \left(\frac{R_{s\varphi}}{R_s}\right)^2 = 1 - \frac{\theta}{\theta_m} \tag{5-42}$$

或

$$\frac{\theta}{\theta_m} = 1 - \left(\frac{R_{s\varphi}}{R_s}\right)^2 \tag{5-43}$$

式（5-43）表明，该函数为一条抛物线，如图 5-23 所示，表示收缩区中温度分布的一般情况。图 5-23 中，$\dfrac{R_{s\varphi}}{R_s}$ 用来定义收缩区中等温面的位置。

2. 非对称接触材料收缩区中的温度分布

设有两种不同材料的金属元件 M 和 M_1 相互接触，其中，M 为良导体材料，M_1 为非良导体材料。如果忽略热电效应，并且认为魏得曼-弗朗兹定律有效，则收缩区内的温度分布为一条抛物线。由于良导体元件发热小、导热好，而非良导体元件发热大、导热差，造成最高温度点（抛物线顶点）不再在接触面上，而是向非良导体元件体内偏移，如图 5-24a 所示。

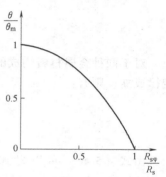

图 5-23 对称收缩区中
温度分布的一般情况

由金属导电和导热理论可知，两种不同的金属接触，必然会产生"热电效应"。热电效应的实质就是载流子从一个位置运动到另一个位置时放出或吸收能量的现象。由于热电效应加热的单方向性，使收缩区内的抛物线温度分布曲线发生畸变，如图 5-24b 所示。

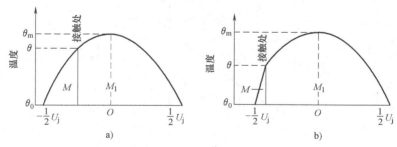

图 5-24 不同的金属元件接触收缩区中的温度分布
a）忽略热电效应的影响 b）考虑热电效应的影响

5.3.3 焦耳热对收缩电阻的影响

当电接触收缩区流过的电流足够大（例如短路电流）时，接触点的温度足够高以至于达到接触元件材料的软化点或熔化点。此时，必须考虑电阻温度效应对收缩电阻的影响。

收缩电阻的本质是金属电阻，收缩区温度升高会造成热态收缩电阻比冷态时的高。由于收缩区相当于非均匀截面的导体，沿电流路径的等位面和等温面上的电流密度和温度都不相同，因此，均匀截面金属导体的热态电阻、冷态电阻与温度之间的关系不再适用于收缩电阻。研究表明，对称接触的收缩电阻，其热态、冷态收缩电阻与导电斑点的超温之间的关系为

$$R(\Theta) = R(0)(1 + \alpha_s \Theta) \tag{5-44}$$

式中，$R(\Theta)$ 为热态收缩电阻；$R(0)$ 为冷态收缩电阻；α_s 为收缩电阻的温度系数，$\alpha_s = \dfrac{2}{3}\alpha$，其中，$\alpha$ 为均匀金属导体的电阻温度系数；Θ 为导电斑点的超温，$\Theta = \Delta\theta_m$。

把实际的收缩区 $K(\lambda\rho)$ 与另一个几何上完全相同的假想收缩区 $K(\lambda_0\rho_0)$ 相比较，其中，λ 和 ρ 与温度有关，λ_0 和 ρ_0 均为常数、与温度无关。若两个收缩区通过相同的电流 I，并且两者收缩区接触面处的热导率和电阻率都等于 λ_0 和 ρ_0，则对于电流 I 来说，$R(\lambda\rho)$ 为实际的收缩电阻，$R(\lambda_0\rho_0)$ 为通过很小电流时测得的收缩电阻，有

$$\frac{R(\lambda\rho)}{R(\lambda_0\rho_0)} = \frac{R(\Theta)}{R(0)} = 1 + \frac{2}{3}\alpha\Theta \tag{5-45}$$

对于同种金属材料构成的对称接触，若两边收缩区属于"长收缩"，并且魏得曼-弗朗兹定律成立，则有：

$$\frac{R(\lambda\rho)}{R(\lambda_0\rho_0)} = \left[\frac{2T_0\sqrt{L}}{U_j}\arctan\frac{U_j}{2T_0\sqrt{L}}\right]^{-1} \tag{5-46}$$

由式（5-46）可以得到 $\dfrac{R(\lambda\rho)}{R(\lambda_0\rho_0)}$ 与 U_j 的关系曲线，如图 5-25 的实线所示，其中，$T_0 = 293\text{K}$。

图 5-25 中虚线给出了由式（5-37）决定的导电斑点超温 Θ 与接触电压 U_j 的关系。

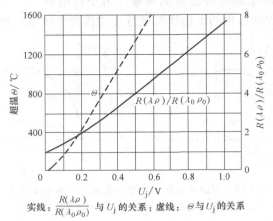

图 5-25 同种金属接触时，收缩电阻、导电斑点超温与接触电压之间的关系

如果对相同的接触电压 U_j，画出 $\dfrac{R(\lambda\rho)}{R(\lambda_0\rho_0)}$ 和 Θ 之间的关系，则有

$$R(\lambda\rho)=R(\lambda_0\rho_0)(1+0.00227\Theta) \tag{5-47}$$

利用式（5-47）求解热态收缩电阻具有很高的精度。

5.3.4　清洁对称接触的 R_j-U_j 静特性

φ-θ 理论表明，接触电压 U_j 是反映导电斑点温度的重要参数。研究接触电阻 R_j 与接触电压 U_j 之间的关系，对于了解不同接触材料在不同条件下的接触特性具有重要意义。

在直流稳态电流下，改变电流 I，然后保持 I 不变，测量接触电压 U_j 和电流 I，可以得到接触电阻 R_j（$R_j = U_j/I$）与接触电压 U_j 之间的关系，称为电接触的 R_j-U_j 静特性。

根据"长收缩"情况下得到的式（5-46），在图 5-25 中给出了 $\dfrac{R(\lambda\rho)}{R(\lambda_0\rho_0)}$ 对 U_j 和 Θ 之间的关系。图 5-25 中的实线就是在满足魏德曼-弗朗兹定律以及接触面面积保持不变时计算得到的清洁金属接触的 R_j-U_j 静特性。由于金属电阻率随温度升高而增大，故 $\dfrac{R(\lambda\rho)}{R(\lambda_0\rho_0)}$ 随 U_j 的增大而上升。图 5-25 中，并没有考虑 U_j 和 Θ 的升高引起金属材料机械强度的变化而带来的接触面面积的变化，同时也没有考虑表面膜的影响，因此，图 5-25 中的实线特性只是一种理想的金属接触的 R_j-U_j 静特性。

图 5-26 为对称接触下实际的 R_j-U_j 静特性。其中，曲线 ABC（对应右侧纵坐标）为根据式（5-46）计算得到的理想特性，相当于图 5-25 中的实线曲线；曲线 $ABDEF$（对应左侧纵坐标）是接触压力为 10N 时铜棒交叉接触时的 R_j-U_j 静特性曲线。图中曲线 FG 和 DH 段特性是可逆的。根据式（5-38）得到的温度刻度绘于电压刻度的下方。为使 R_j-U_j 静特性曲线更加清晰，图中采用对数坐标。当增加或减小交叉铜棒的接触压力时，特性曲线 $ABDEF$ 将相应地下移或上移，此时右侧坐标的刻度也将做相应平移，平移时其形状保持不变。

图 5-26 中理想的 R_j-U_j 静特性曲线 ABC 是在接触面面积保持不变的条件下获得的。实际的 R_j-U_j 静特性曲线往往只能测到理想曲线的 B 点为止，当接触电压超过 B 点，观测到的数据将偏离曲线 BC 而落在曲线 BDE 上，最后，接触电压不会超过某一极限，并被限制在垂直下降的曲线 EF 上。曲线 BD 和 EF 偏离理想曲线突然下降的原因是：收缩区温度升高到材料的软化点和熔化点，接触面面积突然扩大所造成的。

曲线 BD 段接触电阻的下降，称为"软化降落"，软化降落不是突降，而是具有一定的但很窄的电压范围，该电压范围对应于接触材料再结晶的温度范围，B 点对应的电压称为接触材料的软化电压。

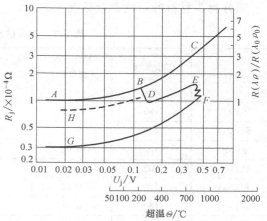

图 5-26　清洁对称金属接触的典型 R_j-U_j 静特性

软化降落以后，R_j-U_j 静特性沿曲线 DE 段上升，但上升的陡度较理想特性曲线 BC 段的陡度小。该现象表明，接触面产生软化降落以后还继续有进一步的软化效应，这就是金属的蠕变作用。接触面在温度相当高的情况下长时间受压使接触面积慢慢扩大（蠕变作用），因而接触电阻小于理想特性（接触面积不变）时的对应值。

R_j-U_j 静特性曲线的 EF 段表明，对于固体金属接触，具有一个明确的上限温度，即金属的熔化温度，对应于此熔化温度的接触电压称熔化电压。通常希望接触元件材料的熔化电压高一些好。接触面熔化后，熔融金属在外力作用下被挤压并向四周漫延，此时导电斑点处金属熔为一体，接触面积突然扩大，接触电阻迅速下降，于是出现曲线 EF 段的熔化降落。

当 R_j-U_j 静特性曲线到达 F 点以后，因接触电阻突降，接触面迅速固化而焊接，此时如果减小电流，则接触电压随之下降，于是得到曲线 FG，该段曲线与理想曲线 ABC 平行，并且，再增大和减小电流，特性曲线不变。由于 F 点以后，接触面已经熔化并固化，造成本体金属焊接，因此当电流在对应 F 点以内变化时接触面积（导电面积）便不再变化，所以曲线 FG 的形状与理想曲线 ABC 的形状相同，并且具有可逆的性质。

在非常清洁的金属接触情况下，甚至当接触点的温度远低于金属熔化点时，还可能得到很好的可逆特性，如图 5-26 中的虚线曲线 DH。这是因为虽然接触点的温度很低，但接触面已经发生冷焊焊接的缘故。

一般采用伏-安法测量电接触的 R_j-U_j 静特性。在实际测量 R_j-U_j 静特性时，通常希望：①接触压力保持恒定；②避免软化降落后接触面蠕变的影响。实现前者要求的方法是至少有一个接触元件为可动元件，当接触点发生软化和熔化时，可动的接触元件能向另一个接触元件趋近；实现后者要求的方法是控制通电时间。

研究各种接触材料的 R_j-U_j 静特性以及软化和熔化电压具有重要意义。软化电压和熔化电压是接触材料的特性参数。当电接触收缩区通过额定电流时，应保证接触电压小于接触元件材料的软化电压；而当其通过过载电流时，应保证接触电压小于接触元件材料的熔化电压。如果已知材料的软化电压和熔化电压，就可以估算接触表面不发生软化或熔焊的最大允许电流，或者估算接触电阻的上限，并以此为依据确定接触元件的其他参数。

部分触头材料的特性参数见表 5-7。

表 5-7　部分触头材料的特性参数

材料	软化温度 /℃	软化电压（测量值）/V	熔点 /℃	沸点 /℃	熔化电压（测量值）/V	熔化电压 *（计算值）/V
铝（Al）	150	0.10	660	2467	0.30	0.29
铜（Cu）	190	0.12	1084	2567	0.43	0.42
金（Au）	100	0.08	1064	3080	0.43	0.42
铁（Fe）	500	0.19	1537	2750	0.60	0.54
镍（Ni）	520	0.16	1453	2913	0.65	0.54
银（Ag）	180	0.09	961	2212	0.37	0.38
锡（Sn）	100	0.13	222	2602	0.14	0.14
钨（W）	1000	1.10	3422	5555	1.16	1.16
锌（Zn）	170	0.17	420	907	0.20	0.20
铂（Pt）	540	0.25	1722	3827	0.71	0.64

*：表中熔化电压的（计算值）利用式（5-37）计算，其中，取 $L = 2.45 \times 10^{-8}$ [V/k]^2。

例 5-3 已知某低压开关银-银触头的接触电阻 $R_j = 5.9 \times 10^{-5} \Omega$，通过 12.5kA 的热稳定

电流 4s 以后，触头是否会熔焊？当 $R_j = 5.9 \times 10^{-6} \Omega$ 时，又会怎样？

解： 由表 5-7 查得，银的熔化电压为 0.37V。

1）当接触电阻为 $R_j = 5.9 \times 10^{-5} \Omega$ 时

$$接触电压 \ U_j = 12.5 \times 10^3 A \times 5.9 \times 10^{-5} \Omega = 0.74V$$

由于接触电压 $U_j = 0.74V > 0.37V$，所以会导致触头熔焊。

2）当接触电阻为 $R_j = 5.9 \times 10^{-6} \Omega$ 时，接触电压 $U_j = 0.074V < 0.37V$，所以不会导致触头熔焊。

5.3.5 收缩区的热时间常数

由发热理论可知，发热体的热时间常数可以表征发热体的热惯性，即发热体温度上升或下降的快慢。同理，电接触通电或断电时收缩区内温度变化的速度也可以用热时间常数来表征。

电接触收缩区不是一个等温体，其热时间常数的准确表达式比较复杂。仅给出极其简化的假定条件下，收缩区热时间常数和导电斑点尺寸、材料性质的关系，旨在给出收缩区热时间常数数量级的概念，以便于在实际应用中能够大致判断所面临的电接触热效应能否采用稳态情况进行处理。

电接触收缩区采用简化的球场模型，假设接触斑点周围的收缩区形成一个直径为 d 的球体，球体温度等于收缩区的平均温度，因而可以将该球体视为等温体。若该球体的热容 C、热阻 R_θ 和收缩电阻 R_j 均为常数，则根据热平衡方程可以求出该收缩区的热时间常数 T_s 为

$$T_s = CR_\theta = \frac{\pi c_v d^2}{48\lambda} \tag{5-48}$$

式中，c_v、λ 分别为接触材料的定容比热容、热导率。

清洁接触条件下接触压力 F 与导电斑点等效球体直径 d 之间的关系如图 5-27 所示。

例 5-4 已知某银触头，接触压力为 0.1N，银的定容比热容 $c_v = 2.5 \times 10^6 J/(m^3 \cdot K)$，热导率 $\lambda = 418W/(m \cdot K)$，求该触头导电斑点收缩区的热时间常数。

解： 由图 5-27 查得，银触头导电斑点等效球体直径为

$$d = 0.0027cm = 2.7 \times 10^{-5} m。$$

由式（5-48）可得收缩区的热时间常数为

$$T_s = \frac{\pi c_v d^2}{48\lambda} = \frac{3.14 \times 2.5 \times 10^6 \times (2.7 \times 10^{-5})^2}{48 \times 418} s$$

$$= 0.29 \times 10^{-6} s$$

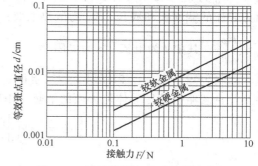

图 5-27　清洁接触条件下接触压力与
导电斑点等效球体直径的关系

例 5-4 表明，当触头通电加热或断电冷却时，其接触内表面导电斑点附近的局部温度能够在极短的时间内（微秒数量级）上升或下降，并且接触压力越小、材料的热导率越大，则收缩区的热时间常数越小，说明导电斑点周围的局部温度将上升（或下降）得越快。因此，一般情况下，触头通电时间为毫秒量级时，其导电斑点附近的温度可以按稳态情况来处理。

5.3.6 接触导体稳定温升分布与接触点最高温升计算

在实际的电接触系统中，电接触和导体往往是一体的。接触导体处于某介质中，接触处产生的热损失向两边导体沿轴向传导，通过导体外表面周围介质的接触，将热量散发到周围介质中去。

本节分析收缩区外沿导体轴向的温度分布，导出实用的导电斑点温度的计算公式。

图 5-28 为分析接触导体系统温度分布的模型。在此模型中，两根同材料、同截面的均质圆柱形导体互相对接，在接触面内有一圆形导电斑点，其上流过一稳定电流。

为分析方便，假定：①接触点附近收缩区这一小段导体外表面并不散热；②接触电阻热损失向接触点两边导体各传一半。此热量经过收缩区毫无损失地全部传至收缩区外边界。当热量继续向导体外传导时，因与周围冷介质接触而逐步散失；③在收缩区外，电流线和热流线与导体轴向平行，沿导体轴向的任一横截面平面上电位和温度相等。因此，收缩区外导体中的温度分布是一维场问题。

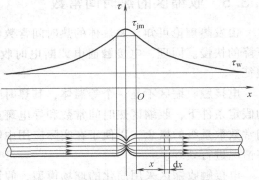

图 5-28 接触导体系统温度分布模型

如图 5-28 所示，设收缩区边界为直角坐标系的原点，导体轴线与 x 轴平行。在离开原点 x 处，取一无限小段导体 $\mathrm{d}x$，研究它的热平衡。因接触点两边完全对称，故只需分析一边导体的温升分布。

分析收缩区外的温度分布，得

$$\tau = \tau_{\mathrm{w}} + (\tau_0 - \tau_{\mathrm{w}}) \cdot e^{-ax} \tag{5-49}$$

式中，τ_0 为 $x=0$ 处的导体温升；$a = \sqrt{K_{\mathrm{T}}p/(\lambda S)}$，其中，$\lambda$ 为导体材料的热导率，S 和 p 分别为导体的截面积和周长，K_{T} 为散热系数；τ_{w} 为距离接触处无限远导体的温升，其大小为 $\tau_{\mathrm{w}} = \dfrac{I^2\rho}{K_{\mathrm{T}}pS}$，其中 I 为电流，ρ 为电阻率。

式（5-49）中，τ_0 根据以下假定求出：设接触电阻损耗功率 IU_{j} 向两接触导体各传走一半，并且忽略收缩区导体侧表面的散热。由热平衡关系得

$$\frac{1}{2}IU_{\mathrm{j}} = -\lambda S\left(\frac{\mathrm{d}\tau}{\mathrm{d}x}\right)_{x=0} = a\lambda S(\tau_0 - \tau_{\mathrm{w}}) \tag{5-50}$$

解得

$$\tau_0 = \frac{IU_{\mathrm{j}}}{2\sqrt{\lambda S K_{\mathrm{T}}p}} + \tau_{\mathrm{w}} \tag{5-51}$$

根据叠加原理，接触内表面导电斑点的最高温升为导电斑点的超温与收缩区边界温升之和，即

$$\tau_{\mathrm{jm}} = \frac{U_{\mathrm{j}}^2}{8\lambda\rho} + \tau_0 = \frac{U_{\mathrm{j}}^2}{8\lambda\rho} + \frac{IU_{\mathrm{j}}}{2\sqrt{\lambda S K_{\mathrm{T}}p}} + \tau_{\mathrm{w}} \tag{5-52}$$

由式（5-52）知，导电斑点的最高温升包含三个分量：一是收缩区的超温，二是接触电阻损耗影响产生的温升，三是导体本身的温升。图 5-28 的上图为接触导体模型的温升沿导体轴线的分布，其中接触面上导电斑点的温升 τ_{jm} 为三项之和。

对于单断点触头而言，其触头接触处的稳定温升为

$$\tau_{jm} = \frac{U_j^2}{8\lambda\rho} + \tau_w\left[1 + \frac{175U_j}{\sqrt{\tau_w}}\right] = \frac{U_j^2}{8\lambda\rho} + \tau_w + 175U_j\sqrt{\tau_w} \tag{5-53}$$

对于双断点触头而言，其触头接触处的稳定温升为

$$\tau_{jm} = \frac{U_j^2}{8\lambda\rho} + \tau_w\left[1 + \frac{350U_j}{\sqrt{\tau_w}}\right] = \frac{U_j^2}{8\lambda\rho} + \tau_w + 350U_j\sqrt{\tau_w} \tag{5-54}$$

例 5-5 设有一桥式银触头，动触桥被灭弧室盖住，静触头铜导体裸露于空气中，若已知一对触头间的电压降为 0.0lV，触头的 $\overline{\lambda\rho} = 8.2 \times 10^{-6} V^2/K$，静触头导体温升为 70℃，试求接触点的温升。

解： 因为 $\tau_w = \frac{I^2\rho}{K_T pS}$，又已知 $\overline{\lambda\rho} = 8.2 \times 10^{-6} V^2/K$，代入式（5-52），经简化，得

$$\tau_{jm} = \tau_w + 175U_j\sqrt{\tau_w} + \frac{U_j^2}{8\times 8.2\times 10^{-6}}$$

由于动触桥的截面积比静触头导体的截面积小得多，长度很短，又被盖住，故可假设触桥为一等温体并忽略其散热，触头产生的热量完全由静触头导体一边传出。

因此上式变为

$$\tau_{jm} = \tau_w + 2\times 175U_j\sqrt{\tau_w} + \frac{U_j^2}{8\times 8.2\times 10^{-6}}$$

将 $\tau_w = 70℃$ 和 $U_j = 0.01V$ 代入，得触头接触点的温升为

$$\tau_{jm} = \left[70 + 2\times 175\times 0.01\times\sqrt{70} + \frac{(0.01)^2}{8\times 8.2\times 10^{-6}}\right]℃ = 100.5℃$$

5.4 触头闭合过程的机械振动

5.4.1 触头机械振动的物理过程

在触头间的机械碰撞以及触头间电动斥力等因素的作用下，触头的闭合过程并不是动静触头第一次接触就能完成，而是要经过几次接触、分离的重复跳动，最后才能达到静止的闭合状态。通常将触头在闭合过程中产生的多次弹跳的现象，称为触头的机械振动。

触头机械振动期间，接触电阻周期性地增大，甚至动静触头分离产生电弧，使触头烧损和熔焊，严重影响触头的正常工作。因此，需要掌握触头机械振动的物理过程及其影响因素，以便采取适当措施来减小或消除这种有害的机械振动。

触头机械振动的具体过程与触头结构有关。根据触头弹簧的安装方式，电器中的触头结构可分为三种，分别是：①在动触头边装弹簧，静触头为刚性连接；②在静触头边装弹簧，

动触头为刚性连接；③在动、静触头都装弹簧。

仅以第一类触头结构为例，分析触头机械振动的物理过程。触头第一次碰撞和反跳的过程如图 5-29 所示。

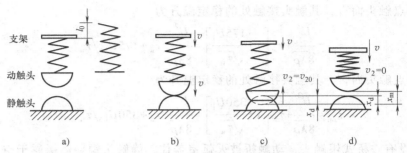

图 5-29　触头机械振动的物理过程

a) 初始状态　b) 动静触头碰撞瞬间　c) 动触头反弹瞬间　d) 动触头反弹结束瞬间

图 5-29 中，静触头固定，动触头上装有弹簧，电器机构的驱动力直接作用在动触头支架上。图 5-29a 为动触头开始运动前的初始状态。在触头闭合过程中，动触头以速度 v 向静触头运动直到二者碰撞接触，如图 5-29b 所示；动、静触头发生碰撞后，触头表面开始发生弹性变形和塑性变形。动、静触头碰撞瞬间具有的动能，除一部分消耗在接触表面的摩擦和介质阻尼外，大部分转变为触头材料的形变势能。当触头材料达到最大变形 x_d 时，相应的形变势能最大，动触头的动能减小至零，则动触头运动停止。随后，触头形变开始恢复并释放形变势能，使动触头以速度 v_2 开始向相反方向运动，即反弹运动，如图 5-29c 所示；动触头在反弹运动期间，一方面使触头弹簧压缩，将动能储存于弹簧之中，另一方面电器机构继续推动触头支架，使触头弹簧进一步压缩。当动触头反弹的作用力等于弹簧被压缩产生的伸张力时，动触头便停止反弹运动，动触头被反弹的距离达到最大值 x_m，如图 5-29d 所示。此后，动触头在弹簧张力的作用下，又开始第二次向静触头方向运动，于是又发生触头碰撞和反弹运动。如此周而复始，直到机械振动完全消失。由于触头每一次的碰撞和反弹都要消耗一部分能量，同时触头弹簧压缩，使动触头的反弹距离逐渐减小，当弹簧加在动触头上的压力开始超过反弹力时，动触头便不再反弹，触头的机械振动过程结束。

触头机械振动时的弹开距离与时间的关系如图 5-30 所示，图中，点 1、a、b、c 分别对应于图 5-29a、b、c、d 四个不同时刻的运动状态。

图 5-30 中，动触头在点 1 时刻开始向静触头运动，并在点 a 瞬间与静触头发生碰撞。在曲线 a-2-3 段，触头材料处在压缩变形和逐步恢复的过程，触头材料的最大形变距离为 $x=x_d$。在此期间，动、静触头处于接触状态。在点 3 瞬间，触头材料变形恢复完毕，动、静触头开始分离，当动触头反弹运动到点 c 瞬间（$t=t_m$ 时刻）时，反弹距离达到最大，其数值为 $x=x_m$，此时触头的第 1 次机械振动过程结束。之后，动触头再次向静触头运动，并在点 4 时刻与静触头发生

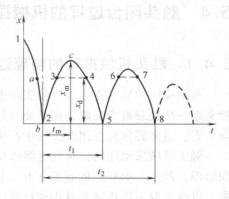

图 5-30　触头机械振动时的
弹开距离与时间的关系

第 2 次碰撞。曲线 4-5-6 段与曲线 a-2-3 段类似，在点 6 瞬间，动、静触头再次分离。当动、静触头在点 7 瞬间发生第 3 次碰撞以后，动触头的反弹距离已经小于触头的最大形变距离，此时，触头虽仍有振动，但动、静触头不再分离，因此可以认为触头的振动过程已经结束。显而易见，若采取措施使触头第 1 次碰撞后的最大反弹距离小于触头的最大形变距离，即 $x_m < x_d$，则触头虽有振动但不会分离，将这种状态下的触头振动称为无危险振动。

图 5-31 为典型的触头机械振动过程的实测波形。图中脉冲电压出现期间为动静触头相对分离的时间，电压波与波之间的间歇时间为触头碰撞后的压缩变形和恢复时间。

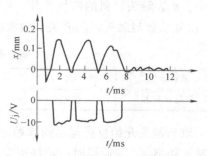

图 5-31　触头机械振动过程的实测波形

5.4.2　触头机械振动参数的定量计算

以图 5-29 所示的模型为例，研究动静触头第 1 次碰撞后动触头的最大反弹距离 x_m 和所需时间 t_m 之间的关系。

设动触头的质量为 m，忽略弹簧的质量。电器机构的驱动力施加于触头支架上，使动触头以速度 v 向静触头运动，若忽略摩擦和介质阻力，则动触头刚与静触头碰撞前所具有的动能为 $\frac{1}{2}mv^2$。动、静触头碰撞后，动触头的动能转变为触头表面材料变形的位能（忽略触头之间的摩擦作用），当弹性变形恢复时动触头发生反弹运动。若动触头反弹速度的初值为 v_{20}，相应的动能为 $\frac{1}{2}mv_{20}^2$。当动触头材料为理想弹性体时，则动触头碰撞前后的动能相等，即

$$\frac{1}{2}mv^2 = \frac{1}{2}mv_{20}^2 \tag{5-55}$$

式（5-55）表明，动触头碰撞前后瞬间的速度相等，即

$$|v| = |v_{20}| \tag{5-56}$$

然而，实际的触头材料并不是理想的弹性体，在碰撞压缩变形时总有一部分能量消耗在材料的塑性变形上。若塑性变形消耗的能量为 W_A，则动触头碰撞前后的能量平衡方程为

$$\frac{1}{2}mv^2 = \frac{1}{2}mv_{20}^2 + W_A \tag{5-57}$$

由于 $W_A > 0$，故 $|v_{20}| < |v|$，即动、静触头碰撞后动触头反弹运动的初速度一般都小于碰撞前动触头的速度。

令

$$v_{20} = -\varepsilon v \tag{5-58}$$

式中，ε 为触头材料的弹性系数，其值在 $0 \sim 1$ 之间。对于理想弹性体，$\varepsilon = 1$；对于理想塑性体，$\varepsilon = 0$。

将式（5-58）代入式（5-57），得

$$W_A = (1-\varepsilon^2)\frac{1}{2}mv^2 = K\frac{1}{2}mv^2 \tag{5-59}$$

式中，K 为触头材料的恢复系数，$K=1-\varepsilon^2$。对于理想弹性体，$K=0$；对于理想塑性体，$K=1$。恢复系数与触头材料有关，由实验测定。表 5-8 为几种触头材料的恢复系数。

表 5-8　几种触头材料的恢复系数

材料名称	铜	黄铜	银	铁	钢
恢复系数 K	0.95	0.87	0.81	0.75	0.5

取动触头开始反弹运动的起始时间为零，反弹运动经一定时间 t 后，动触头使弹簧压缩了某一距离 x。与此同时，动触头支架在驱动力的作用下也向静触头方向上运动了一段距离 vt，并使触头弹簧再次被压缩一段距离 x'，$x'=vt$。通常，为减小触头闭合时动触头的反弹，触头弹簧在装配时要预先压缩一段距离 l_0，l_0 称为弹簧的预压缩长度。这样，触头第 1 次碰撞动触头的反弹运动经时间 t 以后，触头弹簧被压缩的总距离为

$$\sum x = l_0 + x + x' = l_0 + x + vt \tag{5-60}$$

相应地，触头弹簧所储存的能量 W_x 为

$$W_x = \frac{1}{2}C(\sum x)^2 = \frac{1}{2}C(l_0+x+vt)^2 \tag{5-61}$$

式中，C 为弹簧常数，又称弹簧刚度。

触头弹簧装配时，预压长度为 l_0 时，储存在弹簧中的能量为 $W_0 = \frac{1}{2}Cl_0^2$，该能量并不是动触头反弹运动时动能的转化。因此，在分析动触头的运动能量关系时，应不考虑这部分能量，所以动触头反弹运动经时间 t 后转化为弹簧的位能 W 为

$$W = W_x - W_0 = \frac{1}{2}C(l_0+x+vt)^2 - \frac{1}{2}Cl_0^2 \tag{5-62}$$

则动触头反弹运动经时间 t 后的能量平衡方程为

$$\frac{1}{2}mv^2 = \frac{1}{2}mv_2^2 + W + W_A \tag{5-63}$$

式中，v_2 为动触头反弹运动经时间 t 时的瞬时速度。

当动触头经时间 t_m 运动到最大反弹距离 x_m 时，动触头的瞬时速度 v_2 为零。即：当 $t=t_m$ 时，$x=x_m$，$v_2=0$。此时，式（5-63）变为

$$\frac{1}{2}mv^2 - W - W_A = 0 \tag{5-64}$$

联立式（5-59）、式（5-62）和式（5-64），可求得动静触头首次碰撞后动触头的最大反弹距离，即

$$x_m = \sqrt{l_0^2 + (1-K)\frac{mv^2}{C}} - (l_0+vt_m) \tag{5-65}$$

假设动触头的反弹速度随时间变化的关系为直线关系，则动触头从开始反弹到最大反弹距离 x_m 期间的平均速度为

$$-\left(\frac{v_{20}+0}{2}\right)=-\frac{v_{20}}{2} \tag{5-66}$$

则动触头到达 x_{m} 所需的时间 t_{m} 为

$$t_{m}=\frac{x_{m}}{-\dfrac{v_{20}}{2}}=\frac{2x_{m}}{\varepsilon v}=\frac{2x_{m}}{v\sqrt{1-K}} \tag{5-67}$$

通常，采用图 5-30 中的 t_{1} 代表第 1 次触头振动的持续时间，$t_{1}=2t_{m}$；t_{2} 表示全部振动时间，$t_{2}=(1.2\sim1.3)t_{1}$。

联立式（5-65）和式（5-67），得

$$x_{m}=\frac{\sqrt{l_{0}^{2}+(1-K)\dfrac{mv^{2}}{C}}-l_{0}}{1+\dfrac{2}{\sqrt{1-K}}} \tag{5-68}$$

由于触头的预压力（即初压力）F_{0} 等于弹簧刚度 C 与弹簧预压缩长度 l_{0} 的乘积，即

$$F_{0}=Cl_{0} \tag{5-69}$$

将式（5-69）代入式（5-68），得

$$x_{m}=\frac{\sqrt{F_{0}^{2}+C(1-K)mv^{2}}-F_{0}}{C\left(1+\dfrac{2}{\sqrt{1-K}}\right)} \tag{5-70}$$

5.4.3　减轻触头机械振动的方法

式（5-70）表明，动触头首次反弹所能达到的最大反弹距离 x_{m} 与动触头的闭合速度 v、动触头的质量 m、触头弹簧的弹簧刚度 C、触头初压力 F_{0} 和触头材料的恢复系数 K 有关。在一定范围内，如果 v 越小、m 越轻、C 越强、F_{0} 越大、K 越接近于 1，则 x_{m} 越小，表明触头闭合过程中的机械振动越轻微。若使 $x_{m}\leqslant x_{d}$，则可以实现无危险振动。因此，采用较大的触头初压力、刚度较大的触头弹簧、减小动触头的闭合速度、减轻动触头的质量、选择恢复系数接近于 1 的触头材料，则可以实现触头的无危险振动。然而，由于电器其他性能方面的要求，不能全部采用上述措施，必须根据实际情况恰当地予以处理。

诸如玫瑰式触头等多触指触头在闭合过程中的机械振动现象要轻得多。因为触指数较多，各触指的机械振动情况不会完全相同，因此，在多触指触头中总会有直接接触的触指，不容易因机械振动而产生电弧。此外，玫瑰式触头触指分离的方向与动触头的运动方向不一致，而是存在一定的夹角，因此，动、静触头碰撞后动触头的最大反弹距离要比对接式触头的小。

对于继电器等小功率电器而言，除采用摩擦的方法消耗动触头的动能以外，还可以通过增加动触头反弹阻力的方式阻止动触头弹跳，以减轻触头闭合过程中的机械振动。

对于电磁式交流接触器而言，在动作时间允许的前提下，合理控制电磁线圈的励磁电流，实现电磁吸力与触头反力之间的良好配合，则可以有效降低动触头在闭合瞬间的运动速度，从而减轻甚至消除触头在闭合过程中的机械振动。

5.5 触头间的电动斥力

5.5.1 触头间电动斥力的产生

触头之间的电动力包括触头回路的电动力和触头接触处由于电流线收缩引起的电动力，其中，触头回路的电动力计算已在第3章进行了讨论。本节仅分析触头接触处因电流线收缩引起的电动力。

当电流流过触头时，电流线在接触面附近发生收缩，若把收缩区中的电流线看成是许多密集的载流元导体，则各元导体所受的电动力垂直于电流线，如图5-32所示。若将各元导体所受电动力分解成平行和垂直于视在接触面的两组分力，因电流线分布对称，则水平方向的分力相互抵消，垂直方向的分力叠加，方向向上，但接触点两边垂直方向的合力方向相反，因此，产生使动、静触头互相排斥的力，即触头之间的电动斥力。

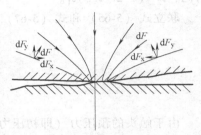

图 5-32 触头间的电动斥力

5.5.2 触头间电动斥力的计算

采用图5-33所示的接触导体模型分析触头间的电动斥力。图中导体为非磁性材料，周围为空气或其他非导磁和非导电介质。

假定：①接触内表面中只有一个导电斑点，或认为全部导电斑点集中在中心，形成一个大的导电斑点；②导电斑点是一个超导小球，为一等电位体；③收缩区中的等位面为与超导小球同心的圆球面，电流线成为一系列通过超导小球球心的辐射状直线。

令导电斑点超导小球的半径为 b，圆柱形接触导体的截面半径为 B。取距中心线夹角为 α 处的一个无限薄的锥形导体元 $\mathrm{d}\alpha$，研究离超导小球中心 r 处的无限小段 $\mathrm{d}r$ 环所受的电动力。

$\mathrm{d}r$ 处的磁场强度为

$$H = \frac{I}{2\pi r} \cdot \frac{1-\cos\alpha}{\sin\alpha} \qquad (5\text{-}71)$$

式中，I 为通过触头的电流（A）。

设流过导体元 $\mathrm{d}\alpha$ 中的电流为 $\mathrm{d}I$，则 $\mathrm{d}r$ 环受到的电动力大小为

$$\mathrm{d}F = \mu_0 H \mathrm{d}I \mathrm{d}r \qquad (5\text{-}72)$$

式中，μ_0 为周围介质的磁导率。

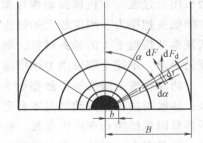

图 5-33 分析触头间电动斥力时
假定的电流-电位场

电动力的方向利用左手定则判定，垂直于 $\mathrm{d}r$。

将 $\mathrm{d}r$ 所受的电动力 $\mathrm{d}F$ 分解成平行和垂直于视在接触面的两个分量，则水平方向的分量相互抵消，只剩下垂直方向的分力 $\mathrm{d}F_\mathrm{d}$，其大小为

$$\mathrm{d}F_\mathrm{d} = \mu_0 H \mathrm{d}I \mathrm{d}r \sin\alpha \qquad (5\text{-}73)$$

通过 $\mathrm{d}\alpha$ 导体元中的电流为

$$\mathrm{d}I = I \sin\alpha \mathrm{d}\alpha \qquad (5\text{-}74)$$

故 dr 环在垂直方向所受的分力为

$$dF_d = \mu_0 H I \sin^2 \alpha \, dr \, d\alpha \qquad (5-75)$$

将式（5-71）代入式（5-75），积分得整个收缩区导体在垂直方向所受的电动力总和为

$$F_d = \frac{\mu_0 I^2}{2\pi} \int_b^B \frac{dr}{r} \int_0^{\frac{\pi}{2}} (1 - \cos\alpha) \cdot \sin\alpha \cdot d\alpha$$

$$= \frac{\mu_0 I^2}{4\pi} \cdot \ln\frac{B}{b} \qquad (5-76)$$

式（5-76）表明，触头间电动斥力的公式与导体间电动力的公式具有相同的形式。对于触头间因电流收缩产生电动斥力这种特殊情况来说，它的回路系数与截面系数的乘积为 $\ln\frac{B}{b}$。

触头间的电动斥力又称 Holm 力，其大小与电流 I、导电斑点半径 b 和触头半径 B 有关。当电流恒定时，导电斑点半径 b 越小、触头半径 B 越大，则触头间电动斥力越大。

以上触头电动斥力的计算中，只考虑存在一个接触点（导电斑点）。实际上触头的导电斑点数有很多个，使流过每个导电斑点的电流减小，因此，作用在触头上的电动斥力在正常工作时不是很大。只有当系统发生短路等故障时，由于电流激增，才会导致触头间的电动斥力迅速增加。

由于实际触头中的导电斑点半径 b 很难确定，因此，可以利用式（5-22）将 b 转换为接触压力 F，得

$$F_d = \frac{\mu_0 I^2}{4\pi} \cdot \ln\sqrt{\frac{\xi H A}{F}} \qquad (5-77)$$

式中，A 为触头的视在接触面积，$A = \pi B^2$。

在大功率电器中，为了减小触头间的电动斥力，常采用多触头并联结构。设并联触头数为 n，总电流为 I，流过各并联触头的电流为 $\frac{I}{n}$，则每个触头间所受电动力只有用一个触头时的 $\frac{1}{n}$。

5.5.3　触头的动稳定性

由于触头间的电动斥力与电流二次方成正比，当触头流过短路电流时，虽然短路电流持续时间很短，但是当短路电流产生的触头间电动斥力大于触头间的接触压力时，触头会被斥开而产生电弧，导致触头烧损或熔焊。

触头能够承受短路峰值电流作用产生的电动斥力而不至发生熔焊的能力，称为触头的电动稳定性。

触头的动稳定性用短路峰值耐受电流 I_m 表示，其数值通常采用实验的方法确定，经验公式为

$$I_m = K_e \sqrt{0.1F} \qquad (5-78)$$

式中，F 为接触压力；K_e 为系数，决定于触头材料和接触形式，对于铜-铜对接式触头，$K_e \approx 3000 \sim 4000$；对于铜-铜玫瑰触头的一个触指，$K_e = 5000$。

5.6 触头熔焊与焊接力

5.6.1 触头的熔焊

由于触头的热效应或触头材料的特殊性能等原因，使动、静触头焊在一起无法正常分开的现象，称为触头熔焊。

根据熔焊机理不同，触头熔焊分为热熔焊和冷熔焊两种。

1. 热熔焊

当触头流过短路电流或短时强脉冲电流时，因触头接触表面的发热而造成的熔焊，称为热熔焊。

触头的热熔焊分为静熔焊和动熔焊两种。

（1）静熔焊

静熔焊，又称电阻熔焊，是指由于导电斑点及其附近的金属熔化而导致的熔焊，大多在固定接触连接或接触力足够大的闭合状态的触头中出现。

对于一对处于闭合状态的触头而言，若电流由零开始逐渐增加，当电流达到一定数值时，则触头接触内表面导电斑点处的薄层金属开始熔化、接触电阻下降，这时如果切断电流，很容易将触头分开，分开后的触头接触表面具有轻微的熔化痕迹，此时的电流称为开始熔化电流。若继续增加电流，使电流超过开始熔化电流的 20%～30%，则导电斑点及其附近的金属会有较大面积的熔化，触头开始焊接，这时必须施加一定的拉力才能分开触头。触头开始出现焊接现象时的电流称为开始焊接电流。再继续增加电流，则导电斑点附近的熔化区会向纵深发展，使触头基底金属熔为一体。电流越大，焊接越牢固，焊接力越大，直至达到或接近触头基底金属的抗拉强度。

触头的开始熔化电流 I_{rh} 与通电时间 t 有关。图 5-34 表明，当通电时间很短时，例如，$t<1s$，则 I_{rh} 很大，并且 t 越小、I_{rh} 越大。当 $t>1s$ 时，I_{rh} 不再变化，表现出与通过时间无关。由于导电斑点及其附近熔化区的体积非常小，它的热时间常数通常为微秒数量级，因此，即使通电时间很短，例如小于 1s，导电斑点也会达到热稳定状态。所以，当 $t>1s$ 时，开始熔化电流几乎与通电时间无关。

当流过短路电流时，触头会迅速过热而熔焊。将触头承受短路电流的热作用而不至发生熔焊的能力，称为触头的热稳定性，用短时耐受电流和短路持续时间来表示。

由于导电斑点发热区的热时间常数非常小，在考虑短路电流作用下触头的热稳定问题时，可近似地按稳态发热情况处理。例如，可以利用稳态条件下的 $\varphi\text{-}\theta$ 关系估算短路条件下触头的开始熔化电流。由于实际情况下触头的熔焊非常复杂，一般采用实验的方法确定开始熔化电流。

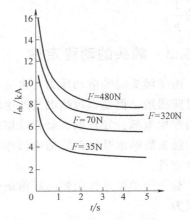

图 5-34 铜触头开始熔化电流 I_{rh}

与通电时间 t 的实测结果

（视在接触面积为 50mm×15mm、面接触）

（2）动熔焊

动熔焊，又称电弧熔焊，是指由于触头机械振动或触头被电动力斥开时形成的电弧的高温作用，使触头表面金属熔化和气化而导致的熔焊，大多在触头闭合过程中或接触压力较小的闭合状态的触头中出现。

当触头闭合接近接触时，在触头断口电压的作用下断口可能被击穿而产生电弧，此现象称为预击穿。触头一旦接触，则电弧熄灭、电流接通，接触电阻由无限大迅速下降至很小，这段期间只有接触电阻发热。如 5.4 节所述，动、静触头第 1 次碰撞后会产生反弹运动，若动触头的最大反弹距离大于触头材料的最大形变距离，则动、静触头开始分离、产生电弧，电弧会使接触面金属熔化和气化。动触头反弹至最大距离后又开始重新闭合，当动静触头重新接触时，电弧熄灭，触头表面熔化的金属会被挤压散开，并迅速冷却、凝固，使触头焊接在一起。有时，上述过程重复多次，最后焊接。触头闭合时产生动熔焊的过程如图 5-35 所示。

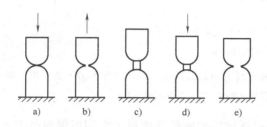

图 5-35　触头闭合时产生动熔焊的过程

a）触头开始接触前产生预击穿　b）触头接触　c）两接触面开始分离产生电弧并开始反弹
d）触头反弹达最大距离后又开始重新闭合　e）触头闭合后焊接

2. 冷熔焊

在常温状态下的触头熔焊，称为冷熔焊。冷熔焊通常发生于用贵金属制成的触头中，其表面不易形成氧化膜，或者在压力作用下触头产生碰撞或相对滑动，接触表面产生塑性变形，使表面膜破坏、洁净的金属接触面扩大。由于金属原子和原子之间化学亲和力的作用，使两个接触表面牢固粘在一起，从而产生冷熔焊现象。

小型密封继电器通常采用金或金合金做触头镀层或压制成触头。由于金是塑性材料，不会在金属表面形成氧化膜，化学亲和力好，因此极易产生冷熔焊；此外，工作在真空环境中的触头，由于不存在空气对接触面的氧化作用，触头的冷熔焊变得很容易，甚至在轻微的触头振动情况下也可能引起触头冷熔焊。

冷熔焊产生的触头间黏结力很小，远远小于热熔焊时的焊接力。尽管如此，在触头分断力很小的弱电电器中，冷熔焊仍然会导致触头黏住不放，发生触头不能开断的故障。

冷熔焊一旦产生就很难处理。因为金属间的内聚力往往非微小的接触压力所能克服，况且弱电触头又常常密封于外壳中，很难用其他手段使之分离。目前，一般通过实验防止"冷熔焊"，在触头及其镀层材料的选择方面采取适当措施。

5.6.2　触头的焊接力

触头的熔焊力是指触头熔焊后拉开触头所需要的力，其大小等于焊接处金属的抗拉强度乘以触头的熔焊面积。金属的抗拉强度越大、熔焊面积越大，则焊接力越大。熔焊面积与触头材料的电阻率和熔化温度有关。相同条件下，材料的电阻率越大，则接触电阻越大、热损失越大，熔焊面积越大；材料的熔化温度越高，则熔焊面积越小。因此，焊接力一般随材料电阻率和抗拉强度的增大而增大、随材料熔化温度的增大而减小。图 5-36 所示为一些贵金属材料焊接力的实测结果。对于某些电阻率和熔化温度比较接近的材料，如金、银、铜等，其焊接力主要取决于材料的抗拉强度，如图 5-37 所示。

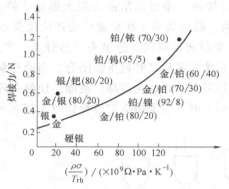

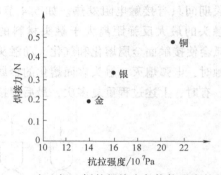

图 5-36　贵金属材料焊接力的实测结果　　　　图 5-37　金、银、铜的焊接力与抗拉强度的关系

ρ—电阻率（$\Omega \cdot m$）　σ—抗拉强度（Pa）　T_{rh}—熔化温度（K）

　　接触表面条件和电弧出现位置的随机性将显著影响熔焊面积的大小和分布，从而使焊接力随机变化。触头的焊接力一般呈随机、正态分布。

5.6.3　减轻触头熔焊的方法

1. 影响触头熔焊的主要因素

　　触头系统通过电流时产生的热效应是导致触头热熔焊的根本原因。触头闭合状态下接触电阻产生的焦耳热，以及触头机械振动或预击穿时产生的电弧热是主要的热量来源。从触头系统发热和散热的角度讲，影响触头热熔焊的主要因素包括：

　　1）电气参数，包括回路电流、断口电压、负载性质（阻性、感性、容性）。其中，断口电压对静熔焊的影响主要体现为对回路电流的影响；对动熔焊的影响表现为断口电压越高，越容易燃弧，并且电弧能量越高。

　　2）机械参数，主要是接触压力和动触头闭合速度。二者分别是接触电阻和触头机械振动的主要影响因素，因此会影响热熔焊。

　　3）触头表面状况。相同条件下，接触面越粗糙，则接触电阻越大、越容易热熔焊；接触表面的氧化作用，其分解温度越高，越有利于提高抗熔焊能力。

　　4）触头材料参数，包括材料硬度、电阻率、比热容、熔点、沸点、抗拉强度、焊接力等。

　　5）环境介质。触头系统所处的空气、油、真空、SF_6 等介质环境，会直接影响触头间的燃弧状态以及触头系统的散热性能，因此会影响热熔焊。

2. 减轻触头熔焊的方法

　　为保证电器正常工作，应设法减轻触头的热熔焊，主要方法有：

　　1）选电阻率小、抗拉强度小和熔化温度高的材料。

2）在材料中加入少量其他元素，使熔焊处的凝固面变成强度较低的脆性材料。这样，断裂将出现在熔焊的交界面上，不至拉伤底层触头材料，且断面光滑，拉开触头所需的能量很少。

3）尽量减小触头闭合时的接触电阻。

4）尽量减小触头的机械振动。

5.7 触头的磨损

5.7.1 触头磨损的种类

触头在工作过程中由于机械、电、热、化学等原因使材料消耗或从触头表面移走，导致触头多次分合操作后接触表面逐步损坏、触头参数改变，从而影响触头正常工作的现象，称为触头磨损。其中，从一个触头移走的材料沉积在另一个触头表面的现象，称为材料转移；从触头移走的材料如果被抛到触头间隙以外，不再沉积到触头表面的现象，称为净损失。

触头磨损到一定程度，其工作性能便无法保证，此时触头的寿命即告终结。为延长触头的使用寿命，必须掌握触头的磨损规律，以便采取适当措施减小或消除触头磨损。

从触头磨损的原因看，磨损主要有三种：机械磨损、化学磨损和电磨损。

（1）机械磨损

触头无电流闭合时，触头之间的碰撞和摩擦等机械力作用造成触头表面变形，甚至开裂、剥落，使触头损坏的现象，称为机械磨损。

触头多次撞击和某些滑动会导致触头表面晶粒疲劳而松动，这些松动的微粒可能因触头分开过程造成的真空吸气作用而堆积在一起。在触头闭合时的撞击作用下，堆积的金属微粒被锤紧、硬化并形成凸块。于是，另一触头在撞击时会受到凸块压入的很大应力，使材料继续向凸块转移。在以后的闭合撞击作用下，凸块很容易从触头表面脱落从而造成材料消耗。

（2）化学磨损

由周围介质中的腐蚀性气体或蒸气与触头材料相互作用，使触头表面形成非导电薄膜，导致接触电阻增大和不稳定，甚至完全破坏触头的导电性能。这种非导电膜在触头相互碰撞和接触压力等机械作用下逐渐剥落，从而造成触头材料的损耗。上述因触头材料与周围介质之间的化学作用而引起的触头磨损，称为化学磨损。

机械磨损和化学磨损所占的比例较小，仅占全部磨损的10%以下，一般忽略不计。

（3）电磨损

触头在分合电路的过程中，触头间隙进行着剧烈的热和电的物理过程，伴随着金属液桥、电弧和火花放电等各种现象，从而引起触头材料的金属转移、喷溅和气化，使触头材料损耗和变形，这种现象引起的触头磨损称为电磨损。电磨损是触头损坏的主要原因，将决定触头的电寿命。

电磨损主要有两种形式：桥磨损和电弧磨损。

5.7.2 桥磨损

若触头开断电流 I 大于形成液态金属桥的最小电流 I_{00}（$I>I_{00}$，$I_{00}\approx50\sim60\text{mA}$）、线路电

压 U 低于最小生弧电压 U_0（$U<U_0$，U_0 取决于触头材料），则触头分离前由于电流的热效应使触头最后分断点及其附近的金属熔化，并在动、静触头之间形成液态金属桥，即液桥。触头继续分开，则液桥被拉细、接触电压继续增加，当达到触头材料的沸腾电压时，液桥突然气化、被拉断，结果在一个电极表面形成针刺、在另一个电极表面形成凹坑，使触头材料由一个电极定向地转移至另一个电极。这种因液桥的作用使触头材料由一极转移至另一极的现象，称为桥磨损，又称桥转移。

液桥具有以下特点：

1）液桥的伏安特性具有负电阻的性质。即，当电流增加时，液桥两端的电压下降。如果保持电流不变，将液桥拉长或者将其置于高导热气体中，则液桥两端的电压增加。

2）液桥能否形成和保持稳定，主要与触头材料和周围介质情况有关。通常，贵金属材料较难形成液态金属桥，桥长在微米数量级；普通金属材料则容易形成液桥，桥长可达毫米数量级。例如，铁在空气中能形成较长、稳定的液桥，而铜和银则比较困难。此外，液桥的存在时间与触头的工作条件有关，在几十到几千微秒数量级的范围内变化。

3）即使液桥的几何形状完全对称（中部收细、两端渐粗），液桥沿轴向的温度分布也并不对称。通常，液桥的最高温度不在桥的中部，而是靠近某侧电极。大部分材料形成的液桥的最高温度均偏向阳极，少数材料则偏向阴极。

4）液桥最高温度的偏移方向，决定液桥最后的断开位置。如果液桥的最高温度偏向阳极，则液桥最后在阳极附近被拉断，使阴极表面形成针刺、阳极表面留下凹坑，材料由阳极向阴极转移；反之，若液桥最高温度偏向阴极，则材料由阴极向阳极转移。

在继电器、调节器等弱电电器中，桥磨损对触头电磨损有重要影响。触头每开断一次就要出现一次桥磨损。触头开断一次因桥磨损而损失的触头材料体积 V 与开断电流 I 的关系为

$$V = kI^3 \tag{5-79}$$

式中，k 为与触头材料有关的系数，几种触头材料的 k 值见表 5-9。

表 5-9 几种触头材料的 k 值

材料	金	铂	银	钯
$k/[10^{-20}(\mathrm{m^3/A^3})]$	4.42	5.63	6.75	5.32

根据液桥温度分布不对称的特点，采用下列方法减小桥磨损：

1）选用导热性较好的材料作为液桥最高温度偏移边的触头，形成"补偿触头对"。由于大多数情况下，液桥最高温度偏向阳极，故可以采用银、金等高导热材料作为阳极触头，增强阳极的热传导，使液桥温度分布接触对称、液桥体积减小，从而减小桥磨损。建议按表5-10 选择不同性质的材料作为触头的阴极和阳极。

表 5-10 减小桥磨损的补偿触头对

阳极	Ag	Ag	Ag	Au	Au	Au
阴极	Pt	Pd	Pt-Ir(10)	Pt	Pd	Pt-Ir(10)

2）利用不同金属材料形成的液桥直径不同的特点，适当选配"触头对"，实现触头正负转移的平衡。例如，金做阳极、铂做阴极，开始时铂形成的液桥直径大，材料从阴极转向阳极。当阳极表面布满铂以后，桥转移方向相反，材料又从阳极转向阴极，这样桥磨损就能

达到自动补偿的效果。

3）在某些金属材料中加入其他金属成分形成合金，当合金比例为某一数值时，使液桥的温度对称分布。

5.7.3 电弧磨损

若触头开断电流大于最小生弧电流 I_0（I_0 取决于触头材料）、线路电压高于最小生弧电压 U_0（U_0 取决于触头材料），则触头开断线路时先出现液桥，液桥被拉断后立即出现电弧或其他放电现象。因电弧或其他放电引起的触头材料转移和净转移，称为电弧磨损。

根据触头开断时的线路电压和通过触头的电流大小，电弧磨损具有以下几种模式：

（1）短弧放电引起电弧磨损

若触头开断电流 I 满足 $I_{00}<I<I_0$，并且线路电压 U 满足 $U>U_0$，则触头开断时将先形成液桥，液桥被拉断后发生电弧。因电流很小，电弧不能维持，所以液桥拉断后电弧还来不及拉长就熄灭。由于放电时触头间隙极短，从阴极发射的大量电子很少碰到气体分子而直接打入阳极使其蒸发，由阳极蒸发的金属蒸气落在阴极表面上凝结，造成材料由阳极转移至阴极。这种极短的使阳极磨损的电弧称为短弧或阳极电弧。

（2）火花放电引起电弧磨损

若触头开断电流 I 满足 $I<I_0$，并且触头开断瞬间触头两端的电压 U 满足 $U>U_{hh}$（U_{hh} 为触头的火花电压，$270V<U_{hh}<300V$），虽然电流太小不足以产生电弧，但因电压较高，触头间将产生火花放电。火花放电时，阴极在正离子的轰击下蒸发而磨损。

（3）弱弧放电引起电弧磨损

若触头开断电流 I 满足 $I>I_0$，并且线路电压 U 满足 $U>U_0$，则触头开断线路时，当液桥拉断后必然会出现明显的电弧，电弧可拉长到几倍于弧根的直径。由于电弧拉长，阳极斑点直径大于阴极斑点直径，阳极散热条件得到改善，结果阴极气化速度反而比阳极高，使触头材料由阴极转移至阳极。

（4）强弧放电引起电弧磨损

若触头开断电流 I 满足 $I>I_x$（I_x 为某一极限电流，$I_x \approx 20 \sim 30A$），并且线路电压 U 满足 $U>U_0$，则触头开断线路时，当液桥拉断后会产生较强的电弧。此时电弧阳极压降增大，大量电子以高速打入阳极使阳极气化速度增高，因阳极氧化速度高于阴极，合成效应使阳极磨损。

如果触头开断电流 I 继续增加到几十安以上，甚至达到几百安、几千安或更大，则触头开断后会产生极强的电弧。因电弧两极斑点的电流密度大、温度高，弧根处附近的触头材料不仅大量气化，而且熔化的金属被强烈的气流和电动力吹离触头，形成液滴式的喷溅，使触头蒸发和喷出的金属多数被抛至触头间隙以外，不再沉积到触头表面，造成净损失。因此，强电流作用下阳极和阴极触头均遭受严重磨损。

综上所述，触头电弧磨损有两种不同的磨损机理：①带电粒子在电场作用下轰击电极，使表面材料蒸发而损失；②电动力和气吹作用，使熔化金属成滴状喷出而损失。

总结触头磨损的各种现象，可以在电弧极限伏安特性中划分 6 个不同的区域，如图 5-38 所示，相应的磨损形式和特征如表 5-11 所示。

表 5-11　触头磨损的不同形式和特征

区域	电压	电流	主要现象	磨损特征	原因
1	$U<U_{hh}$	$I<I_{00}$	无液桥和放电	机械磨损	氧化和撞击摩擦
2	$U<U_0$	$I>I_{00}$	液桥	阳极(多数) 阴极(少数)	液桥温度分布不对称
3	$U>U_0$	$I<I_0$	短弧	阳极	电子直接轰击阳极
4	$U>U_0$	$I>I_0$	弱弧	阴极	阳极弧根直径大于阴极
5	$U>U_0$	$I>I_x$	强弧	阳极	阳极压降增大
6	$U>U_{hh}$	$I<I_0$	火花	阴极	正离子轰击阴极

电弧磨损对触头的磨蚀现象十分严重，电弧磨损要比桥磨损形成的材料转移高 5~20 倍。在不同的实际情况下，触头的电弧磨损过程非常复杂，往往只能根据实验结果估算触头的电弧磨损量。当开断电流为上百安时，触头磨损可由式（5-80）计算：

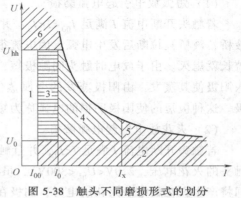

图 5-38　触头不同磨损形式的划分

$$m = K_a N I^2 \times 10^{-9} \qquad (5\text{-}80)$$

式中，I 为开断电流（A）；N 为触头操作次数；m 为磨损质量（g）；K_a 为电弧磨损系数，其大小取决于触头材料和开断电流，见表 5-12。

表 5-12　触头材料的电弧磨损系数

材料	铜	银	银-氧化镉(85-15)合金	银-镍合金
电弧磨损系数	0.7	0.3	0.15	0.1

减小大、中功率电器触头电弧磨损的主要方法有：
1）选用电弧磨损系数小的复合材料制作触头。
2）采用有效灭弧措施，缩短燃弧时间。
3）利用横向磁场吹弧，使弧根尽快离开接触点，减小接触点处的烧损。

5.8　滑动电接触理论

5.8.1　滑动电接触的特殊性

滑动电接触是一种特殊的电接触形式，工程应用广泛。固定电接触以及可分合电接触的许多理论，例如接触电阻理论、$\varphi\text{-}\theta$ 理论、表面膜的形成与分解理论、电弧放电以及电弧侵蚀理论等都可以有条件地应用到滑动电接触领域。尽管如此，滑动电接触与固定电接触、可分合电接触在许多方面还有着本质区别。

例如，滑动电接触与固定电接触、可分合电接触的一个主要区别是在其滑动接触传导电流的过程中伴随着摩擦现象。摩擦会带来以下影响：①在高速滑动电接触过程中，接触表面因机械摩擦作用所产生的摩擦热有时会高于接触电阻产生的焦耳热，使接触表面的温度升高；②摩擦会使滑动系统产生特定频率的机械振动，从而加剧接触电阻的波动，降低载流性能；③摩擦会改变接触元件的表面形貌和组织结构，因此会产生机械磨损，缩短接触元件的使用寿命。

与固定电接触、可分合电接触不同，滑动电接触中的磨损是纯机械状态下接触元件之间相对滑动摩擦与带电运行状态下电弧侵蚀综合作用的结果，由机械摩擦运动和电流传导作用而产生的热量和温度对磨损有重要影响。

可见，滑动接触表面的摩擦、磨损问题是滑动电接触领域的主要问题之一，研究滑动摩擦副的摩擦磨损机理、提高其载流摩擦磨损性能具有重要意义。

5.8.2 载流摩擦磨损概述

1. 载流摩擦磨损的定义

载流摩擦磨损是指处于电场中的摩擦副在有电流通过条件下的摩擦磨损行为，包括润滑条件以及干摩擦条件下的摩擦磨损，属于特殊工况下的摩擦磨损。主要应用在：高速电气化铁路（包括地铁、轻轨、磁悬浮等）中的弓网系统、城市公共交通中电车（包括有轨电车和无轨电车等）的电力传输系统、工业中广泛应用的发电机/电动机的电刷与集电环等。工程中要求这类摩擦副既有良好的摩擦磨损性能，又要有良好的电学和力学性能，以保证设备长期、稳定地工作。

载流摩擦磨损通常是在高速、强电流作用下的摩擦磨损行为，与一般的机械摩擦副相比多了一个电接触系统，但表现出的摩擦磨损特性并不是两个单一系统的简单叠加，而是二者相互作用、相互影响的结果。载流摩擦磨损由于机理复杂、应用广泛，已成为当前电接触领域、摩擦学与材料科学领域的研究热点之一。

2. 载流摩擦磨损的研究内容

目前关于载流摩擦磨损的研究主要集中在：①针对工程应用的电刷集电环系统、弓网系统进行新材料的试验和比对；②研究载流摩擦磨损机理。

研究的主要内容包括：电流（电流大小、极性、交流或直流等）、电场、磁场、电弧、载荷、速度、温度、湿度、润滑（干摩擦或边界润滑），以及试验气氛（氧气和二氧化碳、氮气、氢气或真空等特殊气氛环境）等对材料摩擦磨损特性的影响。

研究的参数主要包括：摩擦系数、摩擦系数相对稳定系数、磨损率（或磨损量）、接触温升、接触电阻、接触电压、接触电流、接触电流相对稳定系数、载流效率、电流谐波畸变率、离线率、燃弧时间、燃弧能量等，同时还包括磨损表面的微观形貌、磨屑形貌、化学成分、硬度以及能量等相关特征参数。

3. 载流摩擦磨损的实验材料

载流摩擦磨损实验大多选用基于工程实践背景的电接触材料，目前实验过的摩擦副材料主要有：金属（纯铜、45 钢、不锈钢等）、金属合金（铜锡合金、铜镁合金等）、纯碳、石墨、粉末冶金材料（铜基粉末冶金、铁基粉末冶金等）、浸金属材料（铜石墨浸金属材料、碳浸金属材料等）、碳纤维、金属纤维和复合材料（碳纳米管-银-石墨复合材料、碳纤维-铜-石墨复合材料、金属纤维材料）等。

4. 载流摩擦磨损实验装置

国内外学者进行滑动电接触实验研究时，所采用的实验装置大多是改装或自制的，目前尚无一种通用的实验装置。典型的滑动电接触载流摩擦磨损实验装置主要有四类：销-盘式、销-环式、环-块式和线-滑块式，如图 5-39 所示。

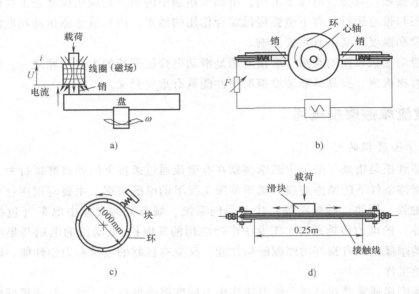

图 5-39　四种典型的载流摩擦磨损实验装置
a) 销-盘式　b) 销-环式　c) 环-块式　d) 线-滑块式

这些实验装置大多具有专门为摩擦副提供电流的电路部分，并且可以测量接触电阻等参数。通常使用失重法、能量法、温度测量、微观分析等方法和手段研究系统的摩擦系数、磨损量、磨损形貌及磨损机制。但却存在以下不足：①载荷小，多数实验装置只能提供最大几十牛顿的实验载荷；②电流小，多数实验装置只能提供十几安到百安级的电流；③速度低，绝大多数实验装置的速度都在 50m/s 以下，有些甚至不足 1m/s。

辽宁工程技术大学研制的新型滑动电接触实验装置如图 5-40 所示。该实验装置由机械部分、电气控制电路和信号检测系统组成，实验参数调节范围宽，测量精度高，功能较强。

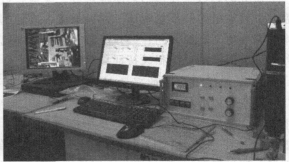

滑动速度：0～350km/h；回路电流：0～800A；接触压力：0～200N

图 5-40　自行研制的第 3 代滑动电接触实验装置

实验装置的机械部分由传动轴与转动盘、横向移动台和两个纵向移动台等部件构成。实验中的接触导线安装在直径 1m 的转动盘上，在转动盘的边缘处有与导线相匹配的凹槽，把导线嵌入凹槽内、在导线的外围用专门设计的导线压板固定。该转动盘由一台 7.5kW 变频调速控制的电动机带动，转速在 0~2500r/min 范围内可调；另由一台 3kW 变频调速控制的电动机带动固定两组滑板的横向移动台，通过横向移动台的往复移动实现滑板与接触导线的运行路线呈 "之" 字形轨迹的模拟，使滑板的表面均匀磨耗；在横向移动台上对应转动盘镶嵌接触导线的两侧，有两个用于固定滑板并且可以进行纵向移动的纵向移动台。通过步进电动机、滚珠丝杠、位移滑块、弹簧和纵向移动台的相互配合调节接触压力，接触调节范围是 0~200N。

5.8.3　滑动电接触的载流

与固定电接触不同，滑动电接触通过接触元件之间的相对运动来传导电流。接触元件的相对运动会改变接触表面的接触状况，导致滑动电接触系统的载流特性不断变化，具有一定的波动性。

通常用接触电流、接触电阻、载流效率来衡量滑动电接触系统的载流特性。在弓网系统滑动电接触领域，还采用接触电流相对稳定系数、总谐波畸变率、离线率、燃弧率、燃弧时间、动态接触压力等参数对载流特性进行描述。

摩擦副载流运行期间的实际接触电流不是开始时的静态给定电流值，而是围绕比给定值小的一个数值上下波动，并且在中间值附近出现的概率最大，越远离中间值的数据出现的概率越小，接触电流的波动服从正态分布或者近似正态分布，如图 5-41 所示。

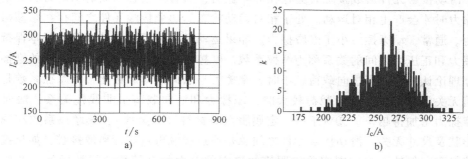

图 5-41　滑动电接触接触电流的动态波动特性

a) 实际接触电流随时间的变化曲线（给定电流 300A）　b) 接触电流的统计直方图

为了衡量动态接触电流偏离静态给定电流的程度，引入了载流效率 η，其值为摩擦副动态载流的平均值与静态载流给定值之比，可以用式（5-81）表示，即

$$\eta = \frac{\overline{I}}{I_s} \times 100\% \tag{5-81}$$

式中，$\overline{I}$ 为动态载流平均值；I_s 为静态给定电流值；η 为载流效率，其值越大表明载流效率越好。

为了量化动态接触电流的稳定性，可以采用接触电流相对稳定性系数 δ，衡量动态接触电流偏离动态载流平均值的程度。接触电流相对稳定性系数用式（5-82）计算，即

$$\delta = \frac{S_1}{\bar{I}} \times 100\% \qquad (5\text{-}82)$$

式中，S_1 为电流的标准差。δ 越小，说明接触电流的稳定性越高。

实际运行中滑动电接触系统的接触电流波形会发生畸变，可以利用接触电流的总谐波畸变率来反映接触电流的畸变程度。总谐波畸变率（THD），是用来表征波形相对正弦波畸变程度的性能参数，其定义为全部谐波含量均方根值与基波方均根值之比，用百分数表示，即

$$THD = \frac{1}{I_1}\sqrt{\sum_{h=2}^{\infty} I_h^2} = \sqrt{\left(\frac{I_{\text{rms}}}{I_{1\,\text{rms}}}\right)^2 - 1} \qquad (5\text{-}83)$$

式中，I_1 为基波电流峰值；I_h 为各次谐波电流幅值；I_{rms} 为电流有效值，用式（5-84）计算：

$$I_{\text{rms}} = \sqrt{\sum_{h=1}^{\infty} I_{h_{\text{rms}}}^2} \qquad (5\text{-}84)$$

滑动接触元件工作期间在接触表面粗糙度增加、机械抖振等因素作用下会产生电弧（或火花）放电现象。虽然电弧（或火花）放电能够在一定程度上提高系统的载流效率，但是却会带来电弧侵蚀、传导和辐射电磁噪声等一系列危害。因此，滑动电接触系统中应采取相应措施抑制或消除这种电弧（或火花）放电。

5.8.4 滑动电接触的摩擦

滑动接触元件的相对运动会伴随摩擦现象。摩擦可以认为是实际接触区域在法向载荷和接触界面的剪切作用下共同作用的结果。

两个滑动接触元件形成接触时会存在静摩擦力，只有当接触界面的切向力从零增加到大于静摩擦力时才会产生相对运动。处于相对运动状态的两个接触元件之间存在摩擦阻力，即动摩擦力。通常，动摩擦力小于静摩擦力。如果运动条件恒定，则动摩擦力基本保持不变。

摩擦力和正压力之间的关系称为摩擦系数。摩擦系数可以用来表征摩擦副的摩擦特性。

摩擦理论认为：①当法向载荷较小时，摩擦力与法向载荷成正比，即摩擦系数是一个和法向载荷无关的常数。当法向载荷较大时，摩擦力和法向载荷呈非线性关系，法向载荷越大，则摩擦力增加得越快。②对于有一定屈服点的材料（如金属），其摩擦系数和视在接触区域的形状及尺寸无关。滑动接触元件之间总是通过接触斑点进行离散接触，如果接触元件的视在接触面积保持不变，则实验表明接触斑点的总面积会随载荷线性增加，增加指数在 2/3～1 的范围内改变。但是，黏弹性材料的摩擦系数却与名义接触面积有关。③若摩擦时接触温度没有发生很大的变化、接触区域的特征保持不变以及在合理的速度范围以内，则摩擦系数与滑动速度无关。

摩擦系数的变化范围很广，例如，光滑表面的摩擦系数恒等于 0.25，轻载荷下滚动轴承的摩擦系数为 0.001，完全洁净的金属在真空环境中接触时其接触表面的摩擦系数可以大到几十。在大气中正常的摩擦条件下，摩擦系数在 0.1～1 范围内变化。

5.8.5 滑动电接触的磨损

1. 滑动电接触的磨损过程

现以图 5-42 所示的游码—平板滑动模型为例，分析滑动接触元件之间的磨损过程。

在两接触元件刚开始接触但没有相互滑动之前，首先接触的是接触表面上凸起的、粗糙不平的点。当接触元件被施加一定的接触压力后，接触处及其附近区域就会发生弹性变形或（和）塑性变形并导致接触面积增加。当接触元件相互滑动运动时，会产生一个与运动方向相同的切向力，该切向力与接触压力的共同作用会进一步增加接触面积并引起接触处的变形、硬化。该过程一直持续到接触处的凸起点被切向力剪破为止。被剪切掉的凸起点小颗粒经变形、硬化作用以后，硬度增加。如果此时继续滑动，由于摩擦副中总会存在一个硬度较大的接触元件，因此在两个接触元件相互滑动期间，剪切所产生的破裂更多地发生在硬度较小的接触元件上，而被剪切掉的、硬化的凸起点小颗粒就被黏结在硬度较大的接触元件上，并形成一个硬度更大的疖瘤。如果进一步继续滑动，当疖瘤与该接触元件之间的黏结力小于另一接触元件上经过硬化的、新的凸起点的剪切强度时，疖瘤就会从该接触元件上脱落成为磨损轨道上的硬质点，即疖瘤又逆转移到形成该疖瘤的接触元件上。随后，又会开始新的黏结过程以及形成新的疖瘤。丢弃到磨损轨道上的疖瘤将会影响到后续的滑动过程。这些硬质点和疖瘤碎片被接触元件碾压后，尺寸减小并嵌入到接触元件内部。硬度较大的接触元件在磨损轨道上反复运动，会使该磨损轨道硬化。当磨损轨道的硬度硬化到接近于该接触元件的硬度时，磨损过程则以磨耗该接触元件为主。因接触斑点的黏结、剪切、硬化而损坏接触表面是形成滑动接触元件磨损的主要原因之一。

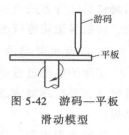

图 5-42 游码—平板滑动模型

滑动接触元件的磨损会依次经历跑合期、相对稳定期和失效期三个阶段，如图 5-43 所示。跑合期是磨损过程的起始阶段，实质上是两个接触元件摩擦面之间的相互磨合、相互适应阶段，摩擦系统还未达到稳定运行状态，摩擦系数迅速增加，磨损速度快。与接触元件的预期使用寿命相比，此阶段的存在时间非常短。相对稳定期是磨损过程的中间阶段，持续时间比较长，是摩擦系统的稳定运行阶段，摩擦系数波动较小，磨损速度相对较低。随着时间的增长，磨损逐步加剧（几乎呈线性），接触元件的摩擦磨损性能不断劣化。失效期是磨损过程的最后阶段，接触元件的摩擦磨损性能不再稳定，磨损速度迅速增加并出现毁坏性的磨损，此时，接触元件的机电性能已经严重劣化、趋于失效。

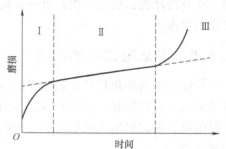

图 5-43 滑动电接触磨损的三个阶段
Ⅰ—跑合期　Ⅱ—相对稳定期　Ⅲ—失效期

2. 磨损性能的表示方法

通常采用磨损量或磨损率来表征滑动接触元件的磨损性能。

磨损量用试样在摩擦前后的质量损失、体积损失或者表面磨损厚度的减少量进行表示。磨损率有多种表示方法，例如：①用试样在单位滑动时间或单位滑动距离内的磨损量来表示；②用单位正压力在单位滑动距离上造成的体积损失来表示。可见，磨损率反映了试样的磨损速度，磨损量或磨损率都可以反映试样的耐磨性。相同条件下磨损量或磨损率越小，则耐磨性越好。

质量损失可以采用称重法利用电子天平测量得到，体积损失可以采用称重法、排液法、精密量具法等方法测量得到，磨损厚度的减少量可以采用测长法利用千分尺、测长仪、比较仪、读数显微镜等仪表测量得到。

3. 滑动电接触的磨损机理

实际的磨损过程非常复杂，通常会受到接触压力、滑动速度、接触温度、材料性能、润滑状态、服役环境等诸多因素的影响。滑动电接触的磨损是机械磨损和电气磨损综合作用的结果。

机械磨损主要包括黏着磨损、磨粒磨损、冲击磨损、疲劳磨损等形式，电气磨损主要指电弧侵蚀。

4. 滑动电接触的磨损对接触电阻和摩擦力的影响

由于磨损过程改变了接触元件的表面状态，如光洁度的改变、磨损轨道的加工硬化、疖瘤的产生及破裂等，这必将对接触元件之间的接触电阻和摩擦力产生影响。

在滑动接触过程中，若接触压力保持不变，则：一方面接触元件的硬化会使该接触区域难于变形，从而有效地减小了接触面积，增大了接触电阻，另一方面硬化后的金属电阻率通常都会增大，从而也会造成接触电阻的增加。

接触元件的硬化对摩擦力的影响不大。因为摩擦力的大小还要取决于两个滑动接触元件中硬度较小的接触元件。在相对滑动接触时磨损过程的不同阶段，两接触元件之间的接触电阻及摩擦力会具有不同的变化趋势：即磨损速率的增加会伴随着摩擦力的增加以及接触电阻和电噪声的降低，反之亦然；另一方面，磨损碎片的堆积，会使电噪声增加并降低接触元件之间的摩擦力。

5.8.6　滑动电接触的润滑

从减少电功率损耗及摩擦磨损的角度而言，滑动电接触元件应该具有最低的接触电阻和摩擦系数。众所周知，滑动接触元件的接触电阻与摩擦副的实际接触面积成反比，若要减少接触电阻，则需要增大接触面积，但接触面积的增加在减少接触电阻的同时却增大了摩擦副的摩擦力。

减少接触元件之间滑动摩擦力的最理想状态是用一种剪切强度很低的润滑膜使滑动表面完全分离，但从满足接触电阻小而稳定的要求出发，又希望滑动接触表面最好是金属之间的实际接触，并且接触表面要尽量大。可见，对滑动接触元件提出了互相矛盾的要求：既要求滑动接触表面完全分离又要求接触表面是实际的金属与金属之间的接触。

可以在两接触元件之间的滑动表面添加一种剪切强度很低但导电性能好的润滑剂来满足上述要求。对用于滑动接触元件中的润滑剂提出了以下几点要求：①润滑剂要具有高的导电性能；②润滑剂必须能使摩擦或磨损处于尽可能低的水平；③润滑剂的表面张力应该足够小，并在滑动过程中能保持在接触面上；④润滑剂必须具有低的蒸气压，以减少润滑剂的蒸发损耗，而且还能在较高的接触温度下工作，以便允许通过较高的电流密度。

为减少摩擦和磨损并保持良好的电接触性能，在空气中用作滑动接触元件的润滑剂归纳起来主要有以下两类：①固体润滑剂，如二硫化钼（MoS_2）、二硒化铌（$NbSe_2$）、二硫化钨（WS_2）、石墨（C）和二碲化钽（$TaTe_2$）等；②非金属液体润滑剂，如矿物油、合成脂类、聚苯基苯酚醚、聚烃硅氧、高分子卤素液体、氟化醚等。

5.8.7 滑动电接触材料

1. 常用滑动电接触元件的接触材料

良好的滑动电接触材料需要在低电压时承载强电流,并且具有稳定的接触电阻。接触面或接触表面用银是一种低成本的选择,因为银不易形成较硬的氧化膜或硫化膜,而氧化膜或硫化膜会造成接触电阻显著增加。还有一种成本更低廉的方法是使用银电极或在接触表面镀银,但是镀银层的厚度会限制接触表面的磨耗期限。

在电压和电流非常低,如电压低于 1V 或电流低于 1A,并且不频繁、间隙性运动时,接触表面通常选用金或金的一种合金材料。

实际应用中还应该选择具有抗高温性能的合金材料。然而,在继电器、断路器以及类似的开关装置中广泛应用的钨或金属氧化物添加剂不适合于用作滑动电接触材料。因为这些添加剂通常会增加金属材料的耐弧性能和脆性,从而会显著降低滑动接触的磨耗期限。对于滑动电接触而言,通过机械设计及电气设计来对电弧进行控制要比选择耐弧材料更好。

电位器的接触面对接触材料的选择也提出了特殊的要求,所选择的材料必须能够在滑片滑过时产生一定的电阻梯度。绕线式电位器使用具有一定电阻率和尺寸的精密金属导线来获得合适的电阻梯度。同样,薄膜式电位器也要选择具有适度的电阻率、厚度、宽度的石墨膜或金属膜来获得满意的电阻分布特性。通常电位器的滑动接触面材料为具有高电阻率的钯族合金。石墨薄膜就是为获得所需电阻率所制备的石墨与其他导电性材料的混合物。

对于电刷来说,通常采用由碳和石墨构成的复合材料,这种复合材料非常受欢迎并且非常有效,因为它含有起润滑和导电作用的石墨成分,从而有利用于电动机的换向。石墨起到润滑及导电的作用,而黏合剂中的碳会增强材料的强度,并产生一定的体电阻。碳-石墨电刷通常用于大功率电动机。滑环配件对复合材料的要求与电动机滑动接触对复合材料的要求有所不同,但是大多数的动力及控制装备都要求复合材料有很高的电导率以减少发热、降低功率损耗。

固体润滑剂,通常是一些类型的石墨材料,经常与导电性能好的金属粉末或碳复合成整体块,以用于强电流、长期运行的集电环—电刷中。一般情况下,滑动速度越高则需要复合材料中润滑成分的比例就越大,而滑动接触的电流越大则需要复合材料中金属的成分越多。金属电刷中的基体金属通常使用铜、银等。石墨润滑的电刷需要有一定的大气湿度以减少因粉尘磨耗引起的较高的磨耗率。

在真空或其他没有足够湿度的应用环境中,通常会将二硫化钼、二硒化铌或其他的硫族化合物添加到石墨润滑剂中或是直接用它们来替代石墨润滑剂,以便使石墨能够形成并维持润滑层。替代石墨的最有效材料是二硫化钼。

这些复合电刷材料不需要使用流体润滑剂,并且在大多数情况下不用流体润滑剂。因为流体会削弱固体润滑剂的膜层的滑润作用,并且会将摩擦堆积物混合到一起,从而会增加引起周围电路或者装置发生短路的可能性。

由于复合材料制成的电刷尺寸相对较大,所以在有最小尺寸要求的小功率及仪表集电环组件中这种电刷的使用范围受到了一定的限制。

2. 严酷工作环境下的滑动电接触材料

一般认为,当开断电路的电压低于 100mV、不频繁操作、周围大气具有腐蚀性或处于有机气体中时，接触条件很苛刻。

（1）对接触条件不太苛刻时的滑动电接触材料

如果接触电压足够大，则在接触处可能形成的表面膜就会被该电压击穿，这样表面膜将不会对电气性能有太大影响，因此可以使用更少的贵金属材料。滑动接触表面承受较大的接触压力时将会导致严重的磨耗。此外，如果接触工作面频繁地擦拭整个接触表面，好比一个恒定的旋转设备，则在接触表面工作时就将表面膜破坏掉，但却需要材料具有更好的耐磨性能。在高电压、大电流条件下，铜合金可以满足上述要求，同时频繁的操作就足以控制表面膜的形成与生长。

（2）对接触条件更加苛刻时的滑动电接触材料

如果电压很低、机械摩擦不频繁或者工作环境更加恶劣，这时可以将银合金或更贵重金属的合金用于那些铜可能会被腐蚀的场合。

对于接触条件更为苛刻的低电压、擦拭周期更长的情况，通常选用金或贵金属合金，因为这些材料具有抗蚀、抗氧化的特点。这尤其适用于两接触元件长时间没有机械摩擦的情况。长期暴露于空气中的贵金属表面也能实现无膜操作。暴露于空气中的贵金属表面很难形成腐蚀性薄膜。显然，更贵重的金属通常用于电镀、镶嵌或镀层技术中。较高硬度、较低的韧性和较厚的接触表面可以使接触材料获得更长的磨耗期限。为了获得这种材料特性通常需要在接触材料性能与其贵重程度之间进行折中。

滑动电接触材料要尽可能选用与接触表面材料的晶粒或溶度不相容的金属材料，从金属黏着的角度看，可以减少损耗。

此外，对于任何两种金属与金属之间的接触而言，必须使用润滑材料以获得令人满意的工作性能。

5.9 电接触材料

5.9.1 电接触材料的分类

电接触材料指制作相互接触传导电流（电信号、电能）元件的材料，该材料在电接触的过程中要经受电弧、电场、磁场、力、热以及工作气氛等的共同作用，来实现传导电流的使用性能。

电接触材料的分类方法较多，比较常见的分类方法有以下几种：

1）按材料分类。可以分为纯金属材料、合金材料、电镀材料和复合电接触材料。

2）按工作电压分类。可以分为中、低压（电压为千伏级或千伏级以下）电接触材料和高压（电压高于 10kV）电接触材料。

3）按工作气氛分类。可以分为真空电接触材料和气氛保护电接触材料。

4）按使用范围分类。可以分为强电用电接触材料、弱电用电接触材料和真空开关用电接触材料。

5.9.2 开关电器对触头材料的基本要求

作为开关电器中的关键材料，触头材料综合性能的好坏将直接影响到触头乃至整个开关电器的主要性能和使用寿命。

触头材料在触头工作过程中要受到机械、环境、气体放电等多种作用的综合影响，并且其影响程度会因触头材料的种类及其使用场合的不同而不同。因此，为满足各类实际需要，开关电器对触头材料提出了众多较为苛刻的性能要求。具体说来，理想的电触头材料应该同时满足下列几个方面的性能要求：

1. 对触头材料物理性能方面的要求

（1）具有合适的硬度

较低的硬度在一定接触压力下可增大接触面积，减少接触电阻、降低静态接触时的触头发热和静熔焊倾向，并且可降低闭合过程中的动触头弹跳。较高的硬度可减少熔焊面积和提高机械摩损能力。

（2）具有合适的弹性模数

较高的弹性模数则容易达到塑性变形的极限值，因此表面膜容易破坏，有利于降低表面膜电阻。较大的弹性变形则可增大弹性变形的接触面积。

（3）具有较高的电导率、较低的二次发射和光发射

较高的电导率可以降低接触电阻，较低的二次发射和光发射可以降低电弧电流和燃弧时间；同时要具有较高的电子逸出功和游离电位。

（4）具有良好的热物理性能

触头材料应具有高的热传导性，以便电弧或焦耳热源产生的热量尽快传至触头底座；高比热容、高熔化、气化和分解潜热，高燃点和沸点以降低燃弧的趋势；低的蒸气压以限制电弧中的金属蒸气密度。

2. 对触头材料化学性能方面的要求

触头材料应具备较高的化学稳定性，即要求其对较宽范围的不同介质（如环境中存在的氯、硫、以及由绝缘材料分解生成的腐蚀性物质等）有良好的耐腐蚀性能，应该不容易起化学反应，即使形成氧化物或硫化物，其挥发性应高、易于分解而且温度要低。

3. 对触头材料电接触性能方面的要求

（1）要求触头的侵蚀基本均匀，触头表面状况平整，接触电阻低而稳定。

（2）耐电弧侵蚀和抗材料转移能力

即当触头表面形成熔融液池以后，需要靠高温状态下触头材料所特有的冶金学特性来保证触头的抗侵蚀性能，这涉及液态银对触头表面的润湿性、熔融液池的黏性及材料第二、第三组份的热稳定性等。

（3）抗熔焊性

1）尽量降低熔焊倾向。从触头材料角度来看，主要是提高其热物理性能。

2）降低熔融金属焊接在一起后的熔焊力。为降低熔焊力，或为提高触头材料的抗熔焊性，常在触头材料中加入与银化学亲和力小的组份。

（4）电弧特性

1）触头材料应具有良好的电弧运动特性，以降低电弧对触头过于集中的热流输入。

2）应具有较高的最小生弧电压和最小生弧电流。最小生弧电压很大程度上取决于电触头材料的功函数以及其蒸气的电离电压，最小生弧电流与电极材料在变成散射的原子从接触

面放出时所需要的结合能有关。

3）触头材料应使触头间发生的电弧尽快地由金属相转换到气体相。

4）应保证触头在分断大电流时不易发生电弧重燃。对于触头材料来说，含有热离子发射型元素和低电离电势元素的材料，容易使电弧重燃；触头材料的热学性能以及组织结构和表面状态，对电弧的重燃都起着重要作用，良好的热学性能可以帮助冷却电弧，而结构和形貌则影响电弧的运动；此外，材料的组织结构和表面状态与制造方法也有关系。

4. 真空开关电器对触头材料性能的附加要求

真空开关中的触头材料要受到其绝缘强度和电弧特性的双重制约，其性能不仅要满足与空气中开关的触头材料相同的性能要求，还需要满足下列附加要求：

（1）低的截流水平

这对真空开关电器是非常重要的，在真空开关的分断过程中，触头间隙内的电弧很快被熄灭。这种情况一方面会减轻对触头的烧蚀，延长开关的使用寿命；另一方面却会容易出现"截流现象"，使线路中产生过高的过电压，从而把设备的绝缘击穿。研究表明，当触头材料中含有蒸气压高的元素时，可以降低截流水平。

（2）低的气体含量

真空开关电器要求触头材料含有极少的气体，因为真空开关的灭弧室内任何时候都要使压力保持在某特定值以下，在使用过程中，触头材料内的气体在电弧的作用下会释放出来，如果材料所含的气体太多，释放出来的气体便会破坏真空，严重时会把开关毁坏掉。近年来发现，如果材料中含有能够吸气的组元，则含气量的要求可以放宽。

5. 其他性能

除上述要求外，触头材料应尽可能易于加工，而且具有较高的性能价格比。

综上所述，开关电器对触头材料的性能要求重点体现在材料的导电性能、热物理性能以及抗电弧侵蚀性能等几个方面，如表 5-13 所示。实践表明，要想获得满足上述所有要求的"理想"的触头材料是不可能的，触头材料的研制、生产和选用只能根据具体条件满足那些最关键的要求。

表 5-13　触头材料的技术要求及相应的材料特性

技 术 要 求	材 料 特 性
接触电阻(−)	电阻率(−)，硬度(−)，膜电阻(+)
静态熔焊电流(+)	电阻率(−)，硬度(−)，膜电阻(+)，脆度(+)
动态熔焊电流(+)	比热(+)，熔化的热量(+)，脆度(+)
弹跳幅度(−)	密度(−)，硬度(−)，强度(−)
电弧侵蚀(−)	比热(+)，熔点(+)，沸点(+)，蒸发的热量(+)
材料转移(−)	非常复杂
短弧的燃弧电压(+)	难熔膜(−)，沸点(−)，碱性污染物(−)
可用性(+)	硬度(−)，柔软性(+)，脆性(−)
软焊及熔焊能力(+)	电阻率(+)，熔点(−)，熔解热(−)
价格	稀有(−)，复杂

注：表中（＋）表示希望该参数的数值较高，（−）表示希望该参数的数值较低。

习　题

5-1　收缩电阻和膜电阻各自的影响因素有哪些？怎样减小螺栓连接的铜-铝母线接头的接触电阻？

5-2　什么是 φ-θ 理论，主要用途是什么？某接触器的触头接触电阻为 $6.6\mu\Omega$，在额定电流 400A 条件下长期工作时触头本体的温度为 100℃，试计算该触头导电斑点与触头本体之间的超温。

5-3　什么是无危险振动？怎样实现无危险振动？

5-4　某断路器的动静触头材料分别为未氧化的铝-未氧化的铜（$K_J = 980$），接触形式为线接触（取 $m = 0.7$），玫瑰式触头有 8 对触指，每个触指的接触压力为 180N。则：（1）计算玫瑰式触头的总接触电阻。（2）已知这对动、静触头的熔化电压为 0.43V，问：当该触头通过 4s 热稳定电流 12.5kA 时，触头能否熔焊？

第 6 章

电磁系统的磁路计算

6.1 概述

电磁系统，又称电磁铁，是由磁系统和励磁线圈组成的、用于将电磁能转化为机械能的组件。它不仅可以单独成为一类电器，如牵引电磁铁、制动电磁铁、起重电磁铁等，还可以是开关电器的一个部件，例如用作开关电器的操动机构、脱扣器等。

由电磁铁作为操动机构的开关电器，又称为电磁式电器。典型的电磁式电器有电磁继电器、电磁接触器、电磁式低压断路器等。电磁继电器和电磁接触器的结构原理如图 1-3 和图 1-6 所示。

开关电器电磁铁的磁系统主要由具有高导磁特性的铁心、衔铁和工作气隙组成闭合磁路。电磁铁借助线圈励磁使磁系统磁化，产生电磁吸力吸引衔铁，当电磁吸力大于反力时，衔铁开始运动做机械功，并驱动开关的触点分断或闭合，从而开断或接通电路。

磁系统磁化后将在其周围空间建立磁场。电磁系统的设计和计算，均需要了解电磁系统中的电磁场分布，因此，电磁系统计算的实质是磁场的计算。磁场的计算，既可以采用"场"的方法，即采用有限元法直接对空间电磁场进行数值计算；又可以采用"路"的方法，即磁路分析法。其中，磁路分析仍然是大多数工程中电磁铁设计与计算的常用方法，为此，本章将着重介绍电磁铁的磁路计算原理。

6.2 磁路计算的基本原理

磁路是指磁通经过的闭合路径。当电磁铁的磁系统磁化以后，大部分磁通沿铁心、衔铁和工作气隙构成回路，这部分磁通称为主磁通，常用 Φ_δ 表示。还有一部分磁通没有经过工作气隙和衔铁，而是经非工作气隙自成回路，称为漏磁通，常用 Φ_L 表示，如图 6-1 所示。

根据电磁铁励磁线圈的电流种类不同，磁路分为直流磁路和交流磁路。若电磁铁的磁系统中含有永久磁铁，则该系统由永久磁铁和励磁线圈共同作用产生磁系统的磁通。含有永久磁铁的磁路称为永磁磁路。直流磁路、交流磁路和永磁磁路的特性及其计算方法不尽相同。

磁路计算中涉及的磁路参数主要包括：磁通 Φ、磁动势 Hl、磁压降 U_m、磁阻 R_m（R_δ）和磁导 Λ_δ，分别类比于电

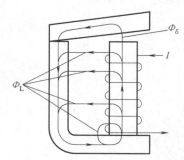

图 6-1　电磁铁的磁通分布

路计算中的电流 I、电动势 E、电压 U、电阻 R 和电导 G。磁路计算还会涉及磁场强度 H 和磁感应强度 B，通过查阅导磁体材料的磁化曲线确定二者之间的映射关系。

磁路参数具有以下特点：

1）非线性。电磁铁中的导磁体均采用铁磁材料制成，大多数铁磁材料的磁场强度 H 与磁感应强度 B 仅在一定范围内呈现线性关系，当磁动势较高时，铁磁材料往往工作于非线性区域，所以导磁体的磁阻不是常数，而是非线性的，使得磁路参数呈现非线性的特点。

2）分布性。漏磁通的存在，使磁路中铁心和铁轭长度上不同位置的磁通值和磁动势均不相同，导致磁路参数具有分布性。

磁路参数的非线性和分布性，使磁路计算比电路计算更加复杂。根据磁路非线性和分布性的程度不同，在实际的工程磁路计算时，通常将磁路计算问题分为以下三类：

1）仅考虑漏磁，忽略铁磁阻。此时，只考虑磁路参数的分布性，忽略其非线性，使磁路计算简化。例如，当铁心在起始位置时，工作气隙最大，工作气隙的磁阻最大，此时，铁磁阻与工作气隙磁阻相比，可以忽略不计。

2）仅考虑铁磁阻，忽略漏磁。此时，只考虑磁路参数的非线性，忽略其分布性，同样会使磁路计算简化。例如，当铁心在闭合位置时，工作气隙的磁阻最小，使磁路中的主磁通最大，此时，漏磁通与主磁通相比，可以忽略不计。但此时，铁磁阻较大，必须考虑。

3）既考虑铁磁阻，又考虑漏磁。此时，既考虑了磁路参数的非线性，又考虑其分布性，使磁路计算变得非常复杂。

根据电磁系统计算目的的不同，在给定电磁铁的结构尺寸和工作气隙大小的情况下，磁路计算有以下两类任务：

1）正求任务：已知工作气隙的磁通 $\varPhi_\delta$，求线圈的磁动势 IN。

正求任务相当于电磁系统的设计，即根据对电磁系统做功的要求，给定电磁系统的初步几何尺寸，包括工作气隙的大小以及该气隙下电磁吸力的大小，由此计算出工作气隙磁通，再计算出所需的励磁磁动势。

2）反求任务：已知线圈的磁动势 IN，求工作气隙的磁通 $\varPhi_\delta$。

反求任务相当于电磁系统的验算，即在电磁系统几何尺寸确定的条件下（包括励磁线圈参数等），确定在一定工作气隙下所产生的工作气隙磁通，进而计算出所能产生的电磁吸力，以便考核该电磁系统能否满足特定的使用要求。

磁路与电路有某些相似之处，磁路计算基于磁路的基本定律。

1. 磁路欧姆定律

磁路两端的磁压降等于通过磁路的磁通与其磁阻的乘积。

（1）导磁体的磁压降

$$U_{\mathrm{m}} = \varPhi R_{\mathrm{m}} = \frac{B}{\mu}l = Hl \tag{6-1}$$

式中，U_{m} 为导磁体中的磁压降（A）；$\varPhi$ 为通过导磁体的磁通（Wb）；R_{m} 为导磁体的磁阻（1/H），其大小为

$$R_{\mathrm{m}} = \frac{Hl}{BS} = \frac{l}{\mu S} \tag{6-2}$$

其中，H 为导磁体中的磁场强度（A/m）；l 为导磁体的长度（m）；B 为导磁体的磁感应强

度（T）；S 为导磁体的截面积（m^2）。μ 为导磁体的磁导率（H/m）。

图 6-2a 是一段导磁体磁路的示意图。

（2）空气隙的磁压降

$$U_\delta = \Phi_\delta R_\delta = \frac{\Phi_\delta}{\Lambda_\delta} \qquad (6\text{-}3)$$

式中，U_δ 为空气隙的磁压降（A）；Φ_δ 为空气隙的磁通（Wb）；R_δ 为空气隙的磁阻（$1/H$），其倒数为气隙的磁导 Λ_δ。

当空气隙中磁场为均匀磁场时，空气隙磁阻可用下式计算：

$$R_\delta = \frac{\delta}{\mu_0 S_\delta} \qquad (6\text{-}4)$$

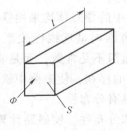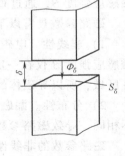

图 6-2　导磁体磁路和空气气隙磁路的磁阻
a）导磁体磁路　b）空气隙磁路

式中，δ 为空气隙长度（m）；S_δ 为磁极面积（m^2）；μ_0 为真空磁导率，$\mu_0 = 4\pi \times 10^{-7} H/m$。

图 6-2b 是一个空气隙磁路的示意图。

2. 磁路基尔霍夫第一定律（磁通连续定理）

在磁路任一节点处，进入节点的磁通和离开节点的磁通相等，即汇聚在任一节点上的磁通代数和为零，即

$$\sum \Phi = 0 \qquad (6\text{-}5)$$

3. 磁路基尔霍夫第二定律（全电流定律）

沿磁路的任一闭合回路，磁压降的代数和等于与该回路磁通相交链的线圈磁动势的代数和，即

$$\sum Hl = \sum IN \qquad (6\text{-}6)$$

磁路计算的上述定律不仅适用于直流磁路，也适用于交流磁路和永磁磁路。

6.3　气隙磁导的计算

根据磁路的基本定律，在磁动势一定时，磁路中磁通的大小取决于磁路磁阻的大小。因此，磁阻的计算是磁路计算的基础。

工程电磁铁常用的导磁材料，其磁导率远远大于空气的磁导率，故电磁铁中导磁体的磁阻通常远小于气隙磁阻。因此，磁路中的气隙磁阻在磁路计算中十分重要，它对磁路计算的准确度影响很大。实际应用中通常使用气隙磁阻的倒数，即气隙磁导。

气隙磁导的大小取决于构成气隙的极面的几何形状和相对位置，以及气隙的磁场分布情况。由于气隙磁场分布比较复杂，准确计算气隙磁导非常困难。为简化计算，工程中假定：①空气的磁导率等于真空磁导率；②把导磁体表面看作等磁位面，磁力线都垂直于导磁体表面。在工程设计中，通常采用数学解析法和磁场分割法计算气隙磁导。

1. 数学解析法

数学解析法计算气隙磁导就是根据气隙磁导的定义直接求解气隙磁导，其适用范围包括：磁极形状规则；气隙内磁通分布均匀；磁位等位面分布均匀；忽略磁极的边缘效应及扩

散磁通等磁场问题。

仅以平行矩形磁极为例，应用数学解析法计算该气隙的气隙磁导。

平行矩形磁极如图 6-3 所示，若气隙长度 δ 与磁极几何尺寸 a 和 b 相比，满足 $\delta/a \leqslant 0.2$ 或 $\delta/b \leqslant 0.2$ 时，则可以忽略磁极边缘的扩散磁通。此时，气隙磁通为

$$\phi_\delta = \iint_A B \mathrm{d}S_\delta = BS_\delta \qquad (6\text{-}7)$$

式中，B 为平行磁极间磁感应强度；S_δ 为平行磁极极面积。

磁极间的磁压降为

$$U_\delta = \int_\delta H \mathrm{d}l = H\delta \qquad (6\text{-}8)$$

式中，H 为平行磁极间的磁场强度；δ 为平行磁极间的气隙长度。

由气隙磁导定义求得平行磁导间的气隙磁导，即

$$\Lambda_\delta = \frac{\phi_\delta}{U_\delta} = \frac{BS_\delta}{H\delta} = \mu_0 \frac{S_\delta}{\delta} \qquad (6\text{-}9)$$

式中，μ_0 为真空磁导率，$\mu_0 = 4\pi \times 10^{-7} \mathrm{H/m}$。

如果气隙长度 δ 与磁极几何尺寸 a 和 b 相比，不满足 $\delta/a \leqslant 0.2$ 或 $\delta/b \leqslant 0.2$ 时，则需要通过修正系数来考虑磁极边缘的扩散磁通，此时气隙磁导为

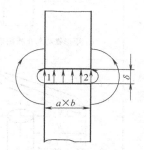

图 6-3 平行矩形磁极间
的气隙磁导

$$\Lambda_\delta = \frac{\mu_0}{\delta}\left(a + \frac{0.307}{\pi}\delta\right)\left(b + \frac{0.307}{\pi}\delta\right) \qquad (6\text{-}10)$$

利用数学解析法，推导出的规则几何形状磁极间气隙磁导的计算公式如表 6-1 所示。

表 6-1　数学解析法推导的气隙磁导计算公式

序号	几何形状	计算公式	适用范围
1	平行矩形磁极	(1) 当 $\frac{\delta}{a} \leqslant 0.2$ 和 $\frac{\delta}{b} \leqslant 0.2$ 时， $\Lambda_\delta = \mu_0 \dfrac{ab}{\delta}$ (2) 当 $\frac{\delta}{a}$ 或 $\frac{\delta}{b} > 0.2$ 时， $\Lambda_\delta = \mu_0 \dfrac{(a+k\delta)(b+k\delta)}{\delta}$ $k = \dfrac{0.307}{\pi}$	情况(1)适用于磁场均匀分布，不考虑边缘磁通的扩散磁导； 情况(2)适用于 δ 较大时，考虑了边缘磁通的扩散磁导
2	平行矩形磁极	(1) 当 $\frac{\delta}{d} \leqslant 0.2$ 时， $\Lambda_\delta = \mu_0 \dfrac{\pi d^2}{4\delta}$ (2) 当 $\frac{\delta}{d} > 0.2$ 时， $\Lambda_\delta = \mu_0 \dfrac{(0.886d + k\delta)^2}{\delta}$ $k = \dfrac{0.307}{\pi}$	情况(1)适用于磁场均匀分布，不考虑边缘磁通的扩散磁导； 情况(2)适用于 δ 较大时，考虑了边缘磁通的扩散磁导

（续）

序号	几何形状	计算公式	适用范围
3	矩形铁心与平板衔铁	$\Lambda_\delta = \mu_0 \dfrac{b}{\delta} \ln \dfrac{R_2}{R_1}$	适用于 δ 比磁极尺寸甚小时，不考虑边缘磁通的扩散磁导
4	圆形铁心与平板衔铁	$\Lambda_\delta = \mu_0 \dfrac{2\pi}{\theta}(R_0 - \sqrt{R_1 R_2})$ θ——弧度 $\Lambda_\delta \approx \mu_0 \dfrac{2\pi R_0}{\theta}(R_0 - \sqrt{R_1 R_2})$ δ——气隙平均长度	适用于 δ 比磁极尺寸甚小时，不考虑边缘磁通的扩散磁导
5	两平行圆柱体	$\Lambda_\delta = \mu_0 \dfrac{2\pi l}{\ln(k + \sqrt{k^2 - 1})}$ 当 $r_1 \neq r_2$ 时，$k = \dfrac{b^2 - r_1^2 - r_2^2}{2 r_1 r_2}$ 当 $r_1 = r_2 = r$ 时，$k = \dfrac{b^2 - 2r^2}{2r^2}$ 当 $b > 8r$ 时，$\Lambda_\delta = \mu_0 \dfrac{\pi l}{\ln \dfrac{b}{r}}$	适用于铁心直径比铁心长度甚小时

2. 磁场分割法

磁场分割法是先将整个气隙磁场划分为若干个有规则形状的磁通管，再分别计算每个磁通管的磁导，最后根据磁通管的串并联关系，求出整个气隙的磁导。

如果所划分的磁通管足够多并且符合实际磁场中磁通的分布，则利用磁场分割法可以方便地计算出各种形状复杂磁极间的气隙磁导，具有较高的准确度。因此，磁场分割法适用于磁极几何形状复杂或必须考虑边缘效应时的气隙磁导计算，是工程中广泛使用的一种气隙磁导计算方法。

每一个磁通管的磁导，可由其平均截面积和平均长度之比决定，即

$$\Lambda_i = \frac{\mu_0 S_{av}}{\delta_{av}} \tag{6-11}$$

式中，Λ_i 为磁通管的磁导（H）；S_{av} 为磁通管的平均截面积（m^2）；δ_{av} 为磁通管的平均长度（m）。

或

$$\Lambda_{\delta} = \frac{\mu_0 V}{\delta_{av}^2} \tag{6-12}$$

式中，V 为磁通管的体积（m^3）。

各并联磁通管磁导之和，即气隙磁导 Λ_{δ}，其计算式为

$$\Lambda_{\delta} = \sum_{i=1}^{n} \Lambda_i \tag{6-13}$$

式中，n 为磁通管数目。

下面举例说明利用磁场分割法计算气隙磁导。

如图 6-4 所示，一个边长为 a 的正方形截面磁极 A 与另一面积无限大的平板磁极 B 之间气隙磁场的分割，两磁极间的最小气隙长度为 δ。根据该结构磁极间气隙磁场中磁通的分布规律，可以将气隙磁场划分为下列磁通管：一个长方体 1、四个 1/4 圆柱体 2，四个 1/4 空心圆柱体 3，四个 1/8 球体 4 和四个 1/8 空心球体 5，所以，总气隙磁导为

$$\Lambda_{\delta} = \Lambda_1 + 4(\Lambda_2 + \Lambda_3 + \Lambda_4 + \Lambda_5) \tag{6-14}$$

分割后各部分的磁导如下：

（1）长方体 1 的磁导

$$\Lambda_1 = \frac{\mu_0 a^2}{\delta} \tag{6-15}$$

（2）1/4 圆柱体 2 的磁导

1/4 圆柱体磁通管的半径是 δ，长度为 a，由图解法测定磁通管的平均长度为

$$\delta_{av} = 1.22\delta$$

则 1/4 圆柱体的磁导为

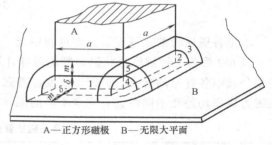

A—正方形磁极　B—无限大平面

图 6-4　分割磁场法求气隙磁导

$$\Lambda_2 = \mu_0 \frac{0.644\delta a}{1.22\delta} = 0.528 u_0 a \tag{6-16}$$

（3）1/4 空心圆柱体 3 的磁导

1/4 空心圆柱体磁通管的内半径是 δ，外半径是（$\delta+m$），m 表示边缘磁通的范围，为方便计算，将侧面的扩散磁通集中于从端面算起的高度为 m 的一段上。m 值常根据实验或者经验确定，在 δ 值较小时，可取 $m = (1\sim2)\delta$；对于有极靴的直流电磁铁，取 m 等于极靴厚度。

1/4 空心圆柱体的磁导为

$$\Lambda_3 = \frac{4\mu_0 m a}{\pi(2\delta+m)} \tag{6-17}$$

当 $\delta < 3m$ 时，有

$$\Lambda_3 = \frac{2\mu_0 a}{\pi} \ln\left(1 + \frac{m}{\delta}\right) \tag{6-18}$$

（4）1/8 球体 4 的磁导

1/8 球体磁通管的球体半径为 δ，磁通管的平均长度为 δ_{aV}，则 1/8 球体的磁导为

$$\Lambda_4 = \frac{\mu_0 V}{\delta_{aV}^2} = \frac{\mu_0 \pi \delta^3}{6 \times (1.3\delta)^2} = 0.308\mu_0\delta \qquad (6\text{-}19)$$

（5）1/8 空心球体 5 的磁导

1/8 空心球体磁通管的内半径为 δ，外半径为（$\delta+m$），磁通管的平均长度为 δ_{aV} 为

$$\delta_{aV} = \frac{\pi}{4}(2\delta+m)$$

磁通管平均截面积 S_{aV} 为

$$S_{aV} = \frac{\pi}{8}\left[(\delta+m)^2 - \delta^2\right] = \frac{\pi m}{8}(2\delta+m)$$

则 1/8 空心球体的磁导为

$$\Lambda_5 = \mu_0 \frac{\frac{\pi m}{8}(2\delta+m)}{\frac{\pi}{4}(2\delta+m)} = 0.5\mu_0 m \qquad (6\text{-}20)$$

求出各磁通管的磁导以后，即可利用式（6-14）求得总气隙磁导 Λ_δ。

表 6-2 为若干种规则形状磁通管的磁导计算公式。在应用表 6-2 中的公式时，一方面要注意公式中各符号的含义，另一方面要注意磁力线的平均路径，因为形状完全相同的磁通管在磁力线平均路径不同时会有完全不同的磁导。

表 6-2 基于磁通管的气隙磁导计算公式

序号	磁通管形状	磁通管的几何参数和磁导的计算公式
1	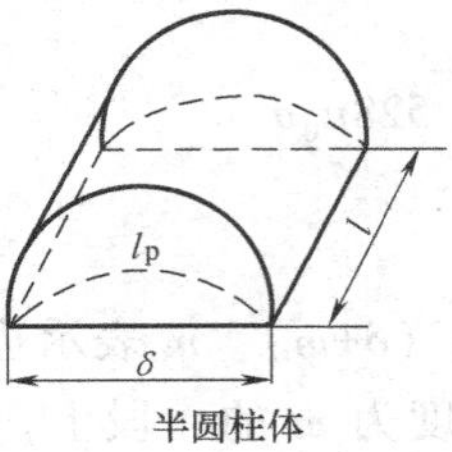 半圆柱体	$V = \frac{1}{8}\pi\delta^2 l$ $l_p = 1.22\delta$（作图法求得） $\Lambda = \mu_0 \frac{V}{l_p^2} = 0.26\mu_0 l$
2	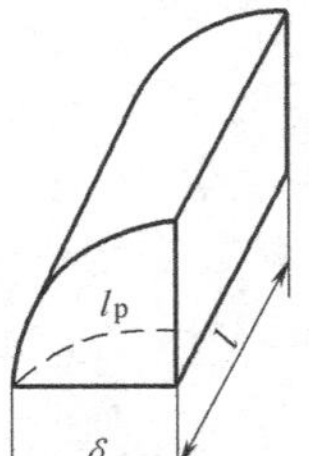 1/4 圆柱体	$\Lambda = 0.52\mu_0 l$

（续）

序号	磁通管形状	磁通管的几何参数和磁导的计算公式
3	半圆筒	$l_p = \dfrac{\pi}{2}(\delta + m)$ $A_p = ml$ $\Lambda = \mu_0 \dfrac{A_p}{l_p} = \mu_0 \dfrac{2l}{\pi\left(\dfrac{\delta}{m}+1\right)}$ 当 $\delta < 3m$ 时 $\Lambda = \mu_0 \dfrac{l}{\pi}\ln\left(1+\dfrac{2m}{\delta}\right)$
4	1/4 圆筒	$\Lambda = \mu_0 \dfrac{2l}{\pi\left(\dfrac{\delta}{m}+0.5\right)}$ 当 $\delta < 3m$ 时 $\Lambda = \mu_0 \dfrac{2l}{\pi}\ln\left(1+\dfrac{m}{\delta}\right)$
5	1/4 球体	$V = \dfrac{1}{3}\pi\left(\dfrac{\delta}{2}\right)^3$ $l_p = 1.3\delta$（作图法求得） $\Lambda = \mu_0 \dfrac{V}{l_p^2} = 0.077\mu_0\delta$
6	1/8 球体	$\Lambda = 0.308\mu_0\delta$
7	1/4 球壳	$l_p = \dfrac{\pi}{2}(m+\delta)$ $A_{\max} = \dfrac{\pi}{4}\left(m+\dfrac{\delta}{2}\right)^2 - \dfrac{\pi}{16}\delta^2 = \dfrac{\pi}{4}m(m+\delta)$ $A_p = \dfrac{\pi}{8}m(m+\delta)$ $\Lambda = \mu_0 \dfrac{A_p}{l_p} = 0.25\mu_0 m$
8	1/8 球壳	$\Lambda = 0.5\mu_0 m$

（续）

序号	磁通管形状	磁通管的几何参数和磁导的计算公式
9	 部分圆环	单位长度的磁导 $\lambda = \dfrac{\mu_0}{\theta}\ln\dfrac{R_2}{R_1}$
10	 半弓形	$\lambda = 1.335\mu_0\dfrac{R_2 - R_1}{h + \theta R_2}$
11	 半月形	$\lambda = 1.335\mu_0\dfrac{R_2 + \Delta - R_1}{\theta_1 R_1 + \theta_2 R_2}$
12	 半圆锥体	$l_p = 0.61\delta$(作图法求得) $V = \dfrac{1}{3}\cdot\dfrac{\pi\delta^2}{8}l$ $\Lambda = 0.35\mu_0 l$
13	 半截头圆锥	$l_p = 0.61((\delta + \delta_1)$ $V = \dfrac{\pi}{24}(\delta^2 l - \delta_1^2 l_1)$ $\Lambda = 0.35\mu_0\dfrac{\delta^2 l - \delta_1^2 l_1}{(\delta + \delta_1)^2}$
14	 均匀壁厚半截头中空圆锥	$l_p = \dfrac{\pi}{4}(\delta + \delta_1 + 2m)$ $A_p = ml$ $\Lambda = \mu_0\dfrac{2l}{\pi\left(\dfrac{\delta + \delta_1}{2m} + 1\right)}$

6.4 直流磁路计算

电磁系统采用直流励磁时形成的磁路，称为直流磁路，其磁路参数均为直流量。

对于具有并联线圈的直流电磁铁，线圈电流决定于外施电压与线圈电阻的比值。当外施一定电压，线圈电阻不变时（稳定发热时，认为线圈电阻不变），线圈中的电流恒定，即线圈的磁动势保持不变，它不随工作气隙的变化而变化；对于具有串联线圈的直流电磁铁，线圈本身电阻很小，线圈电流等于负载电流，线圈的磁动势也不随工作气隙的变化而变化。因此，直流磁路的特点是在稳定工作时，线圈中的励磁电流与工作气隙大小无关，线圈的磁动势等于常数。直流电磁铁又称为恒磁动势电磁铁。

鉴于磁路的分布性和非线性，工程上一般采用分段法和漏磁系数法计算直流磁路。

1. 分段法

由于磁路的分布性，导磁体材料的磁导率在整个磁路中处处不同，因此，可以采用分段法将电磁系统分成若干段进行计算。

分段法是将分布参数磁路简化为若干个集中参数磁路的计算方法，其实质是认为导磁体中各段内的磁通不变，以方便非线性磁阻的计算，从而简化磁路计算。

采用分段法计算磁路时，需要将电磁系统的铁心及铁轭分为若干段，同时假定：①每段内的磁动势、磁通和漏磁通均相同，采用集中参数计算；②漏磁通只存在于分段交界处。

图 6-5 是一个单 U 形直动式电磁铁分为四段的示意图和按上述假定画出的等效磁路图。

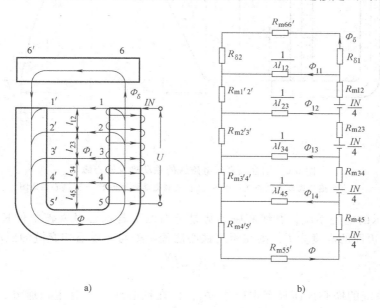

图 6-5　分段法

a）单 U 形直动式直流电磁铁示意图　b）等效磁路图

利用分段法进行直流磁路计算，步骤如下：

1）画出等效磁路图，计算工作气隙磁阻及铁心单位长度对铁轭的漏磁导 λ。

2）根据计算任务，利用磁路的基本定律列出方程式并求解。

3）在考虑漏磁通及铁磁阻时，计算过程中猜试一个初始值。

若为正求任务，需猜试单位长度上的磁动势 f_m 值；若为反求任务，需猜试一个工作气隙磁通 Φ_δ 值。

4）逐步求解，反复计算，逐次逼近真值。

分段法适合当磁路各部分截面积不等，或者单位长度漏磁导非常数的情况。分段段数越多，计算结果越准确，但计算工作量也越大，因此在计算时需要根据实际情况选择合适的分段数。

2. 漏磁系数法

漏磁系数法是工程上常用的比较简便的磁路近似计算方法。

漏磁系数是指铁心中任一截面内的磁通与气隙磁通之比，即

$$\sigma_y = \frac{\Phi_y}{\Phi_\delta} \tag{6-21}$$

因此，只要能够确定磁路中铁心任一截面内的漏磁系数，就可以求得该处的磁通，即

$$\Phi_y = \sigma_y \Phi_\delta \tag{6-22}$$

下面以图 6-6a 所示的直流拍合式电磁系统为例，说明漏磁系数的计算方法。

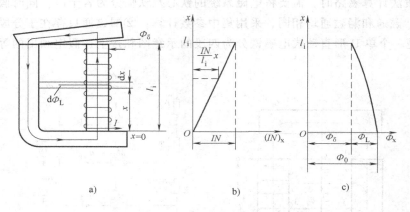

图 6-6 拍合式直流电磁铁的磁动势及铁心磁通

a）直流拍合式直流电磁铁示意图 b）线圈磁动势分布图 c）铁心磁通图

图 6-6a 所示的电磁系统，其线圈磁动势是分布的。若铁心对铁轭单位长度的漏磁导为 λ，铁心底面至顶面的高度为 l_i，则在距离铁心底面 x 处与漏磁通相交链的磁动势 $(IN)_x$ 为

$$(IN)_x = \frac{IN}{l_i}x \tag{6-23}$$

在该电磁系统的铁心顶面只有主磁通 Φ_δ，而在铁心底面既有主磁通 Φ_δ 又有全部的漏磁通（总漏磁通）Φ_L，如图 6-6c 所示。

从铁心底面至顶面的总漏磁通 Φ_L，以及铁心底面的总磁通 Φ_0，分别按式（6-24）和式（6-25）计算。

$$\Phi_L = \int_0^{l_i} \mathrm{d}\Phi_L = \frac{IN\lambda}{l_i}\int_0^{l_i} x\mathrm{d}x = \frac{IN\lambda l_i}{2} \tag{6-24}$$

$$\Phi_0 = \Phi_\delta + \Phi_L \tag{6-25}$$

漏磁系数 σ

$$\sigma = \frac{\Phi_0}{\Phi_\delta} = \frac{\Phi_\delta + \Phi_L}{\Phi_\delta} = 1 + \frac{\Phi_L}{\Phi_\delta} \tag{6-26}$$

若用一个集中在铁心顶端的集中漏磁导 Λ_{Ld} 来代替实际分布的漏磁导，用一个集中磁动势 IN 代替实际上分布的线圈磁动势，并忽略铁磁阻和非工作气隙磁阻，则可以画出等效磁路图如图 6-7 所示。

若集中漏磁导 Λ_{Ld} 中通过的漏磁通为总漏磁通 Φ_L，即假定漏磁通保持不变，则总漏磁通 Φ_L 为

$$\Phi_L = IN\Lambda_{Ld} \qquad (6-27)$$

联立式（6-24）和式（6-27），则得到等效漏磁导 Λ_{Ld} 为

$$\Lambda_{Ld} = \frac{1}{2}\lambda l_i \qquad (6-28)$$

将式（6-27）代入式（6-27），可得到漏磁系数 σ 的计算公式为

$$\sigma = 1 + \frac{\Phi_L}{\Phi_\delta} = 1 + \frac{IN\Lambda_{Ld}}{IN\Lambda_\delta} = 1 + \frac{\Lambda_{Ld}}{\Lambda_\delta} \qquad (6-29)$$

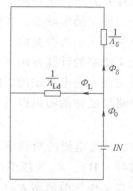

图 6-7　图 6-6a 所示电磁铁的等效磁路

利用漏磁系数法进行直流磁路计算，方法如下：

（1）正求任务的计算

1）计算工作气隙磁导。

2）计算各段磁路的漏磁系数。

3）利用漏磁系数及工作气隙磁导，计算各段磁路中的磁通。

4）计算各段磁路的磁压降。

5）利用磁路的基尔霍夫第二定律，建立磁动势的平衡方程，求解线圈的磁动势。

（2）反求任务的计算

1）假定一个工作气隙磁通的初始值。

2）采用漏磁系数法，按正求任务的计算步骤，计算线圈的磁动势。

3）若线圈磁动势的计算结果与已知磁动势之差满足误差要求，则假定的工作气隙磁通初始值为所求的工作气隙磁通；否则，重新假定工作气隙磁通初始值，重复计算步骤 2）、3），直到满足要求。

6.5　交流磁路计算

由交流电磁铁的导磁体、工作气隙及非工作气隙等组成的磁路称为交流磁路。

6.5.1　交流磁路的特点

与直流磁路相比，交流磁路具有以下特点：

（1）交流磁路中的电压、电流和磁通都是交变的

为了简化计算，认为它们的波形都是正弦波。磁路计算时，磁通和磁通密度用幅值表示；电压、电流、磁动势和磁场强度均用有效值表示。

（2）交流磁路中的磁通和励磁电流存在相位差

由于交变磁通的作用，在导磁体中产生的磁滞和涡流损耗使磁通和励磁电流之间存在相位差。在磁路计算时，磁路的欧姆定律和基尔霍夫定律仍然适用，但应采用复数形式计算。

（3）交流磁路中电气参数和磁路参数随气隙大小的变化关系，与励磁方式直接相关

对于交流串励电磁铁，线圈电流基本上不随工作气隙大小的变化而变化，但其磁通与工作气隙大小有关。因此，交流串励电磁铁又称为恒磁动势电磁铁，其磁路计算方法与直流磁路的计算方法完全相同。

交流并励电磁铁，在线圈外加电压及频率保持不变时，线圈的磁链和磁通基本上是不随工作气隙大小的改变而变化，因此，交流并励电磁铁又称为恒磁链电磁铁，其磁路计算方法与直流磁路的计算方法不同。

交流并励电磁铁的线圈电流与气隙大小有关。当工作气隙变化时，线圈电阻基本不变，在忽略导磁体的磁阻以及非工作气隙磁阻的情况时，线圈电抗 X_L 可用下式表示：

$$X_L = \omega L = \omega N^2 (\Lambda_\delta + \Lambda_{Ld}) \tag{6-30}$$

式中，ω 为电流的角频率（rad/s）；N 为线圈匝数；Λ_δ 为工作气隙磁导（H）；Λ_{Ld} 为等效漏磁导（H）；X_L 为线圈电抗（Ω）。

当工作气隙值增大时，Λ_δ 减小，X_L 随之减小，线圈电流增大。因此，交流并励电磁铁衔铁在释放位置时的线圈电流为衔铁在吸合位置时线圈电流的几倍至十几倍。

6.5.2 交流并励电磁铁的磁路计算

交流并励电磁铁的磁路计算任务分为以下两类：

1）已知电源电压 U 和线圈匝数 N，计算工作气隙磁通 Φ_δ 和线圈电流 I。

2）已知电源电压 U 和工作气隙磁通 Φ_δ，计算线圈匝数 N 和线圈电流 I。

交流并励电磁铁的磁路计算通常采用漏磁系数法。

交流并联电磁铁的漏磁系数是指线圈总磁链 Ψ_m 除以线圈匝数 N，所得到的与线圈相交链的平均磁通对工作气隙磁通 $\Phi_{\delta m}$ 的比值，即

$$\sigma = \frac{\Psi_m}{N\Phi_{\delta m}} \tag{6-31}$$

对于图 6-8a 所示的 U 形直动式电磁铁，在忽略导磁体磁阻和铁损耗、分磁环损耗及非工作气隙磁阻的情况下，可画出等效磁路图，如图 6-8b 所示。

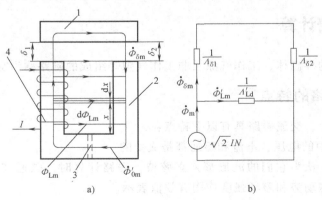

图 6-8　衔铁打开位置的单 U 形直动式电磁铁

a）结构示意图　b）等效磁路图

1—衔铁　2—静铁心　3—非工作气隙　4—线圈

图 6-8 中用一个集中的磁动势 $\sqrt{2}IN$ 代替实际分布的磁动势；用一个在铁心顶端处的集中漏磁导 Λ'_{Ld} 代替实际分布的漏磁导，其中通过的漏磁通 Φ'_{Lm} 等于实际漏磁链 Ψ_{Lm} 除以线圈匝数，故称其为按漏磁链不变原则归化的等效漏磁导。等效漏磁导按式（6-32）计算。

$$\Lambda'_{\mathrm{Ld}} = \frac{\lambda l_{\mathrm{i}}}{3} \tag{6-32}$$

式中，λ 为铁心单位长度漏磁导（H/m）；l_{i} 为产生漏磁的铁心长度（m）。

由式（6-31）和图 6-8b，可以推导出漏磁系数 σ 的计算公式为

$$\sigma = \frac{\Psi_{\mathrm{m}}}{N\Phi_{\delta\mathrm{m}}} = 1 + \frac{\Lambda'_{\mathrm{Ld}}}{\Lambda_{\delta}} \tag{6-33}$$

利用漏磁系数法对交流并励电磁铁进行磁路计算的方法如下：

1. 已知电源电压 U 和线圈匝数 N，计算工作气隙磁通 Φ_{δ} 和线圈电流 I

（1）计算工作气隙磁通 Φ_{δ}

当衔铁处于闭合位置时，可忽略线圈电阻压降和漏磁通，即认为 $E \approx U$、$\sigma \approx 1$，则

$$\Phi_{\delta\mathrm{m}} = \frac{\psi_{\mathrm{m}}}{N\sigma} = \frac{E}{4.44fN} = \frac{U}{4.44fN} \tag{6-34}$$

式中，E 为线圈感应电动势（V）；$E = 4.44f\psi_{\mathrm{m}}$；$f$ 为电源频率（Hz）。

当衔铁处于打开位置时，线圈电阻压降较大，可以写成 $E = K_{\mathrm{c}}U$，则

$$\Phi_{\delta\mathrm{m}} = \frac{\psi_{\mathrm{m}}}{N\sigma} = \frac{K_{\mathrm{c}}U}{4.44fN\sigma} \tag{6-35}$$

式中，K_{c} 为线圈电阻压降系数，在衔铁打开位置 $K_{\mathrm{c}} = 0.75 \sim 0.96$。

（2）计算线圈电流 I

当衔铁处于闭合位置时，线圈电流 I 可看成是由磁化分量 I_{δ}、I_{f}、I_{m} 和损耗分量 I_{p}、I_{d} 组成，其相量图如图 6-9 所示。分别计算各电流分量，然后求其相量和就可以得到总的线圈电流。

1）工作气隙磁化电流 I_{δ}

$$I_{\delta} = \frac{\Phi_{\delta\mathrm{m}}}{\sqrt{2}N\Lambda_{\delta}} \tag{6-36}$$

式中，Λ_{δ} 为衔铁处于闭合位置时的工作气隙等效磁导（H）。

2）非工作气隙磁化电流 I_{f}

$$I_{\mathrm{f}} = \frac{\Phi_{\delta\mathrm{m}}}{\sqrt{2}N\Lambda_{\mathrm{f}}} \tag{6-37}$$

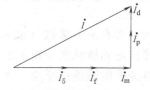

图 6-9 交流并励电磁铁
的线圈电流相量图

式中，Λ_{f} 为衔铁处于闭合位置时的非工作气隙等效磁导（H）。

3）导磁体磁化电流 I_{m}

$$I_{\mathrm{m}} = \frac{\sum U_{\mathrm{m}}}{N} \tag{6-38}$$

式中，$\sum U_{\mathrm{m}}$ 为衔铁处于闭合位置时导磁体各部分的总磁压降（H）。

4）导磁体铁损耗归化电流 I_{p}

$$I_p = \frac{P_{Fe}}{U} = \frac{\sum P_c r V}{U} \qquad (6\text{-}39)$$

式中，P_{Fe} 为导磁体铁损耗（W），$P_{Fe} = \sum P_c r V$；P_c 为单位重量的铁损耗（W/kg），决定于导磁体的材料规格及磁通密度，可由相应手册查得；r 为铁的密度（kg/m³），$r = 7.8 \times 10^3 \text{kg/m}^3$；$V$ 为各部分导磁体的体积（m³）。

5）分磁环损耗归化电流 I_d

$$I_d = \frac{P_d}{U} = \frac{E_d^2}{U r_d} \qquad (6\text{-}40)$$

式中，P_d 为分磁环损耗（W）；U 为线圈电压（V）；E_d 为分磁环感应电动势（V）；r_d 为分磁环电阻（Ω）；

6）线圈电流 I

$$I = \sqrt{(I_\delta + I_f + I_m)^2 + (I_p + I_d)^2} \qquad (6\text{-}41)$$

当衔铁处于打开位置时，可以忽略非工作气隙磁阻、导磁体磁阻抗及导磁体铁损耗、分磁环损耗，此时线圈电流可由式（6-42）计算。

$$I = \frac{\Phi_{\delta m}}{\sqrt{2} N \Lambda_\delta} \qquad (6\text{-}42)$$

2. 已知电源电压 U 和工作气隙磁通 Φ_δ，计算线圈匝数 N 和线圈电流 I

（1）计算线圈匝数 N

对于衔铁处于闭合位置，可由式（6-34）计算，对于衔铁处于打开位置，可由式（6-35）计算。

（2）计算线圈电流 I

计算方法与已知 U、N 求 Φ_δ 及 I 时的方法相同。

6.6 永磁磁路计算

含有永久磁铁（或永磁体）的磁路称为永磁磁路。目前生产的永磁材料主要有五类：即铸造铝镍钴系、粉末冶金铝镍钴系、铁氧体、稀土钴及钕铁硼永磁材料，基于上述永磁材料的永磁磁路广泛应用于永磁式断路器、永磁式接触器、磁保持继电器等电器中。

永磁磁路计算也有两类任务：①已知磁路各部分尺寸和材料，计算工作气隙磁通值；②已知工作气隙磁通值及磁导值，计算永久磁铁的尺寸和选择永磁材料。

与一般磁路相比，永磁磁路的计算具有以下两个特点：

1）永磁体是利用剩磁工作的，其工作点为去磁曲线（或回复线）与负载线的交点。

永磁材料的去磁曲线是指当外加磁场强度单调变化时，磁感应强度 B 从饱和状态减小到零的那部分磁滞回线，即饱和磁滞回线上第二或第四象限部分的曲线，如图 6-10 所示。

永磁材料的磁感应强度 B 与磁场强度 H 存在特定关系，其比值为一个负的常数，即 B 与 H 的关系应为一个过原点、且斜

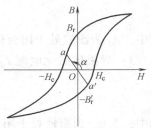

图 6-10　永磁材料的磁滞回线

率为 $\tan\alpha$ 的直线（图 6-10 中的直线 aa'），该直线称为负载线。

如果要求永磁体能够可靠地工作于去磁曲线上，则必须确保在工作过程中磁路的磁阻（主要取决于气隙磁阻）不变，并且磁系统在工作过程中无去磁效应（电流去磁或磁导去磁）。然而，上述条件在许多工程中无法得到满足。为了使永磁体的工作点不受外界干扰磁场或工作气隙变化的影响，工程上通常在永磁体装配以后对磁路进行一次"交流去磁"处理，使永磁体工作在稳定的回复线上。

如图 6-11 所示，在去磁曲线上某个工作点 b 处，若加入一个正磁化力（或减少磁路磁阻），使磁路中磁感应强度 B 增加；此时永磁材料中的 B 与 H 的关系，将不沿去磁曲线上升，而是沿曲线 bpc 上升，当 H 值在负的方向增加时，B 值沿曲线 cqb 下降，曲线 $bpcqb$ 称为局部磁滞回线，由于曲线 bpc 与 cqb 很接近，故可以用直线 bc 代替，bc 线称为回复线。去磁曲线上不同的工作点有不同的回复线。

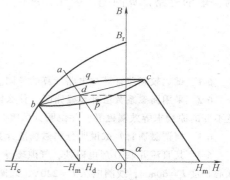

图 6-11 永磁体交流去磁时的工作点

经过"交流去磁"处理以后，永磁体的工作点将处于回复线 bc 上，只要外界干扰磁场强度与磁路中磁阻的磁场强度之和小于 b 点处的磁场强度 H_b，则永磁体的工作点就会稳定在回复线 bc 上，即永磁体可以重复地工作在回复线上，因此，磁路中的磁通也基本保持不变。

2）永磁体工作于最佳工作点处，此处永磁体的磁能积最大。

永磁材料的磁滞回线中，磁场强度为零时的磁感应强度称为剩磁感应强度 B_r。在磁感应强度为零时的磁场强度称为矫顽力 H_c。永磁磁铁的矫顽力较高，可达几百甚至几千 A/cm。

永磁体位于其工作点时的磁感应强度 B 与磁场强度 H 的乘积 $|BH|$，被定义为永磁体输出的磁能积，其大小取决于永磁体的磁路性能及其工作点。如果永磁体工作于去磁曲线上，则磁能积由磁感应强度 B 决定，并存在一个最大值 $|BH|_{max}$。最大磁能积对应的工作点，称为最佳工作点。当永磁体工作于最佳工作点时，在相同的气隙磁场能量要求下，永磁体的体积（或材料用量）最小。因此，为了减小永磁体的几何尺寸，需要使其工作在最佳工作点处。

在实际的永磁磁路计算中，通常将永磁体等效为一个恒定磁动势为 F_{pm} 并且具有内磁阻 R_{pm} 的磁势源，F_{pm} 和 R_{pm} 的大小取决于永磁体的工作点位于去磁曲线上还是位于回复线上。

如果永磁体的工作点位于去磁曲线上，则永磁体的等效磁动势为 $F_{pm} = -H_c l$，等效内磁阻 $R_{pm} = \dfrac{l}{\mu_{pm} A}$，其中，$H_c$ 为永磁体的矫顽力，l 为永磁体长度，A 为永磁体的导磁面积，μ_{pm} 为永磁体的磁导率。可见，这种情况下永磁体的等效磁动势与工作点无关，等效内磁阻呈现非线性，随工作点的改变而非线性变化。

如果永磁体的工作点位于回复线上，则永磁体的等效磁动势为 $F_{pm} = -H_c' l$，等效内磁阻

$R_{pm} = \dfrac{l}{\mu_{pm}A}$。其中，$H_c'$ 为永磁体回复线的延长线与 H 轴交点处的磁场强度值，μ_{pm} 近似等于永磁体磁滞回线上 B_r 点对去磁曲线所作的切线的斜率，该斜率取决于永磁体的去磁物理特性。因此，这种情况下当永磁体的几何尺寸及其回复线的起点确定以后，永磁体的等效磁动势和等效内磁阻均能确定，其大小与工作点无关。

对永磁体的磁动势和内磁阻进行上述等效处理以后，就可以将永磁磁路的计算问题转化为一般的磁路计算问题。因此，理论上可以利用直流磁路计算的方法计算永磁磁路。

习　题

6-1　试比较磁路计算与电路计算的异同。

6-2　采用漏磁系数法计算磁路时，什么情况下按漏磁通不变的原则求等效漏磁导？什么情况下按漏磁链不变的原则求等效漏磁导？并说明其原因。

6-3　何谓磁通管？试说明分割磁场法计算气隙磁导的方法和适用范围。

6-4　某直流并联 U 形电磁铁，气隙磁导 $\varLambda_{\delta1} = \varLambda_{\delta2} = 3 \times 10^{-8}$H，铁心单位长度漏磁导 $\lambda = 1.5 \times 10^{-6}$H/m，铁心长度 $l_i = 60$mm，线圈电压 $U = 220$V，线圈电阻为 300Ω，线圈匝数为 5000 匝，衔铁处于打开位置，铁心截面积 6cm^2，忽略铁磁阻抗的影响。试求：1) 等效磁路图；2) 线圈磁动势；3) 利用漏磁系数法计算底铁磁通及工作气隙磁通。

6-5　已知单 U 形直动式交流并联电磁铁的线圈电压为 220V，匝数为 4000 匝，热电阻为 335Ω，衔铁处于打开位置时，工作气隙磁导 $\varLambda_{\delta1} = \varLambda_{\delta2} = 11 \times 10^{-8}$H，铁心单位长度漏磁导 $\lambda = 2.2 \times 10^{-6}$H/m，铁心长度 $l_i = 3.5 \times 10^{-2}$m，电流频率 $f = 50$Hz，求线圈电流 I 及工作气隙磁通 $\varPhi_{\delta m}$。

6-6　已知永久磁铁长度 $l_1 = 20$mm，截面积 $A = 100$mm^2，材料的去磁曲线如图 6-12 所示，并已知磁系统的漏磁系数 $\sigma = 1.5$，$K_c = 1.2$，工作气隙磁导 $\varLambda_\delta = 8 \times 10^{-8}$H，求工作气隙磁通 $\varPhi_\delta$。

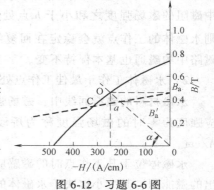

图 6-12　习题 6-6 图

第 **7** 章

电磁铁的特性计算

7.1 电磁铁的吸力计算

7.1.1 直流电磁铁的吸力计算

直流电磁铁的吸力计算通常采用能量平衡法和麦克斯韦公式法。

1. 能量平衡法

根据电磁系统的能量平衡关系，并假定线圈电流 I 和磁链 Ψ 为线性关系，可得出计算电磁吸力的一般公式为

$$F_x = -\frac{1}{2}\left(I\frac{\mathrm{d}\Psi}{\mathrm{d}\delta} - \Psi\frac{\mathrm{d}I}{\mathrm{d}\delta}\right) \qquad (7\text{-}1)$$

对于线性磁路及漏磁通不随气隙变化的电磁系统，由式（7-1）可以推导出计算电磁吸力的实用公式：

$$F_x = -\frac{1}{2}U_\delta^2\frac{\mathrm{d}\Lambda_\delta}{\mathrm{d}\delta} \qquad (7\text{-}2)$$

式中，$\dfrac{\mathrm{d}\Lambda_\delta}{\mathrm{d}\delta}$ 为工作气隙磁导对气隙的导数（H/m）。

虽然式（7-2）是在假设磁路为线性的情况下得出的，但也适用于非线性磁路的计算。由于当 δ 增加时 Λ_δ 减小，所以 $\dfrac{\mathrm{d}\Lambda_\delta}{\mathrm{d}\delta}$ 为负值，因此，实际吸力 F_x 为正值。

2. 麦克斯韦公式法

根据麦克斯韦公式，并假设磁极间磁场均匀分布，则得出气隙较小、磁场比较均匀时电磁吸力计算的简化公式为

$$F_x = \frac{B_\delta^2 S}{2\mu_0} = \frac{\Phi_\delta^2}{2\mu_0 S} \qquad (7\text{-}3)$$

式中，B_δ 为工作气隙的磁通密度（T）；Φ_δ 为工作气隙的磁通（Wb）；S 为磁极面积（m²）。

值得说明的是，式（7-2）和式（7-3）在一定条件下可以相互转换。当工作气隙较小时，认为工作气隙磁场是均匀磁场，并且忽略边缘磁通，则式（7-2）和式（7-3）的计算结果相同；当工作气隙较大，并且不能忽略其边缘磁通时，式（7-2）的计算结果比较准确，式（7-3）计算的吸力误差较大。但是由于式（7-3）非常简练，在分析问题时仍然广泛使用。

7.1.2 交流电磁铁的吸力计算

式 (7-2) 和式 (7-3) 同样适用于交流电磁铁电磁吸力的计算。

交流电磁铁的励磁绕组的电源电压为正弦交变量，因此，其中的磁通也为正弦交变量。若交流电磁铁的工作气隙磁通 Φ 为

$$\Phi = \Phi_m \sin\omega t \tag{7-4}$$

将式 (7-4) 代入式 (7-3)，则交流电磁铁的电磁吸力为

$$F_x = \frac{\Phi^2}{2\mu_0 S} = \frac{\Phi_m^2}{2\mu_0 S}\sin^2\omega t = \frac{\Phi_m^2}{4\mu_0 S} - \frac{\Phi_m^2}{4\mu_0 S}\cos 2\omega t \tag{7-5}$$

式 (7-5) 表明，交流电磁铁的电磁吸力由恒定分量 F_{xn} 和交变分量 F_{xc} 组成，交变分量 F_{xc} 以 2 倍磁通频率随时间周期性变化。电磁吸力的平均值 F_{xav} 等于恒定分量 F_{xn}，为吸力最大值 F_{xm} 的一半。交流电磁铁的电磁吸力变化曲线如图 7-1 所示。

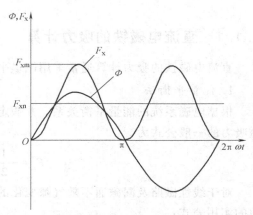

图 7-1 交流电磁铁的吸力及磁通曲线

由于交流电磁系统吸力的脉动性，使电磁吸力在半个周期内与反作用力 F_f 线相交两次，当吸力由最大值减小到小于反作用力以后衔铁将被释放，但吸力又很快回升到大于反作用力，使衔铁重新吸合，这样会使衔铁产生振动，其振动频率为磁通频率的两倍。

为了消除振动，通常在交流电磁铁磁极面上安装分磁环。分磁环是由低电阻率、高机械强度的导体短接而成，电阻很小，又称短路环。

由于导磁体中的铁损会使磁路中出现磁抗，在磁极端面的一部分安装分磁环以后，被分磁环所包围的磁路部分就有一个磁抗 X_2。磁抗 X_2 将磁极端面处的磁通 Φ 分成两个彼此有一定相位差的分量 Φ_1 和 Φ_2，即通过无磁抗支路的磁通 Φ_1 和经过有磁抗支路的磁通 Φ_2，如图 7-2 所示。两个磁通分量 Φ_1 和 Φ_2 产生的吸力 F_{x1} 和 F_{x2}，及其合成吸力 F_{xk} 如图 7-3 所示。通过适当调整两个支路的磁通，使得由两个磁通分量产生的合成吸力 F_{xk} 的最小值 F_{xkmin} 大于衔铁在吸合位置所受的反力 F_{fc}，即 $F_{xkmin} > F_{fc}$，则可以达到消除衔铁振动的目的。

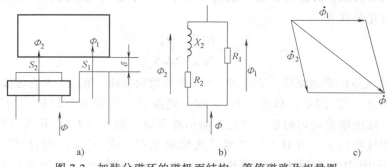

图 7-2 加装分磁环的磁极面结构、等值磁路及相量图

a) 磁极面结构 b) 等效磁路 c) 相量图

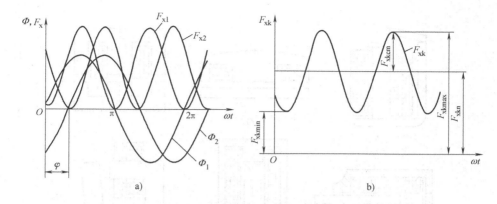

图 7-3　有分磁环时交流电磁铁的电磁吸力

a）磁通 Φ_{1m} 和 Φ_{2m} 产生的吸力　b）合成吸力

对于三相交流电磁铁，其三个相的线圈分别绕在三个铁心柱上。当三个相的铁心柱具有相同的几何参数并且电磁参数平衡时，A、B、C 三相铁心端面处的电磁吸力 F_{xA}、F_{xB} 和 F_{xC} 大小相同，相位依次相差 120°，其合力为

$$F_x = F_{xA} + F_{xB} + F_{xC} = \frac{3\Phi_m^2}{4\mu_0 S} \tag{7-6}$$

式（7-6）表明，电磁铁的合成吸力 F_x 不随时间变化，其大小为一个常数，因此，三相交流电磁铁不再需要设置分磁环。

7.2　电磁铁的吸力特性及其与反力特性的配合

电磁铁是依靠电磁吸力使衔铁产生机械位移而输出机械功的电工装置。如图 7-4 所示，电磁铁具有多种结构形式，可按不同方式分类。按磁系统形式分为 U 形、E 形、盘式和螺管式等。按衔铁运动方式分为转动式和直动式，衔铁围绕棱角转动的又称为拍合式。

不同结构形式的电磁铁具有不同的吸力特性。合理的电磁铁结构形式应该能使其静态吸力特性与反力特性得到良好配合。

7.2.1　电磁铁的吸力特性

对于直动式电磁系统，在一定条件下驱动衔铁运动的电磁吸力 F_x 和衔铁的行程 δ 之间的关系 $F_x = f(\delta)$，称为吸力特性。对于转动式电磁系统，吸力特性指衔铁受到的电磁转矩与衔铁角位移之间的关系，即 $M = f(\alpha)$。

在电路参数保持不变的稳态过程中得到的吸力特性，称为静态吸力特性。与此对应，考虑了电路参数在过渡过程中的变化而得到的吸力特性，称为动态吸力特性。在衔铁的实际运动过程中只有动态吸力特性，静态吸力特性无非是它在衔铁无限缓慢移动时的特例。考虑到动态吸力特性要受到电磁铁所牵引的负载等因素的影响，以致同一结构参数的电磁铁也会有不同的吸力特性，因此习惯上仍以静态吸力特性作为电磁铁的基本特性，并且省略"静态"

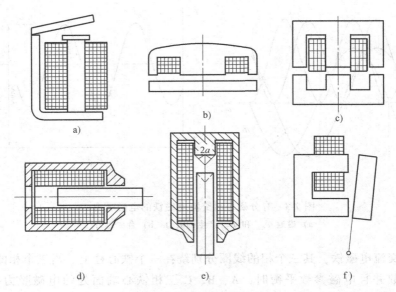

图 7-4 电磁铁的结构型式

a）U 形拍合式 b）盘式 c）E 形直动式 d）无挡铁螺管式 e）有挡铁螺管式 f）U 形转动式

二字，简称为吸力特性。

不同结构形式的电磁铁具有不同的吸力特性。

1. 直流电磁铁的吸力特性

直流电磁铁常用的结构形式有盘式、拍合式和螺管式等，其吸力特性曲线如图 7-5 所示。

由于盘式电磁铁的磁极面积很大、磁路很短，在气隙小时能获得非常大的吸力，它有两个串联的工作气隙，因而随着气隙的增大，吸力下降很快，所以吸力特性非常陡峭。

拍合式电磁铁有一个工作气隙和一个棱角气隙，因而随着工作气隙的增大，吸力下降很快，但比盘式要缓和一些，因此吸力特性也比较陡峭。

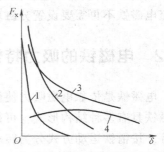

图 7-5 直流电磁铁的吸力特性

1—盘式 2—拍合式
3—有挡铁螺管式 4—无挡铁螺管式

螺管式电磁铁除磁极端面的吸力以外，还有漏磁产生的螺管力作用在衔铁上。对于有挡铁螺管式，其磁极端面主磁通产生的吸力较大，但是在工作气隙增大时，主磁通产生的吸力减小，而漏磁通产生的吸力变化不大，因此，其吸力特性比较平坦，在小气隙部分的吸力特性接近拍合式；对于无挡铁螺管式，其磁极端面主磁通产生的吸力较小，螺管力较大，并且气隙增大时螺管力变化不大，因此其吸力特性相当平坦。

同一类型的电磁铁，采取不同的磁极形状也会获得不同的吸力特性。例如，在拍合式电磁铁的铁心上加一个极靴，可以使吸力特性变得比较平坦，如图 7-6a 所示。这是因为：在工作气隙较大时，极靴面积较大，使工作气隙磁导及磁通增加，吸力随之增加；在工作气隙较小时，由于磁饱和现象，导磁体磁阻比较大，故工作气隙磁导增加，使磁通增加不多，而磁极面积增大，使吸力减小，故此时，有极靴电磁铁的吸力反而比没有极靴时的要小。又如，为增加磁极面积，把螺管式电磁铁的极面制成圆锥形，同样可以获得较为平坦的吸力特性，而且锥角不同，曲线形状也不同，如图 7-6b 所示。

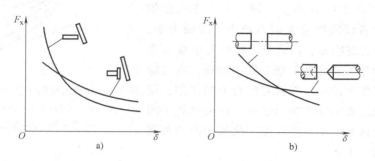

图 7-6　不同磁极形状的电磁铁吸力特性
a）有无极靴时的吸力特性　b）不同极面形状时的吸力特性

2. 交流电磁铁的吸力特性

交流并励电磁铁为恒磁链电磁铁，其工作气隙磁通随工作气隙增大而减小，但比直流电磁铁的缓慢得多，故其静态吸力特性曲线均比较平坦。

不同结构形式的交流并励电磁铁，其吸力特性曲线也不同。交流并励电磁铁的结构型式：小容量采用直动式，大容量采用转动式。其中，直动式的结构有：单 E 形、双 E 形、单 U 形、双 U 形、T 形和螺管式，如图 7-7 所示。

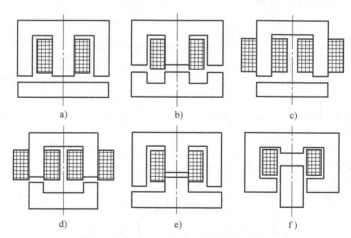

图 7-7　直动式交流电磁铁的结构形式
a）单 E 形　b）双 E 形　c）单 U 形　d）双 U 形　e）T 形　f）螺管式

假定：①电磁铁的材料相同、导磁体的截面也相同，即 E 形中柱铁心截面与 U 形相同，两边柱铁心截面为中柱铁心的一半，螺管式铁心柱截面与 U 形相同；②线圈电压、电阻及匝数相同；③铁心柱间距离相同，线圈窗口面积相同。上述几种结构的交流并励电磁铁吸力特性如图 7-8 所示。

双 U 形电磁铁气隙增大时，气隙磁通减小比较少，又有螺管力，所以吸力特性比较平坦；双 E 形电磁铁漏磁通比 U 形多，因此主磁通比 U 形的少，而且这种差别在气隙越大时

越明显，所以吸力特性比 U 形陡峭。单 E 形和单 U
形的漏磁通较多，并且没有螺管力，因此吸力特性比
双 E 形和双 U 形要陡峭些。T 形电磁铁的工作气隙磁
导大于双 E 形、小于单 U 形，在同一个工作气隙值
时，气隙磁导大者线圈电感大而电流小，故吸力小，
这种差别气隙越大越明显，因此吸力特性大于双 E 形
小于单 U 形，介于二者之间。螺管式电磁铁，在气隙
增大时主磁通减少比较小，而且有螺管力的作用，螺
管力比较大，因此吸力特性相当平坦。在衔铁处于闭
合位置时，由于只有一个工作气隙，故其吸力约为其
他形式电磁铁的一半。

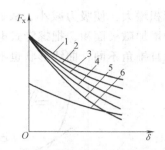

图 7-8　直动式交流并励电磁铁的吸力特性
1—双 U 形　2—双 E 形　3—T 形　4—单 U 形
5—单 E 形　6—有挡铁螺管式

　　交流串励电磁铁为恒磁动势电磁铁，故其吸力特性形状与直流电磁铁相类似，但是由于
其吸力是脉动的，所以其静态吸力特性是指电磁吸力的平均值与工作气隙之间的关系曲线。

7.2.2　电磁铁的反力特性

　　电磁铁的衔铁在运动过程中要克服机械负载的作用力而做功，可以说，电磁铁的主要任
务就是克服这种反作用力。机械负载性质的反作用力 F_f 与衔铁行程 δ 之间的关系 $F_f = f(\delta)$，
称为反力特性。反力特性与吸力特性实质上是矛盾的统一。对于一般的电磁铁来说，衔铁的
吸合主要靠电磁吸力，其释放则主要靠反作用力。

　　图 7-9 为几种常见的反力特性。

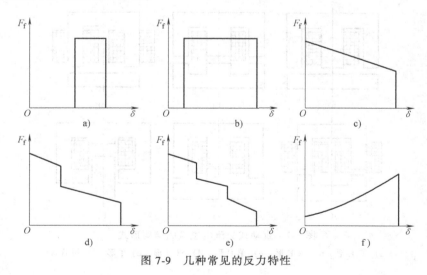

图 7-9　几种常见的反力特性

　　图 7-9a 为瞬时脱扣机构的反力特性，其特点是它不一定出现在衔铁行程之始，它可能
出现于行程中段或行程之末；图 7-9b 是起重性质负载的反力特性，例如以电磁铁吸持一重
物或一个不变的摩擦阻力；图 7-9c 是典型的弹簧性质负载的反力特性，其特点是具有一定
的初始反作用力；图 7-9d、e 是具有多级弹簧负载时的反力特性，其中前者是无常闭触头时
的特性，后者是有常闭触头时的特性；图 7-9f 是利用永久磁铁产生吸力使衔铁返回起始位

置时的反力特性。

7.2.3 吸力特性与反力特性的配合

电磁铁吸力特性与反力特性配合的适当与否，是决定其动态、静态特性指标以及工作性能优劣的主要因素。对于具有继电特性的电气元器件，其动作值、释放值以及返回系数乃至其寿命和工作可靠性，无不取决于吸力-反力特性的配合。

长期以来，人们一直从静态的观点对吸力特性与反力特性的配合提出要求。为了保证电磁铁可靠工作，在衔铁闭合过程中，应保证吸力特性处处高于反力特性，即 $F_x(\delta) > F_f(\delta)$；在衔铁释放过程中，应满足吸力特性处处低于反力特性，即 $F_x(\delta) < F_f(\delta)$。显然，采取这种配合方式，在衔铁吸合和释放过程中都不会发生中途被卡住的现象。

近年来，人们从动态的观点，对吸力特性和反力特性的配合要求提出了新的见解。从动态特性的角度来看：一方面希望电磁系统动作迅速，这显然是要求电磁吸力与反作用力的差值越大越好；另一方面又要求衔铁与铁心（以及动触头与静触头）之间的撞击很轻微，这势必要尽量减小两种力的差值。这样看来两种要求似乎是完全矛盾的。其实不然，因为衔铁的运动时间主要决定于它开始运动不久后的初速度，而撞击的强弱则主要决定于运动终了时衔铁具有的动能。这就促使人们想到采取类似图7-10所示的特性配合方式：利用两种力在释放位置附近巨大的差值，使衔铁于其运动初期具有很大的加速度，借此缩短运动时间，再利用两种力在小气隙附近的负差，将衔铁在发生撞击前的动能吸收掉一大部分，从而大幅度地减小撞击能量。

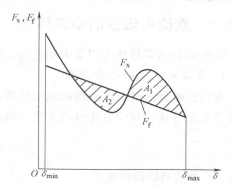

图 7-10 一种合理的吸力-反力特性配合方式

采取这种配合方式时必须特别注意两个问题：

1）动作值时的吸力-反力特性负差部分的面积 A_2（它代表被吸收的衔铁能量），必须小于正差部分的面积 A_1（它代表加速衔铁运动的能量）。否则，衔铁就不可能持续运动到终点。

2）动作值时的吸力特性在 $\delta = \delta_{min}$ 处必须大于反作用力。否则，衔铁即使能运动到该处，也不可能保持在该处不动。

合理的吸力特性与反力特性的配合，可以通过调整反力特性和吸力特性来实现。具体的调整方法将在后续课程中讨论。

7.3 电磁铁的动态特性

电磁铁的静态特性主要是研究系统在稳态条件下，当衔铁处于打开或闭合各稳定位置时，电磁吸力与工作气隙之间的变化情况。静态吸力特性由电磁铁线圈中电流的稳态值决定，而在磁系统衔铁运动过程中，电流值不同于稳态值。因此，在同一衔铁位置时动态吸力不同于静态吸力。静态特性无法反映电磁铁的时间特性和衔铁的运动变化情况，具有一定的局限性。因此，还需研究电磁铁的动态特性，以提高电磁铁的可靠性和使用寿命。

电磁铁的动态特性描述在不同时刻点上各参量之间的关系，表明各参量随时间是如何变化的。动态特性也可转化成在不同位置时各参量的关系。

电磁铁的动特性，通常包括线圈中的电流 i、电磁吸力 F_x、线圈磁链 Ψ、运动部分的位移 x 及其速度 $v = \dfrac{dx}{dt}$、加速度 $a = \dfrac{d^2x}{dt^2}$ 随时间而变化的关系。具体来讲，电磁铁动态特性主要包括以下内容：

1）电磁吸力与时间、位移的关系，即 $F_x(t)$ 和 $F_x(x)$。

2）衔铁位移与时间的关系，即 $x(t)$。

3）励磁电流与时间、位移的关系，即 $i(t)$ 和 $i(x)$。

4）磁通或磁链与时间、位移的关系，即 $\Phi(t)$ 和 $\Phi(x)$，或者 $\Psi(t)$ 和 $\Psi(x)$。

5）运动部件的速度与时间、位移的关系，即 $v(t)$ 和 $v(x)$。

7.3.1　直流电磁铁的动态特性

电磁铁的动态特性由用来表示电路、运动和吸力的微分方程来描述。

1. 直流电磁铁的吸合过程

电磁铁吸合的动态过程包括触动阶段和吸合运动阶段，触动阶段衔铁尚未运动，只需从电磁方面来分析。对于直流电磁系统，电压平衡方程为

$$u = iR + L\frac{di}{dt} \tag{7-7}$$

式中，L 为励磁线圈的电感。

电磁铁吸合运动阶段，由于电磁吸力已大于反作用力，故衔铁开始运动。由于衔铁已有运动速度，因此在线圈中就会产生阻碍电流增大的运动反电动势。最初，运动速度较小，运动反电动势在总的反电动势中尚未占主要地位，所以线圈电流继续增大。随着速度 v 的不断增大，运动反电动势也不断增大，一旦它增至一定的数值，电流便开始减小，以维持电压的平衡。电流减小的速率和幅度取决于具体参数。当衔铁运动完毕到达吸合位置后，运动反电动势又重新等于零，而线圈电流又在新的基础上重新增加。

在整个吸合运动阶段，动态特性可用以下微分方程描述：

$$\begin{cases} \dfrac{d\Psi}{dt} = U - iR \\[2mm] m\dfrac{dv}{dt} = F_x - F_f \\[2mm] \dfrac{dx}{dt} = v \end{cases} \tag{7-8}$$

式中，m 为衔铁的质量；v 为衔铁的运动速度；x 为衔铁所走的行程；F_x 为电磁吸力，是电流 i 和行程 x 的函数；F_f 为电磁反力，是行程 x 的函数。

衔铁运动过程结束以后，电磁铁的吸合过程进入第三阶段。此时，虽然机械运动过程已经结束，但是电磁过渡过程仍在继续，线圈电流和磁通仍在增大，直到它们分别达到各自的稳态值为止。

衔铁吸合过程中线圈电流变化曲线如图 7-11 所示。

将电磁铁线圈通电的瞬间起至衔铁到达闭合位置为止所经过的时间间隔，称为电磁铁的吸合时间（t_x）；如图 7-11 所示，吸合时间（t_x）包括吸合触动时间（t_c）和吸合运动时间（t_d），即：

$$t_x = t_c + t_d \qquad (7\text{-}9)$$

吸合触动时间，指从电磁铁线圈通电的瞬间起到衔铁开始运动的瞬间止，所经过的时间间隔。吸合触动时间 t_c 按式（7-10）计算：

$$t_c = T \ln \frac{I_w}{I_w - I_c} \qquad (7\text{-}10)$$

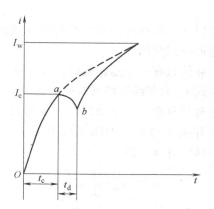

图 7-11　衔铁吸合过程中线圈电流的增长曲线

I_c—电磁铁吸合触动电流（A）　I_w—电磁铁线圈稳定电流（A）

t_c—吸合触动时间（s）　t_d—吸合运动时间（s）

式中，T 为衔铁打开位置时的线圈时间常数（s），$T = \dfrac{L}{R}$，其中，L 为衔铁吸合位置时线圈的自感（H），R 为线圈的电阻（Ω）；I_w 为电磁铁线圈稳定电流（A），$I_w = \dfrac{U}{R}$，U 为线圈的电源电压（V）；I_c 为电磁铁的吸合触动电流（A），I_c 按式（7-11）计算。

$$I_c = \frac{1}{N} \sqrt{\frac{2F_{fa}}{\dfrac{d\Lambda_{\delta a}}{d\delta}}} \qquad (7\text{-}11)$$

式中，F_{fa} 为衔铁打开位置的反力（N）；N 为线圈匝数；$\Lambda_{\delta a}$ 为衔铁打开位置的工作气隙磁导（H）。

吸合运动时间，指从电磁吸力大于系统反力，衔铁开始运动瞬间起至衔铁运动至闭合位置时所经过的时间间隔。吸合运动时间 t_d 按式（7-12）计算：

$$t_d = \sqrt{\frac{2m\delta_a^2}{S_k}} \qquad (7\text{-}12)$$

式中，δ_a 为衔铁行程（m），等于衔铁处于打开位置时的工作气隙值；S_k 为衔铁吸合运动时所做的机械功（J），其大小等于吸合时吸力特性曲线与反力特性曲线之间所夹的面积；m 为衔铁运动部件的质量（kg）。

2. 直流电磁铁的释放过程

当电磁铁的衔铁处于闭合位置时，若切断线圈电源或者降低线圈磁通势，则工作气隙磁通将会下降，相应地电磁吸力也会下降。当电磁吸力下降至与衔铁处于闭合位置时的反力相等时，衔铁开始释放，并最终返回到打开位置。

从线圈断电（或降低磁通势）的瞬间起到衔铁返回打开位置为止所经过的时间间隔，称为电磁铁的释放时间（t_f）。释放时间（t_f）包括开释时间（t_{fk}）和释放运动时间（t_{fd}），即

$$t_{\mathrm{f}} = t_{\mathrm{fk}} + t_{\mathrm{fd}} \tag{7-13}$$

开释时间，指电磁铁从线圈断电（或降低磁通势）瞬间起到衔铁开始释放运动的瞬间止所经过的时间间隔。

若电磁铁只有一个励磁线圈，并且线圈断电后不短接，也不考虑导磁体中涡流的影响，则开释时间 t_{fk} 等于线圈断开时的燃弧时间，由于燃弧时间很短，所以 $t_{\mathrm{fk}} \approx 0$。

若电磁铁只有一个励磁线圈，但是线圈在切断电源后立即被开关 S 短接，如图 7-12 所示，则开释时间 t_{fk} 按式（7-14）计算，即

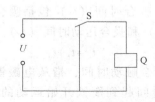

$$t_{\mathrm{fk}} = \frac{L}{R} \ln \frac{I_{\mathrm{w}}}{I_{\mathrm{f}}} \tag{7-14}$$

式中，I_{f} 为衔铁开始释放时的线圈电流（A）。

图 7-12　线圈断电后立即短接的电路

在线圈电流为 I_{f} 时，电磁铁的吸力等于衔铁吸合位置的反力，I_{f} 按式（7-15）计算，即

$$I_{\mathrm{f}} = \frac{1}{N} \sqrt{\frac{2F_{\mathrm{fc}}}{\dfrac{\mathrm{d}\Lambda_{\delta\mathrm{c}}}{\mathrm{d}\delta}}} \tag{7-15}$$

式中，F_{fc} 为衔铁吸合位置电磁铁的反力（N）；N 为线圈匝数；$\Lambda_{\delta\mathrm{c}}$ 为衔铁处于吸合位置时的工作气隙磁导（H）。

释放运动时间，指衔铁从开始释放运动的瞬间起，到衔铁返回到打开位置为止的时间间隔。释放运动时间 t_{fd} 按式（7-16）计算。

$$t_{\mathrm{fd}} = \sqrt{\frac{2m\delta_{\mathrm{a}}^{2}}{S_{\mathrm{f}}}} \tag{7-16}$$

式中，S_{f} 为衔铁释放运动时所做的机械功（J），在数值上等于衔铁释放时的吸力特性曲线（即磁动势为 $I_{\mathrm{f}}N$ 时的吸力特性曲线）与反力特性曲线之间所夹的面积。若线圈断电后没有短接，则 S_{f} 的大小等于反力特性曲线与横坐标轴之间所夹的面积。

7.3.2　交流电磁铁的动态特性

交流电磁铁励磁线圈接通电源或从电源断开后，也将经历一个过渡过程。但交流系统的励磁电压或电流是交变参量，故其过渡过程与直流系统大不一样。此外，电源电压的接通相位（合闸相角）对过渡过程有较大影响，使交流电磁系统动态过程的分析计算较直流系统复杂得多。交流电磁铁的动态过程同样包括吸合过程和释放过程。交流电磁铁的动作时间包括触动时间、吸合运动时间、开释时间和释放运动时间。

交流电磁铁的触动时间不仅与触动电流（磁链）有关，还与合闸相角有关；触动时间的最小值在 1/4 的电源周期之内，最大值不超过半个电源周期，这要比同容量的直流电磁铁的小得多；线圈回路的电感值对交流电磁铁触动时间的影响较小。

交流电磁铁的吸合运动过程，不仅要考虑导磁体的磁滞和涡流损耗，还要考虑分磁环的影响。为简化计算，假定磁路不饱和、电压按正弦规律随时间变化，同时不考虑铁损和分磁环损耗，则可以将交流电磁铁看作直流电磁铁，吸合运动时间按式（7-12）计算，只是吸力

特性应用平均吸力与工作气隙值的关系曲线。

在电磁铁开释阶段，若励磁线圈没有被短接，则开释时间等于线圈电路断开时的燃弧时间，由于交流电路燃弧时间比直流电路要短，因此开释时间约等于零；若线圈断电后立即被短接，则开释时间的计算方法与直流电磁铁相同，采用式（7-14）计算。所不同之处是线圈断电时的磁通瞬时值决定开释时间的大小，若断电时磁通刚好为零，则开释时间也为零。因此交流电磁铁的开释时间是不稳定的。

交流电磁铁的释放运动过程与直流电磁铁的没有差别，可以采用式（7-16）计算交流电磁铁的释放运动时间。

总之，交流电磁铁的动作时间比较短，不能用作延时动作电磁铁。

习　题

7-1　为什么交流电磁铁的吸力特性通常要比直流电磁铁的平坦？

7-2　一个额定频率为 50Hz 的交流电磁铁，在额定电压下改用 60Hz 的交流电源，则交流电磁铁的磁动势和电磁吸力会有哪些变化？

7-3　交流电磁铁的分磁环有什么用途？能否将分磁环由铜材质改为同尺寸的铝材质或铁磁材料？

7-4　电磁铁的吸力特性与反力特性应该如何配合？

7-5　电磁铁的动态特性与静态特性有何区别？动态特性包括哪些内容？

7-6　若要延长直流电磁铁的动作时间，应采取什么措施？

第8章

电器的机构理论

有触点开关电器依靠触头的分、合来完成电路的分断和接通，而触头的分、合需要由机械操动系统来实现。因此，机械操动系统（简称机构）是有触点开关电器的重要组成部分，其性能优劣将直接关系到电器的工作可靠性。

电器的机构通常由操动机构、传动机构、触头提升机构和缓冲器组成。其中，操动机构又因合闸能源的不同而具有手动操动机构、电磁操动机构、弹簧操动机构、气动操动机构、液压操动机构和永磁操动机构等多种形式。目前，低压开关电器一般使用手动或电磁操动机构，高压开关电器大多使用弹簧操动机构、永磁操动机构或液压操动机构。

低压开关电器的机构以电磁系统为主，理论基础是电磁系统的磁路计算以及电磁铁的特性计算，其相关内容已在第 6、7 章中进行了介绍。本章则着重介绍高压开关电器的机构理论。鉴于在电力系统中广泛使用的断路器、负荷开关、隔离开关、接地开关等多种高压开关电器中，以高压断路器的功能最齐全、结构最复杂，为此，仅以最具代表性的高压断路器的机构为例对高压开关电器的机械操动系统进行介绍。

8.1 高压断路器的结构及其工作原理

断路器是指既能够开断、关合和承载运行线路的正常电流，又能在规定时间内承载、关合和开断规定的过载电流（包括短路电流）的机械开关装置。通常将额定电压为 3kV 及以上的断路器称为高压断路器。

高压断路器是电力系统中最重要的一类开关设备，具有两个方面的作用：一是控制作用，即根据电网运行要求，将一部分电力设备或线路投入或退出运行状态，或转为备用或检修状态；二是保护作用，即在电力设备或线路发生故障时，通过继电保护及自动装置动作断路器，将故障部分从电网中迅速切除，保护电网的无故障部分使之正常运行。

根据断路器的灭弧介质及其灭弧原理进行划分，高压断路器有油断路器（包括多油断路器和少油断路器两类）、压缩空气断路器、真空断路器、六氟化硫（SF_6）断路器、磁吹断路器和（固体）产气断路器。其中，目前应用较多的是真空断路器和 SF_6 断路器。

为实现电路的开断与闭合，从结构上讲高压断路器通常由开断部分、操动与传动部分、绝缘部分构成，如图 8-1 所示。开断部分是断路器用来进行关合、开断和承载电流的执行元件，包括触头系统、导电部件和灭弧室等。操动和传动部分，用来带动触头系统完成分、合动作，包括操动能源和把操动能源传动到动触头系统的各种传动机构。绝缘部分，包括处于高电位的导电部件、触头系统与地电位绝缘的绝缘元件，以及联系处于高电位的动触头系统与处于低电位的操动能源所用的绝缘连接件。

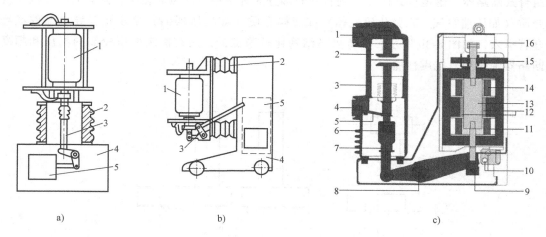

图 8-1　真空断路器的总体结构示意图

a) 真空断路器的总体结构

1—真空灭弧室　2—绝缘支撑　3—传动机构　4—基座　5—操动机构

b) 悬挂式真空断路器的结构

1—真空灭弧室　2—绝缘子　3—传动机构　4—基座　5—操动机构

c) Vsm 型永磁真空断路器的结构

1—上部接线端子　2—真空灭弧室　3—环氧树脂浇注体　4—下部接线端子　5—软连接　6—触头压力弹簧

7—绝缘拉杆　8—主轴　9—行程调节器　10—开关位置检测传感器　11—合闸线圈　12—永磁铁　13—动铁心

14—分闸线圈　15—手动紧急分闸装置　16—永磁操动机构外壳

　　根据对地绝缘方式的不同，高压断路器又具有绝缘支柱式和落地罐式两种结构，如图 8-2 所示。绝缘支柱式断路器将开断部分放置在绝缘支柱上，使处于高电位的触头、导电部件、灭弧室与地电位绝缘，绝缘支柱则安装在接地的基座上，如图 8-3a 所示，其主要优点是可以用串联若干个开断元件和加高对地绝缘的方式组成更高电压等级的断路器，即形成积

a)　　　　　　　　　　　　　　b)

图 8-2　高压 SF6 断路器

a) 绝缘支柱式　b) 落地罐式

木组合式断路器；落地罐式断路器则将开断部分放置于接地的金属箱中，其间的绝缘依靠气体介质（如压缩空气、六氟化硫气体）或液体介质（如变压器油）来承担，导电部件经绝缘套管引入，如图 8-3b 所示，其特点是结构比较稳定，常用在额定电压较高的高压和超高压断路器中使用，抗震性能好。

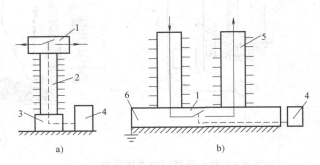

图 8-3　高压断路器典型结构示意图

a）绝缘支柱式　b）落地罐式

1—开断部分　2—绝缘支柱　3—基座　4—机械操动系统　5—绝缘套管　6—接地外壳

8.2　高压断路器机械操动系统的基本结构

高压断路器的机械操动系统（即机构）由操动机构、传动机构、触头提升机构（又称行程机构、变直机构）、缓冲器以及分合状态指示器等部件构成，如图 8-4 所示。

操动机构是开关分合闸的动力装置。操动机构的分合闸能源从根本上讲是来自人力或电力。这两种能源还可转变为其他能量形式，如电磁能、弹簧位能、重力位能、气体或液体的压缩能等。当开关闭合后，为节省能源，一般合闸力不再持续作用，这时靠操动机构自身的特性将开关保持在合闸位置，所以，它本身又是一种锁定装置。当开关需要分闸时，又希望能以最小的操作力使开关分闸。一般情况下分闸动力装置均采用分闸弹簧，只有少数断路器

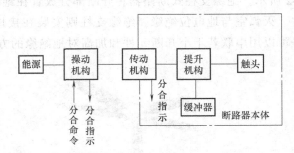

图 8-4　断路器与操动机构的组成结构示意图

和隔离开关直接采用气动、液压或电动机来分闸。当断路器利用操动机构本身提供的能量来完成断路器的分闸操作时，操动机构又是控制断路器分闸操作的机构。

操动机构一般独立于开关本体之外，做成独立产品，以一定的输出特性和开关负载特性相配合。一种型号的操动机构可以操动几种不同型号的断路器；而一种型号的断路器也可配装不同型号的操动机构。所以，不同类型的断路器可以选配经适当调整后的同一类型操动机构。但压缩空气断路器及部分真空断路器中的操动机构通常与断路器做为一体，不再作为一个独立产品。

传动机构是连接操动机构和触头提升机构的中间环节，起着传递和改变力的大小、方向的作用。一般情况下，出于电气绝缘或安装的需要，操动机构和开关本体常相隔一定的距离或处于不同位置，而且它们的运动方向往往也不一致，因此需要通过传动机构传递能量，而且在传递过程中能量损失要少。但有些情况下也可以不需要传动机构。开关中常用的传动机构是以拐臂、连杆、转轴等组成的机械传动方式。除此之外，还有气动传动和液压传动方式。

触头提升机构是根据触头分、合闸要求，改变传动机构的运动方式以满足触头行程、速度和轨迹条件的机构。触头提升机构能够带动断路器的动触头按照一定的轨迹运动，通常为直线运动或近似直线运动。

断路器操作时的速度很高。为了减少撞击，避免零部件的损坏，需要装设分、合闸缓冲器。缓冲器大多装设在提升机构的附近。

断路器的操动机构按照分、合闸信号进行操作。根据运行与维护要求，该机构除了应具有分、合闸位置的电信号指示器外，在操动机构及断路器上还应具有反映分、合闸位置的机械指示器。

8.3 高压断路器的操动机构

8.3.1 高压断路器对操动机构的基本要求

高压开关尤其是高压断路器对电力系统的正常运行具有极为重要的作用。断路器触头的分、合动作是通过机构来实现的。断路器机构的动作具有以下特点：

1）执行任务与完成任务时机构系统处于瞬变过程中，因此，机构的动作伴有冲击、振动以及其他一些非稳态性质。

2）在断路器处于合闸位置、线路带电状态时，机构可能长期不动作，然而，一旦发生事故，又要求机构动作精准、可靠。

3）各类断路器对机构动作的要求，既有共同的地方但又有各自特殊的地方。

为此，对机构可靠性的要求就显得特别重要。根据现有运行资料统计，高压断路器的操作事故中大约有 70%~80% 是由于机构动作和性能的不可靠造成的，例如机构的拒动、误动、机械卡涩等。可见，机构的质量及其工作性能的优劣，对高压断路器的工作性能和可靠性起着至关重要的作用。

在高压断路器机构的各组成部件中，操动机构的性能对高压断路器的分、合闸操作具有决定性影响。为确保断路器安全可靠运行，对断路器的操动机构提出以下基本要求：

（1）合闸

在线路正常状态下，用操动机构使断路器关合正常工作电流时，比较容易。但是在电网事故情况下，如断路器关合到具有预伏性短路故障的电路时，情况就要严重得多。因为断路器关合时，电路中出现的短路电流可达几万安以上，断路器导电回路受到的电动力可达几千牛顿以上。另一方面，从断路器导电回路的布置以及触头的结构来看，电动力的方向又常常是阻碍断路器关合的。因此，在关合有预伏短路故障的电路时，由于电动力过大，断路器触头有可能不能关合，从而引起触头严重烧伤；油断路器可能出现严重喷油、喷气，甚至断路器爆炸等事故。因此，操动机构必须具有关合短路故障的能力，不能出现拒合、慢合等现象。

在实际工作条件下，电磁、气动、液压等操动机构还需考虑操作能源的波动性，要保证电压、气压和液压等操作能源在一定范围内变化时操动机构仍能可靠工作。当操作能源在下限值（规定为额定值的80%或85%）时，操动机构应具有足够的合闸功以满足动触头闭合速度的要求；当操作能源在上限值（规定为额定值的110%）时，操动机构不能出现因操作力、冲击力过大而使断路器零部件损坏的现象。

总之，就合闸操作而言，操动机构应有足够能力带动断路器可靠关合电路。标志操动机构合闸能力大小的一项主要指标是机构输出的机械功（操作功）。一般12kV断路器需要的操作功约为几百焦耳，而126kV断路器则需要几千焦耳或更高。

（2）合闸保持

由于在合闸过程中合闸命令的持续时间很短，而且操动机构的操作功也只在短时间内提供，因此，当断路器合闸过程结束、处于合闸状态时，要能可靠地保持这种状态，不得因外界振动或其他原因而出现误分动作。即操动机构必须具有合闸状态保持功能，以保证在合闸命令和操作功消失后断路器仍能保持在合闸位置。

（3）分闸

操动机构不仅要求能够电动（自动或遥控）分闸，在某些特殊情况下，应该能在操动机构上进行手动分闸，而且要求断路器的分闸速度与操作人员的动作快慢和下达命令的时间长短无关。此外，为了减少分闸信号的能量，达到快速分闸、简化继电保护回路的要求，在操动机构中应有分闸省力机构。

（4）自由脱扣

当断路器在合闸过程中又接到分闸命令，这时不管合闸力是否继续作用，机构均应执行分闸操作，分闸后的断路器只有回复到合闸准备状态才能重新合闸。能实现这种功能的机构叫自由脱扣机构。

对于高压和开断电流大的断路器，为保证关合短路后的开断性能，一般不装设自由脱扣机构。手动操动机构必须具有自由脱扣装置，才能保证及时开断短路故障以保障操作人员的安全。某些操作小容量断路器的电磁操动机构，在失去合闸电源而又迫切需要恢复供电时，操作人员往往不得不违反正常操作规定，利用检修调整用的杠杆应急地用手力直接合闸。对于这类操动机构也应装有自由脱扣装置。其他很多操动机构则不要求自由脱扣。

值得注意的是，自由脱扣时断路器的分闸速度常常达不到规定的数值，能否可靠地开断短路电流，需要通过试验验证。

（5）防跳跃

当断路器关合有预伏短路故障的电路时，不论操动机构有无自由脱扣，断路器都应自动分闸。此时若合闸命令还未解除（如转换开关的手柄或继电器还未复位），则断路器分闸后又将再次短路合闸，紧接着又会短路分闸。这样，有可能使断路器连续多次分、合短路电流，这一现象称为"跳跃"。出现"跳跃"时，断路器将无谓地自行多次分合闸，会造成触头严重烧蚀甚至引起爆炸事故。因此对于非手力操作的操动机构必须具有防止"跳跃"的能力，使得断路器关合短路而又自动分闸后，即使合闸命令尚未解除，也不会再次合闸。防"跳跃"可以采用机械的方法，例如，许多操动机构中装设自由脱扣装置的目的就是为了防止"跳跃"，也可采用电气的方法，例如在操动机构分、合闸操作的控制电路中，加装防"跳跃"继电器，防止"跳跃"的出现。

（6）复位

断路器分闸后，操动机构中的各个部件应能自动地回复到准备合闸的位置。对于手动操动机构，允许通过简单的操作后回复到准备合闸位置，因此，操动机构中还需装设一些复位用的零部件，如连杆或返回弹簧等。

（7）联锁

为了保证操动机构的动作可靠，要求操动机构具有合理的联锁装置。常用的联锁装置包括：

1）分合闸位置联锁。保证断路器在合闸位置时，操动机构不能再进行合闸操作；断路器在分闸位置时，操动机构不能再进行分闸操作。

2）低气（液）压与高气（液）压联锁。当气体（或液体）压力低于或高于规定值时，操动机构不能进行分、合闸操作。

3）弹簧操动机构中的位置联锁。弹簧储能达不到规定要求时，操动机构不能进行分、合闸操作。

4）其他联锁，如信号联锁、操作顺序联锁等。

8.3.2　操动机构的分类及其工作原理

根据能量形式的不同，操动机构可分为手动操动机构、电磁操动机构、弹簧操动机构、电动机操动机构、气动操动机构、液压操动机构和永磁操动机构等。

1. 手动操动机构

手动操动机构是直接依靠人力使开关合闸的操动机构，主要用来操动电压等级低、额定开断电流很小的断路器。若用手动操动机构关合具有预伏短路故障的电路，瞬时出现的电动力可能会造成手动合闸失败，或者由于合闸速度太低而导致断路器触头熔焊甚至爆炸。手动操动机构结构简单，不要求配备复杂的辅助设备及操作电源，缺点是不能自动重合闸，只能就地操作，不够安全。因此，除工矿企业用户外，电力部门已很少单纯采用手动操动机构。手动操动机构已逐渐被手动储能的弹簧操动机构所代替。

2. 电磁操动机构

电磁操动机构是靠直流电磁铁产生的吸力使开关合闸的操动机构，如图 8-5 所示。

图中 O_2、O_3、O_4、和 O_5 为固定轴，其中 O_4 为操动机构的主轴，它将通过连杆系统和断路器的轴相连。轴 O_3 和轴 O_5 间通过连杆 1、11 及 10 相连，形成一个四连杆机构。轴 O_4 和 O_3 间则通过连杆 2、3、7 及 1 相连为一个五连杆机构，连杆 3 和 7 的绞链处装有滚轮 5。

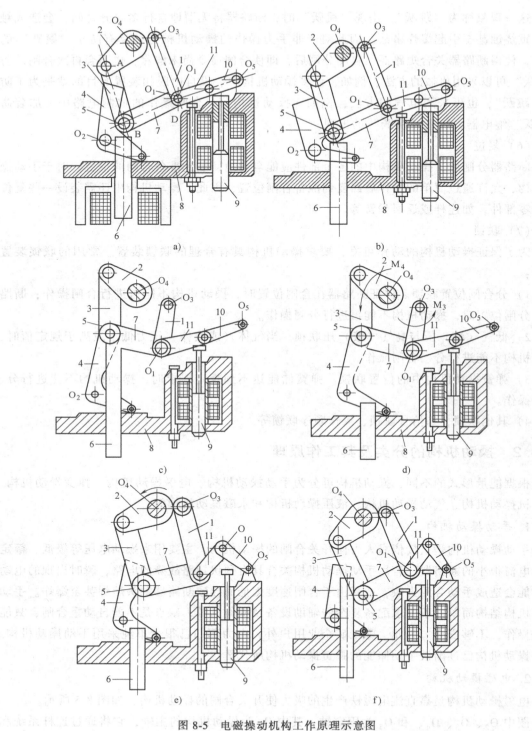

图 8-5　电磁操动机构工作原理示意图

a) 准备合闸前的分闸位置　b) 合闸操作过程中　c) 合闸操作结束（铁心未落下）

d) 合闸位置　e) 分闸操作过程中　f) 合闸过程中的自由脱扣

1,2,3,7,10,11—连杆　4—支持元件　5—滚轮　6—合闸电磁铁顶杆　8—机座　9—分闸电磁铁

图 8-5a 为操动机构处于断路器分闸，准备合闸的位置。此时连杆 10 和 11 处于死点位置，连杆 1 被临时固定，O_1 成了机构的临时固定轴，在 O_1 和 O_4 间形成了一个可以传动的四连杆机构。在合闸电磁铁顶杆的作用下，可带动主轴 O_4 顺时针转动，完成断路器的合闸操作。

在合闸操作过程中（见图 8-5b），滚轮 5 将推动支持元件 4 绕轴 O_2 逆时针转动。在合闸终了，滚轮脱离支持元件后，支持元件即在复位弹簧的作用下回到原来的位置，把滚轮支持在它的顶部（见图 8-5c）。这样，在合闸线圈断电，合闸电磁铁返回原处时，断路器就可靠地使支持元件维持在合闸位置（图 8-5d）。

断路器合闸后，分闸弹簧将通过连杆在操动机构的主轴上施加一逆时针方向的力矩 M_4。这一力矩的作用通过四连杆机构传递到 O_1 点上，形成了连杆 1 绕轴 O_3 的逆时针力矩。此时只要设法使连杆 10 和 11 越出机构的死点，临时固定轴 O_1 即可在力矩 M_3 的作用下右移，并通过连杆 7 带动滚轮右移，使之脱离支持元件而完成断路器的分闸操作（见图 8-5e）。因此分闸电磁铁 9 的任务就在于把连杆 10 和 11 推离死区。由于四连杆机构中的连杆 10 和 11 处于死点位置附近，因此尽管 O_3 轴上有较大的力矩，只要在连杆 10 上施以较小的力就能使机构运动，这就大大减轻了机构的脱扣功。

在完成分闸操作，分闸线圈断电，分闸电磁铁返回原处后，连杆 10 和 11 将在复位弹簧的作用下回到原来的位置，重新形成死点和临时固定轴（图 8-5a），准备下一次合闸。

图 8-5f 所示为机构的自由脱扣原理。由图可知，在分闸操作过程中，只要分闸电磁铁动作，机构的临时固定轴就会遭到破坏，滚轮 5 就会右移而从顶杆上脱落。此时尽管关合信号仍能使合闸电磁铁上升，已不能使断路器关合了。自由脱扣显然也能发生在关合终了但合闸电磁铁尚未复位时。

电磁操动机构的优点是结构简单、工作可靠、制造成本低，缺点是操作所需功率太大，在合闸操作时流过合闸线圈的电流高达数百安培，如表 8-1 所示，因而需要一个大功率的直流电源——整流电源或蓄电池组，这将加大投资，且给运行和维护带来很多麻烦。此外，电磁操动机构的合闸时间较长（0.2~0.8s），因此，在超高压断路器中很少采用，主要用来操作 126kV 及以下的断路器。

表 8-1　电磁操动机构合闸线圈消耗的功率

操动机构型号	配用的断路器型号	合闸线圈电压/V	合闸线圈电流/A	功率/kW
CD2	SN1—12、DW1—40.5	220	98	22
CD3	SW2—40.5	220	78.5	17.3
CD5	SW3—126	220	235	52
CD9	DW2—40.5	220	133	29
CD10	SN10—12	220	120	26

3. 弹簧操动机构

弹簧操动机构是利用已储能的弹簧为动力对断路器进行分合闸操作的操动机构。弹簧储能通常由电动机通过减速装置完成。对于某些操作功不大的弹簧操动机构，为简化结构、降低成本，也可用手力来储能。

弹簧操动机构的机械结构主要由储能部分、传动部分和控制部分组成，如图 8-6 所示。

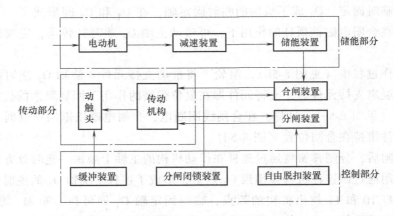

图 8-6　弹簧操动机构结构原理示意图

弹簧操动机构的工作原理为：电动机通过减速装置和储能机构的动作，使合闸弹簧储存机械能，储能完毕后通过合闸闭锁装置使弹簧保持在储能状态，然后切断电动机电源。当接收到合闸信号时，将解脱合闸闭锁装置以释放合闸弹簧储存的能量。这部分能量的一部分通过传动机构使断路器的动触头动作，进行合闸操作；另一部分则通过传动机构使分闸弹簧储能，为分闸做准备。当合闸弹簧释放能量，触头合闸动作完成后，电动机立即接通电源，通过储能机构使合闸弹簧重新储能，以便为下一次合闸动作做准备。当接收到分闸信号时，将解脱自由脱扣装置以释放分闸弹簧储存的能量，使触头分闸。

现以图 8-7 所示的弹簧操动机构为例，说明弹簧操动机构的动作过程。

图 8-7a 为分闸位置，分合闸弹簧均未储能，储能时首先由储能电动机驱动棘爪轴 13，使两棘爪 14 交替运动，推动棘轮 11 顺时针转动。随着棘轮转动合闸弹簧 7 被压缩，当棘轮转动 180°后，合闸弹簧被压缩至最大压缩量，A 销被分闸保持掣子 6 锁定，从而完成了合闸储能，到达图 8-7b 所示位置。合闸操作时，合闸电磁铁 5 的铁心撞击合闸触发器 4，使分闸保持掣子 6 与 A 销脱扣，棘轮在合闸弹簧的作用下，通过主轴 15 带动棘轮 11 顺时针转动，凸轮 10 通过滚轮 16 使拐臂 12 逆时针转动，通过传动系统带动触头合闸。同时压缩分闸弹簧，当合闸到位时，分闸储能也同时完成，如图 8-7c 所示，拐臂上的 B 销被合闸保持掣子 1 锁定，从而完成合闸操作。一般情况下，合闸操作完成后，储能电动机会立即起动，再次进行合闸储能，为下一次合闸或重合闸作准备，再次储能后的位置如图 8-7d 所示。

弹簧操动机构的优点是：动作时间不受天气变化和电压变化的影响，合闸性能稳定、可靠，且合闸速度较快；采用小功率（几百瓦到几千瓦）的交流或直流电动机为弹簧储能，对电源要求不高，交直流两用，易于操作；缺点是：弹簧机构的出力特性较差（当合闸终了需要高出力时，弹簧力反而减弱）；在储能和合闸过程中，容易发生振动和冲击，因此要求机构零部件的机械强度较高；结构比较复杂、零件数量多、加工要求高；随着机构操作功的增大，重量显著增加，弹簧的机械寿命大大降低。弹簧操动机构一般只用于操作 126kV 及以下的断路器，弹簧储能为几百焦耳到几千焦耳。

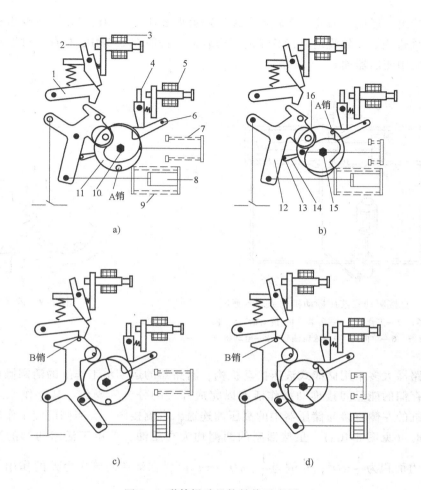

图 8-7 弹簧操动机构结构示意图

a) 分闸位置 (分合闸弹簧均未储能)　b) 分闸位置 (合闸弹簧已储能)　c) 合闸位置 (分闸弹簧已储能,
合闸弹簧未储能)　d) 合闸位置 (分合闸弹簧均储能)

1—合闸保持挚子　2—分闸触发器　3—分闸电磁铁　4—合闸触发器　5—合闸电磁铁　6—分闸保持挚子　7—合闸
弹簧　8—油缓冲器　9—分闸弹簧　10—凸轮　11—棘轮　12—拐臂　13—棘爪轴　14—棘爪　15—主轴　16—滚轮

4. 液压操动机构

液压操动机构是用液压油作为动力传递介质并推动活塞运动, 实现开关分合闸操作的机构。它有两种操作方式: 直接驱动式和储能式。

直接驱动式液压操动机构的工作原理如图 8-8 所示。电动机 8 带动齿轮泵 1 使油流经过管道直接推动活塞 3, 使传动轴 4 转动并带动开关的动触头运动。通过电动机的正反转来控制传动轴的转动方向, 从而使开关完成分合操作。这种操作方法常用于操作速度不高、操作功率不大的隔离开关。

图 8-8 中齿轮泵的内部构造如图 8-9 所示。齿轮泵装在壳体内一对同齿数互相啮合的齿轮上, 齿轮的啮合线把壳内容积分为 A、B 两个区域。当两个齿轮按图示方向转动时, A 侧齿轮脱开啮合, 齿轮凹部让出来, 体积增大形成吸油腔; 而 B 侧齿轮进入啮合, 体积减小,

凹部的油被挤出，形成压油腔。齿轮不断地转动就形成连续的油流流出。改变齿轮转向，也可使油从 B 处进入、A 处流出。齿轮泵的压力较低，一般在 2.5MPa 左右，对液压油的要求较低，通常使用变压器油。

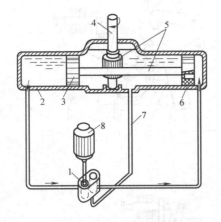 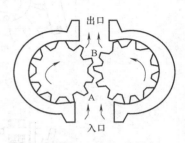

图 8-8　直接驱动式液压操动机构原理示意图　　　　　图 8-9　齿轮泵

1—齿轮泵　2—工作缸　3—活塞　4—传动轴　5—齿

轮与齿条　6—单向阀　7—减压油管　8—电动机

　　高压断路器大多采用储能式液压操动机构，断路器的运动由工作缸的活塞操作，利用储压器中预先存储的能量间接推动操作活塞以完成开关的分合闸操作，其工作原理如图 8-10 所示。工作缸的左侧直接与储压器中的高压油连通，右侧接阀门。当阀门使工作缸的右侧与高压油相通时（见图 8-10a），虽然活塞的两侧均为高压油，但由于活塞两侧的受力面积不等（右侧受力面积为 $\frac{1}{4}\pi D^2$，左侧为 $\frac{1}{4}(\pi D^2 - \pi d^2)$），在活塞两侧压力差的作用下，活塞向左运动而使断路器合闸，并保持在合闸位置。当转换阀门位置，使工作缸的右侧与油箱中的低压油连通时（见图 8-10b），将释放活塞右侧的高压，此时活塞在左侧高压油的作用下向右移动实现分闸操作。

　　由图 8-10 可知，储能式液压操动机构主要由以下四个部分组成：

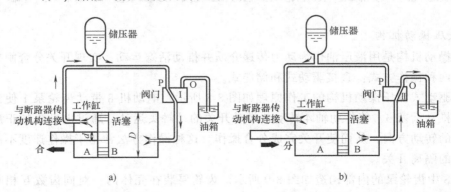

图 8-10　储能式液压操动机构原理示意图

a）合闸　b）分闸

（1）储能部分

由储能器、液压泵和电动机组成。储压器是充有高压力气体（氮气）的容器，能量是以气体压缩能的形式储存。当机构操作时，气体膨胀，释放出的能量经液压油传递给工作缸并转变为机械能。液压泵和电动机供储压器储能用。电动机带动液压泵向储压器压油（打压），使气体压缩，所以机构的能源仍然来自电源。由于储能过程的时间约为几分钟，而机构一次操作过程的时间大约为零点几秒，两者相差近 1000 倍，因此，储能用的电动机功率只有操动功率的千分之一，大大减轻了对电源容量的要求，这是储能式液压操动机构的优点。

（2）执行元件

执行元件是工作缸，它把能量转变为机械能，推动断路器完成分、合闸操作。

（3）控制元件

控制元件为各种阀门，用以实现分、合闸操作的控制、联锁和保护等要求。

（4）辅助元件

辅助元件包括低压力油箱、连接管道、油过滤器、压力表、继电器等。

现以图 8-11 所示的 CY3 型液压操动机构为例，说明液压操动机构的动作过程。

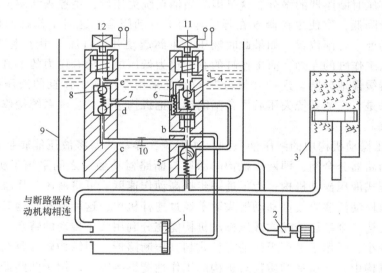

图 8-11　CY3 型液压操动机构

1—工作缸　2—液压泵　3—储压器　4—合闸控制阀　5—主控阀　6、7—单向阀（逆止阀）　8—分闸控制阀
9—油箱　10—节流孔　11—合闸电磁铁　12—分闸电磁铁

图 8-11 中，机构处于分闸状态，主控阀 5 关闭，工作缸左侧接通高压油，右侧为低压油，活塞维持在右边位置，断路器保持在分闸状态。

合闸过程：合闸电磁铁 11 通电，合闸控制阀 4 动作，关闭通向低压油箱的小孔 a，打开阀 4 的钢球使高压油进入单向阀 6 并使之打开。高压油通过单向阀 6 后分成两路：一路通向主控阀活塞上方，使活塞动作、顶开主控阀 5 的钢球，同时关闭通向低压油箱的小孔 b，高压油经过主控阀 5 进入工作缸右侧，推动断路器合闸；另一路高压油通过单向阀 6 及小管 d，进入分闸控制阀 8 使之闭锁。

合闸电磁铁 11 断电后，合闸控制阀 4 及单向阀 6 关闭，而依靠节流孔 10、小管 c、单向阀 7、小管 d 进来的高压油使主控阀 5 的活塞及钢球维持在打开位置，工作缸与断路器维持在合闸状态。

分闸过程：分闸电磁铁 12 通电，打开分闸控制阀 8，主控阀活塞上方的高压油经小管 d 与孔 e 泄放，主控阀关闭。工作缸右侧的高压油经小孔 b 流入油箱，而此时左侧仍接高压油，因此活塞向右方推动完成断路器的分闸操作。

CY-3 型液压操动机构工作缸的位置低于油箱，依靠油的高度差维持工作缸的低压油压力。因而这个机构的液压系统只需要一个高压力的油系统（由储压器供给）。而有些液压机构的工作缸位置高于油箱，为了维持工作缸的低压油，就需要另一个低压油系统。

CY-3 型液压操动机构的分、合闸能源都是高压液压油，因此在由它所操作的断路器中不需再装设分闸弹簧。但是应该注意到，当断路器处于合闸状态，由于某种原因使机构的油系统失压时，工作缸两侧的压差将消失，此时断路器会在压油活塞弹簧力及自身重力的作用下缓慢分闸，这是不允许的。为此需在断路器中设置一个保持弹簧，利用死点闭锁原理使断路器保持在合闸位置。

需要特别指出的是，保持弹簧只能解决油系统失压后的"慢分"问题，不能防止油系统失压后重新打压时断路器的慢分。这是因为当油系统失压后，主控阀活塞上部的保持油压会因泄漏而逐渐降低，致使主控阀 5 在弹簧作用下自动闭合。这时工作缸两侧都没有高压油，而断路器仍处于合闸位置。如果此时液压泵重新起动开始打压，由于主控阀 5 已关闭，高压油只能进入工作缸的左侧，而工作缸的右侧仍为低压油，随着压力的上升，工作缸的活塞将带动断路器缓慢地分闸。这种"慢分"问题是采用差动式工作缸的液压操动机构的通病。解决的方法是，在油系统失压后用合闸闭锁块把机构卡住，待油系统检修完毕重新打压后再撤除闭锁块。

CY-3 型液压操动机构中的液压油只到工作缸侧，操动活塞将液压能转换成机械功后通过连杆机构使断路器分合闸，即液压机构的活塞与断路器动触头之间采用了机械传动方式，故被称为半液压式液压操动机构；为了进一步提高动作速度，可将液压工作缸置于断路器的灭弧室附近，由操动活塞直接推动动触头而不经过连杆机构，这种操动机构又称为全液压传动式液压操动机构。全液压传动式液压操动机构能充分利用液压传动的特点，控制灵活，操作时机械冲击较小，适用于高度很高的瓷柱式超高压断路器，但结构较为复杂。

液压操动机构中，液压油的质量对机构的工作性能影响很大。用于断路器的储能式液压操动机构一般采用 10 号航空油（YH-10），其性能参数详见石油工业部标准 SYB-1206。直接驱动式的液压操动机构也可以使用变压器油。由于液压油的性能受温度影响很大，在有些液压操动机构的箱体内还会装设电热器以保证液压油的工作温度不低于规定的数值。液压操动机构的分合闸速度和所用液压油的压力有关，当液压油压力过低时将不能保证断路器所需的分合闸速度，因此液压操动机构的控制回路都具有相应的油压控制功能。我国液压操动机构的工作压力有 20MPa、30MPa 等多种。

液压操动机构在尺寸一定的条件下，输出力的大小与高压油的压力有关，这样可以使机构单位重量的输出功增加，操作平稳而无噪声，控制功率小而方便，又能实现交流操作，其应用日趋广泛。但是，液压操动机构本身结构比较复杂，油路系统的工作压力很高，对零件的加工精度和管路的密封要求很高，装配、调整和维修难度较大。因此它主要用于 126kV

及以上电压等级的高压或超高压断路器中。

5. 气动操动机构

气动操动机构是以压缩空气为能源，通过阀门控制气缸内活塞的运动以使开关分合闸的操动机构。由于以压缩空气作为能源，因此气动操动机构不需要大功率的直流电源。气动操动机构具有独立的储气罐，罐内的压缩空气能供气动机构多次操作。

气动操动机构也具有两种操作方式：一种是触头的分、合闸动作全部采用气动操作。这种操作方式大多应用于压缩空气断路器；另一种是仅利用压缩空气推动活塞运动，以代替电磁操动机构中的合闸电磁铁，开关的其余部分均和电磁操动机构一样。

图 8-12 为操动高压 SF_6 断路器的气动操动机构原理图。断路器的分合闸操作全部依靠压缩空气，并依靠压缩空气的推力将断路器维持在分闸或合闸位置。断路器的分合闸操作由控制阀来完成。分闸时，控制阀使压缩空气经管道进入差动活塞的上方，由于差动活塞受压面 2 大于受压面 1，因此压缩空气将推动差动活塞向下运动，带动断路器的操作杆完成断路器的分闸操作，并将断路器保持在分闸位置，如图 8-12b 所示。合闸时，通过控制阀使差动活塞受压面 2 上方的压缩空气经控制阀向外排至大气，压力下降，于是差动活塞受压面 1 在压缩空气推力作用下向上运动完成断路器的合闸操作，并使断路器保持在合闸位置，如图 8-12a 所示。

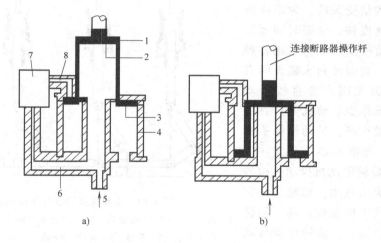

图 8-12　气动操动机构原理图

a）合闸位置　b）分闸位置

1—差动活塞　2—差动活塞受压面 1　3—差动活塞受压面 2　4—工作缸　5—压缩空气入口
6—管道　7—控制阀　8—管道

气动操动机构中压缩空气的质量对操动机构工作的可靠性有着重要的影响。压缩空气应该干燥，否则潮气太大会使活塞与气缸表面锈蚀，防碍正常工作。活塞、气缸的表面处理也要特别注意。气动操动机构中压缩空气的推力决定于主活塞的面积和压缩空气的气体压力，当需要气动操动机构提供很大的操作力时，要求活塞面积很大，操动机构的体积和重量也随之增大。

气动操动机构的输出功较易改变，故可适用于不同电压等级和类型的断路器及隔离开关。气动操动机构中压缩空气的气体压力一般为 0.5~2.0MPa，远低于液压操动机构中的油压，因此气动操动机构中的管道及其他零部件的密封问题更容易解决。但由于气动操动机构在操作时噪声太大，又需要一套空气压缩装置，使其应用场合受到限制，目前逐步被液压操动机构或弹簧操动机构所代替。

6. 电动机操动机构

电动机操动机构是利用电动机经减速装置带动断路器合闸的操动机构，电动机所需的功率决定于操作功的大小以及合闸做功的时间。由于电动机做功时间很短（即断路器的合闸时间，大约为零点几秒），因此要求电动机有较大的功率。

传统的电动机操动机构有两种操作方式：一种是直接驱动，它由电动机通过蜗轮、蜗杆和齿轮减速，并用机械方法改变运动方式后直接驱动触头进行分、合闸操作。这种操作方式仅用于126kV及以上电压等级的隔离开关；另一种是储能式驱动，先由电动机带动飞轮或离心式飞球储能，当有合闸命令时通过机械装置释放飞轮或飞球中的能量并驱动断路器合闸，断路器的分闸一般仍靠弹簧释能。这种传统的电动机操动机构虽然简单，但却存在储能时间长、合闸功小且不稳定、合闸时间较长等缺点，使其已不能满足现代高压断路器的操作要求，因此，该机构除了用来操作对合闸时间没有严格要求、额定电压较高的隔离开关以外，已很少用于操作断路器。

近年来，用于高压断路器的新型电动机操动机构倍受关注。为适应高压断路器响应速度快、动态时间短的特点，新型电动机操动机构采用特种电动机（例如：有限转角永磁无刷直流电动机、永磁无刷直流直线电动机、圆筒型直线异步电动机等）直接驱动断路器的操作杆，带动动触头进行分合闸操作，如图8-13所示。

图8-13为旋转电动机操动机构的断路器总体结构示意图。动触头是在断路器的灭弧室中做直线运动，拐臂围绕转轴作旋转运动，旋转电动机通过法兰直接驱动传动主轴——转轴，

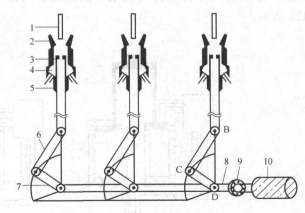

图8-13　电动机操动机构结构示意图
1—弧静触头　2—绝缘喷口　3—弧动触头　4—储气室　5—动触头
6—连杆　7—拐臂　8—转轴　9—法兰　10—旋转电动机

操动机构与断路器之间通过四连杆机构连接。分闸操作时，在电动机的驱动下，拐臂沿逆时针旋转，从而使连杆带动断路器的动触头迅速向下运动。在分闸操作末了，电动机对转轴施加顺时针转矩，减缓拐臂旋转的速度，使动触头的分闸速度平稳下降，减小操动机构分闸缓冲时的机械撞击；合闸操作时，拐臂沿顺时针旋转，连杆带动动触头向上运动，速度逐渐加快，直至动、静触头接触，此时电动机对转轴施加逆时针转矩，动触头开始减速，在保证合闸位置的前提下，降低动触头与静触头撞击的力度。

新型的电动机操动机构减小了中间的传动机构，具有较高的效率和可靠性；采用电容器存储控制操动机构的能量，具有较高的快速响应能力，满足断路器分合闸特性的要求；此外，由于特种电动机的运动过程可控，因此可以精确控制断路器的开断和关合时间，便于实现断路器的智能化。

7. 永磁操动机构

永磁操动机构是一种用于中压真空断路器的永磁保持、电子控制的电磁操动机构，简称永磁机构。近年来，有关永磁操动机构的原理、结构特点和性能等多见报道，永磁操动机构及免维护真空断路器的开发研制已成为开关制造业的热点。

永磁操动机构的合闸都采用电磁操动，但根据其分闸操作方式的不同，分为电磁操动（即双稳态）和弹簧操动（即单稳态）两种形式。从线圈数目上分，分为双线圈式和单线圈式。从外形结构上分，分为方形结构和圆形结构。

如图 8-14 所示，永磁操动机构共由七个主要零件组成：1 为静铁心，为机构提供磁路通道，对于方形结构一般采用硅钢片叠形结构，圆形结构则采用电工纯铁或低碳钢；2 为动铁心，是整个机构中最主要的运动部件，一般采用电工纯铁或低碳钢；4、7 为永磁体，为机构提供保持时所需要的动力，大多使用稀土永磁材料钕铁硼；3、5 分别为合闸线圈和分闸线圈；9 为驱动杆，是操动机构与断路器传动机构之间的连接纽带。

当断路器处于合闸或分闸位置时，线圈中无电流通过，永久磁铁利用动、静铁心提供的低磁阻抗通道将动铁心保持在上、下极限位置，而不需要任何机械联锁。当有动作信号时，合闸或分闸线圈中的电流产生磁动势，动、静铁心中的磁场由线圈产生的磁场与永磁体产生的磁场叠加合成，动铁心连同固定在上面的驱动杆，在合成磁场力的作用下，在规定的时间内以规定的速度驱动开关本体完成分合任务。

双线圈永磁操动机构的工作过程如图 8-14 所示。其静铁心 1 的中部镶着永磁体 4 和 7，两个永磁体的同名磁极向着中心。永磁体的上方和下方分别安装着合闸线圈 3 和分闸线圈 5。动铁心 2 位于永磁体和静铁心上下磁极之间，动铁心上的驱动杆 9 穿过静铁心，此驱动杆可直接用来驱动断路器做合分闸运动。

动铁心在静铁心中理论上有三个平衡状态：其一为动铁心位于静铁心的最上方，动铁心的上端与静铁心的上磁极接触，图 8-14a 的位置为合闸状态。其二为动铁心位于静铁心的最下方，动铁心的下端与静铁心的下磁极 6 接触，图 8-14c 的位置为分闸状态。在合闸状态，永磁体通过上部磁路的磁阻很小而通过下部磁路的磁阻因空气隙很大而很大。永磁体的磁通绝大部分通过上部磁路，将动铁心牢固地吸在静铁心的上磁极 8 上。在分闸状态（见图 8-14c）时与合闸状态相反，永磁体通过下部磁路的磁阻很小，磁通集中在下部磁路，动铁心被吸在下磁极 6 上。第三个平衡状态是对于上下结构对称的机构，动铁心位于静铁心的中部，永磁体通过上部和下部空气隙的磁阻完全相等，静铁心的上端和下端受静铁心的吸力完全相等，动铁心处于平衡状态。但这是一种不稳定的平衡状态，只要上下气隙有微小变化就会破坏这种平衡，过渡到第一种或第二种平衡状态。所以动铁心实际上只存在两种平衡状态，即分闸状态和合闸状态。正因为如此，图 8-14 所示的这种双线圈永磁操动机构又称为双稳态永磁操动机构。

当双线圈永磁操动机构处于合闸位置时，永磁体产生的磁力线的分布如图 8-14a 中曲线Ⅰ所示。要使其分闸，只要在分闸线圈中通过直流电流，该电流产生的磁力线方向与永磁体在静铁心上端的磁力线方向相反，如图 8-14b 中的曲线Ⅱ所示。分闸线圈中的电流所产生的磁场使动铁心所受的吸力减小，当此电流增大到一定值时，动铁心所受的吸力之和小于动铁心上的机械负荷（如作用在动铁心上的触头压力，其方向与永磁体的吸力相反），这时动铁心就将向下运动。一旦动铁心向下运动，动铁心上端与静铁心上磁极之间就出现了空气间

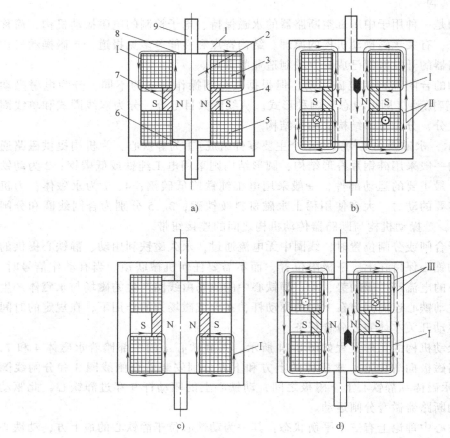

图 8-14 双稳态永磁操动机构工作过程示意图

a) 合闸状态 b) 分闸过程 c) 分闸状态 d) 合闸过程

1—静铁心 2—动铁心 3—合闸线圈 4、7—永磁体 5—分闸线圈 6—下磁极 8—上磁极 9—驱动杆

Ⅰ—永磁体磁场 Ⅱ—分闸励磁磁场 Ⅲ—合闸励磁磁场

隙，上端的磁阻增大，下端的磁阻减小。静铁心上磁极对动铁心的吸力减少，下磁极对动铁心的吸力增大。动铁心上向下的合力增大，使动铁心加速向下运动。这一过程一直持续到动铁心下端与静铁心的下磁极接触，如图 8-14c 所示，直到完成分闸动作为止。这时，动铁心重新被永磁体吸合，处于稳定状态，即使切断分闸线圈的电流，动铁心也不会恢复到合闸状态。

　　合闸过程和分闸过程正好相反：在合闸线圈中通电（见图 8-14d），线圈电流在下部间隙中产生反磁场，动铁心上受到的总吸力减小，当吸力小于动铁心上机械负荷时，动铁心向上运动，最后达到合闸位置，如图 8-14a 所示，动铁心重新被永磁体吸合。切断合闸线圈电流后，动铁心仍然保持在合闸位置，合闸过程结束。

　　永磁体在受到强烈的反向磁场作用时，其磁性能会降低，这就是永磁体的退磁。双线圈永磁机构无论是在合闸还是在分闸过程中，线圈电流所产生的外磁场在永磁体上总是与永磁体自身磁场的方向相同。这就是说永磁体不会受反磁场的作用，永磁体没有退磁的危险。

单线圈永磁操动机构与双线圈永磁操动机构的结构和磁路都非常相似，二者的动作过程也很相近，只是单线圈永磁操动机构的分闸操作由弹簧来操动。

单线圈永磁操动机构的原理如图 8-15 所示。当永磁操动机构处于合闸位置时，如图 8-15a 所示，线圈中无电流通过，由于永久磁铁的作用，动铁心保持在上端。分闸时，在操作线圈中通以特定方向的电流，该电流在动铁心上端产生与永磁体磁场相反方向的磁场，使动铁心受到的磁吸力减小，当动铁心受到的向上的合力小于弹簧的拉力时，动铁心向下运动，实现永磁操动机构的分闸。当处于分闸位置（图 8-15c），在操作线圈中通以与分闸操作时方向相反的电流。这一电流在静铁心上部产生与永磁体磁场方向相同的磁场，在动铁心下部产生与永磁体磁场方向相反的磁场，使动铁心下端所受的磁吸力减小，当操作电流增大到一定值时，向上的电磁合力大于下端的吸力与弹簧的反力，动铁心便向上运动，实现合闸，并给分闸弹簧储能。

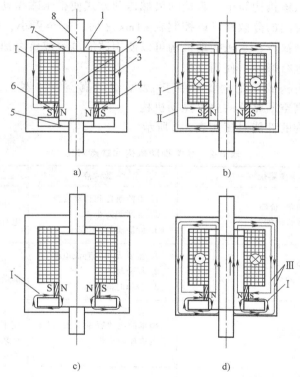

图 8-15　单线圈永磁操动机构工作过程示意图

a）合闸状态　b）分闸过程　c）分闸状态　d）合闸过程

1—静铁心　2—动铁心　3—操作线圈　4、6—永磁体　5—下磁极　7—上磁极　8—驱动杆

Ⅰ—永磁体磁场　Ⅱ—分闸励磁磁场　Ⅲ—合闸励磁磁场

对于单线圈永磁操动机构，分闸操作时，可以通过增加线圈中的电流来增强与永磁体磁场相反方向的磁场，当这个磁场与永磁体产生的磁场大小相同、合力为零时，再增加电流所产生的磁场则在合闸位置吸合端面上又会形成吸力。因此，单线圈永磁操动机构必须采用弹簧形成拉力才能完成分闸操作。分闸弹簧的设计既要克服上述的合力使其向下运动，又要给断路器动触头提供开断时所必需的运动速度。

在单线圈永磁操动机构的设计中，若将图 8-15 中的下磁极材料改为铝或其他非导磁材料，则永磁体产生的磁通无法通过下磁极，就不可能在下磁极形成吸力。这样，在分闸位置时的保持力并非由永磁力提供，而是由分闸弹簧提供，也就形成了真正意义上的单稳态永磁操动机构。另外，也可在原电工纯铁的下磁极中加非导磁材料垫片，以增加下端位置的气隙、减小永磁体在下端的吸力，这样可以减少合闸时的操作功。

单线圈永磁操动机构在合闸状态，动铁心上除了受永磁体的吸力外，还受很大的反向机械力的作用。这些机械力的合力仅仅比磁力略小一些，这些反力在合闸状态主要是触头弹簧的压力和分闸弹簧的拉力。只要加上不大的反向磁场就能实现分闸或合闸。此反向磁场是远远小于永磁体充磁过程中的充磁场强，这样的反向磁场不会导致永磁体的退磁。

综上可知，永磁操动机构通过将电磁铁与永久磁铁特殊结合实现了传统断路器操动机构的全部功能，工作原理的变革使整个机构的零部件总数大幅减少，有利于提高机构的整体可靠性、延长机械寿命；该机构简单、直接的机械传动方式使得永磁操动机构的分合闸时间比较短且稳定，合分闸时间的分散性可以控制在 ±1ms 之内，甚至更小，因此，非常有利于实现断路器的同步分合闸操作；永磁操动机构可以使用储能电容或蓄电池作为操作电源，也可以用小功率交流电源进行操作，使用方便。

目前，永磁操动机构的使用主要集中于 12kV 级的真空断路器上，已经开始研制用于 40.5kV 和 72.5kV 级真空断路器的永磁操动机构。

上述各类操动机构的性能对比如表 8-2 所示。

表 8-2 各类操动机构优缺点对比

操动机构类型	主要优点	主要缺点	备注
手动操动机构	1. 结构简单、价廉 2. 不需要合闸能源	1. 不能遥控和自动合闸 2. 合闸能力小 3. 就地操作，不安全	主要应用于 12kV 以下、开断电流小的断路器
电磁操动机构	1. 结构简单、加工容易 2. 运行经验多	1. 需要大功率直流电源 2. 耗费材料多 3. 合闸时间较长	主要用来操作 126kV 及以下的断路器
电动机操动机构	可用交流电源	要求的电源容量较大，但小于电磁操动机构	适用于容量较小的断路器或用来操动对合闸时间没有严格要求、额定电压较高的隔离开关
弹簧操动机构	1. 交直流电源都可用 2. 要求电源的容量小 3. 合闸性能稳定可靠 4. 暂时失去电源时仍能操作一次	1. 结构复杂 2. 零部件加工度要求高	一般用于操作 126kV 及以下的断路器
气动操动机构	1. 不需要直流电源 2. 暂时失去电源时仍能操作多次	1. 需要空气压缩设备 2. 对大功率的操动机构，结构比较笨重	适用于有空气压缩设备的场所
液压操动机构	1. 不需要直流电源 2. 暂时失去电源时仍能操作多次 3. 功率大、动作快、操作平稳、无噪声	1. 零部件的加工精度、管路的密封要求高 2. 价格较贵	主要用于 126kV 及以上电压等级的高压或超高压断路器

（续）

操动机构类型	主要优点	主要缺点	备注
永磁操动机构	1. 可用小功率交流电源或储能电容、蓄电池作为操作电源 2. 结构简单、机械零部件少、机械可靠性高 3. 机构动作分散性小,利于同步操作	1. 对与其配套使用的电子控制装置的可靠性要求较高 2. 出现时间较短、运行经验少 3. 价格较贵	目前主要应用于 12kV 真空断路器中,也可以用于操动交流接触器

8.4　高压断路器的传动机构与提升机构

本节将介绍以连杆、凸轮和滑块等组成的传动机构以及触头提升机构,对全部由液压或气动操作的机构,不做讨论。

8.4.1　高压断路器的传动机构

高压断路器机械传动机构中的传动环节一般是由连杆机构、凸轮机构和它们的组件以平面形式构成,在某些特殊场合,还需要采用空间（立体）四连杆机构进行传动。

1. 连杆机构

由几个连杆和轴销组成的机构称为连杆机构。由三个活动的连杆 1、2、3,一个固定的基座 4 (基座 4 也可以看成是第四个连杆)和轴成的机构,称为四连杆机构,如图 8-16 所示。

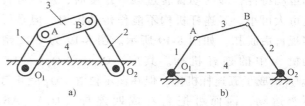

图 8-16　四连杆机构
a) 外形图　b) 简化图

在图 8-16 中,连杆 1 和 2 称作拐臂,简称为臂 1、臂 2。连杆 3 简称为杆 3。O_1、O_2、A、B 为四个轴,图中已将固定轴 O_1、O_2 加了黑点以区别于活动轴 A、B。当外力使拐臂 1 绕轴 O_1 转动时,连杆 3 带动拐臂 2 按一定的规律绕轴 O_2 转动,此时称拐臂 1 和轴 O_1 为主动臂和主动轴,称拐臂 2 和轴 O_2 为从动臂和从动轴。在实际应用中,一个机械操动系统往往要联合使用多套四连杆机构。为了便于实现四连杆机构之间的连接,有时要用两个不能相对运动的构件组成四连杆机构的主动臂和从动臂,称为双拐臂。一个拐臂与本机构的连杆相连,另一个拐臂与其他机构相连,如图 8-17a 所示。此外,四连杆机构还有一些其他

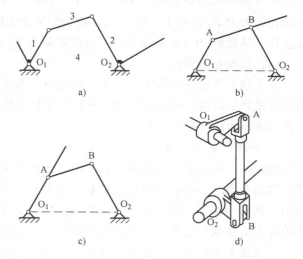

图 8-17　四连杆机构的其他形式
a) 带双拐臂的四连杆机构　b) 连杆延长的四连杆机构
c) 拐臂延长的四连杆机构　d) 空间四连杆机构

的结构形式，如拐臂或连杆向外延长的结构以及空间四连杆结构，如图 8-17b ～ 图 8-17d 所示。其中，空间四连杆机构的摇杆能在互相垂直的两个平面内转动，因此可以改变传动方向。例如，在高压配电柜中，由于操动机构远离断路器的安装点而且其输出轴的转动方向和断路器主轴的转动方向不在同一平面内，此时，可以应用空间四连杆机构来传递能量。

在图 8-17 中，若轴 O_1 和轴 O_2 之间由两根连杆相连，便构成了一个三连杆机构，如图 8-18a 所示。如果轴 O_1 和轴 O_2 之间由四根连杆相连，则将构成一个五连杆机构，如图 8-18b 所示。

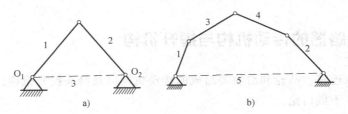

图 8-18　三连杆机构和五连杆机构

a) 三连杆机构　b) 五连杆机构

在五连杆机构中，主动臂 1 与从动臂 2 之间没有确定的运动特性，即主动臂转过某一角度时，从动臂转过的角度可大可小。五连杆机构不能作传动机构，但是可以用来实现自由脱扣，如图 8-19 所示。图 8-19 为 CD2 型电磁操动机构中的连杆机构。其中，$O_1'O_1$、O_1A、AB、BO_2、O_2O_1' 组成了五连杆机构，但在图示位置，O_1 受止钉的约束不能运动，因而可把它看成四连杆（O_1A、AB、BO_2、O_2O_1）。在合闸电磁力 F_1 作用下，推动从动臂 BO_2 向顺时针方向转动使断路器合闸。合闸过程中，若接到分闸信号，

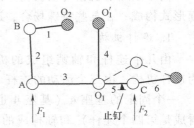

图 8-19　CD2 型电磁操动机构中的连杆机构

在脱扣电磁力 F_2 作用下，使 C 点运动到图中虚线位置，O_1 不再受止钉约束，四连杆恢复成五连杆，从动臂 BO_2 的运动不再受合闸电磁力 F_1 的影响，可以向逆时针方向转动，使断路器分闸，实现自由脱扣。

在上述几种连杆机构中，三连杆机构为一刚体结构不能传动，五连杆机构也因主动臂与从动臂之间没有确定的运动特性而不适合做传动机构，因此，要在两个固定轴间获得有规律的传动必须采用四连杆机构。

2. 四连杆机构的传动特性与机械利益

在四连杆机构的使用过程中，常常需要知道主动臂与从动臂的运动情况，即当已知主动臂的转动角度时，需要求出从动臂转过的角度。还需要知道主动臂与从动臂之间的力（或力矩）的传递关系，即在从动臂上的负载力（或负载力矩）确定后，需要计算出为克服该从动臂上的负载所需要的主动臂上的操作力（或操作力矩）。

现以开关中常用的双拐臂四连杆机构为例说明主动臂与从动臂之间的转角、转速以及力、力矩的传递关系，如图 8-20 所示。

图 8-20 中，设 O_1A 为主动臂，AB 为连杆，O_2B 为从动臂。力 F_1 作用于 O_1A 上，使其

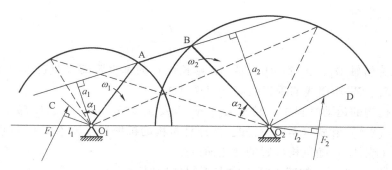

图 8-20　双拐臂四连杆机构中转角、转速以及力、力矩的传递关系

沿顺时针方向转动，通过连杆 AB 推动 O_2B 也沿顺时针方向转动。若主动臂 O_1A 和从动臂 O_2B 转动的角速度分别为 ω_1、ω_2，某段时间内二者的转角分别为 α_1、α_2，则 α_1 和 α_2 之间关系的曲线 $\alpha_2 = f(\alpha_1)$，称为四连杆机构的传动特性曲线。它取决于各连杆的尺寸、位置及固定轴之间的距离，通常根据"各连杆的长度在运动过程中不变"的原则采用作图法求得。从动臂角速度 ω_2 与主动臂角速度 ω_1 之比，称为传动比 C，即

$$C = \frac{\omega_2}{\omega_1} = \frac{\dfrac{d\alpha_2}{dt}}{\dfrac{d\alpha_1}{dt}} = \frac{d\alpha_2}{d\alpha_1} \tag{8-1}$$

不难看出，传动比 C 就是传动特性曲线的斜率。

在四连杆机构的受力平衡状态下，从动臂上的负载力 F_2 与主动臂上的操作力 F_1 之比称为该机构的机械利益 A，即

$$A = \frac{F_2}{F_1} \tag{8-2}$$

同样，在四连杆机构的力矩平衡状态下，从动臂上的负载力矩 M_2 与主动臂上的操作力矩 M_1 之比称为该机构力矩的机械利益 A_M，即

$$A_M = \frac{M_2}{M_1} \tag{8-3}$$

四连杆机构的传动比 C 和机械利益 A（或 A_M）是机构的重要特性参数，它说明了主动臂与从动臂之间运动速度和力（或力矩）的传递情况。机械利益越大，表示同样大小的主动力（或力矩）能够克服的从动力（或力矩）就越大，也就越省力。这些参数均与四连杆机构的几何位置及尺寸有关。

四连杆机构的机械利益 A（或 A_M），还可用传动比 C 表示。当不考虑转轴与轴销处的摩擦时，根据能量守恒关系，主动臂所作的功应与从动臂所作的功相等。假定在 dt 时间内主动臂转过的角度为 $d\alpha_1$，从动臂转过的角度为 $d\alpha_2$，则有

$$M_1 d\alpha_1 = M_2 d\alpha_2 \tag{8-4}$$

将式（8-4）代入式（8-3），得

$$A_M = \frac{M_2}{M_1} = \frac{d\alpha_1}{d\alpha_2} = \frac{\omega_1 dt}{\omega_2 dt} = \frac{\omega_1}{\omega_2} = \frac{1}{C} \tag{8-5}$$

同理，可得

$$A = \frac{F_2}{F_1} = \frac{a_2 l_1}{a_1 l_2} = A_{\mathrm{M}} \frac{l_1}{l_2} = \frac{1}{C} \frac{l_1}{l_2} \tag{8-6}$$

式中，a_1、a_2 为转轴 O_1、O_2 到 AB（或 AB 延长线）的垂直距离（见图 8-20）；l_1、l_2 为转轴 O_1、O_2 到 F_1、F_2 作用线的垂直距离（见图 8-20）。

在四连杆机构的运动过程中，转角 α_1、α_2 以及长度 a_1、a_2、l_1、l_2 都在不断变化，由式（8-1）、式（8-5）和式（8-6）可知，四连杆机构的机械利益 A（或 A_{M}）也将不断变化，即机械利益 A（或 A_{M}）随机构位置的变化而改变。

图 8-21 为图 8-20 所示的四连杆机构在不同位置时的传动特性曲线和机械利益曲线。图中，$O_1 O_2 =$ 50mm；$O_1 A = 29$mm；$O_2 B = 39$mm；AB = 30mm；$l_1 =$ 11mm；$l_2 = 14$mm。

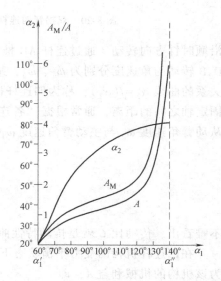

图 8-21　四连杆机构的传动特性曲线
和机械利益曲线

在图 8-21 的机械利益变化曲线中，$\alpha_1 = \alpha_1'$ 和 $\alpha_1 = \alpha_1''$ 的两个位置比较特殊，其特性分别讨论如下。

当 $\alpha_1 = \alpha_1'$ 时，机械利益 A 与 A_{M} 为零。这相当于四连杆机构中的连杆 AB 和从动臂 O_2B 成一条直线的情况，如图 8-22a 所示，通常将该位置称为从动臂处于死点的位置。在此位置上由于 $a_2 = 0$，因而机械利益 $A = 0$，$A_{\mathrm{M}} = 0$，此时无论主动臂 O_1A 上施加多大的力（或力矩）都不能使该四连杆机构动作。事实上由于有摩擦力的存在，在死点附近的一个区域内都会出现这种现象，该区域称为从动臂的死区。在设计机构时不允许从动臂处在死区区域内，否则机构将被卡死，不能动作。

当 $\alpha_1 = \alpha_1''$ 时，机械利益 A 与 A_{M} 趋于无穷大，相当于主动臂 O_1A 和连杆 AB 成一条直线的情况，见图 8-22b 所示，称该位置为主动臂处于死点的位置。由于 $a_1 = 0$，因而 $A \to \infty$，$A_{\mathrm{M}} \to \infty$。此时，主动臂上较小的力（或力矩）就能操动从动臂上极大的负载力（或负载力矩）。相应地，主动臂也存在一定的死区区域。

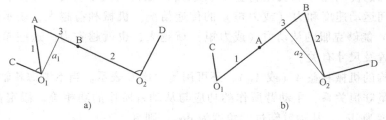

图 8-22　四连杆机构的死点
a）从动臂处于死点（$A = 0$；$A_{\mathrm{M}} = 0$）　b）主动臂处于死点（$A \to \infty$；$A_{\mathrm{M}} \to \infty$）

主动臂的死点位置常被用来达到省力的目的。例如，断路器在合闸接近终了时，分闸弹簧的反作用力将达最大值，再加上动、静触头接触后遇到的触头弹簧力和摩擦力、合闸缓冲器的阻力以及关合短路时的电动斥力，使断路器在合闸终了时的阻力很大。为使断路器能顺利合闸，操动机构必须提供足够大的合闸力。如果在接近合闸位置时，断路器机械操动系统中的四连杆机构能工作在主动臂处于死点或死区附近，则所需的合闸力就可大为降低。若四连杆机构在合闸位置时也处于主动臂死区附近，则还能为机构的制造、安装和调整带来一定的方便。由图 8-21 所示的传动特性曲线可知，在主动臂的死点附近 $\dfrac{\mathrm{d}\alpha_2}{\mathrm{d}\alpha_1}\to 0$，此时主动臂的转动几乎已不再引起从动臂的转动。利用这一特性可使断路器的触头在接近合闸的最终位置时位移很小。这样在主动臂以前其他机械部件的调整或零件磨损对触头的闭合位置不会有很大的影响。

对于同一个四连杆机构，在断路器分闸与合闸过程中，主动臂和从动臂是要相互交换的。在合闸过程中主动臂处于死点，相当于在分闸过程中从动臂处于死点。因此，在合闸最终位置时处于主动臂死点的机构，将不能在分闸弹簧的作用下分闸。这种现象称为断路器的自锁，为了防止断路器自锁，机构在合闸位置时只能处于主动臂接近死区的位置而不能到达死区。

断路器的自锁可用一个较小的推动从动臂（在合闸过程中为主动臂）脱离死区的力来解除，一旦从动臂离开死区，机构就可以在分闸弹簧的作用下动作，从而实现分闸。这一自锁特性和解除自锁的方法将在机构的自由脱扣环节中得到应用。

在以多个平面四连杆机构相互连接组成的传动系统中，相邻两组四连杆机构共用一个转轴和摇杆，设第 i 组四连杆的传动比为 C_i，则相邻 n 组四连杆机构的总传动比（即：从操作端转轴至最后转轴之间的传动比）C_z 为

$$C_z = C_1 \cdot C_2 \cdot C_3 \cdot \cdots \cdot C_n \tag{8-7}$$

根据式（8-5）可知，由 n 组四连杆机构相互连接组成的传动系统中，其力矩的机械利益 A_{Mz} 为

$$A_{Mz} = \frac{1}{C_1} \cdot \frac{1}{C_2} \cdot \frac{1}{C_3} \cdot \cdots \cdot \frac{1}{C_n} \tag{8-8}$$

四连杆机构在实际工作过程中还会受到机构轴销的摩擦力作用。有摩擦力存在时机构的受力情况与不考虑摩擦力时相比将有较大的不同。

由于机构轴销的摩擦会引起传递能量的损失，所以机构的输出功总是小于输入功。四连杆机构的输出功与输入功之比称为该机构的机械效率，记作 η，则 $\eta < 1$。现以图 8-23 为例分析四连杆机构的机械效率 η。

当主动臂 1 的操作力矩 M_1 转过角度 $\mathrm{d}\alpha_1$ 时，连杆机构的输入功为 $M_1\mathrm{d}\alpha_1$。在操作力矩 M_1 的作用下，克服从动臂 2 上的负载力矩 M_2 并使从动臂转过角度 $\mathrm{d}\alpha_2$，则从动臂的输出功为 $M_2\mathrm{d}\alpha_2$。若不考虑摩擦损失，则该连杆机构的输入功与输出功相等，即 $M_1\mathrm{d}\alpha_1 = M_2\mathrm{d}\alpha_2$。在考

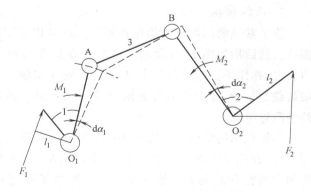

图 8-23　四连杆机构的机械效率

虑摩擦的情况下，假定输入功 $M_1 \mathrm{d}\alpha_1$ 中有一部分消耗在摩擦上，则从动臂的输出功将由原来的 $M_2 \mathrm{d}\alpha_2$ 减小为 $M_2' \mathrm{d}\alpha_2$，此时，该连杆机构的机械效率 η 为

$$\eta = \frac{M_2' \mathrm{d}\alpha_2}{M_1 \mathrm{d}\alpha_1} = \frac{M_2' \mathrm{d}\alpha_2}{M_2 \mathrm{d}\alpha_2} = \frac{M_2'}{M_2} = \frac{\dfrac{M_2'}{M_1}}{\dfrac{M_2}{M_1}} = \frac{A_M'}{A_M} \tag{8-9}$$

式中，M_2' 为有摩擦时的输出力矩；A_M 为无摩擦时机构的力矩机械利益；A_M' 为有摩擦时机构的力矩机械利益。

在考虑机构轴销摩擦力作用下，图 8-23 所示的四连杆机构的机械效率 η 为

$$\eta = \frac{M_2'}{M_2} \tag{8-10}$$

机构的机械效率与连杆的几何位置和尺寸有关。对于一定的机构而言，当主动臂的转角改变时，机械效率和机械利益都将随之改变。当主动臂转角 α_1 改变时，力矩机械利益 A_M'、A_M 以及机械效率 η 的典型变化曲线见图 8-24 所示。

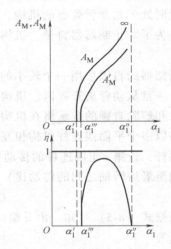

由图 8-24 可见，该四连杆机构在考虑摩擦作用时的利益曲线 A_M' 低于无摩擦的利益曲线 A_M；当主动臂处于死点（α_1''）时，机械效率虽然很低，但机械利益却很大。当从动臂处于死点及其附近（$\alpha_1' \sim \alpha_1''$）时，机械利益及机械效率均为零。因此，在此范围内不管主动臂上作用力或力矩有多大，连杆均无法运动，常称此范围为"死区"。当主动臂和从动臂刚出死区时，机械效率也很低，只有在中间位置时机械效率才会最高。因此，当四连杆机构用作传动时，应使转角变化范围在机械效率最高区域内。

图 8-24　有摩擦存在时四连杆机构的机械利益与机械效率变化曲线

由 n 个传动环节组成的传动系统，其总的机械效率 η_z 为各传动环节效率 η_i 的乘积，即

$$\eta_z = \eta_1 \cdot \eta_2 \cdot \eta_3 \cdot \cdots \cdot \eta_n \tag{8-11}$$

3. 凸轮机构

除了常见的四连杆机构作传动外，还可以采用凸轮机构来传递能量，其结构如图 8-25 所示。凸轮 1 在操作力矩（来自合闸弹簧力）M_1 作用下，通过凸轮上 A 点与滚轮 3 接触，推动拐臂 2 去克服负载力矩 M_2（主要来自分闸弹簧）而运动。凸轮机构也可以由两个凸轮组成。

凸轮机构的结构与性能和连杆机构有较大差别，主要差别有：

1）在凸轮机构（见图 8-25）中，$O_1 A$、$O_2 B$ 相当于四连杆机构的主动臂和从动臂，滚轮上的 AB 相当于四连杆机构中的连杆（若无滚轮，则相当于连杆缩为一个接触点）。四连杆机构中的拐臂

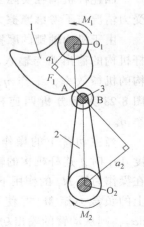

图 8-25　凸轮机构
1—凸轮　2—拐臂　3—滚轮

和连杆长度在运动过程中始终保持不变，而在凸轮机构中，主动臂 O_1A（或 O_2B）的长度是改变的。正是因为凸轮机构的臂长在运动中不断变化，所以可以人为地设计凸轮轮廓线的形状，以得到所需要的传动比和机械利益等特性。

2）主动部分与从动部分可以脱离。

3）轴销和滚轮的摩擦力分析也不相同。虽然如此，仍可把它看成是一个特殊的四连杆机构进行分析。

8.4.2 高压断路器的触头提升机构

为提高熄弧能力，绝大部分高压断路器的动触头都是作直线运动的，而断路器的主轴则作旋转（实际上是摆动）运动，因此在断路器的机械操作系统中必须有一个能把旋转运动变为直线运动的机构，这一机构称为触头提升机构，又称为变直机构。最常用的变直机构是连杆滑块机构和椭圆变直机构。

1. 连杆滑块机构

连杆滑块机构由拐臂、连杆和在导向装置中滑动的滑块组成，如图 8-26 所示。从外形尺寸上看，这类机构又可分为曲柄滑块机构与摇臂滑块机构两类，前者较高、其拐臂长度小于连杆长度，后者则较宽、其拐臂长度大于连杆长度，但都能使轴销 B 及其下面的动触杆和滑块作直线运动。

连杆滑块机构实质上是四连杆机构的一种特殊形式，它没有拐臂 2，但由于有导向装置，轴销 B 作直线运动。直线相当于半径为无穷大的圆弧，因此在分析时，可把拐臂 2 看成是垂直于导向装置、长度为无穷大的拐臂，如图 8-26 中的虚线。

连杆滑块机构的行程 H 由拐臂的长度 R 和转角 α 决定。假定拐臂 1 以水平线为对称轴转动，则行程 H 可按下式估算：

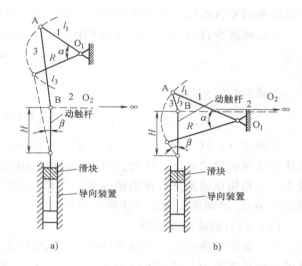

图 8-26 连杆滑块机构

a）曲柄滑块机构（$l_1 < l_3$）　　b）摇臂滑块机构（$l_1 > l_3$）

1,2—拐臂　3—连杆　B—轴销　R—拐臂长度

H—滑块的行程　l_1—拐臂 1 长度　l_3—连杆长度

α—拐臂的转角　β—连杆与导向装置的夹角

$$H = 2R\sin\frac{\alpha}{2} \tag{8-12}$$

在同一行程 H 下，曲柄滑块机构具有较大的高度，摇臂滑块机构具有较大的宽度。

连杆滑块机构结构简单，它的缺点是滑块和导向装置间存在摩擦阻力。连杆和导向装置间的夹角 β 越大，摩擦力就越大。为此，若要减小该摩擦力，应使机构在运动过程中的 β 角不要过大。

2. 椭圆变直机构

椭圆变直机构可分为准确椭圆变直机构和近似椭圆变直机构两种。

（1）准确椭圆变直机构

如图 8-27 所示，准确椭圆变直机构实质上是一个连杆向外延长的连杆滑块机构。它的特点是连杆 AB 和拐臂 O_1A 的长度相等，连杆向外延长的部分 AC 又与连杆本体 AB 相等，即 $O_1A = AB = AC$。连杆和拐臂尺寸的这种配合决定了由 O_1CB 三点组成的三角形恒为直角三角形。因此当拐臂 1 绕轴 O_1 转动，带动连杆的 B 点在导向装置中沿 x 方向作直线摆动时，连杆外延部分上的 C 点将严格地沿 y 轴线作直线运动。

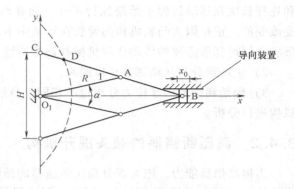

图 8-27　准确椭圆变直机构

可以证明此时连杆及其延长线 BC 上的任一点 D 的运动轨迹均为准确的椭圆，因此称该机构为准确椭圆变直机构。在断路器中应用椭圆变直机构时，动触杆可与 C 点相连。

准确椭圆变直机构中行程 H 和拐臂长度 R 以及转角 α 之间的关系为

$$H = 4R\sin\frac{\alpha}{2} \tag{8-13}$$

滑块的行程 x_0 为

$$x_0 = 2R\left(1 - \cos\frac{\alpha}{2}\right) \tag{8-14}$$

比较式（8-12）和式（8-13）可知，在拐臂长度和转角相同时，椭圆变直机构的行程可达连杆滑块机构的两倍。因此，与连杆滑块机构相比，这种运动机构的行程较大、外形尺寸较小，但结构比较复杂，在轴销 B 处必须有一个导向装置，而且 C 点运动时要穿过转轴 O_1，因此转轴 O_1 必须做成两个"半轴"结构。

（2）近似椭圆变直机构

为了克服准确椭圆变直机构的缺点，从结构上对该机构做如下改进：将该机构中轴销 B 处的导向装置取消并增加连杆 O_2B，使 B 点沿着半径较大的圆弧来回摆动，由于与 B 点相连的滑块行程 x_0 较小，因此，只要连杆 O_2B 有适当的长度，B 点的摆动就可认为是一条近似的直线。为了使 C 点在运动时不再穿过 O_1 轴，可以缩短或延长连杆 AC，此时 C 点的运动轨迹将是一段近似的直线。经上述改进后得到如图 8-28 所示的近似椭圆变直机构。

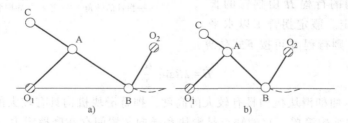

图 8-28　近似椭圆变直机构

a）延长连杆 AC　b）缩短连杆 AC

尽管在近似椭圆变直机构中，连接断路器动触杆的 C 点的运动轨迹为近似直线而非直线，但只要设计合理，则所产生的偏差对于断路器的工作将不会带来很大的影响。

8.5 高压断路器触头的运动特性和缓冲装置

8.5.1 高压断路器触头的运动特性

对开关机构分析的内容之一在于设计出既具有较高机械效率，又符合开关分合闸要求的运动特性。就高压断路器而言，其触头的运动特性包括分闸速度特性和合闸速度特性。该运动特性取决于断路器的灭弧机理、灭弧室和触头结构等多种因素，是满足断路器灭弧室电气性能的保证。

根据断路器触头的运动特性，既要求断路器的触头在某些特定位置具有规定的高速度，又要求在行程终了时机构能平稳无害地停止。但由于断路器机构运动系统的质量大、行程短，要满足上述要求就必须在行程的最后阶段采用缓冲装置来吸收运动部分的动能，以防止断路器中某些零部件受到很大的冲击力而损坏。此外，在行程终了处运动部分不应有显著的反弹。

本节将针对高压断路器触头的运动特性和机构的缓冲器做简要介绍。

1. 基本概念

（1）开距

高压断路器处于分闸状态时，动、静触头之间要形成一定长度的绝缘间隙以保证线路彻底断开。断路器在完全断开位置时，动、静触头之间的最短距离称为开距，如图 8-29a 所示。开距的大小与高压断路器的额定电压和开断性能要求有关，也与绝缘介质的特性和灭弧装置的设计有关。

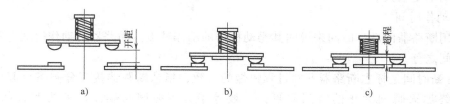

图 8-29　开距和超程

a）开距　b）动静触头刚接触时　c）超程

（2）行程和超程

行程是指高压断路器分、合闸运动过程中动触头所走过的距离，包括触头开距和超程。超程，又称超行程、超额行程，它是指断路器的触头完全闭合之后，如果将静（或动）触头移开时，动（或静）触头所能继续移动的距离，如图 8-29c 所示。超程是用以保证触头经磨损而电寿命终结之前，仍能可靠地接触所必须采取的结构措施。超程大小与断路器触头的电寿命及触头材料有关。

（3）分闸速度

高压断路器分闸过程中，动触头的运动速度随时间或行程而不断变化。通常所说的分闸速度是指分闸过程中触头分离之后半个周波内动触头速度的平均值。该速度的大小对高压断路器的熄弧能力、弧隙介质的恢复过程以及分闸邻近结束时的弹跳现象均具有决定性作用。

分闸速度的大小与断路器灭弧室的结构、灭弧介质以及灭弧断口的数目等因素直接相关，它是机构设计的主要依据之一。

在断路器分闸过程中，人们往往关注刚分速度和最大分闸速度。

1) 刚分速度指动静触头刚刚脱离接触瞬间的速度，其数值一般由实验决定。刚分速度影响着触头刚分开时的电弧引燃过程，决定着能否会出现电弧重燃现象。如果刚分速度低于所规定的数值，就有可能使电弧重燃，从而导致分闸失败并增加触头的磨损。刚分速度是断路器触头分闸运动特性的主要参数之一。

2) 最大分闸速度是指分闸过程中动触头所能达到的最大速度，该速度反映了对机构元件机械强度的要求，影响到断路器的机械寿命。如果最大分闸速度过高，则说明机构在加速和减速过程中，加速度比较大，因此机构元件所受的应力比较大，从而要求这些元件具有较高的机械强度。

在断路器的分闸速度特性中，人们希望刚分速度大，但又希望最大分闸速度低，这是一种矛盾。所以希望最大分闸速度与刚分速度的比值较低，这样就可以在保证开断能力的条件下，对断路器的机械强度提出较低的要求。

(4) 合闸速度

合闸速度是指断路器触头合闸以前半波内的平均速度。它标志着断路器的运动系统在趋近于合闸时所应具有的动能水平。待触头接触以后，由于阻力突然增大，动触头的运动速度受到很大的阻力而降低。合闸速度会影响触头的预击穿特性，当合闸速度高时，预击穿距离就小，其阻碍断路器关合的作用也小；反之，影响就大。

合闸速度是在合闸装置的动力处于额定参数下所测得的数据，可是在运行中动力源的特性参数常常偏离其额定值。但对某些机构如液压操动机构来说，动力额定参数的变化对合闸速度的影响不是很大。

(5) 动作时间

通常用断路器的动作时间来说明其操动机构的动作特点。断路器的动作时间有开断时间和关合时间之分。

1) 开断时间是标志断路器开断过程快慢的参数，指从断路器接到分闸指令起到各极中的电弧最终熄灭瞬间为止的时间间隔，一般等于分闸时间与燃弧时间之和，如图 8-30a 所示。

分闸时间是指处于合闸位置的断路器，从分闸操作起始瞬间（即接到分闸指令瞬间）到所有相的触头分离瞬间的时间间隔。该时间随开断电流的变化而变化，一般为空载状态下测得的数值。对 50Hz 交流来说，断路器的固有分闸时间要求为 20ms。

燃弧时间是指从断路器某相动静触头脱离产生电弧起，到各相中的电弧完全熄灭为止的时间间隔。燃弧时间与起弧相位角有关，其下限称为短燃弧时间，其上限称为长燃弧时间。三相断路器在进行单相短路试验时，既要求用短燃弧时间验证首先开断相的开断性能，又要求用长燃弧时间来验证后两相开断的性能。由于后两相的电流比首先开断相过零的时间滞后一定的电角度，并考虑到三相电之间的相位差，则实验测得长燃弧时间与短燃弧时间的时间差为 8.33ms。目前 IEC 规定长燃弧时间与短燃弧时间的时间差为 7ms。

2) 关合时间是指处于分闸位置的断路器，从合闸回路通电起到任一相中首先通过电流瞬间为止的时间间隔。这是合闸时间与预击穿时间之差，如图 8-30b 所示。

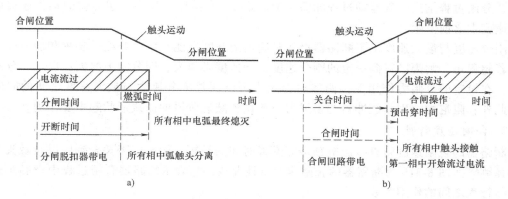

图 8-30　断路器的动作时间

a) 开断时间　b) 关合时间

　　合闸时间是指断路器接到合闸指令瞬间起到所有相触头都接触瞬间为止的时间间隔。在制造和运行过程中，测定合闸时间往往可以得知断路器的操动系统是否处于正常状态。缩短合闸时间给断路器的操作带来很大的好处，即可以缩小合闸的分散性，提高电力系统的稳定性。从机构设计的角度去缩短合闸时间，主要从缩短起动时间和控制时间入手，例如，可以采用快速启动装置或合理选择机构控制系统的结构参数。但若对合闸时间没有严格的要求，过分地追求短的合闸时间，也不可取，因为由此可能引入导致操动不可靠的因素。

　　2. 分闸速度特性

　　分闸速度特性是指在断路器分闸过程中动触头的运动速度与行程之间的作用关系，如图8-31a 所示。

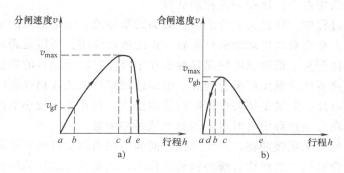

图 8-31　断路器触头的运动特性曲线

a) 分闸速度特性曲线　b) 合闸速度特性曲线

a—合闸位置　b—动、静触头刚分或刚合位置　c—最大速度点　d—缓冲器作用起始点

e—分闸位置　v_{gf}—刚分速度　v_{gh}—刚合速度　v_{max}—最大分闸或合闸速度

　　在断路器分闸过程中要求动触头的刚分速度和分闸时间要符合规定的数值，同时分闸终了时应满足触头间开距的要求，并要减小冲击和振动，以提高机械操作寿命。因此，当处于合闸位置的断路器接收到分闸命令后，在操动机构的作用下，动触头将从零速开始向分闸位置方向加速运动，此过程大致要延续到短燃弧终了、分闸速度达到最大值时为止。此后动触头的运动速度不断下降，期间要有装设在断路器上的缓冲器参与动作直到动触头停止在分闸

位置，分闸过程结束，其运动过程如图 8-31a 所示。在某些设计中，缓冲器的动作还提前到最大速度点之前发生。

刚分速度与最大速度决定断路器燃弧时间内的开断性能。刚分速度受超程和加速度的控制，若超程短，则为了得到一定的刚分速度，加速度必须大，即分闸力要大；反之，分闸力要小。在设定的分闸力作用下，调整超程大小可以调整刚分速度与最大速度之间的时间关系。此外，阻尼力特别是缓冲器的阻尼力对于调整减速阶段的曲线形状起主要作用。

3. 合闸速度特性

断路器的合闸速度将直接影响预击穿燃弧时间的长短、触头能否关合到底以及触头的冲击和弹跳等。图 8-31b 为断路器的合闸速度特性曲线，它表示断路器合闸过程中动触头运动速度与行程之间的作用关系。

在断路器合闸操作过程中容易出现以下问题：

1）合闸终了位置时容易出现触头弹跳现象。

2）若操作机构的合闸功不够，则会出现断路器合不到底，或不能顺利地合到底，动触头合闸中途出现明显停顿等现象。

断路器在合闸过程中对机构的主要要求是：断路器动触头的刚合速度和合闸时间要符合规定的数值，同时合闸终了时要满足触头的超程或接触终压力，并尽量减小触头弹跳。

8.5.2　高压断路器机构的缓冲器

在断路器分闸过程中，在达到最大速度的位置就必须对运动的机构进行制动，否则高速运动的机构具有很大的动能，而且分闸弹簧还在继续作用，那样必然要产生强烈的冲击和振动，使断路器的结构零件受到很大的机械应力，致使某些部分破碎损坏。尤其是在运动部分质量大、速度高的断路器中，这种冲击特别危险。

在断路器合闸过程中，在触头关合之后，触头的摩擦力、短路电流的电动力以及继续压缩分闸弹簧所用的力都会对高速运动的机构有一定的制动作用，所以是否采用制动装置，不像在分闸过程中那样严重。最理想的情况是触头在刚合位置时所具有的动能恰好能保证在通过极限电流时使断路器的动触头杆关合到底，但是该理想状态往往仍存在问题。因为断路器要关合不同大小的电流，若满足了关合极限电流的要求，则在关合较小电流时就有可能存在较大的冲击，所以在合闸过程中有时也采用制动或缓冲装置。

在断路器中即使不采用缓冲器，运动元件之间的摩擦力以及机构在液体中运动时液体对运动元件的阻力也会对运动的机构有缓冲制动的作用。运动元件之间的摩擦力在整个行程中可以认为是常数，但在液体中运动的机构受到的阻力却不是常数而与运动速度有关。对于电器的机构而言，当液体的横截面较运动物体的横截面大很多的情形下，可以认为阻力与速度成正比，如果速度很高，则可认为阻力与速度的二次方成正比。

缓冲装置或缓冲器是使机构制动的元件，它主要的功用是吸收运动机构的动能，使机构从高速度无害地停止。

缓冲器应满足下列要求：

1）缓冲器工作过程中应该能很平滑地降低运动部件的速度。

2）能吸收所有的或大部分动能，并将它转换成其他形态的能量，使其不再返回到运动部件。

3）缓冲器提供的制动力不受周围温度变化的影响。

由于一种缓冲器难以同时满足上述三个要求，因此在选用缓冲器时，要根据缓冲器本身的特性以及使用地点的特殊要求来选择。

高压断路器中常用的缓冲器有油缓冲器、弹簧缓冲器、橡皮缓冲器和气体缓冲器。

1. 油缓冲器

它是将冲击能量消耗在油的流动损失上，它能吸收大部分动能而不发生反弹，被广泛用作断路器的分闸缓冲器。

图 8-32a 为油缓冲器的结构原理图，它由油缸 1、活塞 2、返回弹簧 3、端盖 4 和撞杆 5 组成。活塞与油缸之间的间隙 δ 很小。断路器的运动部分与油缓冲器的撞杆 5 相碰后，迫使活塞 2 与运动部分一起向下运动。由于油基本不能被压缩，因此活塞下面的油只能以高速通过活塞与油缸之间的窄缝流到活塞上方。油流流过窄缝隙时需要克服很大的黏性摩擦力，这样在活塞上即出现很大的制动力。制动力 F 决定于活塞高度 L 和直径 D、活塞与油缸间的间隙 δ、活塞的运动速度 v，以及油的绝对黏度 η_{oil}，其计算公式为

$$F = \frac{3\pi\eta_{oil}LD^3v}{4\delta^3} = Kv \tag{8-15}$$

式中，K 为阻力系数（N·s/m），$K = \dfrac{3\pi\eta_{oil}LD^3}{4\delta^3}$。

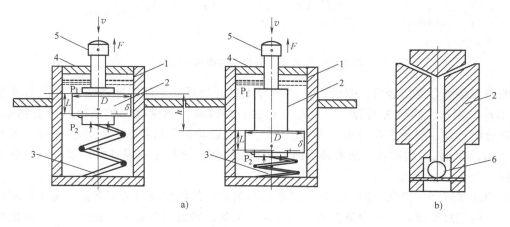

图 8-32 油缓冲器

a）油缓冲器的基本结构　b）油缓冲器活塞上的逆止阀

1—油缸　2—活塞　3—返回弹簧　4—端盖　5—撞杆　6—逆止阀

由式（8-15）可知，制动力 F 与速度 v 成正比。速度 v 越高，制动力 F 越大，制动效果越显著。其次，制动力 F 与间隙 δ 的三次方成反比。为了保证制动效果，间隙 δ 的公差不能太大。此外，制动力 F 与油的绝对黏度 η_{oil} 成正比。油的黏度 η_{oil} 越大，则制动力 F 越大。由于油的黏度视油的种类不同而不同并且与温度有关，因此温度会影响油缓冲器的制动性能。

由于油缓冲器的制动作用，运动部分的速度 v 将逐渐降低。设运动部分与油缓冲器相碰后，除油缓冲器制动力 F 外，其他的操作力与制动力均不予考虑，则有

$$v = v_0 - \frac{K}{m}h \tag{8-16}$$

式中，v_0 为运动部分与油缓冲器刚接触时的速度（m/s）；m 为运动部分的等效质量（kg）；h 为活塞运动的行程（m）。

由式（8-16）可知，运动部分的速度 v 将随活塞运动的行程 h 呈直线下降特性，从而达到制动缓冲的效果。结合式（8-15）可知，油缓冲器刚投入工作时，制动力比较大。但随着活塞运动速度的下降，制动力也随之减小。为了克服这一缺点，在某些油缓冲器中，将缓冲器油缸的内表面加工成上大下小的截圆锥形，这种结构称为变间隙的油缓冲器。在这种缓冲器中，随着活塞行程的增加，速度减小，而活塞与油缸间的间隙也减小，这样可使制动力不致减小。

图 8-32a 所示的油缓冲器中，装设有使活塞返回的返回弹簧 4。对于分闸用的油缓冲器，活塞返回的快慢将对断路器在合分操作时的缓冲性能有很大的影响。这可用图 8-33 所示的断路器合分操作时的电流波形加以说明。

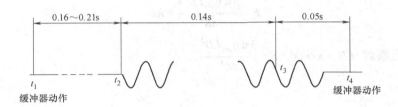

图 8-33　断路器合分操作时的电流波形

断路器接到合闸信号后，假设在 t_1 时刻导电杆开始运动，油缓冲器活塞在 t_1 时开始返回。在 t_2 时刻动、静触头关合，若电路中存在短路故障，则继电保护系统给出分闸信号，断路器分闸且动、静触头在 t_3 时刻分开，在 t_4 时刻运动部分将再次与缓冲器相碰。因此要求在 $t_1 \sim t_4$ 时间内，缓冲器的活塞必须回复到起始位置，这样才能保证缓冲器具有足够的缓冲性能。

要使活塞返回，活塞上面的油要经过活塞与油缸间的间隙流到活塞下面。由于返回弹簧力较小，而经过窄缝的油的摩擦阻力又比较大，因此活塞返回常需要很长时间。未考虑加速返回的油缓冲器的返回时间可达几秒，难以满足断路器合分操作的要求。为了加速活塞返回，可在活塞上装设图 8-32b 所示的逆止阀，这样活塞返回时，活塞上面的油可以经过较大直径的圆孔流回，其摩擦阻力比窄缝隙小很多，因此可使活塞返回时间大大缩短。

油缓冲器还可设计成双向动作的，在断路器分闸与合闸时都起缓冲作用。

油缓冲器的优点是：

1）因为缓冲器将所吸收的动能转化成热能，没有反冲力。

2）在适当地选择油的缝隙截面与行程的关系后，可以得到均匀的快速的制动性能或其他特殊要求的制动性能。

它的缺点是：

1）有漏油的可能。

2）缓冲性能受环境温度的影响较大。

3）结构比较复杂。

2. 弹簧缓冲器

弹簧缓冲器是把冲击动能转换成缓冲弹簧的位能，但由于它又会释放能量，将出现多次振动，所以这种缓冲器的吸能效果不十分理想，在开关中只能限于吸收不太大的冲击振动，常用作合闸缓冲。

图 8-34 为某弹簧缓冲器的构造，该缓冲器基本上由弹簧、导杆、支持板以及撞击板组成。当运动部分与弹簧缓冲器撞击板接触时，撞击板向上运动，弹簧开始被压缩变形，使运动部分的动能 A_d 的一部分转变为弹簧的位能 A_w。弹簧缓冲器吸收的能量决定于弹簧缓冲器刚投入工作时的弹簧初压力 F_{t1}、弹簧终压力 F_{t2} 和缓冲器的行程 h_t，即

$$A_w = \frac{F_{t1}+F_{t2}}{2}h_t \qquad (8-17)$$

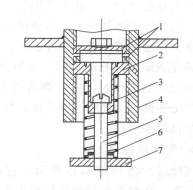

图 8-34　弹簧缓冲器
1—紧固螺帽　2—支持板　3—弹簧　4—外壳
5—导杆　6—垫圈　7—撞击板

由此可见，弹簧缓冲器只是将运动部分动能中的一部分转变为弹簧的位能，且制动力 F 与弹簧的形变 Δx 成正比。在一般情况下，要在断路器的运动部分将要达到其最后位置之前，缓冲器才开始作用，因此缓冲器的行程不会过大。如果运动部分具有相当大的动能，要在比较小的行程内将其吸收，就必须有足够大的弹性力，因此需使用强力弹簧。但该强力弹簧会在断路器运动部分停止时对其产生反冲力，此时若不采用锁扣装置将运动部分锁住，则缓冲强力弹簧会将运动部分反弹回来，从而产生振荡。

弹簧缓冲器结构简单，可以适用不同制动力的要求，且缓冲性能不受温度的影响，作为合闸缓冲器还能起到提高刚分速度的作用。它的缺点是具有很大的反冲击力、容易产生振荡。

3. 橡皮缓冲器

橡皮缓冲器依靠橡皮垫沿径向伸长、收缩及与铁板表面摩擦生热而消耗能量，其结构如图 8-35 所示。在平板形橡皮之间放置金属垫圈，断路器的运动部分撞在螺栓杆的端头，该冲击经平板传动到橡皮及金属垫圈上，橡皮沿着缓冲器的轴线被压缩，同时还要沿径向方向膨胀，在橡皮与金属垫圈之间产生摩擦。运动部分的一部分动能就消耗到压缩橡皮、克服橡皮内部的摩擦力以及克服橡皮与金属垫圈之间的摩擦力上，这样可以在一定程度上减小反弹作用。

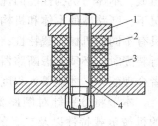

图 8-35　橡皮弹性缓冲器
1—平板　2—橡皮　3—金属
垫圈　4—螺栓杆

试验表明，在橡皮弹性缓冲器中：

1）作用在橡皮缓冲器上的动能有 30%～50% 消耗到摩擦上，转换成热能。

2）橡皮垫圈的弹性因其内径与外径的大小不同而异，最好采用外径与内径尺寸比为 1.8～2.5 的橡皮垫圈，橡皮垫圈的厚度 e 由下式决定：

$$e = 0.33(D_w - D_n) \tag{8-18}$$

式中，D_w 为橡皮垫圈的外径；D_n 为橡皮垫圈的内径。

3）橡皮的相对压缩比越大，则单位体积的橡皮吸收的能量也越多，但相对压缩比大于 0.5 时，橡皮将很快磨损。

橡皮缓冲器的优点是结构简单，缺点是有反弹力，且低温下橡皮的弹性变差，影响缓冲性能。

在某些断路器中，还有采用金属凸形垫圈实现弹性缓冲的。装设在缓冲器中的这些垫圈凸出部分与凸出部分相互接触。当运动部分撞击缓冲器时，垫圈被压平，因而消耗了储存在运动部分的动能。金属垫片必须定期地更换，因为在缓冲器工作时，垫片将渐渐失去自己原来的形状，并且失去弹性。为使缓冲器工作良好，所采用的金属垫片数应尽可能多一些。

4. 气体缓冲器

气体缓冲器如图 8-36 所示，它由气缸、带有密封胀圈的活塞、撞杆和可调节的排气小孔组成。当断路器的运动部分与撞杆相碰后，活塞向下运动，活塞下面的气体被压缩，压力增高产生制动作用。调节排气小孔的面积可以改变制动力的大小。

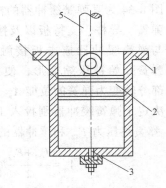

图 8-36　气体缓冲器
1—气缸　2—活塞　3—可调节的排气小孔　4—密封胀圈　5—撞杆

气体缓冲器的优点是制动特性容易调节，受环境温度的影响较少；缺点是有反弹，并且缓冲能力较弱。要增加缓冲能力，必须加大气缸体积或气体压力。气体缓冲器一般仅在压缩空气断路器中用作分闸缓冲。

8.6　操动机构的出力特性及其与断路器负载特性的配合

从结构上看，高压断路器主要由触头及灭弧系统（即本体）与机械操动系统（即机构）组成，本体与机构性能的优劣及其相互配合的好坏直接影响到断路器的各项性能。在大多数情况下，断路器的本体和机构将分别制成独立的产品，然后再进行装配。由于不同的断路器本体具有不同的机械负载特性，而不同的机构又具有不同的输出特性，因此在断路器本体与机构进行装配时，必须考虑断路器机构的输出特性与断路器本体的负载特性之间的配合问题。只有二者合理配合，才能最大程度地发挥各自的优良性能，从而获得最佳的断路器性能。

本节将分别针对断路器的机械操动系统特别是操动机构的出力特性、断路器（本体）的机械负载特性以及二者的配合问题进行简要介绍。

8.6.1　操动机构的出力特性

断路器机械操动系统的输出特性是指该机械操动系统输出轴上的输出力（或力矩）与角行程之间的关系。该输出特性是衡量断路器机械操动系统性能的标准之一。

由于断路器的机构主要由操动机构、传动机构和触头提升机构等部件构成，操动机构提供的驱动力通过中间装置（传动机构和提升机构）传递到机构的输出轴，为此，断路器机

械操动系统的输出特性与操动机构的出力特性、中间装置
的传动特性直接相关。其中，操动机构的出力特性，即出
力与其行程之间的关系，取决于操动机构的类型。电磁操
动机构、弹簧操动机构、液压操动机构以及永磁操动机构
分别具有不同的出力特性，如图 8-37 所示。

8.6.2 断路器的负载特性

在断路器动作过程中，主轴上的反力（或反力矩）
与角行程之间的关系，称为断路器的（机械）负载特性。
由于各类断路器采用的灭弧原理不同，结构形式各有特
点，因此具有不同的负载特性。此处，仅针对少油断路
器、真空断路器和 SF6 断路器的负载特性进行简要介绍。

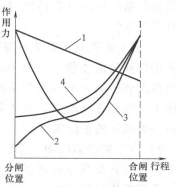

图 8-37　不同操动机构的出力特性
1—弹簧操动机构　2—电磁操动机构
3—液压操动机构　4—永磁操动机构

高压少油断路器的负载特性一般可以用图 8-38 中的
曲线表示。少油断路器的负载反力由三种类型的反力构成，实际中的每种反力都可能具有不
同的曲线形状，为方便起见，图 8-38 中均采用直线来表示每种类型的负载反力。在图 8-38
中，直线 1 表示分闸弹簧与断路器运动元件的重量所产生的反力，这类反力在整个合闸过程
中都存在；直线 2 为动、静触头之间的摩擦力，在动、静触头接触后才出现，其大小与动、静
触头之间的接触压力有关，而触头之间的真正接触压力又和流过触头的短路电流有关；直线 3
为短路电流的电动力，这是在动、静触头之间发生预击穿后出现的，它的大小视断路器的结构
布置不同而异，其数值与短路电流的二次方成比例。因此，在现有高压少油断路器的结构中，
直线 2 和直线 3 所代表的两种反力都是与所关合的短路电流有关的。当所关合的短路电流较小
时，这类力不大，相反，当所关合的短路电流较大时，这类力可能达到很大的数值。

单压式 SF$_6$ 断路器是在双压式基础上发展起来的压气式 SF$_6$ 断路器，目前仍具有较为广
泛的应用。单压式 SF$_6$ 断路器在分闸过程中由于需要压缩气体，机械反力大，因此，通常需
要采用强力的气动操动机构或液压操动机构。断路器的分闸动作直接由操动机构驱动，并使
合闸储能弹簧储能，合闸动作则由储能的合闸弹簧驱动。单压式 SF$_6$ 断路器分闸过程中的负
载特性，具有图 8-39 中曲线所示形状，在开始的行程段内，需要大的作用力以使运动部分
加速，在行程接近于最终位置，也需要大的作用力以克服压气室中的高压力。

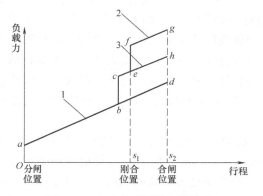

图 8-38　少油断路器的负载特性

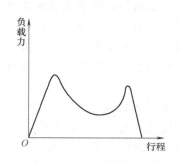

图 8-39　单压式 SF$_6$ 断路器的负载特性

真空断路器的负载特性与油断路器的相似，但却具有以下特点：

1）真空断路器的触头行程很小，合闸过程中在触头接触前只需要很小的驱动力，一旦触头闭合就需要很大的驱动力来压缩触头弹簧以获得足够的触头压力，因此真空断路器的负载特性在触头接触瞬间有一大幅度的正向突变。

2）真空断路器的动、静触头被密封于真空灭弧室中，波纹管是真空灭弧室的主要部件，在断路器分、合闸操作过程中将随着动触头杆一起运动，因此，在考虑各反力时，还需考虑波纹管的反力。真空断路器的负载特性曲线如图 8-40 所示。

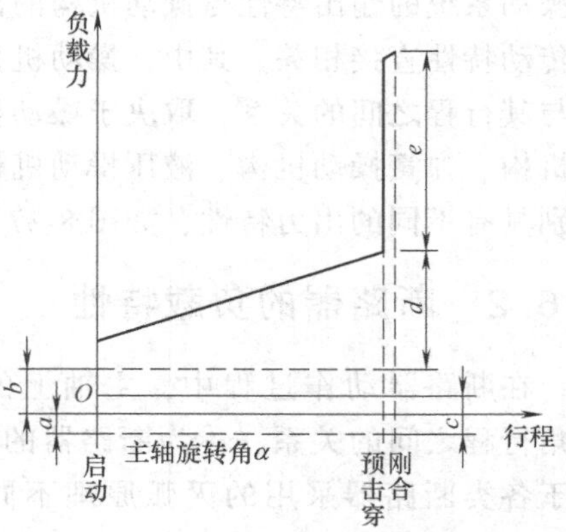

图 8-40　真空断路器的负载特性曲线
a—重力　b—摩擦力　c—波纹管力　d—分闸弹簧力　e—预击穿后短路电流电动力

8.6.3　操动机构与断路器的特性配合

由于大多数断路器的机构与本体被做成独立的产品，一种型号的机构可以操动几种不同型号的断路器本体；而一种型号的断路器本体也可以配装不同型号的机构。因此，就涉及如何选配断路器机构的问题，即机构的输出特性与本体的负载特性之间的特性配合问题。

前文已经指出，断路器机械操动系统的输出特性与操动机构的出力特性、中间装置的传动特性直接相关。不同类型的操动机构其出力特性各异，而即使相同的操动机构，经过具有不同传递特性的中间装置（传动机构和提升机构）改善之后也会产生不同的输出特性。

为分析方便，暂且不考虑中间装置的传动特性对机构输出特性的影响，即仅考虑各操动机构的出力特性直接（或经过相同的传动特性对其进行改善以后）与断路器本体的负载特性之间的特性配合问题。同时，为了进行比较，假设某断路器分别采用电磁、弹簧、液压及永磁四种操动机构，即假设这四个断路器本体的负载特性相同、但操动机构的出力特性各不相同。为保证能够关合到底并可靠地被锁住在合闸位置，假设在四种情况下，在合闸位置终了时操动机构的出力与本体的反力相等。在上述假设条件下，可以得到不同情况下的特性配合曲线，如图 8-41 所示。

在图 8-41 中，机构的输出特性与断路器本体的负载特性之间所夹的面积，表示转化为运动部分动能的有效功。出力特性曲线在负载特性曲线之上，有效功为"＋"，这时出力会使运动部分加速；相反，若负载特性曲线在出力特性曲线之上，则有效功为"－"，表示反力大，断路器的运动部分要减速。在断路器动、静触头刚合位置之前，正负面积的代数和表示断路器的运动部分在刚合瞬间所具有的动能，与刚合速度的二次方成正比。正负面积的代数和大者，则动能大、刚合速度大。操动机构出力特性与横坐标轴之间所夹的面积，即代表操动机构的关合能量，也就是操作功，该面积大，则关合能量大，即要求操动机构的操作功大。

从图 8-41 所示的特性配合的情况看来，弹簧操动机构的配合最差。如图 8-41a 所示，刚合位置之前的"＋"面积最大，所以它的动能最大，速度最高；同时，操动机构出力特性与横坐标轴之间所夹的面积大，所以要求操动机构的操作功也大。这就说明，相对于其他三种类型的操动机构而言，弹簧操动机构的配合较差，因为它的操作功大、振动大，要求各零部

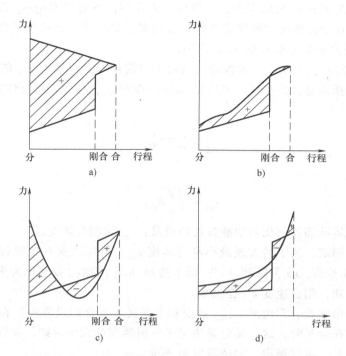

图 8-41　四种不同操动机构的出力特性与本体负载特性的配合
a) 弹簧操动机构　b) 电磁操动机构　c) 液压操动机构　d) 永磁操动机构
注：各图中的断路器本体的负载特性忽略了合闸预击穿现象的影响

件的机械强度较高。图 8-41b 表示电磁操动机构的配合，在刚合位置之前的有效输出功面积
也较小，冲击强度也小，但没有自行制动的作用。图 8-41c 表示液压机构在刚合位置之前的
有效面积小，刚合速度小，尤其突出的是，在达到一定高速后出力下降，出现 "-" 面积的
情况。这说明液压操动机构有自行制动的作用，操作平稳、冲击振动小，特性配合较为理
想。图 8-41d 表示永磁操动机构的配合，在合闸的开始阶段与电磁操动机构一样，同时，在
合闸过程中也具备自行制动的作用，而在合闸的最后阶段，由于永磁体的吸力使吸合力上升
得更快，因此永磁机构的出力特性与该断路器本体的负
载特性配合得比较理想。

　　在上文所述的操动机构中，若操动机构的出力特性
（或机构的输出特性）与断路器本体的负载特性配合得不
够理想，则可以在一定的条件下采取适当的方法来改善
特性、改进配合。

　　例如，在相同的操动机构和断路器本体的条件下，
还可以用改进断路器本体负载特性的方法来满足分闸速
度、刚合速度以及合闸功的要求，如图 8-42 所示。

　　图 8-42 中，假设曲线 abc 为操动机构的出力特性，
曲线（分段直线）defg 为断路器的负载特性。将行程 s 分
为二段，s_1 为刚合或刚分点，s_2 为断路器的总行程。在

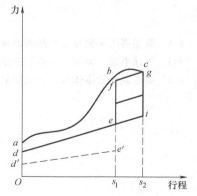

图 8-42　用改善本体负载特性的
方法来改进特性之间的配合

这种情况下，多边形 $Oabcs_2$ 的面积为操动机构的关合功，多边形 $Odefgs_2$ 的面积为断路器的合闸功。为了保证在短路情况下断路器能够关合到底，必须使关合功大于合闸功，即确保多边形 $Oabcs_2$ 的面积大于多边形 $Odefgs_2$ 的面积。

多边形 $Oabs_1$ 的面积为在刚合前操动机构输出的能量，多边形 $Odes_1$ 的面积为在刚合前断路器消耗及分闸弹簧储存的能量。多边形 $dabe$ 的面积 S_{dabe} 为在刚合前断路器运动部分所得到的动能，即

$$\frac{1}{2}mv_{gh}^2 = S_{dabe} \tag{8-19}$$

则

$$v_{gh} = \sqrt{\frac{2}{m}S_{dabe}} \tag{8-20}$$

式中，m 为断路器运动部分归化到动触头处的质量；v_{gh} 为刚合速度。

如果操动机构固定，为了增大或减小刚合速度 v_{gh}，可以改变在这段行程中的负载特性 de。例如，曲线 ab 不动，de 下降到 $d'e'$，则多边形 $dabe$ 的面积会变化为多边形 $d'abe'$ 的面积，由式（8-20）知，刚合速度 v_{gh} 会增加。

从分闸速度的角度看，多边形 s_1eis_2 的面积主要代表在合闸过程中，在 s_1s_2 行程段内分闸弹簧的储能量。在分闸时，这一储能量决定了分闸速度的大小。如果要保证分闸速度，就应该保证这一储能量，也就是说，保持线段 ei 不变。

因此在图 8-42 中原来 abc 与 $defg$ 的特性配合下，如果已能满足分闸速度及关合功的要求，只是刚合速度不够，则将弹簧分为两段，在 $O \sim s_1$ 段内的特性为 $d'e'$，在 $s_1 \sim s_2$ 段内的特性仍为 ei，这样，在可以保证分闸速度及关合功的前提下，提高了刚合速度。如果刚合速度及分闸速度均已满足要求，则可以用分段弹簧降低合闸功，降低对操动机构关合能的要求。

在上述分析中，没有考虑中间装置（传动机构和提升机构）的传动特性对机构输出特性的影响。然而，具有优异的传动特性的中间装置可以进一步改善操动机构的出力特性。因此，还可以通过改进断路器机构中的中间装置的传动特性来改善特性、改进配合。

习 题

8-1 简述高压断路器机械操动系统的构成及其作用。

8-2 简述电磁、弹簧、液压和永磁操动机构的工作原理、特点及适用场合。

8-3 高压断路器本体与机构之间的特性应该如何配合？

第9章

智能电器

9.1 智能电器的基本概念

开关电器作为一类重要的电力设备,被应用于电力系统的发电、输电、配电、供电和用电各环节,通过接通与分断电路,实现电能的传输、分配与供给,并对系统及其用电设备的运行进行控制与保护。因此,开关电器的工作性能和运行状态将直接关系到电力系统的安全运行以及对用户供电的质量。

9.1.1 智能化是开关电器发展的必然趋势

传统的开关电器,因受控制方式、技术条件、生产工艺、加工水平等因素的制约,结构复杂、体积庞大、故障率高,严重影响到电力系统的安全可靠运行。此外,这类开关电器功能简单,只是具备基本的通断控制和保护功能,而缺乏数字处理和通信功能,更不能实现诸如智能操作、在线检测、故障诊断与预测等高级功能,远远不能满足现代化电力系统实现高度自动化控制的使用要求。

随着国内外电器行业市场环境的变化、各领域自动化水平的不断提高以及电力工业的持续高速发展,人们对智能型开关电器的需求越来越迫切。同时,随着人们对电器设计技术、优化方案、故障机理、控制策略等方面的理论研究与应用实践的不断深入,随着数字处理技术、传感技术、微机测控技术、超大规模集成电路技术、计算机网络通信技术等技术的进步和新材料、新工艺的出现,无不为多功能、小型化、可通信、智能型开关电器的设计与制造提供了有利条件,使得开关电器的功能更加完善、智能化控制已经成为可能。

将传统电器理论与现代传感技术、微机测控技术和网络通信技术等多门学科的技术高度融合,逐步建立和完善电器智能化技术体系,是传统电器学科一个新的发展方向。应用电器智能化技术来研究、开发并逐步推广使用一系列智能型开关电器设备,是提高现代化生产和生活自动化水平的有效手段。智能电器设备的出现并最终取代传统开关电器是当今社会发展的必然趋势。

9.1.2 智能电器的物理描述

1. 电器智能化与智能电器

智能电器是一种具有智能化功能的电器设备,是实实在在的产品。电器智能化是使电器实现智能化的过程。从技术体系的角度来讲,电器智能化是以智能电器这种有形产品为基础建立的相关学科知识及应用技术的系统集成,通过创建并应用智能电器设计所需的相关理论,使电器产品能够最充分地发挥其优良性能、实现对其远程管理与控制,并能组成适合用户要求的智能化管理与控制网络的方法。电器智能化技术，是现代科学技术与传统电器技术相结合的产物。

2. 智能电器的物理描述

目前，对智能电器还没有一个统一的、明确的定义。在不同的发展阶段，对智能电器的内涵有着不同的理解。

曾经认为"微机控制+开关电器"就是智能电器，虽然绝大多数智能电器的硬件结构的确由这两部分组成，但因其没有体现智能电器的实质而具有一定的局限性。

近年来，已有学者分别从不同的角度对智能电器的定义进行阐释。如："智能电器"，是具有自动检测自身故障、自动测量、自动控制、自动调节，并具有与远方控制中心通信功能的电器设备；或认为，"智能电器"，是能自动适应电网、环境及控制要求的变化，始终处于最佳运行工况的电器。从人工智能的角度，认为"智能电器"是在某一方面或整体上具有人工智能功能的电器元件或系统。从构成智能电器的核心部件及其功能出发，认为"智能电器"是以微处理器/微控制器为核心，除具有传统电器的切换、检测、控制、保护、调节功能之外，还具有显示、故障诊断与记录、运算与处理以及通信功能的电子装置。

根据上述物理描述，可以归纳出智能电器具有以下几个基本特征：

（1）现场参量处理数字化

这是智能电器的本质。通过采用可编程数字处理和控制技术，可以实现对电器设备现场各种被测参量的数字化处理。这样，不仅可以提高测量和保护精度，还可以方便地调整电器设备的控制与保护功能。

（2）电器设备功能集成化

以嵌入式微控制器/微处理器或其他大规模可编程数字处理器件为控制核心的智能电器，可以方便地集成用户需要的各种基本功能，如：数字化仪表功能、保护功能、通信功能、人机交互功能等，从而使电器设备的功能不断增多、日益完善。

（3）电器设备可通信、网络化

智能电器均由一次设备和智能监控器（或称为智能监控系统）组成。以微处理器为控制核心的智能监控器，不仅功能自治，即能够独立完成对电器设备本身及其监控对象要求的全部监控和保护功能，还可以通过配备专用的通信接口模块而成为通信节点，使之具有通信功能。采用数字通信技术，便可以将不同生产厂商、不同类型但具有相同通信协议的智能电器组建成开放式的电器智能化通信网络，从而实现电器设备的网络化管理和设备资源的共享。

9.1.3 智能电器的功能

开关电器包括断路器、接触器、继电器、负荷开关、隔离开关、接地开关以及各种高/低压开关柜、GIS和预装式变电站等。不同种类的开关电器，因其结构组成和工作原理的不同，其使用场合和功能要求会有所不同。即使同一种类开关电器，也会因其工作原理、应用场合的不同而有不同的智能化功能要求，并且要求的控制和保护特性的参数也不尽相同。因此，智能电器的功能与电器的类型及其工作原理、应用场合有关。

虽然，在尚未明确电器类型、工作原理和具体的控制与保护对象之前，无法具体确定该电器的智能化功能。但总体而言，开关电器的智能化功能主要体现在以下几个方面：

（1）基本监控功能

1）测量和计量功能。作为数字仪表，替代传统的测量仪表，实时检测并数字化显示被控系统或用电设备的电流、电压、功率等的各种运行参数。

2）保护功能。不仅能对被控线路或系统实施电流保护和电压保护，还具备对开关电器自身的温升、绝缘以及各种工作特性的保护功能。

3）监控功能。智能电器不仅能实现对被控对象工作状态的实时监测、判断与保护功能，还具备对自身（特别是对自身监控器）工作状态的自检功能。

4）通信功能。智能电器具备 RS-232、RS-485、各种现场总线和工业以太网等一种或多种通信接口，通过数字通信网络与远方控制中心之间交换各自需要的各类信息，以完成对工作现场的各种智能电器及其被控对象的远方监控、管理、配置和调度。

5）人机交互功能。智能电器具备完善的参数整定和信息显示功能。既可以根据工作现场的具体情况来投/退保护功能、设置保护类型、保护特性和保护阈值，也可以对被监控对象的某些指定的正常工作状态或故障状态进行实时显示。

6）信息管理功能。可以实现对智能电器及其被控对象的运行状态和特殊事件的存储与查询功能，以及对运行参数数据的报表、归档和打印等管理功能。

（2）在线检测功能

指在设备处于正常的运行状态下，对能够表征设备运行状态、工作寿命和运行可靠性等方面的某些特征参数进行实时检测与记录，并定期上传至系统管理中心，以便对该设备进行可靠性分析，从而决定是否需要维护或更换。电器设备的在线检测功能，可以有效地反映设备的实时工况，从而可以对设备的运行状态做出比较准确的判断，因此，它是对电器设备开展状态检修、智能操作和故障诊断的基础。

（3）智能操作功能

指通过对开关电器分/合闸操作的智能控制，实现动触头从一个位置到另一个位置的自适应转换。具有智能操作功能的开关电器，能够根据其通/断操作瞬间被控系统的运行状态信息，合理地调节和控制其分/合闸相位以及分/合闸操作特性，使电器操动机构与触头灭弧系统之间、电器的分/合闸操作过程与被控系统工作状态之间获得最佳的匹配效果，从而改善其工作性能、提高自身的机械和电气寿命。

（4）故障诊断功能

指电器能根据当前时刻在线检测的特征量，经与前一段时间内该设备的在线检测结果进行纵向比较分析、与同类设备或同一设备不同相在线检测结果进行横向比较，并结合历年离线检测试验数据和运行经验等，判断当前时刻该设备是否存在故障，并能对故障时的故障类型、故障位置、严重程度和故障原因等做出综合判断，进而预测出设备继续运行的剩余寿命、给出维修策略及方法的建议。

9.1.4　智能电器的一般结构

从大的方面讲，智能电器可以分为：智能电器元件、智能化成套电器设备（本文简称为智能电器设备）和电器智能化网络。它们的主要功能、作用范围不同，则组成结构也有所区别。

1. 智能电器元件/设备的基本结构

（1）智能电器元件/设备

电器元件即独立的开关电器，例如，断路器、接触器、负荷开关、隔离开关和接地开关等。电器元件由开关本体（即触头和灭弧系统）和机构组成，通过对机构的通/断控制来实现电器元件的分/合闸操作。智能电器元件，由传统的电器元件（又称一次开关元件）及其智能监控器组成，是指能自动监测电器的工作状态、识别有无故障和故障类型，并能根据识别结果或操作命令发出不同的操作信息、控制机构动作，从而使电器具有诸如智能控制、可通信等智能化功能的电器元件。最常见的智能电器元件有智能型断路器、智能型接触器等。

成套电器设备是制造厂家根据用户对一次主接线的使用要求，将各种一次开关元件与二次装置以及电气连接、辅件、外壳等组装在一起而构成的组合电器设备。智能电器设备是指采用智能电器元件构成电气主回路、采用一种新型的智能监控器来替代传统成套电器设备的二次回路，使其不仅具备设备要求的控制、测量、保护和调整等功能，还具备完备的人机交互功能和远程通信功能的成套电器设备。

智能电器元件和智能电器设备通常作为电力系统和各类工业自动化系统的现场设备，作为通信节点，用来构成电器智能化网络。

（2）智能电器元件/设备的基本结构

智能电器元件/设备由一次设备和智能监控器组成，其基本结构如图9-1所示。

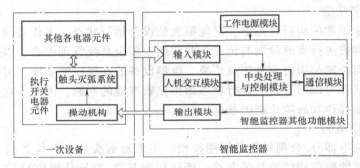

图9-1　智能电器元件/设备的基本结构

智能电器元件的一次设备仅指开关本体（机构和触头灭弧系统），而智能电器设备的一次设备则包括成套电器设备主回路中的所有元件，如电压/电流互感器、隔离开关、主开关（断路器、负荷开关或接触器）、接地开关等。一次设备是智能监控器的监控对象，接受其操作控制指令并执行接通与分断操作。

智能监控器，是电器元件或电器设备实现智能化控制的核心，用来完成对电器及其监控对象要求的全部监测、控制和保护功能以及远程通信功能。智能监控器的实质是微机测控系统，通过由硬件电路和软件程序的相互配合来完成各种功能。

无论是智能电器元件，还是智能电器设备，其智能监控器的硬件结构按功能都可以分为以下几个模块：输入模块、中央处理与控制模块、输出模块、通信模块、人机交互模块和工作电源模块，如图9-1所示。其工作原理简述如下：输入模块完成电器元件/设备及其被控对象运行现场的各种运行状态参数和特性的测量、转换、调理与采集，并将检测结果送入中央处理与控制模块；中央处理与控制模块，是以可编程数字处理器件为核心的最小工作系统，负责对输入模块的检测结果、现场操作人员或上级管理中心给出的操作指令进行分析与处理，根据分析结果输出各种控制指令并协调其他各功能模块的工作；输出模块接收中央处理与控制模块输出的各种控制信息，对其进行相应处理后送至一次开关元件的机构，以完成相应的操作；通信模块是处于工作现场的智能电器元件/设备与上级管理系统之间，能通过网络实现双向通信的物理接口，用来实现智能电器/设备的可通信、网络化功能。对智能电器元件/设备各种控制、保护功能的就地设置及运行状态的就地监管，通常由人机交互模块来实现。智能监控器内部的各功能模块的工作电源全部由工作电源模块来提供。

尽管智能电器元件和智能电器设备的组成结构以及智能监控器的工作原理基本相同，然而，二者仍然存在某些差别，主要体现在以下几个方面：

1）智能监控器的安装位置不同。对于智能电器元件来说，通常将其智能监控器与一次设备（即开关本体）集成于一体，而智能电器设备中的智能监控器一般安装在其操作面板上，在空间位置上与一次设备相对独立。

2）智能监控器的复杂程度不同。与智能电器元件相比，智能电器设备监控器的功能更强、物理结构更复杂。

① 输入通道数更多。智能电器设备的监控器，不仅需要获取电器设备中多种一次电器元件及其控制、保护对象的模拟量信息，还需要检测该设备内部各开关元件、各种机械联锁开关及相互关联的其他开关设备中的开关量信息，显然，它将需要更多的物理输入通道。

② 开关量输出通道数更多。为实现电器设备内部各开关元件之间、同一系统不同电器设备的一次开关元件之间的联/闭锁控制，智能电器监控器既要输出本台电器设备执行元件的操作控制信息，还需要输出其他相关电器元件的联/闭锁控制信号，为此，将需要更多的开关量输出通道。

③ 中央处理与控制模块的处理能力更强。智能电器设备的智能监控器不仅需要处理更多的输入、输出信息，还必须具备更强的通信处理能力，以满足电器智能化网络的通信需要，为此，智能电器监控器的中央处理与控制模块必须具备更强的处理能力。

2. 电器智能化网络的基本结构

（1）电器智能化网络

以智能监控器为核心的智能电器元件/设备，能够实现对电器设备自身及其监控对象要求的全部监控和保护功能，使现场设备具备完善的、独立的处理事故和完成不同操作的能力，即实现了功能自治。具备自治功能的智能电器元件/设备，在一定程度上可以满足生产需要。

为进一步实现对现场设备的远程管理和监控，利用数字通信技术，把分布在不同运行现场、具有自治和通信功能的智能电器元件和智能电器设备与网络管理设备连接在一起，就构成了电器智能化网络。

电器智能化网络，可以使后台管理系统能够对其管辖范围内的下层管理机、现场设备底层网络及下属的现场设备的运行进行监控和管理；可以把不同生产商、不同类型但具有相同通信协议的智能电器元件/设备互联，实现资源共享；可以实现不同厂商产品之间的互换，达到系统的最优组合。因此，电器智能化网络是实现并优化电力系统各级自动化子系统以及各类工业自动化系统的基础。

（2）电器智能化局域网的典型结构

电器智能化网络，是一个能把不同地域、不同类型的智能电器元件/设备或电器智能化局域网连接在一起、实现网络互联的广域网。由于受设备分布的地域、生产现场对设备功能要求等条件的制约，目前，还难以用统一的网络形式实现省级或国家级范围内电器智能化网络的互联。因此，在实际应用中，电器智能化网络通常是以现场设备地域覆盖范围为基础，先建立现场局域网或现场总线网作为网络底层，并以此为基础通过 TCP/IP 协议转换，建立覆盖范围更大、功能更完善的高层管理局域网。各高层局域网再通过网络互联可以组成全省以至全国范围内的广域网，最终实现全球范围内的互联。

当前，实际应用的电器智能化网络是一种基于工业以太网平台的局域网。该局域网采用总线式拓扑结构，具有现场设备层和局域网络层两个层次，由各种现场设备和服务器、工作站以及通信控制器等网络后台管理设备组成。电器智能化局域网的典型结构如图 9-2 所示。

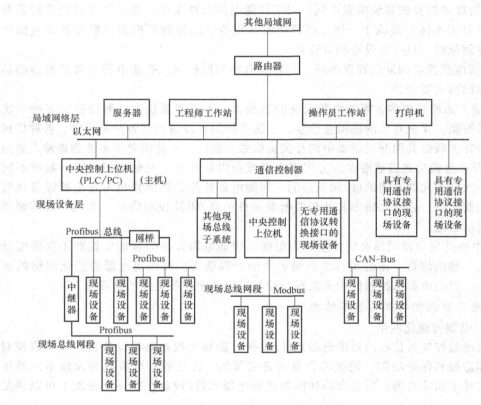

图 9-2 电器智能化局域网的典型结构示意图

电器智能化局域网中的现场设备，既可以是现场设备层的总线网络，也可以是具备或不具备独立通信转换接口的智能电器元件或智能电器设备。作为电器智能化网络的通信节点和控制对象，各现场设备的入网方式因其所处的网络层次不同而有所区别。在现场设备层，一般采用主-从式结构，通常由一台处于管理地位的微机或 PLC 作为主机，由各种不同类型、不同生产厂家提供的智能电器元件/设备作为现场设备，即从机。各现场设备通过自定义的现场总线或通过 Modbus、Profibus、CAN-Bus 等几种当前流行的现场总线连接成底层网段，受主机的管理并通过主机接入上一级网络。现场设备层的各底层网段还可以通过中继器、集线器（HUB）或网桥连接，以扩大现场总线网覆盖范围。在局域网络层，通常利用工业以太网连接各种现场设备和网络后台管理设备。对于运行现场的各种需要独立监控、且自身没有配置专用协议转换接口的智能电器元件/设备，可以直接通过通信控制器入网，也可以先通过选定的现场总线构建底层现场总线网，再通过通信控制器或网关接入工业以太网；对于自身具备专用通信转换接口的单个现场设备也可以自行接入局域网、接受网络的直接管理。局域网络层，还可以通过网关或路由器与不同通信介质和传输速率的同级局域网络连接，从而扩大局域网的规模。

电器智能化局域网络中的后台管理设备，用来实现对工作现场的监控和管理。通常，要根据网络的实际规模来独立或集中配置不同的服务器、工作站以及通信控制器。其中，通信控制器是一种多通道输入的物理设备，或者是现场层网络管理计算机或局域网后台服务器中的一个程序模块，用来完成不同现场设备的通信协议与以太网通信协议间的转换，并实现现场与后台管理系统间的数据交换；服务器用来处理、存储和管理局域网中工作现场的许多公共信息，例如，设备名称、网络地址、现场设备及其运行状态的图形符号；工作站分为系统操作员工作站和责任工程师工作站，用来完成对现场运行状态的实时监控，调用相应软件来分析得到的实时数据和事件信息，根据分析结果下达各种操作命令或调用现场设备的运行参数，即实现操作人员能在后台管理中心完成对工作现场和网络的全面管理。

9.2 智能电器领域的研究热点及其发展趋势

电器智能化技术是一门用来指导智能电器产品的设计、制造与应用的技术，涉及电器、检测、处理、控制、通信、材料、工艺等多门学科。电器智能化技术涉及的内容非常广泛，本节仅针对其中的电器智能监控技术领域的热点问题及其发展情况进行论述。

1. 智能监控器的设计与完善

智能监控器是智能电器元件/设备的核心部件，是提高电器智能化水平、实现电器智能化网络可靠运行的关键。为研制出集设计合理、功能完备、技术先进、稳定可靠等众多特征于一体的智能监控器，人们从未停止对电器智能化监控技术的研究。目前，对智能电器监控器的研究主要体现在以下三个方面：对监控器功能的不断完善与开发、提高监控器的设计水平、实现监控器的可靠运行。

(1) 完善与开发监控器的功能

随着工业控制用嵌入式微控制器/微处理器和大规模可编程数字处理器件在处理速度、数据位数、指令功能、接口功能和通信功能等方面的进步，以及适合于这类处理器程序设计的新方法的出现，C 语言等高级语言及其与汇编语言的接口软件包的开发，嵌入式处理器及嵌入式系统软件操作系统的规范化及操作代码的开放，都为开关电器智能监控器的功能扩展提供了十分有利的条件。

目前市场上的智能电器监控器大多数已具备计量、保护、控制、通信、记录等基本监控功能，使其功能不断丰富、性能不断完善。例如，通过引入微机测控技术，新研制开发的智能型断路器脱扣器，不仅集三段式电流保护、断相、反相、过电压、欠电压、不平衡保护、接地保护于一身，做到一种保护功能多种动作特性，而且能显示电压、电流、频率、有功功率、无功功率、功率因数等系统运行参数，具备准确、可靠的系统协调保护的功能，使断路器的功能大大增强；目前，在供电系统中大量使用软起动器、变频器、电力电子装置和不间断电源等，使电网和配电系统中出现了大量的高次谐波，模拟式电子脱扣器由于只反映故障电流的峰值，容易造成断路器在高次谐波的影响下发生误动作，而新兴的带微处理器的智能化断路器反映的则是负载电流的真实有效值，可以避免高次谐波的影响，提高了断路器保护的准确性；在智能电器产品实现基本监控功能的基础上，还需要集成一些新的高级智能化功能，例如，智能控制、在线检测、故障诊断与预警、负载监控、全电流范围内选择性保护、电能质量监控等功能。

（2）提高监控器的设计水平

智能监控器的实质是微机测控系统，智能监控器的设计包括硬件设计、软件设计和电磁兼容可靠性设计。近年来，随着传感器技术、微电子技术、微机控制技术和数字通信网络技术的不断发展，智能监控器的设计水平不断提高。

智能监控器硬件设计技术的进步主要体现在两个方面：

1）不断改进硬件电路各功能模块的结构。比如，智能监控器中的中央处理与控制模块已经具备五种电路结构，即单处理器单芯片结构、单处理器多芯片结构、单处理器双芯片结构、多处理器结构以及采用超大规模可编程逻辑器件（FPGA）的结构。其中，采用高性能微处理器或 DSP，减少外围器件、简化硬件结构是当前国内电器设备监控单元设计中的先进技术之一。采用多处理器结构、各处理器之间、处理器与输入/输出之间采用双口 RAM 连接或采用数字通信网络互连，将是该模块设计的发展趋势。以可编程专用集成电路芯片（Application Specific Integrated Circuit，ASIC）为核心的智能电器控制器通用拓扑结构以及可重构硬件平台的开发与推广应用，是最具有应用价值的发展途径。

智能电器监控器专用集成电路的开发，是智能电器领域的研究热点问题之一。目前，已经能够将具有某种保护功能和完成某种复杂运算功能的功能集成型 ASIC 用于中央处理与控制模块，用 ASIC 替代原有的功能电路模块可以提高系统的局部性能。近年来，国内采用 FPGA 成功研发出的监控器中央处理与控制模块的系统级可编程 ASIC，可以全硬件地实现该模块的基本功能，不仅线路简单、体积小、价格低，而且具有很强的抗干扰能力，使产品的整体性能得到了明显提高。

2）不断提高被测模拟量信号的测量精度。电器运行现场的各种模拟量信号是智能监控器需要采集的重要信息，其检测精度将直接影响智能监控器的处理结果。智能监控器对被测模拟量的测量由模拟量输入通道来完成，一般包括传感器环节、信号调理环节、采样与 A/D 环节。为减小硬件测量误差、提高测量精度，针对上述三个环节提出了不同的解决方案。

首先，不断改进电量信号的测量原理。例如，电流互感器是使用最为广泛的一种简单的电流变换器，但是它在测量上存在不足之处：测量大电流时使用空心电流互感器，但是这种互感器在测量小电流时误差较大；测量小电流时多使用实心电流互感器，但这种互感器在电流增大时会出现铁心饱和现象，从而无法保证对大电流测量的精度和响应速度。现在多使用基于法拉第磁光效应原理的光纤电流传感器，其测量范围宽、无饱和现象，能有效地解决温度对测量精度的影响和长期运行时的稳定性问题，从而提高了测量精度。其次，不断开发与应用新型传感器，例如非接触式测温传感器、振动加速度传感器、阵列式磁传感器等。

此外，不断减少模拟量输入通道的处理环节也是提高测量精度的重要途径。为减少传感器后端信号调理电路带来的测量误差、提高对非电量传感器的线性化补偿精度，一种将传感器、信号调理电路和非线性补偿电路等集成为一体的信号变送器得到了广泛应用。对于 A/D 转换环节，目前主要采用三种方式来提高采样精度：使用内部集成多通道 A/D 转换器的微处理器，以保证各通道采样精度的一致性和与处理器速度的同步性；使用将传感器、调理电路和 A/D 转换器集成一体的、直接数字量输出的智能型传感器；在不适合将 A/D 转换器与传感器或与处理器集成的特殊场合，开始越来越多的应用具有高分辨率和高线性度的快速 A/D 器件，以满足测量精度的要求。

在软件设计方面，研究热点主要集中在智能监控器的软件设计方法以及数据的处理算法。近年来，智能电器监控器的功能不断丰富，对软件的通用性、开放性和实时性的要求越来越高，通过引入模块化、层次化程序设计思想，先后出现三种软件设计方法：进程式程序设计模式、"中断+主循环"式的前后台程序设计模式和嵌入式系统软件设计模式。其中，"中断+主循环"式的前后台程序设计模式，仍是智能电器监控器中使用最多的程序设计方法，适用于功能相对简单、实时性要求较低的应用场合；对于功能十分复杂、实时性要求特别高的智能电器监控器，大多采用嵌入式系统软件的设计模式、使用实时多任务操作系统（RTOS）按程序模块的实时性、重要性对任务模块进行调度和管理。目前，国内外均已开发出嵌入式通用操作系统平台，嵌入式系统软件设计模式将成为今后智能监控器软件设计的主流。数据处理方法和控制算法将决定软件的功能、精度、实时性，是软件设计的重要内容之一。

在智能电器领域，其算法既包括通用的数据处理算法，又包括对电量信号的测量算法和对监控对象的保护算法。在中、低电压等级中，智能电器的测量和保护算法已基本成熟，例如，复化梯形算法、复化辛普森算法、快速傅里叶变换、小波变换等。但在超高压等级的智能电器中，因故障过渡过程快，要求判断准确度高，其保护算法还存在许多问题有待解决。目前，智能电器监控器的软件设计大多采用 C 语言与汇编语言混合编程。与此同时，软件的用户接口除与 C 语言兼容以外，国内外还正在尝试采用 PLC 的编程思想和蓝牙技术，以开发出更适合用户使用的二次开发平台。

（3）实现监控器的可靠运行

运行可靠是智能电器监控器设计的最基本要求。可靠性与监控器的硬件、软件和系统组成及使用环境等诸多因素有关，需要从可靠性设计和电磁兼容性设计两个角度考虑。目前，主要从智能监控器的电气硬件电路、机械结构、软件程序和系统组成的角度来提高其可靠性设计水平；在智能电器领域的电磁兼容研究的热点包括：

1）进一步完善并应用现有的电磁兼容性设计理论。

2）开展特殊应用条件下的电磁兼容研究。

3）电磁兼容标准与规范、电磁兼容性分析与设计、电磁兼容性试验与测量。

2. 电器的可通信网络化研究

具备完善的可通信和网络化功能，是智能电器实现遥测、遥控的基础。开展开关电器特别是低压开关电器的可通信、网络化研究，已成为当前智能电器领域的热点问题之一。

国外低压电器主要制造商最近研发的产品几乎全部带有可通信功能，我国低压电器的可通信技术也有了长足的发展。目前，具有 RS-232、RS-485 通信接口的低压电器已随处可见，却由于受到其带宽和通信距离的限制而远不能满足智能电器的通信要求。随着工业现场总线的发展，国内外各研究机构都在致力于研究和开发基于现场总线技术的智能电器。

现场总线是连接智能化现场设备和控制室之间的、采用异步串行方式进行信息传输的计算机通信网络。当前国际上最流行的现场总线有 Modbus、CAN-Bus、Profibus 等。其中，在低压电器领域，我国将重点推广使用四种现场总线，分别是 DeviceNet、Modbus、Profibus、AS-i。国外许多公司已经推出第四代可通信低压电器产品和智能化配电系统，新开发的万能式断路器、开关柜等都具有现场总线通信接口。国内技术含量较高的第三代低压电器产品已经出现，不少高校、科研机构和生产制造商已经开始关注并相继开发出一批基于 DeviceNet、Modbus、Profibus 的产品，包括框架式和塑壳式低压断路器通信接口、接触器通信接口、自动转换开关通信接口、可通信电量监控器等。由此可见，工业现场总线技术已经被越来越广泛地应用在低压电器领域，一方面新一代低压电器元件都具有内置或外置的通信接口，能与工业现场总线相连接；另一方面嵌入现场总线系统的低压配电和控制成套装置也逐渐推出。嵌入现场总线技术将成为新一代低压电器元件和成套装置的一个重要标志。

目前现场总线技术正向上下两端延伸，其上端和企业网络主干 Ethernet、Intranet 和 Internet 等通信，其下端延伸到工业控制现场区域。与此同时，工业现场总线技术的发展也越来越注重系统的开放性，既能使具有相同功能的、不同厂商的设备在网络上互连互换，又能支持连接不同的总线，方便地接入第三方设备，从而使用户在配置系统时具有更大的灵活性。由于现场总线技术的多种多样以及各自不同的通信标准，给网络的开放性带来了不利影响。因此，目前国际电工委员会和现场总线基金会正致力于现场总线标准的统一，我国有些单位也在做这方面的工作。

智能电器可通信、网络化的下一个发展目标是直接与工业以太网连接，使其在现场级实现 Internet/Intranet 功能，其技术核心是实现 TCP/IP 协议。目前主要的工业以太网协议有：EtherNet-IP、Profinet、Modbus-TCP/IDA 等，但由于各种工业以太网技术在实时性、开放性以及实现功能上具有很大的差异，统一的工业以太网协议在相当长一段时间内可能还无法实现。目前一些主要断路器厂商虽然尚未在自己的产品中支持以太网技术，但却都为用户提供了连接以太网的解决方案，大多采用协议转接方法对以太网进行支持。例如，西门子公司主推 Profibus 现场总线，其断路器产品可以先通过通信模块连接至 Profibus 总线，再通过 Profibus 网络的主站连接至以太网；施耐德公司则通过 EGX 或 CM4000+ECC 实现 Modbus 协议与 TCP/IP 协议的转换。工业以太网将继续成为当前一段时期内的研究热点问题，并有可能成为下一代低压电器设备等通信和控制的主流技术。

近年来，我国正在加紧开发第四代低压电器产品，计划用近 10 年左右的时间完成主要系列产品的开发与推广。其中，第一批启动项目筛选了以下四类产品：新一代智能型万能式断路器、新一代小型化塑壳断路器、新一代小型化控制与保护开关电器、带选择性保护功能的小型断路器；第二批项目初步确定为新一代交流接触器、新一代电动机起动器、新一代双电源转换开关、专用系列低压浪涌保护器；第三批项目的重点是各类新型电器。我国第三代低压电器主要产品和第四代低压电器将全面实现可通信、网络化，既能与多种现场总线连接，又可以直接与工业以太网连接。对部分安装通信电缆有困难的场合或网络扩展需要时，还可以采用无线通信技术。

3. 电器设备状态的在线监测

（1）电器设备状态在线监测问题的提出

电器设备在运行中因受到电、热、机械、环境等各种因素的作用，其性能会逐渐劣化，最终导致故障。电器设备是保证电力系统可靠供电的关键设备。因电器设备特别是高压电器设备的故障而导致突发性停电事故，势必会带来巨大的经济损失和不良的社会影响。

加强对高压电器设备各种故障的检测，提前发现潜在故障并及时采取措施，是提高高压电器设备工作可靠性、避免出现电力故障的有效手段。长期以来，我国基本上都是采用定期检修制度对高压电器设备进行维护。定期检修（Time-based Maintenance），是指根据国家相关标准对不同设备所规定的项目和相应的试验周期，定期在停电状态下对电器设备进行状态检测、故障检修的一种维护方式。虽然周期性检修方式在一定程度上可以预防或延迟故障、消除设备缺陷，有助于提高高压电器设备的运行可靠性，但是，这种不考虑被检修设备的制造水平、安装质量、是否存在缺陷、是否需要检修等实际状况，单纯以检修周期为原则、"到期必修"的设备检修方式存在许多不足，例如：离线试验必须停电、停电状态下的设备参数与运行状态不符、容易造成维修不足和维修过剩、维修过剩可能会人为地降低设备运行可靠性并浪费人力物力。针对上述各种弊端，提出了电器设备状态检修的管理制度。状态检修（Condition-based Maintenance），又称为预知检修（Predictive Maintenance），它以设备处于运行状态或基本不拆卸情况下的各种技术参数和特性为依据，结合该设备的历史状况和运行条件来判断是否需要检修、需要检修哪些部件和内容，因此，具有极强的实时性和针对性，更加科学、合理。状态检修是设备检修的发展方向，已引起相关部门的广泛关注。我国电力系统部分运行单位已经开始实施高压电器设备的状态检修，并开始致力于变定期检修为状态检修。为实现对高压电器设备的状态检修，除需要更多的经验积累以外，还需要深入研究电器设备状态在线监测技术，以便于对大量的设备运行参数进行实时监测。电器设备状态的在线监测技术，是设备状态检修和故障诊断的基础，开展高压电器设备状态在线监测技术的研究，具有重要意义。

提高电器设备的设计与制造水平、改善产品的出厂质量，力求其在工作寿命内不发生故障是提高电器设备工作可靠性的另一种途径。新型电器设备的研发、出厂检测以及现有电器设备的维修与试验，都需要进行大量的实验测试与性能检测。电器测试对电器的理论研究以及产品改进与开发具有至关重要的作用。将在线监测技术应用于电器测试领域，利用智能型电器试验与测试装置来实时获取影响电器性能的各种参数及其变化情况，可以较大程度地提高测量精度和测试效率。可见，加强对电器设备状态在线监测技术的研究与实践对于提高电器的设计与制造水平、提高电器产品的出厂质量具有十分重要的意义。

（2）研究现状与发展趋势

当前，反映电器设备状态在线监测技术的论文及专著文献较多。其中，文献［67］对常用高低压电器的在线监测技术进行了详细介绍；文献［68］则针对电力设备的在线监测技术进行了全面论述；特别是文献［69］对电器设备在线监测技术的国内外研究现状进行了系统地归纳与总结。

在高压领域，当前国内外的研究主要集中在高压开关设备的机械特性、绝缘和灭弧介质特性、振动信号和电寿命的在线检测等方面。德国 ESKON 公司、美国 Texas A&M 大学、巴西 Sao Paulo 大学、英国 Bath 大学和利物浦大学以及国内的西安交通大学、清华大学、华中科技大学、北京交通大学等研究机构，对断路器机械特性状态的在线检测进行了研究，开发出了不同类型的在线检测装置/系统，实现了对断路器的固有分/合闸时间、触头行程、刚分/刚合速度、二次回路分合闸线圈电压/电流等特性参数的在线检测；通过提取高压断路器分/合闸操作的振动信号进行机械状态识别，是实现其机械特性状态在线监测的另一种有效手段，由于该信号是具有时变特性的瞬态非平衡信号，其处理方法与传统的平衡信号的分析方法大不相同，并且其处理结果将直接影响振动检测方法的成功与否。为此，近年来，国内外针对断路器振动信号检测与分析方面的研究也越来越多，已经提出连续小波变换技术、短时能量法、小波奇异性检测法、振动信号相频特性描述法等多种分析与处理方法。

鉴于绝缘故障在电器设备各种运行故障中所占的比例及其后果的严重性，国内外各研究机构从未放松对电器设备绝缘特性劣化规律及其特征参量（如介质损耗角正切、局部放电、泄漏电流等）测量方法等的研究。例如，德国 Pilzecker 提出采用光谱分析技术分析 GIS 隔室内的气体组成及其含量，可以达到检测其绝缘故障的目的；研究表明，温度信号是反映电器设备绝缘特性和电连接状态特性的有效手段之一。目前，已研制出光微薄硅温度传感器、分布型光纤传感系统、基于红外技术的接触式/非接触式温度在线检测传感器以及基于温差法的断路器故障红外诊断软件等产品，实现对电器设备的母线温度以及开关柜温度的在线监测；在电器的灭弧介质状态在线检测方面，已经提出耦合电容法、电光变换法、波纹管和弹簧压力平衡原理等真空度在线检测方法，并开发出相应的测试装置；法国 Alstom 公司最新开发的 CBWatch-2 型断路器在线检测与诊断装置，可以在线计算 245kV SF6 断路器的 SF6 气体密度及其泄漏率等特征参量，国内则是以高分子电容式湿度传感器为核心传感器，对 SF6 气体的湿度、温度、压力密度等特征量进行在线检测；国内外对 GIS 局部放电的检测，广泛采用超高频局部放电测量法（UHF 法）。

国内外在高压断路器触头电寿命在线监测方面也做了大量的研究工作。英国 Basler 电气公司根据断路器分断电流和电弧能量得出了分断额定电流和短路电流时触头磨损的计算公式；澳大利亚 Queensland University of Technology 提出一种通过测量断路器负载侧电压和电流来在线检测分、合闸时刻、燃弧时间、电弧电压、电弧能量、触头电寿命的方法；国内一些高校和研究机构则提出了诸如燃弧时间、首开相在三相中的分布状况、开断时间、开断电流、触头累积磨损量等断路器电寿命的判断依据，并开发出不同的断路器触头电寿命在线检测装置。

在低压电器设备状态的在线监测领域，国内外的研究焦点是有触点开关电器的触头电接触特性、接触器以及低压断路器工作特性的测试方法及其试验装置的研制。目前，成功研制的触头电接触性能测试装置已具备在线检测电弧能量、燃弧时间、电弧长度、触头闭合压力、熔焊力和接触电阻等特性参数的功能；接触器特性在线检测装置可以实现对铁心行程、超程、开距、吸持电流、励磁电压、触头吸合/释放时间以及三相触头动作同期性等参数的在线检测；可以看出，充分利用电器智能化技术的研究成果，以嵌入式 CPU 和 PC 为控制核心，配备高性能传感器和各类先进的信号调理设备构成全自动式微机测试系统，通过功能强大的上位机应用软件来实现各种人机交互功能，是上述电器设备状态参数在线监测试验装置的主要特点。

尽管国内外已经针对电器设备状态的在线监测技术进行了大量的研究工作，并取得了相应的研究成果，但该技术还远未成熟，仍有许多问题有待于进一步研究解决。例如，目前国内外大多数在线监测装置/系统的功能还比较单一，仅能对一种设备或多种设备的同类参数进行监测，而且基本上要由试验人员来完成分析诊断；还需要研制高精度、高稳定的新型智能化传感设备；需要研制专门用于在线监测的现场校验方法和设备；需要研究该领域内的电磁兼容性问题等。

电器设备状态的在线监测是实现电器设备故障诊断与状态检修的基础，其发展取决于传感器技术、微处理器技术、总线技术、专用集成电路技术、数字信号处理技术等多种技术。今后，在线监测技术的发展趋势是：

1）不断提高监测系统的可靠性和灵敏度。

2）实现电器设备状态多种特征参数的综合监测。

3）实现电器设备及其控制系统内的其他电气设备状态参数的集中在线监测，形成完整的分布式在线监测系统。

4）不断积累监测数据和诊断经验，发展人工智能技术，建立人工神经网络和专家系统，实现电器设备的故障自诊断。

4. 电器的智能操作

开关电器触头系统的运动特性对开关的关合与分断性能具有较大影响，不同的运行工况存在着不同的运动特性。传统的开关电器一旦安装到位，它的操作运动过程就固化下来，无论环境和工况如何，运动特性都是一成不变的，也就使得开关电器难以具备最佳的分合特性。然而，通过开关电器的智能操作，就可以根据实际的工作环境与工况对自身的操作过程进行自适应调节，从而实现其分合特性和工作状态的最优化。具备智能操作功能的开关电器，不仅能全面改善其工作性能、延长自身的使用寿命，还可以在很大程度上节约原材料、减少运行能耗。

智能操作的研究内容包括开关电弧理论和智能操作方法两个方面。研究各种工况下电弧的燃弧过程与触头运动之间的关系，分析和确定最有利于开断的最佳运动过程，可以为智能操作提供理论依据。当获得不同工况下的最佳触头运动过程后，再通过数字化技术或新型的操动机构对电器进行智能控制，就可以实现最佳的操作过程，即实现了电器的智能操作。

目前，大多机构以低压交流接触器和中压真空断路器为研究对象，开展开关电器智能操作的研究工作。

对交流接触器的智能操作控制主要体现为对其合闸、保持和分闸过程的最优化控制。交流接触器闭合过程中，触头的弹跳特别是二次弹跳产生的断续电弧是造成触头电弧侵蚀和机械碰撞磨损的主要因素，将明显缩短触点的使用寿命。交流接触器的合闸弹跳取决于合闸线圈的励磁方式、供电电压的大小以及合闸相位（仅针对交流励磁方式）等因素。通过对接触器吸合过程中动态吸力特性与接触器反力特性的最佳配合控制或在最佳合闸相位下的零电弧合闸操作，可以实现交流接触器合闸操作的智能控制。对于前者，目前大多采用 IGBT 等全控型电力电子开关器件以高频调制的方式对操作线圈供电，通过改变调制周期中开关器件的占空比来动态调节接触器合闸期间操作线圈的供电电压，实现吸合过程中动态吸力特性与接触器的反力特性的最佳配合，从而达到减小触头振动（弹跳）的目的；对于后者，寻求合适的合闸相位是关键，早期曾采用实验观测与模糊综合评判分析相结合的方法，近期则更多地借助于基于 ANSYS 软件的虚拟样机技术、对接触器动态闭合的全过程进行仿真分析的方式来获取。

在传统电磁式交流接触器的合闸保持期间，若线圈通以交流电，则铁心会产生涡流和磁滞损耗，造成能源浪费。同时，交流电会产生脉动的电磁吸力，加之电磁机构铁心的相邻硅钢片之间因涡流作用产生的电磁力，会使铁心振动产生噪声并加快触头磨损。对交流接触器合闸保持方式的智能控制可以有效地解决上述问题。对于电磁式交流接触器，在运行过程中采用降压直流智能控制，可以减少接触器所消耗的功率、大幅度节能降噪。近年来，基于剩磁原理、采用永磁操动机构的永磁式交流接触器，由永磁体产生的永磁力与操作线圈通电产生的电磁吸力共同实现合闸保持功能，具备一定的节能效果并能实现无噪声运行。目前，西安交通大学等研究机构提出了多种不同结构的永磁式交流接触器，并完成了样机试制工作。

交流接触器分断过程中产生的电弧危害极大，对交流接触器分闸过程进行智能控制是为了减小分断过程中产生的电弧能量、降低触头材料损耗、提高接触器的电气寿命。电弧理论表明，提高触头的刚分速度可以减小触头材料的电损耗。具备提高刚分速度功能的接触器需要具有分/合闸操作的调控能力，一般采用电磁吸力或电磁斥力，也可以综合利用电磁斥力和弹簧反力进行分闸操作。此外，普通交流接触器在分闸开断电路时的相位是随机的，采用特殊的触头系统，如不同步的三相触头结构、组合式交流接触器以及基于磁保持继电器的交流接触器等，利用零电流分断控制技术，令接触器的分断过程发生在某一相电流过零时刻，可以使三相电弧的总能量最小，以达到微电弧能量分断电路、提高触头电气寿命的目的。同时，采用基于无触点器件分流技术的混合式交流接触器，即在接触器主触头上并联电力电子器件，由电力电子器件承担分断电流，实现分断过程的无弧控制，也可以提高交流接触器的电寿命。

对中压真空断路器的智能操作控制主要体现在两个方面：

1）根据被监控对象的运行状态动态地控制断路器分/合闸操作过程，使其与被监控对象的工作状态达到最佳匹配。断路器实现操作智能控制的方法与其使用的机构有很大关系。例如，对于采用弹簧操动机构的真空断路器，其智能操作要通过调节加在操动机构上的弹簧压力来实现，但由于该机构存在机械结构相对复杂、运动部件动作分散性大等不足，其智能控制方法还需进一步研究。近年来，新兴的永磁操动机构因其优良的工作特性，具有更好的智能控制功能，针对永磁式真空断路器智能操作控制的研究越来越活跃。

2）控制断路器的分/合闸相位，即选相分/合闸操作。断路器在分合操作过程会因被控制对象的电磁能量转换而伴随过电压或过电流等暂态过程。在断路器的应用场合、被控制对象的负载性质以及操动机构确定的情况下，通过选择合适的分合闸相角，即选相分合闸操作，就可以有效地抑制操作过程中出现的电压、电流浪涌，提高断路器的电气寿命。选相分合闸操作，即断路器的控制装置根据确定的或人为设定的分合闸相位计算出对应的延时时间，在收到操作控制信号并检测到电压过零后起动延时，延时到则发出相应的操作命令，执行分合闸操作。当然，实施断路器的选相分合闸操作需要合适的机构来配合，因此，还需要进一步研究断路器机构的结构形式及其相位控制的实现方法等。

无论是低压接触器，还是中压真空开关，采用电子控制的智能操作，都能大幅度提高其通断性能，这是电器智能化的另一途径。目前这一技术尚处于初始阶段，它的推广应用还有待进一步探讨。

习　题

9-1　简述智能电器的内涵、组成及其主要功能。

9-2　当前智能电器领域的研究热点问题有哪些？

附　录

电器电磁场的有限元分析

电器的设计要求是对设计对象进行电气和机械性能的计算。例如，通过温度场计算确定产品的热分布；通过各零部件的应力分析检查零部件强度及相互配合；通过机构运动过程的动态分析模拟机构的运动特性；通过分析电弧放电期间电弧内部复杂的物理化学过程，揭示电弧各阶段的动态演变规律；通过电磁场计算确定脱扣器或电磁系统的静态和动态特性等。

实际电器产品中温度场、电磁场、流体场、应力场等物理场的影响因素众多、极其复杂。由于解析法仅能对不太复杂的产品进行分析，准确性较差、并且无法精细地描述场域内各点的情况。因此，很难利用解析法求解上述物理场的准确解。此外，电器的触头系统、灭弧系统、机构系统、绝缘系统等关键部件之间相互作用，共同决定着电器的开断和电接触等各项性能及其技术参数。对任意关键部件中单一物理过程的描述已经不能全面指导电器的设计，只有对上述各关键部件进行优化、协同设计才能获得满意的电器产品。因此，需要采用数值计算技术对电器的温度场、电磁场、流体场、应力场进行多物理场耦合分析计算。

近年来，电器数值计算技术得到了快速发展，借助于大型商业仿真软件的完善和推广，以电器数值计算为核心的虚拟样机技术在电器产品的设计、研发过程中得到了广泛应用。虚拟样机技术是利用交互式图形技术在计算机上建立的可视样机。通过电器仿真技术可以使该样机具有和实际样机同样的性能，并且可以通过交互手段方便地改变样机的结构和参数，从而实现样机的优化设计。由于虚拟样机技术的先进性，国内外各著名电气公司纷纷建立专用电器仿真系统，利用这项新技术来研发新产品。因此，有必要掌握电器数值计算技术，并以此为基础采用虚拟样机技术开发具有自主知识产权的高水平电器产品。

本书仅以电器中的电磁场问题为例，对电磁场的基础理论、电磁场有限元法求解的基本原理以及利用商业软件 ANSYS 求解电磁场的基本方法做简单介绍，使读者初步了解电磁场的数值计算方法。

电器的电磁场计算是电器产品设计的基本内容之一。

几乎每一个电器均有磁场问题，这些问题包括：

1）载流导体周围产生磁场，磁场对电流存在作用力，计算不同载流导体之间的电动力和吹弧磁场对电弧的作用力等磁场力的基础是磁场计算；

2）各种电磁机构是电器的主要组成部分之一，电磁机构的静态和动态特性计算的基础也是磁场计算；

3）对于电器中各种电路分析，如电磁系统动态过程分析、直流电弧熄灭过程和高、低压电器试验电路通断过程等，都需要准确地计算导体和电磁系统的电感，磁场计算是电感计算的基础；

4）某些电器，如起重电磁铁和加速器磁铁，对磁场的分布状况提出一定的要求，这就需要准确的计算磁场强度的分布。

一个合理的高压电器设计，不仅要求最大场强应低于相应介质的介电强度，而且要求电场分布应尽可能的均匀。在高压电器中导体的附近，存在有较高的电场强度，因而对其绝缘介质提出了较高的要求，例如导体引线的绝缘套管、导体相间和对地绝缘等。正确而合理地选择绝缘介质的材料、尺寸和形状，决定于电场强度的计算是否正确；高压电气设备中相间距离和对地距离的确定，也决定于最大场强的计算；对于高压断路器，触头断口附近的电场计算更具有实际意义，因为触头断口间的电场不仅决定了触头开距的大小，而且对灭弧过程也有重要影响。因此，电场计算也是电器产品特别是高压电器设计中的重要内容。

综上可见，对电器的电磁场进行准确计算至关重要。然而，由于客观事物的多样性，有许多工程问题难以用有限的解析函数来准确描述，为了满足生产实践和科学实验的需要，通常采用数值计算方法对电磁场进行近似计算，以求解工程实际问题。

电磁场采用数值计算已有70余年的历史。近年来，有限元法被广泛用于求解电工产品中的电磁场问题，随着数字计算机性能的不断提高和相关商业有限元分析软件的不断涌现，采用有限元法对电磁场进行数值计算已越来越成熟。

一、电磁场的基础理论

（一）麦克斯韦方程组

麦克斯韦奠定了经典的电磁场理论，提出了电磁场过程普遍规律的数学描述，即麦克斯韦方程组。这些电磁场的基本方程组为解决电气工程技术中的电磁场问题提供了理论基础，近代电磁场数值分析也是以此为依据而发展起来的。

麦克斯韦方程组实际上是由4个定律组成，它们分别是安培环路定律、法拉第电磁感应定律、高斯电通定律（亦称高斯定律）和高斯磁通定律（亦称磁通连续性定律）。

1. 安培环路定律

无论介质和磁场强度 H 的分布如何，磁场中磁场强度沿任何一闭合路径的线积分等于穿过该积分路径所确定的曲面 Ω 的电流的总和，或者说该线积分等于积分路径所包围的总电流。这里的电流包括传导电流（自由电荷产生）和位移电流（电场变化产生）：

$$\oint_l \boldsymbol{H} \cdot \mathrm{d}\boldsymbol{l} = i = \int_S \left(\boldsymbol{J} + \frac{\partial \boldsymbol{D}}{\partial t} \right) \cdot \mathrm{d}\boldsymbol{S} \tag{附1}$$

2. 法拉第电磁感应定律

闭合回路中的感应电动势与穿过此回路的磁通量随时间的变化率成正比。用积分表示则为：

$$\oint_l \boldsymbol{E} \cdot \mathrm{d}\boldsymbol{l} = -\frac{\partial \phi}{\partial t} = -\frac{\partial}{\partial} \int_S \boldsymbol{B} \cdot \mathrm{d}\boldsymbol{S} \tag{附2}$$

3. 高斯电通定律

在电场中，不管电解质与电通密度矢量的分布如何，穿出任何一个闭合曲面的电通量等于这一闭合曲面所包围的电荷量，这里指出电通量也就是电通密度矢量对此闭合曲面的积分。

$$\oint_S \boldsymbol{D} \cdot \mathrm{d}\boldsymbol{S} = q = \int_V \rho \mathrm{d}V \qquad (\text{附}3)$$

4. 高斯磁通定律

磁场中，不管磁介质与磁通密度矢量的分布如何，穿出任何一个闭合曲面的磁通量恒等于零，这里指出磁通量即为磁通量矢量对此闭合曲面的有向积分。高斯磁通定律的积分形式为：

$$\oint_S \boldsymbol{B} \cdot \mathrm{d}\boldsymbol{S} = 0 \qquad (\text{附}4)$$

式（附1）~式（附4）中，H 为磁场强度（A/m）；B 为磁感应强度（磁通密度，T 或 Wb/m^2）；E 为电场强度（V/m）；D 为电通密度（C/m^2）；J 为传导电流密度（A/m^2）；$\dfrac{\partial D}{\partial t}$ 为位移电流密度（A/m^2）；ρ 为电荷体密度（C/m^3）；l 为闭合曲线；S 为由 l 所界定的曲面；V 为由 S 所界定的体积。

式（附1）~式（附4）构成了描述电磁场的麦克斯韦方程组，它们对于描述电磁场时的侧重：式（附1）表明不仅传导电流能产生磁场，而且变化的电场也能产生磁场；式（附2）为推广的电磁感应定律，表明变化的磁场亦会产生电场；式（附3）表明电荷以发散的方式产生电场；式（附4）表明磁力线是无头无尾的闭合曲线。这组麦克斯韦方程表明了变化的电场和变化的磁场之间互相激发、相互联系，形成统一的电磁场。

电磁场各有关物理量之间的关系是由电磁场的辅助方程来表示的，对于各向同性媒质，其关系式为

$$\left. \begin{array}{l} D = \varepsilon E \\ B = \mu H \\ J = \sigma E \end{array} \right\} \qquad (\text{附}5)$$

式中，ε 为电容率（介质常数）（F/m）；μ 为磁导率（H/m）；σ 为电导率（S/m）。

以上系数，对于线性介质，它们是常数；对于非线性介质，它们随场强的变化而变化。

为了研究在场域内任一点上诸场量的联系，必须应用微分形式的麦克斯韦方程组。设场矢量用 A 代表，只要 A 及其对空间坐标、时间的一阶偏导数在空间 V 上到处连续，便可按照矢量分析中的高斯定理

$$\int_V \mathrm{div}\boldsymbol{A}\mathrm{d}V = \oint_S \boldsymbol{A} \cdot \mathrm{d}\boldsymbol{S} \qquad (\text{附}6)$$

和斯托克斯定理

$$\oint_l \boldsymbol{A} \cdot \mathrm{d}\boldsymbol{l} = \oint_S \mathrm{rot}\boldsymbol{A} \cdot \mathrm{d}\boldsymbol{S} \qquad (\text{附}7)$$

把麦克斯韦方程组从积分形式变换成微分形式

$$\mathrm{rot}\boldsymbol{H} = \boldsymbol{J} + \frac{\partial \boldsymbol{D}}{\partial t} \qquad (\text{附}8)$$

$$\mathrm{rot}\boldsymbol{E} = -\frac{\partial \boldsymbol{B}}{\partial t} \qquad (\text{附}9)$$

$$\mathrm{div}\boldsymbol{D} = \rho \qquad (\text{附}10)$$

$$\mathrm{div}\boldsymbol{B} = 0 \qquad (\text{附}11)$$

这些方程式适用于各种正交坐标系。在电器电磁场中常用的正交坐标系是直角坐标系和圆柱坐标系。在直角坐标系中，如附图 1 所示，x、y、z 三个坐标的单位矢量为 $\boldsymbol{i}$、$\boldsymbol{j}$、$\boldsymbol{k}$。

设 A_x、A_y 和 A_z 代表某矢量 $\boldsymbol{A}$ 沿三个坐标轴的分量，则标量函数 φ 的梯度和矢量函数 $\boldsymbol{A}$ 的散度和旋度分别为

$$\text{grad}\varphi = \frac{\partial \varphi}{\partial x}\boldsymbol{i} + \frac{\partial \varphi}{\partial y}\boldsymbol{j} + \frac{\partial \varphi}{\partial z}\boldsymbol{k} \qquad (\text{附 } 12)$$

$$\text{div}\boldsymbol{A} = \frac{\partial A_x}{\partial x} + \frac{\partial A_y}{\partial y} + \frac{\partial A_z}{\partial z} \qquad (\text{附 } 13)$$

$$\text{rot}\boldsymbol{A} = \left(\frac{\partial A_z}{\partial y} - \frac{\partial A_y}{\partial z}\right)\boldsymbol{i} + \left(\frac{\partial A_x}{\partial z} - \frac{\partial A_z}{\partial x}\right)\boldsymbol{j} + \left(\frac{\partial A_y}{\partial x} - \frac{\partial A_x}{\partial y}\right)\boldsymbol{k}$$

或

$$\text{rot}\boldsymbol{A} = \begin{vmatrix} \boldsymbol{i} & \boldsymbol{j} & \boldsymbol{k} \\ \dfrac{\partial}{\partial x} & \dfrac{\partial}{\partial y} & \dfrac{\partial}{\partial z} \\ A_x & A_y & A_z \end{vmatrix} \qquad (\text{附 } 14)$$

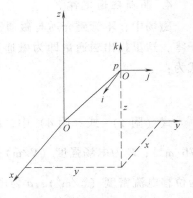

附图 1　直角坐标系

$$\text{divgrad}\varphi = \frac{\partial^2 \varphi}{\partial x^2} + \frac{\partial^2 \varphi}{\partial y^2} + \frac{\partial^2 \varphi}{\partial z^2} \qquad (\text{附 } 15)$$

在矢量分析中，还常常采用矢量算子 ∇ 和标量算子 Δ，以使公式简洁，前者称为哈密顿算子，后者称为拉普拉斯算子。在直角坐标系中，它们的表达式是

$$\nabla = \frac{\partial}{\partial x}\boldsymbol{i} + \frac{\partial}{\partial y}\boldsymbol{j} + \frac{\partial}{\partial z}\boldsymbol{k} \qquad (\text{附 } 16)$$

$$\Delta = \frac{\partial^2}{\partial x^2} + \frac{\partial^2}{\partial y^2} + \frac{\partial^2}{\partial z^2} \qquad (\text{附 } 17)$$

由此，不难看出，场矢量的梯度、散度、旋度以及 $\text{divgrad}\varphi$ 都可用哈密顿算子 ∇ 和拉普拉斯算子 Δ 表示，式（附 12）～式（附 15）可以写成如下形式：

$$\text{grad}\varphi = \nabla\varphi \qquad (\text{附 } 18)$$

$$\text{div}\boldsymbol{A} = \nabla\boldsymbol{A} \qquad (\text{附 } 19)$$

$$\text{rot}\boldsymbol{A} = \nabla \times \boldsymbol{A} \qquad (\text{附 } 20)$$

$$\text{divgrad}\varphi = \nabla \cdot \nabla\varphi = \nabla^2\varphi = \Delta\varphi \qquad (\text{附 } 21)$$

如附图 2 所示在圆柱坐标系中，r、θ、z 三个坐标的单位矢量为 $\boldsymbol{a}_r$、$\boldsymbol{a}_\theta$、$\boldsymbol{a}_z$，圆柱坐标 r、θ、z 与直角坐标 x、y、z 之间有下列关系：

$$x = r\cos\theta, y = r\sin\theta, z = z \qquad (\text{附 } 22)$$

按照式（附 22）关系，在圆柱坐标系中，标量 φ 的梯度和矢量数 $\boldsymbol{A}$ 的散度和旋度分别是：

$$\text{grad}\varphi = \frac{\partial \varphi}{\partial r}\boldsymbol{a}_r + \frac{1}{r}\frac{\partial \varphi}{\partial \theta}\boldsymbol{a}_\theta + \frac{\partial \varphi}{\partial z}\boldsymbol{a}_z \qquad (\text{附 } 23)$$

$$\text{div}\boldsymbol{A} = \frac{1}{r}\frac{\partial(rA_r)}{\partial r} + \frac{1}{r}\frac{\partial A_\theta}{\partial \theta} + \frac{\partial A_z}{\partial z} \qquad (\text{附 } 24)$$

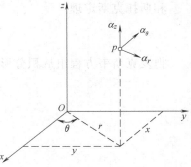

附图 2　圆柱坐标系

$$\text{rot}\boldsymbol{A} = \left(\frac{1}{r}\frac{\partial A_z}{\partial \theta} - \frac{\partial A_\theta}{\partial z}\right)\boldsymbol{a}_r + \left(\frac{\partial A_r}{\partial z} - \frac{\partial A_z}{\partial r}\right)\boldsymbol{a}_\theta + \frac{1}{r}\left(\frac{\partial(rA_\theta)}{\partial r} - \frac{\partial A_r}{\partial \theta}\right)\boldsymbol{a}_z$$

$$或 \qquad \mathrm{rot}A = \begin{vmatrix} a_r \dfrac{1}{r} & a_\theta & a_z \dfrac{1}{r} \\[2mm] \dfrac{\partial}{\partial r} & \dfrac{\partial}{\partial \theta} & \dfrac{\partial}{\partial z} \\[2mm] H_r & rH_\theta & H_z \end{vmatrix} \qquad\qquad (附25)$$

$$\mathrm{divgrad}\varphi = \Delta\varphi = \frac{\partial^2 \varphi}{\partial r^2} + \frac{1}{r}\frac{\partial \varphi}{\partial \theta} + \frac{1}{r^2}\frac{\partial^2 \varphi}{\partial \theta^2} + \frac{\partial^2 \varphi}{\partial z^2} \qquad\qquad (附26)$$

麦克斯韦方程组适用于稳定电场、稳定磁场、似稳电磁场和高频交变电磁场等不同情况。电器中常见的是稳定的电场和磁场，它们的场强都不随时间变化。

（二） 标量磁位及其偏微分方程

分析和计算电器中的电磁场问题时，为了求出场量（ E 或 B ）与场源（ ρ 或 J ）之间的关系，引用位函数（或称势函数）作为计算用的辅助量，可以减少未知数的个数，使问题得到简化，有时也使物理概念更加清楚。在无旋场（即旋度为零的场）中可以采用标量位函数，而在有旋场中，则必须用矢量位函数，不能用标量位函数。静电场、电源以外区域的恒定电流场以及电流密度为零的空间范围内的磁场，都是无旋场，因此可以引入标量电位 φ 或标量磁位 φ_m，他们与场强的关系是：

$$E = -\mathrm{grad}\varphi \qquad\qquad (附27)$$

$$H = -\mathrm{grad}\varphi_m \qquad\qquad (附28)$$

式中的负号表示电位（或磁位）梯度与电场（或磁场）强度方向相反。从矢量分析可知，任何标量函数梯度的旋度恒等于零，所以这样的位函数总是满足无旋场的条件。

利用式（附27），可以确定电位函数与电荷密度之间的关系，从而能够根据电荷分布找出相应的位函数，再从它求出电场强度。为此，在式（附27）两端取散度，得

$$\mathrm{div}E = -\mathrm{divgrad}\varphi$$

再利用静电学的高斯定律 $\mathrm{div}D = \varepsilon\mathrm{div}E = \rho$，于是得到 $\mathrm{divgrad}\varphi = -\mathrm{div}E = -\dfrac{\rho}{\varepsilon}$，即

$$\Delta\varphi = -\frac{\rho}{\varepsilon} \qquad\qquad (附29)$$

这就是静电场的泊松方程。在不存在自由电荷的区域，即 $\rho = 0$ 时，式（附29）可归结为拉普拉斯方程

$$\Delta\varphi = \nabla^2 \varphi = 0 \qquad\qquad (附30)$$

将式（附29）与式（附30）合并，得

$$\Delta\varphi = \begin{cases} -\dfrac{\rho}{\varepsilon} \\[2mm] 0 \end{cases} \qquad\qquad (附31)$$

称式（附31）为电位场的微分方程。

不难看出，当电荷密度 ρ 已知时，泊松方程的解是

$$\varphi = \frac{1}{4\pi\varepsilon}\int_V \frac{\rho \mathrm{d}V}{R} \qquad\qquad (附32)$$

至于拉普拉斯方程的求解法，留待以后讨论。

对于恒定磁场，因 $\text{div}\boldsymbol{B}=0$，对式（附 28）两边取散度，得

$$\text{div}\,\text{grad}\varphi_{\text{m}}=-\text{div}\boldsymbol{H}=-\frac{1}{\mu}\text{div}\boldsymbol{B}=0$$

即
$$\Delta\varphi_{\text{m}}=0 \qquad\qquad\qquad （附 33）$$

式（附 33）表明，在没有电流的区域，标量磁位恒满足拉普拉斯方程。在给定场域的边界条件，构成电磁场的边值问题。定解上述偏微分方程，解出 φ、φ_{m} 后，再从其解求出相应的电场强度和磁场强度。

电源以外区域的恒定电流场也可以用标量位 φ_{c} 来描述与恒定电场 $\boldsymbol{E}_{\text{c}}$ 的关系，即

$$\boldsymbol{E}_{\text{c}}=-\text{grad}\varphi_{\text{c}} \qquad\qquad\qquad （附 34）$$

由于电流密度 $\boldsymbol{J}$ 的散度为零，即

$$\text{div}\boldsymbol{J}=0 \qquad\qquad\qquad （附 35）$$

又
$$\boldsymbol{J}=\sigma\boldsymbol{E}_{\text{c}}$$

对式（附 34）两边取散度，得

$$\text{div}\,\text{grad}\varphi_{\text{c}}=-\text{div}\boldsymbol{E}_{\text{c}}=-\frac{1}{\sigma}\text{div}\boldsymbol{J}=0$$

即
$$\Delta\varphi_{\text{c}}=\nabla^{2}\varphi_{\text{c}}=0 \qquad\qquad\qquad （附 36）$$

式（附 36）为恒定电流场的微分方程，满足拉普拉斯方程。

（三）磁矢位及其偏微分方程

当求解的场域存在电流时，由于 $\text{rot}\boldsymbol{H}=\boldsymbol{J}$，它是有旋场，因此必须引入磁矢位 $\boldsymbol{A}$，一般它是空间坐标和时间的函数，包含 3 个空间分量。

采用磁矢位之后，应使麦克斯韦方程组仍有效，只要令 $\boldsymbol{A}$ 与 $\boldsymbol{B}$ 之间满足下列关系，即

$$\boldsymbol{B}=\text{rot}\boldsymbol{A} \qquad\qquad\qquad （附 37）$$

式中，$\boldsymbol{A}$ 为磁矢位（Wb/m），是个辅助量。

在引入 $\boldsymbol{A}$ 后，磁通连续性的条件仍然有效，即

$$\text{div}\boldsymbol{B}=\text{div}(\text{rot}\boldsymbol{A})\equiv0$$

对于没有电流存在的场域，磁矢位 $\boldsymbol{A}$ 同样能够应用。求解具体磁场问题时，根据电流分布决定磁矢位 $\boldsymbol{A}$，再用式（附 37）求出 $\boldsymbol{B}$，即可得到所要求的解。

为了从电流分布求 $\boldsymbol{A}$，必须建立 $\boldsymbol{A}$ 与电流之间的联系，现在主要讨论恒定磁场情况。恒定磁场不包含时变分量，则式（附 8）与式（附 5）统一考虑，应有

$$\text{rot}\boldsymbol{B}=\mu\boldsymbol{J}$$

将式（附 37）代入上式，并利用矢量恒等式，得

$$\text{rot}\boldsymbol{B}=\text{rot}\,\text{rot}\boldsymbol{A}=\text{grad}\,\text{div}\boldsymbol{A}-\nabla^{2}\boldsymbol{A}=\mu\boldsymbol{J} \qquad\qquad （附 38）$$

众所周知，任何标量函数梯度的旋度恒等于零，这样式（附 38）可以进一步简化。如果 $\boldsymbol{A}$ 上附加任一个标量函数 φ 的梯度 $\nabla\varphi$，则式（附 37）仍然能满足，即

$$\text{rot}(\boldsymbol{A}+\text{grad}\varphi)=\text{rot}\boldsymbol{A}=\boldsymbol{B}$$

该式说明，同一个 $\boldsymbol{B}$ 可以对应无穷多个 $\boldsymbol{A}$。为了使 $\boldsymbol{A}$ 与 $\boldsymbol{B}$ 的对应关系是唯一的，必须再附

加一个约束条件，对恒定磁场，其约束条件为

$$\mathrm{div}\boldsymbol{A} = 0 \tag{附 39}$$

它称为库仑条件，其含义是：在所有满足 $\mathrm{rot}\boldsymbol{A}=\boldsymbol{B}$ 的矢量函数 $\boldsymbol{A}$ 中，只选取那些散度为零的函数。

根据式（附 39）的约束条件，式（附 38）可化简成

$$\nabla^2 \boldsymbol{A} = -\mu \boldsymbol{J} \tag{附 40}$$

这个方程与标量位函数的泊松方程相似，因此，称它为在库仑条件下磁矢位 $\boldsymbol{A}$ 的泊松方程。它的解为

$$\boldsymbol{A} = \frac{\mu_0}{4\pi}\int_V \frac{\boldsymbol{J}\mathrm{d}V}{R} \tag{附 41}$$

式中，R 为从观察点到体积元 $\mathrm{d}V$ 的距离。

矢量泊松方程（附 40）可以分解成三个标量泊松方程，在直角坐标系中，得

$$\left. \begin{array}{l} \nabla^2 A_x = -\mu J_x \\ \nabla^2 A_y = -\mu J_y \\ \nabla^2 A_z = -\mu J_z \end{array} \right\} \tag{附 42}$$

求得磁矢位的各个分量之后，便可按下式求得磁感应强度的各个分量

$$\left. \begin{array}{l} B_x = \dfrac{\partial A_z}{\partial y} - \dfrac{\partial A_y}{\partial z} \\[2mm] B_y = \dfrac{\partial A_x}{\partial z} - \dfrac{\partial A_z}{\partial x} \\[2mm] B_z = \dfrac{\partial A_y}{\partial x} - \dfrac{\partial A_x}{\partial y} \end{array} \right\} \tag{附 43}$$

对于平行平面磁场，设电流密度和矢量磁位只有 z 轴方向的分量，则磁力线全部在与 xy 平面平行的平面内，磁场只有沿 x 轴和 y 轴方向的两个分量，且认为所有这些平面内的磁场图形完全相同，即

$$\boldsymbol{J}=J_z\boldsymbol{k} \qquad \boldsymbol{A}=A_z\boldsymbol{k}$$
$$J_x = J_y = 0 \qquad A_x = A_y = 0$$
$$\boldsymbol{B}=B_x\boldsymbol{i}+B_y\boldsymbol{j} \qquad B_z = 0$$

因此，式（附 42）只剩一个关于 A_z 的二维泊松方程，即

$$\nabla^2 A = \frac{\partial^2 A}{\partial x^2} + \frac{\partial^2 A}{\partial y^2} = -\mu J \tag{附 44}$$

另有

$$\left. \begin{array}{l} B_x = \dfrac{\partial A}{\partial y} \\[3mm] B_y = -\dfrac{\partial A}{\partial x} \\[3mm] |\boldsymbol{B}| = \sqrt{B_x^2 + B_y^2} = \sqrt{\left(\dfrac{\partial A}{\partial y}\right)^2 + \left(\dfrac{\partial A}{\partial x}\right)^2} \end{array} \right\} \tag{附 45}$$

对于圆柱坐标系，根据前面的分析，应该得到（注意：$\text{div}\boldsymbol{A}=0$）

$$\left.\begin{aligned}\Delta A_r-\frac{1}{r^2}A_r-\frac{2}{r^2}\frac{\partial A_\theta}{\partial \theta}&=-\mu J_r\\[2mm]\Delta A_\theta-\frac{1}{r^2}A_\theta+\frac{2}{r^2}\frac{\partial A_r}{\partial \theta}&=-\mu J_\theta\\[2mm]\Delta A_z&=-\mu J_z\end{aligned}\right\}\qquad (\text{附}46)$$

引用了磁矢位，致使对恒定磁场的研究方便一些。正如用标量电位 φ 去研究静电场一样。

（四）恒定电磁场的边界条件

不论恒定磁场还是静电场的分析与计算都归结为求解偏微分方程。对于常微分方程，只要由辅助条件决定其任意常数之后，其解就成为唯一的。对于偏微分方程，使其成为唯一的辅助条件可以分为两种：一种是表达场的边界所处的物理情况，称为边界条件；一种是确定场的初始状态，称为初始条件。边界条件和初始条件合称为定解条件。未附加定解条件的描述普遍规律的微分方程称为泛定方程。泛定方程和定解条件作为一个整体，称为定解问题。没有初始条件而只有边界条件的定解问题称为边值问题。恒定电磁场所要研究的问题是边值问题，所以现在着重讨论边界条件。

就边值问题而论，通常给定下列三种情况：

1. 规定整个场域边界上物理量 ϕ 的值为

$$\phi(x,y,z)\big|_{\Gamma_1}=\bar{\phi}(x,y,z)\qquad (\text{附}47)$$

式中，$\bar{\phi}(x,y,z)$ 是已知分布的位函数。

这类情况成为第一类边界条件。当物理量在边界上的值为零时，称为第一类齐次边界条件。与此相对应的边值问题，称为狄里克莱（Dirichlet）问题。

边界上的物理量 ϕ，可以是标量位 φ，也可以是矢量位 $\boldsymbol{A}$，根据具体场域求解函数的物理意义而定。

2. 规定了边界上待求物理量 ϕ 的法向导数值为

$$\frac{\partial \phi}{\partial n}\bigg|_{\Gamma_2}=q\qquad (\text{附}48)$$

式中，q 是已知分布的函数。

这类情况称为第二类边界条件。当 ϕ 的法向量导数值为零时，称为第二类齐次边界条件，即

$$\frac{\partial \phi}{\partial n}\bigg|_{\Gamma_2}=0$$

与第二类边界值条件相对应的边值问题，称为诺依曼（Neumann）问题。

3. 规定了边界上物理量 ϕ 及其法线方向导数值具有某种线性关系，即

$$\left(\frac{\partial \phi}{\partial n}+\lambda\phi\right)\bigg|_{\Gamma_3}=q\qquad (\text{附}49)$$

式中，λ 为沿边界分布的已知函数。

这类情况称为第三类边界条件。与这类边界条件相对应的边值问题，称为洛平问题。

显然，第二类边界条件可以看成是第三类边界条件的一种特殊情况，即 $\lambda = 0$。

在电器中所遇到的电磁系统的电磁场问题，一般多属于第一类与第二类边界条件，这种情况称为混合边界条件。

各类边界条件的划分与求解函数的选择有关。

在分析电磁场时，如果场域内包含有不同媒质时，一般还可以利用在不同媒质分界面两侧场矢量的关系，提出辅助条件（即分界面上的边界条件），以利于问题的求解。由于在分界面两侧场量发生突变，所以应用积分形式的麦克斯韦方程组来推导两侧场量法向分量或切向分量的关系式，现在主要将媒质分界面上的磁场作一些分析。电场会有类似的结论，在此略去。

两种媒质分界面上的磁场各物理量的关系主要如下：

（1）两侧磁感应密度的法向分量是连续的，应有

$$B_{1n} = B_{2n}$$

（2）在分界面上无面电流，则磁场强度切向分量是连续的，应有

$$H_{1t} = H_{2t}$$

如果分界面上有一无限薄的电流层（称为电流片或面电流），则 H 的切向分量将发生突变，设与边界面平行的单位长度内的电流为 J_S，则

$$H_{1t} - H_{2t} = J_S$$

J_S 的方向与沿 H_{1t} 的绕行方向符合右手螺旋定则。

如果媒质 2 是未饱和的铁磁质，可以认为其磁导率为无穷大，当磁通为有限值时，$H_{2t} = 0$，所以 $H_{1t} = J_S$。

（3）当分界面上无面电流时，磁场的折射定律为

$$\frac{\tan\alpha_1}{\tan\alpha_2} = \frac{\mu_1}{\mu_2}$$

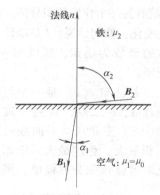

附图 3 空气与铁磁体边界上的 B 线

式中，μ_1、μ_2 分别为两种媒质的磁导率；α_1、α_2 分别为在两侧的 H 线或 B 线与法线的夹角。

如附图 3 所示，如果两种媒质分别为空气和铁磁体，则两者的磁导率 μ 相差很大。假设 $\mu_2 = 5000\mu_1$，则 $\tan\alpha_2 = 5000\tan\alpha_1$。

如果 $\alpha_2 = 89°$，则 $\tan\alpha_1 = 0.011458$，求得 $\alpha_1 \approx 0.65°$。该结果说明，磁力线在铁磁体内即使是接近其表面平行，但是穿过铁磁体表面进入空气里却与其表面近于垂直。如果边界上有面电流时，H_t 将发生变化，折射定律也不再适用，空气中的磁感应强度线也不会与表面垂直。

二、电磁场有限元法的基本原理

为了便于理解有限元法中的基本概念，下面仅以二维恒定电磁场的有限元分析为例，简要介绍有限元法的基本原理。

（一）有限元法的基本思想

可以这样描述有限元法：把求解的区域划分成若干个小区域，这些小区域称为"单元"和"有限元"，从而采用线性（或非线性）的办法求解每个小区域，然后把各个小区域的结果求和便得到了整个区域的解。整体区域划分成小区域后，在小区域上求解变得非常简单，仅是一些代数运算，如在小区域内应用线性插值就得到小区域内未知点的值，则区域积分变成了小区域的求和。

在用有限元法计算电磁场的过程中，须解决如下几个问题：

1）找出与边值问题相应的泛函及其变分问题。

2）将场域剖分，然后将剖分单元中任意点的未知函数用该剖分单元中形状函数及离散点上的函数值展开，即把连续介质中无限个自由度的问题离散化成有限个自由度的问题。

3）求泛函的极值，导出联立代数方程组，将该方程组称为有限元方程。

4）用直接法或迭代法计算有限元方程。

在介绍第一个问题之前，需要先了解什么是泛函。

大家知道，下式表示一个积分：

$$I = \int_a^b y(x)\,\mathrm{d}x \qquad\qquad (\text{附 }50)$$

式中，$y(x)$ 表示一个固定的被积函数，$\mathrm{d}x$ 表示自变量 x 的微分，a、b 表示该积分的上下限，而 I 是 $y(x)$ 对 x 的定积分，是一个定值。若 $y(x)$ 是一个可变的被积函数，则情况就有所不同。如当 $y=y_1(x)$ 时（见附图4），I 有一个相应的积分值；当 $y=y_2(x)$ 时，I 就有另一个相应的积分值。可见 I 值随 $y(x)$ 的变化而变化，换句话说，I 是函数 $y(x)$ 的函数，通常称函数的函数为泛函，所以当 $y(x)$ 可变时，I 是一个泛函。

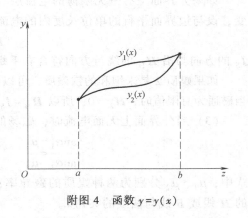

附图 4　函数 $y = y(x)$

若已知 $y(x)$ 是一个可变的函数，而各函数都通过 a、b 二点，且其长度为定值，则不难理解，当 $y(x)$ 变化成某一曲线时，可使该曲线下所围的面积最大，称这最大的面积为该积分的极值。如果要研究 $y(x)$ 在满足一定的条件下作何变化时可使该积分取极值，则称这类问题为变分问题。

（二）以能量变分为基础的等价变分问题

在求解恒定电磁场的边值问题时，采用有限元法更为有效。如前所述，有限元法以能量变分为基础，先将求解场域的偏微分方程等价为一个条件变分问题，再由条件变分离散化为代数方程组。根据变分原理，其求解步骤是先列出条件变分问题，然后可以将其归结为欧拉方程（偏微分方程）的定解问题。但是，应用有限元法求解电磁场边值问题的数值方法，正好是上述问题的逆过程，它是先将恒定电磁场的偏微分方程看作是某一泛函求极值的欧拉方程，然后归结为相应条件的变分问题，再进行离散化。

对于二维恒定电磁场，可以引入标量电位 φ、标量磁位 φ_m 或磁矢位 A 作为求解函数。

对于静电场，可以引入标量电位 φ 作为求解函数来描述它的泊松方程，其边值问题是

$$\left.\begin{array}{l} \Omega: \nabla^2 \varphi = -\dfrac{\rho}{\varepsilon} \\[2mm] \Gamma_1: \varphi = \overline{\varphi} \\[2mm] \Gamma_2: \dfrac{\partial \varphi}{\partial n} = -E_n \end{array}\right\} \qquad （附 51）$$

根据非齐次边界条件下泊松方程的一般性质，可以证明其等价条件变分问题是：

$$\left.\begin{array}{l} \Omega: I[\varphi] = \iint_{\Omega} \dfrac{1}{2} \varepsilon (\nabla \varphi)^2 \mathrm{d}\Omega - \dfrac{1}{2} \int_{l_2} \varepsilon \varphi \dfrac{\partial \varphi}{\partial n} \mathrm{d}l - \int_{\Omega} \rho \varphi \mathrm{d}\Omega = \min \\[3mm] \Gamma_1: \varphi = \overline{\varphi} \end{array}\right\} \qquad （附 52）$$

式中，l_2 是包围求解场域 Ω 的闭合边界。

对于齐次第二类边界条件 $\dfrac{\partial \varphi}{\partial n} = 0$ 时，式（附 52）可以简化成下列等价的条件变分问题：

$$\left.\begin{array}{l} \Omega: I[\varphi] = \iint_{\Omega} \dfrac{1}{2} \varepsilon (\nabla \varphi)^2 \mathrm{d}\Omega - \int_{\Omega} \rho \varphi \mathrm{d}\Omega = \min \\[3mm] \Gamma_1: \varphi = \overline{\varphi} \end{array}\right\} \qquad （附 53）$$

当求解场域内不存在电流时，恒定磁场可引入标量磁位 φ_m 作为求解函数，描述它的是拉普拉斯方程，其边值问题为

$$\left.\begin{array}{l} \Omega: \nabla^2 \varphi_m = 0 \\[2mm] \Gamma_1: \varphi_m = \overline{\varphi}_m \\[2mm] \Gamma_2: \dfrac{\partial \varphi_m}{\partial n} = -\dfrac{B_n}{\mu} \end{array}\right\} \qquad （附 54）$$

式（附 54）的等价条件变分问题是：

$$\left.\begin{array}{l} \Omega: I[\varphi_m] = \iint_{\Omega} \dfrac{\mu}{2} (\nabla \varphi_m)^2 \mathrm{d}\Omega - \int_{l_2} \dfrac{1}{2} \mu \varphi_m \dfrac{\partial \varphi_m}{\partial n} \mathrm{d}l = \min \\[3mm] \Gamma_1: \varphi_m = \overline{\varphi}_m \end{array}\right\} \qquad （附 55）$$

当求解场域有电流存在时，恒定磁场是有旋场，可以引入磁矢量 A 作为求解函数，描述它的是库仑条件下磁矢量 A 的泊松方程，其边值问题是：

$$\left.\begin{array}{l} \Omega: \nabla^2 A = -\mu J \\[2mm] \Gamma_1: A = \overline{A} \\[2mm] \Gamma_2: \dfrac{\partial A}{\partial n} = -\mu H_t \end{array}\right\} \qquad （附 56）$$

式中，A 为二维磁场时，它代表 A_z 分量；J 为二维磁场时表示 J_z 分量。

式（附 56）的等价条件变分问题是：

$$\left.\begin{array}{l} \Omega: I[A] = \iint_{\Omega} \left[\dfrac{\nu}{2} B^2 - JA \right] \mathrm{d}\Omega + \int_{l_2} H_t A \mathrm{d}l = \min \\[3mm] \Gamma_1: A = \overline{A} \end{array}\right\} \qquad （附 57）$$

在二维恒定磁场中，$A = A_z$，$J = J_z$，

$$\begin{cases} B_x = \dfrac{\partial A}{\partial y} \\[2mm] B_y = -\dfrac{\partial A}{\partial x} \\[2mm] B = \sqrt{B_x^2 + B_y^2} \end{cases} \qquad (附58)$$

由于泛函 $I[\varphi]$、$I[\varphi_m]$ 和 $I[A]$ 都是具有能量的量纲，因此也称它们为能量泛函。

偏微分方程边值问题等价为条件变分问题以后，除了第一类边界条件以外，其他边界条件的表达方式起了变化。对于边界条件的提法作如下的讨论。

1）在等价的条件变分问题中，第一类边界条件仍作为附加条件列出，因此，称为强加边界条件。

2）第二类边界条件体现为在能量泛函中有一项线积分，它由泛函求极值自动得到满足，因此称为自然边界条件，应当特别指出的是当第二类边界条件为齐次边界条件时，这项线性积分不存在。也就是说，第二类齐次边界条件在条件变分问题中不再需要考虑。

3）当求解场域内部媒质有间断时（设分界面上无面电流密度），媒质分界线上的交界条件在条件变分中也不需要考虑，它也在泛函求极值过程中自动得到满足，这也是自然边界条件。

（三）有限元法的单元分析与总体合成

如果将求解的场域 Ω 划分为 E 个单元和 n 个节点，那么恒定磁场的磁矢位 $A(x,y)$ 可离散成 A_1、A_2、A_3、$\cdots$、A_n 等 n 个节点磁矢位值。如果其中有 L 个为已知的边界节点磁矢位值，则待求的磁矢位值为 $n-L$ 个。将离散后的磁矢位函数 $A(x,y)$ 代入 $I[A]$，则泛函 $I[A(x,y)]$ 实际上成为一个多元函数 $I[A_1,\ A_2,\ A_3,\ \cdots,\ A_{n-L}]$。这样就将 $I[A(x,y)]$ 的变分问题转化为多元函数求极值的问题。从而得到

$$\frac{\partial I}{\partial A_k} = 0 \quad (k=1,2,\cdots,n-L) \qquad (附59)$$

式（附59）为 $n-L$ 个代数方程，从而解出 A_1，A_2，A_3，$\cdots$，A_{n-L} 等 $n-L$ 个未知量。

假设把要求解的场域 Ω 剖分成有限个三角形单元，如附图 5 所示。如果将其中任何一个单元做变分计算，则 $A = A[x,y]$ 的泛函式成为

$$I_e[A] = \iint_{\Delta} F(x,y,A,A_x,A_y)\,\mathrm{d}x\mathrm{d}y \qquad (附60)$$

式中，I_e 或 $I_e[A]$ 为定义在三角形单元中的泛函；Δ 为三角形单元面积。

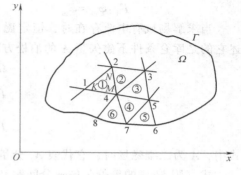

附图 5　求解场域剖分

那么定义整个求解场域的泛函 $I[A]$ 与三角形单元泛函 I_e 的关系为

$$I[A] = \sum_{e=1}^{E} I_e[A] \qquad (附61)$$

将式（附61）代入式（附59），得

$$\frac{\partial I}{\partial A_k} = \sum_{e=1}^{E} \frac{\partial I_e}{\partial A_k} = 0 \qquad (k = 1, 2, \cdots, n - L) \tag{附62}$$

所谓单元分析，就是计算 $\dfrac{\partial I_e}{\partial A_k}$；所谓总体合成就是建立 $n-L$ 阶的线性代数方程组即式（附59）。

1. 单元划分

如附图5所示，将要求解的场域为 Ω，它具有的边界为 Γ，在有限单元法中将它剖分成任意的三角形单元。每个节点都有对应的数字序号1，2，3，…等，每一个单元也有它自己的编号①，②，③，…等。每个单元通过其顶点与相邻单元相联系。对于每个单元自身来说，三个顶点又都用 K、M、N 按逆时针方向进行编号。不包含边界的单元，如单元①，②，③，④等称为内部单元；包含边界的单元，如单元⑤、⑥等称为边界单元。通常内部单元编号在前，然后是第一类边界条件的单元。为了简单，规定边界单元只有一条边（并且编号为 MN）位于边界上，节点 K 则与边界相对。对于内部单元，K，M，N 可任意按逆时针方向编排。但在实用上，总把 K 编在序号最小的那个节点上，以便查找。

在要求解的场域 Ω 中任意取出一个三角形单元，如附图6所示。在这里，三个顶点的坐标都是已知的，所以对应的三角形面积 Δ 也都是已知的。三角形中任一点 $(x，y)$ 的磁矢位 A，在有限单元法中把它离散到单元的3个节点上去，即用 A_K，A_M，A_N 3个磁矢位值来表示单元中的恒定磁场磁矢位 A 表示为：$A = f(A_K，A_M，A_N)$。这种处理方法称为恒定磁场的离散化。以后我们只对离散磁矢位值 A_K，A_M，A_N 进行计算，而不做连续恒定磁场磁矢位 A 的计算。

应用有限单元法时，对求解场域 Ω 进行单元剖分时应注意以下事项：

1）任一三角形顶点必须同时是其相邻三角形的顶点，而不是相邻三角形边上的点。

2）如果求解的场域内不同的媒质有间断，则三角形的边应该落在不同的媒质间分界线上。

3）如果边界上有不同的边界条件，则三角形的顶点应该落在不同边界的交接点上。

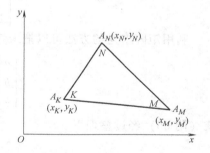

附图6　将磁矢位 A 离散化

4）当边界线或内部的媒质分界线为曲线时，用相近的直线段代替。

5）三角形三边的长度，彼此之间不要相差太悬殊。但在磁场变化较小的方向上，三角形边可相对地长一些。三角形各顶角避免小的锐角或过大的钝角。

6）为了保证计算精度，并适当节约计算机时，在预计磁场较强或磁场变化剧烈的地方，三角形单元取得密一些和小一些；磁场变化平缓的地方，可以使剖分的单元大一些和稀一些。这样可以在不增加单元和节点数量的条件下提高计算精度。

所有三角形单元和节点分别按一定顺序排列编号，编号的顺序原则上是可以任意的，不会影响计算结果。但是，单元和节点的排列编号决定其形成代数方程组系数矩阵的形状。因此，为了压缩计算机的存储容量和简化程序，对单元和节点编号应注意以下几方面：

1）对三角形单元进行编号时，具有相同的媒质或 J 值的单元，应连续编号，即具有同一种媒质的单元编写后再接着编另一类媒质的单元编号。

2）进行节点编号时，一般应使每个三角形单元的三个节点的编号尽量接近，以减少计算机的存储容量。

3）在进行场域剖分时，一般来说，节点数越多，求解的精度也越高，但机时要增加。此外节点总数也受到计算机存储容量的限制。

2. 磁矢位 A 的线性插值函数

在三角形单元中，任一点的磁矢位函数 $A(x,y)$ 可以由节点磁矢位值所构造的线性插值函数去逼近。

设有一三角形单元 l，其编号为 E，其三顶点 K、M、N 的坐标为 (x_K, y_K)、(x_M, y_M)、(x_N, y_N)，而对应的磁矢位分别为 A_K、A_M、A_N，如附图 6 所示。而三角形单元 e 中任一点磁矢位函数 $A(x,y)$ 就可以用线性插值函数去逼近，即

$$A(x,y) = a + bx + cy \tag{附 63}$$

式中的 a、b、c 是待定常数，它可由节点磁位确定。为此，将节点的坐标及磁矢位值代入式（附 63），得

$$\left. \begin{array}{l} A_K = a + bx_K + cy_K \\ A_M = a + bx_M + cy_M \\ A_N = a + bx_N + cy_N \end{array} \right\} \tag{附 64}$$

式（附 64）所示的线性代数方程组可以写成以下矩阵的形式

$$\begin{bmatrix} 1 & x_K & y_K \\ 1 & x_M & y_M \\ 1 & x_N & y_N \end{bmatrix} \begin{bmatrix} a \\ b \\ c \end{bmatrix} = \begin{bmatrix} A_K \\ A_M \\ A_N \end{bmatrix} \tag{附 65}$$

利用矩阵求逆的方法可以把未知数 a、b、c 求解出来，即

$$\begin{bmatrix} a \\ b \\ c \end{bmatrix} = \begin{bmatrix} 1 & x_K & y_K \\ 1 & x_M & y_M \\ 1 & x_N & y_N \end{bmatrix}^{-1} \begin{bmatrix} A_K \\ A_M \\ A_N \end{bmatrix} \tag{附 66}$$

式（附 66）经过整理得

$$\begin{bmatrix} a \\ b \\ c \end{bmatrix} = \frac{1}{2\Delta} \begin{bmatrix} P_K & P_M & P_N \\ Q_K & Q_M & Q_N \\ R_K & R_M & R_N \end{bmatrix} \begin{bmatrix} A_K \\ A_M \\ A_N \end{bmatrix} \tag{附 67}$$

式（附 67）中有以下关系：

$$P_K = x_M y_N - x_N y_M, \quad P_M = x_N y_K - x_K y_N, \quad P_N = x_K y_M - x_M y_K$$
$$Q_K = y_M - y_N, \quad Q_M = y_N - y_K, \quad Q_N = y_K - y_M$$
$$R_K = x_N - x_M, \quad R_M = x_K - x_N, \quad R_N = x_M - x_K$$

$$\Delta = \frac{1}{2} \begin{vmatrix} 1 & x_K & y_K \\ 1 & x_M & y_M \\ 1 & x_N & y_N \end{vmatrix} = -\frac{1}{2}(Q_K R_M - Q_M R_K) \tag{附 68}$$

式（附 68）中，Δ 为三角形单元 e 的面积。

将式（附 67）展开，可解得

$$
\left.\begin{array}{l}
a=\dfrac{1}{2\Delta}(P_K A_K + P_M A_M + P_N A_N) \\[2mm]
b=\dfrac{1}{2\Delta}(Q_K A_K + Q_M A_M + Q_N A_N) \\[2mm]
c=\dfrac{1}{2\Delta}(R_K A_K + R_M A_M + R_N A_N)
\end{array}\right\}
\qquad (\text{附 69})
$$

将式（附 69）代入式（附 63），可以得到磁矢位插值函数的一个重要关系式，即

$$
A(x,y)=\frac{1}{2\Delta}\sum_i (P_i + Q_i x + R_i y)A_i \qquad (i=K,M,N) \qquad (\text{附 70})
$$

通常可以将式（附 70）进一步简化为

$$
A = N_K A_K + N_M A_M + N_N A_N = (N_K,N_M,N_N)\begin{pmatrix} A_K \\ A_M \\ A_N \end{pmatrix} = N A^e \qquad (\text{附 71})
$$

式（附 71）中有以下关系：

$$
N_K = \frac{1}{2\Delta}(P_K + Q_K x + R_K y)
$$

$$
N_M = \frac{1}{2\Delta}(P_M + Q_M x + R_M y) \qquad (\text{附 72})
$$

$$
N_N = \frac{1}{2\Delta}(P_N + Q_N x + R_N y)
$$

其中，N_K、N_M、N_N 为形状函数，是 x 与 y 的函数，并且有：

$$
N = (N_K,N_M,N_N)
$$

$$
A^e = \begin{pmatrix} A_K \\ A_M \\ A_N \end{pmatrix} \qquad (\text{附 73})
$$

从上述关系看出，N_i（$i=K$、M、N）仅是坐标 x 与 y 的线性函数，它与三角形单元的形状和节点的分布有关，而与节点磁矢位无关。每个三角形单元的磁矢位 A 可以用节点磁矢位值的线性插值函数去逼近，如式（附 70）或式（附 71）所指明的那样。换句话说，整个求解场域 Ω 的磁矢位可以利用每个三角形单元的节点磁矢位值构造的线性插值函数来表示。显然，任意相邻两个三角形单元的公共边和公共节点上有相同的磁矢位值，这样就有可能在宏观上保持线性插值函数的连续性。

式（附 70）适用于整个单元区域，对于单元边界当然也是适用的，但是根据线性插值的概念，既然单元边界为 MN，两节点上的磁矢位分别是 A_M 和 A_N，那么在直线 MN 上任一点的磁矢位 A 自然也是在 A_M 和 A_N 之间作线性变化，而与 A_K 无关。这样在边界 MN 上可以构造一个更加简单的插值函数，即

$$
\frac{A-A_M}{A_N-A_M}=\frac{l}{l_0} \qquad (\text{附 74})
$$

式（附74）整理得

$$A = \left(1 - \frac{l}{l_0}\right) A_M + \frac{l}{l_0} A_N \qquad (\text{附 75})$$

式中，l 为边界 MN 上任意点的位置，l_0 为边界 MN 的长度，即

$$l_0 = \sqrt{(x_M - x_N)^2 + (y_M - y_N)^2}$$

为了计算方便，令 $t = l/l_0$，这样 $\mathrm{d}l = l_0 \mathrm{d}t$ 的关系可以用作曲线积分。

有关边界单元符号的标注，如附图7所示。

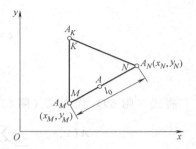

附图 7　边界单元插值

3. 二维恒定磁场的单元变分计算

如果所求解的场域存在电流时，求解函数为磁矢位 $\boldsymbol{A}$，其泊松方程边值问题的等价变分问题由式（附57）得

$$Q : I(\boldsymbol{A}) = \iint_{\Omega}\left\{\frac{\nu}{2}\left[\left(\frac{\partial \boldsymbol{A}}{\partial x}\right)^2 + \left(\frac{\partial \boldsymbol{A}}{\partial y}\right)^2\right] - \boldsymbol{JA}\right\}\mathrm{d}x\mathrm{d}y + \int_{\Gamma_2} \boldsymbol{H}_t \boldsymbol{A}\,\mathrm{d}l = \min \\ \Gamma_1 : \boldsymbol{A} = \overline{\boldsymbol{A}} \qquad (\text{附 76})$$

如果第二类边界条件为齐次边界条件，则 $\boldsymbol{H}_t = 0$，式（附76）可以简化为

$$Q : I(\boldsymbol{A}) = \iint_{\Omega}\left\{\frac{\nu}{2}\left[\left(\frac{\partial \boldsymbol{A}}{\partial x}\right)^2 + \left(\frac{\partial \boldsymbol{A}}{\partial y}\right)^2\right] - \boldsymbol{JA}\right\}\mathrm{d}x\mathrm{d}y = \min \\ \Gamma_1 : \boldsymbol{A} = \overline{\boldsymbol{A}} \qquad (\text{附 77})$$

式（附77）的泛函和内部单元的数学表达式完全一致。因此，在进行单元变分计算时，只将式（附77）的泛函定义到单元区域范围内就可以了。为此上式改写为

$$I_e(\boldsymbol{A}) = \iint_e\left\{\frac{\nu}{2}\left[\left(\frac{\partial \boldsymbol{A}}{\partial x}\right)^2 + \left(\frac{\partial \boldsymbol{A}}{\partial y}\right)^2\right] - \boldsymbol{JA}\right\}\mathrm{d}x\mathrm{d}y = \min \qquad (\text{附 78})$$

在这里，对于单元 e 内的恒定磁场已经离散成只与 A_K、A_M 和 A_N 三个节点磁矢位有关的插值函数，所谓单元变分计算就是计算 $\dfrac{\partial I_e}{\partial A_K}$、$\dfrac{\partial I_e}{\partial A_M}$ 和 $\dfrac{\partial I_e}{\partial A_N}$ 的值。

取式（附77）的极值，即

$$\frac{\partial I_e}{\partial A_{\pi}} = \iint_e\left\{\nu\left[\frac{\partial A}{\partial x}\frac{\partial}{\partial A_K}\left(\frac{\partial A}{\partial x}\right) + \frac{\partial A}{\partial y}\frac{\partial}{\partial A_K}\left(\frac{\partial A}{\partial y}\right)\right] - J\frac{\partial A}{\partial A_K}\right\}\mathrm{d}x\mathrm{d}y \qquad (\text{附 79})$$

由式（附70）得

$$\frac{\partial A}{\partial x} = \frac{1}{2\Delta}\left[Q_K A_K + Q_M A_M + Q_N A_N\right]$$

$$\frac{\partial A}{\partial y} = \frac{1}{2\Delta}\left[R_K A_K + R_M A_M + R_N A_N\right]$$

$$\frac{\partial}{\partial A_K}\left(\frac{\partial A}{\partial x}\right) = \frac{1}{2\Delta}Q_K \qquad (\text{附 80})$$

$$\frac{\partial}{\partial A_K}\left(\frac{\partial A}{\partial y}\right) = \frac{1}{2\Delta}R_K$$

$$\iint_e N_K \mathrm{d}x\mathrm{d}y = \iint_e N_M \mathrm{d}x\mathrm{d}y = \iint_e N_N \mathrm{d}x\mathrm{d}y = \frac{\Delta}{3}$$

$$\iint_e \mathrm{d}x\mathrm{d}y = \Delta$$

将以上结果代入式（附 79）得：

$$\frac{\partial I_e}{\partial A_K} = \iint_e \left\{ \frac{\nu}{4\Delta^2} \left[(Q_K A_K + Q_M A_M + Q_N A_N)Q_K + (R_K A_K + R_M A_M + R_N A_N)R_K - \frac{J}{3} \right] \right\} \mathrm{d}x\mathrm{d}y$$

上式进一步简化得

$$\frac{\partial I_e}{\partial A_K} = \frac{\nu}{4\Delta} \left[(Q_K^2 + R_K^2)A_K + (Q_K Q_M + R_K R_M)A_M + (Q_K Q_N + R_K R_N)A_N \right] - \frac{J}{3}\Delta$$

同理推得

$$\left. \begin{aligned} \frac{\partial I_e}{\partial A_M} &= \frac{\nu}{4\Delta} \left[(Q_K Q_M + R_K R_M)A_K + (Q_M^2 + R_M^2)A_M + (Q_M Q_N + R_M R_N)A_N \right] - \frac{J}{3}\Delta \\ \frac{\partial I_e}{\partial A_M} &= \frac{\nu}{4\Delta} \left[(Q_N Q_K + R_N R_K)A_K + (Q_N Q_M + R_N R_M)A_M + (Q_N^2 + R_N^2)A_N \right] - \frac{J}{3}\Delta \end{aligned} \right\}$$ （附 81）

通常将式（附 81）写成以下的矩阵形式

$$\begin{pmatrix} \dfrac{\partial I_e}{\partial A_K} \\[2mm] \dfrac{\partial I_e}{\partial A_M} \\[2mm] \dfrac{\partial I_e}{\partial A_N} \end{pmatrix} = \begin{pmatrix} s_{KK} & s_{KM} & s_{KN} \\ s_{MK} & s_{MM} & s_{MN} \\ s_{NK} & s_{NM} & s_{NN} \end{pmatrix} \begin{pmatrix} A_K \\ A_M \\ A_N \end{pmatrix} - \begin{pmatrix} F_K \\ F_M \\ F_N \end{pmatrix}$$ （附 82）

式（附 82）中有以下关系

$$s_{KK} = \frac{\nu}{4\Delta}(Q_K^2 + R_K^2)$$

$$s_{MM} = \frac{\nu}{4\Delta}(Q_M^2 + R_M^2)$$

$$s_{NN} = \frac{\nu}{4\Delta}(Q_N^2 + R_N^2)$$

$$s_{KM} = s_{MK} = \frac{\nu}{4\Delta}(Q_K Q_M + R_K R_M)$$

$$s_{MN} = s_{NM} = \frac{\nu}{4\Delta}(Q_M Q_N + R_M R_N)$$

$$s_{NK} = s_{KN} = \frac{\nu}{4\Delta}(Q_K Q_N + R_K R_N)$$ （附 83）

$$\boldsymbol{F}_K = \boldsymbol{F}_M = \boldsymbol{F}_N = \frac{J}{3}\Delta$$

I_e 取极值的条件为

$$\frac{\partial I_e}{\partial A_K} = \frac{\partial I_e}{\partial A_M} = \frac{\partial I_e}{\partial A_N} = 0 \qquad\qquad （附 84）$$

则式（附 82）可简化为

$$S^e A^e = F^e \qquad\qquad （附 85）$$

4. 总体合成

有限单元法计算的最终结果，是要求出场域 Ω 中的磁矢位 A 的分布，进而再求出 B 的分布。

如前所述，我们将场域剖分成有限个三角形单元，并将磁矢位 A 离散到 n 个节点上去。现在的任务是要把节点上的磁矢位 A_1、A_2、$\cdots$、A_n 求出来。

如果 I 是定义在这个场域 Ω 上的泛函，I_e 则是定义在三角形单元上的泛函，即

$$I = \sum_e I_e \qquad\qquad （附 86）$$

由于磁场的磁矢位已经离散到全部节点上去，泛函实际上成为这些未知节点磁矢位的多元函数，泛函的变分问题也就转化成为多元函数求极值的问题。

结果求解的场域 Ω 上 n 个节点的磁矢位都是未知量，则多元函数具有 I [A_1，A_2，$\cdots$，A_n] 的形式，I 取极值的条件为

$$\frac{\partial I}{\partial A_k} = \sum_e \frac{\partial I_e}{\partial A_k} = 0 \quad (k = 1,2,\cdots,n) \qquad\qquad （附 87）$$

如果在场域 Ω 上 n 个节点的磁矢位中，最后的 L 个为已知量（即第一类边界条件），则 I 取极值的条件为：

$$\frac{\partial I}{\partial A_k} = \sum_e \frac{\partial I_e}{\partial A_k} = 0 \quad (k = 1,2,\cdots,n - L) \qquad\qquad （附 88）$$

式（附 87）和式（附 88）是总体合成的基础，现在对它们作进一步分析。

式（附 87）中共包含 n 个线性代数方程。对于每一个方程来说，都是由对所有的单元求和而成。现在以附图 8 为例来说明整体合成的过程。

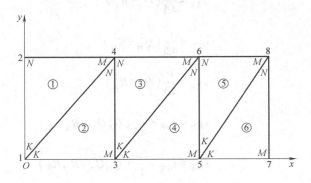

附图 8　剖分举例

现在以附图 8 的节点 3 为例（即 $k = 3$）来说明总体合成过程。由附图 8 可知，只有三角形单元②、③和④中包含有节点 3，所以 $\sum_e \dfrac{\partial I}{\partial A_a} = 0$ 的求和实际上只涉及②、③和④三个单元，而并非所有单元。为什么别的单元不需要考虑呢？这是因为别的单元中不含有节点 3，

且这些单元的泛函对 A_3 求偏导数后都等于零的缘故。

对于单元②来说，节点 3 对应单元编号为 M，其余类推。由此可以写出

$$\frac{\partial I}{\partial A_3}=\frac{\partial I_2^{(2)}}{\partial A_M}+\frac{\partial I^{(3)}}{\partial A_K}+\frac{\partial I^{(4)}}{\partial A_K}=0 \qquad (\text{附}89)$$

式中，$I_2^{(2)}$ 表示单元②的电流值，下同。

这里假设②、③和④都是内部单元，根据式（附82）得

$$\frac{\partial I^{(2)}}{\partial A_M}=s_{MK}^{(2)}A_K^{(2)}+s_{MM}^{(2)}A_M^{(2)}+s_{MN}^{(2)}A_N^{(2)}-F_M^{(2)}$$

$$=s_{MK}^{(2)}A_1+s_{MM}^{(2)}A_3+s_{MN}^{(2)}A_4-F_M^{(2)}$$

$$\frac{\partial I^{(3)}}{\partial A_K}=s_{KK}^{(3)}A_K^{(3)}+s_{KM}^{(3)}A_M^{(3)}+s_{KN}^{(3)}A_N^{(3)}-F_K^{(3)}$$

$$=s_{KK}^{(3)}A_3+s_{KM}^{(3)}A_6+s_{KN}^{(3)}A_4-F_K^{(3)}$$

$$\frac{\partial I^{(4)}}{\partial A_K}=s_{KK}^{(4)}A_K^{(4)}+s_{KM}^{(4)}A_M^{(4)}+s_{KN}^{(4)}A_N^{(4)}-F_K^{(4)}$$

$$=s_{KK}^{(4)}A_3+s_{KM}^{(4)}A_5+s_{KN}^{(4)}A_6-F_K^{(4)} \qquad (\text{附}90)$$

将式（附90）代入式（附89）得

$$\frac{\partial I}{\partial A_3}=s_{MK}^{(2)}A_1+(s_{MM}^{(2)}+s_{KK}^{(3)}+s_{KK}^{(4)})A_3+(s_{MN}^{(2)}+s_{KN}^{(3)})A_4+s_{KM}^{(4)}A_5+$$

$$(s_{KM}^{(3)}+s_{KN}^{(4)})A_6-(F_M^{(2)}+F_K^{(3)}+F_K^{(4)})=0 \qquad (\text{附}91)$$

将式（附91）用零元素扩充为以下含有 n 个节点磁矢位的方程

$$\frac{\partial I}{\partial A_3}=s_{31}A_1+s_{32}A_2+s_{33}A_3+s_{34}A_4+s_{35}A_5+s_{36}A_6+s_{37}A_7+\cdots+s_{3n}A_n-F_3=0 \qquad (\text{附}92)$$

式（附92）中有以下关系：

$$s_{32}=0$$

$$s_{37}=s_{38}=\cdots=s_{3n}=0$$

$$s_{31}=s_{MK}^{(2)}$$

$$s_{33}=s_{MM}^{(2)}+s_{KK}^{(3)}+s_{KK}^{(4)}$$

$$s_{34}=s_{MN}^{(2)}+s_{KN}^{(3)}$$

$$s_{35}=s_{KM}^{(4)}$$

$$s_{36}=s_{KM}^{(3)}+s_{KN}^{(4)}$$

$$F_3=F_M^{(2)}+F_K^{(3)}+F_K^{(4)} \qquad (\text{附}93)$$

总结以上情况，我们认为同一单元中的相邻节点（如附图 8 所示，与节点 3 在同一单元中的相邻节点有 1、4、5 和 6）在合成时会对该节点方程的系数值有所"贡献"，而不在同一单元中的其余节点就不会有所"贡献"。这是总体合成的一个重要规律。在有限元法中，把单元的系数项叠加到整体的系数项中去，称为"贡献"。

如式（附87）那样，对 n 个节点磁矢位都求偏导数并令其等于零，就可得到 n 个代数方程。将此方程组写成矩阵形式，则

$$\begin{pmatrix} s_{11} & s_{12} & & s_{1n} \\ s_{21} & s_{22} & & s_{2n} \\ & & \cdots & \\ s_{n1} & s_{n2} & & s_{nn} \end{pmatrix} \begin{pmatrix} A_1 \\ A_2 \\ \cdots \\ A_n \end{pmatrix} = \begin{pmatrix} F_1 \\ F_2 \\ \cdots \\ F_n \end{pmatrix} \tag{附 94}$$

或简写为

$$SA = F \tag{附 95}$$

式中，S 为磁矢位系数矩阵；A 为未知磁矢位列向量；F 为等式右端项组成的列向量。

现在还是以附图8的节点3为例，把整体矢量位系数矩阵及总方程组右端列矢量的合成总结如下：

1）节点方程的主对角元素（例如 s_{33}）或方程右端项（例如 F_3），由包含该节点的所有单元中相应的主对角元素（例如 $s_{MM}^{(2)}$、$s_{KK}^{(3)}$ 和 $s_{KK}^{(4)}$）或常数项（例如 $F_M^{(2)}$、$F_K^{(3)}$ 和 $F_K^{(4)}$）之和构成。

2）节点方程的非主对角元素，由包含此节点的有关直线（如31，34，35和36）的所有单元相对应的非主对角元素（例如，包含直线34的单元相对应的非主对角元素有 $s_{MN}^{(2)} + s_{KN}^{(3)}$）之和构成。

总结了以上两点的合成规律，总体合成就比较容易掌握了。由于有限单元法的单元剖分非常自由，所以与有限差分法相比，整体合成过程比较复杂。

总体合成的主要工作是构造磁矢位系数矩阵 S。这个工作对手算是很容易的，因为与某节点有关的单元及其邻近节点在单元剖分图上是一目了然的。但是，在编写计算机程序时比较复杂，因为要把剖分图上的关系用数字形式输送到计算机里面去。为了做到这一点，节点的统一编号（1，2，…，n），单元的编号（①，②，…），单元内部 K、M、N 的节点编号以及各节点的坐标值 $[(x_1, y_1), (x_2, y_2), \cdots]$ 等都是极其重要的信息。所谓单元内部 K、M、N 的节点编号就是把单元与节点的相互关系输入给计算机。

（四）有限元方程的求解

在有限单元法应用的过程中，需要对成百个以至上千个节点和单元进行计算和合成，最后还要求解一个成百阶以至上千阶的大型线性代数方程组，庞大的数据计算工作量使手工计算变得非常困难，甚至无法完成，目前均通过编制有限元分析软件、利用电子计算机来完成电磁场有限元方程的计算。

利用电子计算机使用有限元法求解恒定磁场问题的一般步骤是：将求解的场域剖分成三角形单元，并编制节点号和单元号，确定单元的 K、M、N 与节点号的关系以及单元的磁导系数、边界条件和节点坐标等有关数据。将这些信息输入电子计算机，然后由计算机根据前文所介绍的公式进行计算并自动形成系数矩阵 S 和右端列向量 F，最后求解式（附95）所示的线性代数方程组。

由于 S 是对称正定阵，其矩阵行列式 $|S| > 0$，因此式（附95）所示的代数方程组有唯一解，常用消去法求解。

（五） 电磁场解后处理

通过前文分析，可以用有限元法求解出节点的电动势值（或磁动势值），但在实际问题中仅仅知道电动势和磁动势的分布是远远不够的，通常还需要进一步求取一些其他物理量，如磁感应强度（和磁通量强度）、电位移通量、电磁场能量、电场力和力矩、电感和电容等。此外，有限元分析法计算的结果是以离散值给出的，虽然可列表输出，但分析起来很不直观。通常为了形象地描述场的分布，需要绘出场的等位线图，以便于通过分析等位线分布的疏密程度来判断场强的大小。以求得的电动势和磁动势为基础，绘制电场（或磁场）等相关物理量的等位线分布图以及求解出后续分析所需的其他物理量的过程，就是电磁场解后处理，即有限元解后处理。

目前，电磁场解后处理通常利用商业有限元分析软件中的后处理程序来完成。

仅以电磁场储能为例，简要分析解后处理的基本思想和原理。

1. 电场储能

对于无源，电场中的储能可表示为：

$$W = \frac{1}{2}\int_{\Omega} \boldsymbol{D} \cdot \boldsymbol{E}\mathrm{d}\Omega = \frac{1}{2}\int_{\Omega}\varepsilon \mid \nabla\phi\mid^2 \mathrm{d}\Omega \qquad （附96）$$

式中，W 为能量，其余符号意义同前。从能量的表达式可以看出，只要知道了电场的电动势分布，就可以得到储能的大小。

应用前文介绍的有限元思想，同样把整个区域 Ω 划分成若干个单元区域 Ω^e，然后分别求出每个单元的能量后再求和，就得到整个区域的总能量的大小，于是有（假定为二维静电场，并设介电系数为常数）：

$$W = \frac{\varepsilon}{2}\int_{\Omega}\mid \nabla\phi\mid^2\mathrm{d}\Omega = \frac{\varepsilon}{2}\sum_{e=1}^{n}\int_{\Omega^e}\left[\left(\frac{\partial\phi}{\partial x}\right)^2 + \left(\frac{\partial\phi}{\partial y}\right)^2\right]\mathrm{d}\Omega \qquad （附97）$$

可以看出，从求出的电动势 ϕ 出发便可以计算出电场储能。

2. 磁场储能

与电场类似，磁场的能量可以表示为

$$W = \frac{1}{2}\int_{\Omega}\boldsymbol{B}\cdot\boldsymbol{H}\mathrm{d}\Omega = \frac{1}{2}\int_{\Omega}\frac{1}{\mu}\mid\boldsymbol{B}\mid^2\mathrm{d}\Omega = \frac{1}{2}\sum_{e=1}^{n}\frac{1}{\mu}\left[\left(\frac{\partial A}{\partial x}\right)^2 + \left(\frac{\partial A}{\partial y}\right)^2\right]\mathrm{d}\Omega \qquad （附98）$$

同样，求出了磁动势 A，便可以根据上式得到磁场能量。

三、利用仿真软件求解电磁场问题

（一） 常用仿真软件

目前可以对电磁场进行分析的有限元分析软件有很多，有些是各个实验室根据自身的研究侧重而开发的专用有限元软件，有些已经商业化，可以从市场上直接购买。其中，可以进行电磁场分析的商业有限元软件比较有影响的有：ANSYS、Comsol Multiphysics、Ansoft、

Maxwell、Vector field、Quick field 等。

电磁场仿真过程包括以下 4 个步骤：①建立模型和划分网格；②添加载荷和约束；③求解；④后处理过程。

在建立仿真模型时，用户既可以在选定的有限元软件中直接建立仿真模型，也可以利用 Pro/Engineer、SolidWorks 和 UG 等三维实体造型软件建立仿真模型，并以中间文件的形式导入到物理场仿真软件中，再进行后续的物理场仿真计算。

1. Pro/Engineer

Pro/Engineer 软件是美国参数技术公司旗下的一款三维造型软件，是目前主流的 CAD/CAM/CAE 软件之一，特别是在国内产品设计领域占据重要位置。

Pro/Engineer 软件采用模块化结构，具有参数化功能定义、实体零件及组装造型、三维上色、实体或线框造型、完整工程图的产生及不同视图展示等功能，用户可以按需进行草图绘制、零件制作、装配设计、加工处理等。由于任何几何模型，都可以分解成有限数量的构成特征，而每一种构成特征都可以用有限的参数完全约束。因此，Pro/Engineer 软件采用具有智能特性的、具有不同特征的专用功能（如，筋、槽、倒角、抽壳等）去生成模型。采用这种手段来建立形体，工程师可以任意建立形体上的尺寸和功能之间的关系，轻易改变模型。任何一个参数改变，其他相关的特征也会自动修正。这种功能使得模型的修改和优化设计更加方便。Pro/Engineer 可以通过标准数据交换格式，与其他应用软件进行数据交互；用户也可以利用其他模块或利用 C 语言编程以进一步增强软件的功能。

2. ANSYS

ANSYS 软件是国际流行的融结构、热、流体、电磁、声学于一体的大型通用有限元分析软件，可广泛用于机械制造、航空航天、汽车交通、国防军工、土木工程、石油化工、铁道、能源等一般工业及科学研究，自 20 世纪 90 年代开始在我国得到广泛应用。

ANSYS 软件从 20 世纪 70 年代诞生至今，经过近 50 余年的发展，已经成为功能丰富、用户界面友好、前后处理和图形功能完备、使用高效的有限元软件系统。它拥有功能强大的数据库、丰富完善的单元库、材料模型库和求解器，能够高效地求解各类结构的静力、动力、振动、线性和非线性问题，稳态和瞬态热分析以及热-结构耦合问题，静态和时变电磁场问题，压缩与不可压缩的流体力学问题，以及多场耦合问题。该软件能够与 Pro/Engineer、AutoCAD 等多个 CAD 软件产品进行有效连接，实现数据的共享和交换，是现代产品设计中的高级 CAE 工具之一。

ANSYS 按功能可分为若干个处理器，主要包括一个前处理器（PREP7 Processor）、一个求解器（Solution Processor）、两个后处理器（通用后处理器 POST1 Processor、时间历程处理器 POST26 Processor）、多个辅助处理器如设计优化器等。ANSYS 的前处理器提供了一个强大的实体建模及网格划分工具，并提供了 100 种以上的单元类型，用来模拟工程中的各种结构和材料，用户可以方便地构造有限元模型并指定随后求解中所需的各个选择项；求解器用于施加载荷及边界条件，然后完成结构分析、流体动力学分析、电磁场分析、声场分析、压电分析以及多物理场的耦合分析等的求解运算；后处理器用于获取求解结果，并将计算结果以彩色等值线显示、梯度显示、矢量显示等图形方式显示出来，或者将计算结果以图表、曲线的形式显示输出，以对模型作出评价，进而进行其他感兴趣的计算。

ANSYS 进行分析的典型过程包括创建有限元模型、施加载荷并求解、查看结果等 3 个步骤。ANSYS 提供图形用户界面和命令流两种操作方式供用户选择，前者易于操作且界面友好，但修改比较麻烦，适用于初学者；后者易于修改，但却要求用户熟悉比较多的界面操作命令及其相关参数，适用于有一定 ANSYS 基础和经验的用户。

3. COMSOL Multiphysics

COMSOL Multiphysics 是一款功能强大的多物理场仿真平台，可以轻松实现仿真工作流程中涉及的几何建模、定义材料属性、设置物理场、求解模型和后处理等所有步骤，用来分析电磁学、结构力学、声学、流体流动、传热和化工等众多领域的实际工程问题。软件支持将任意数量的物理场耦合在一起，可以在一个软件环境中任意地切换多个物理场进行多物理场耦合问题的仿真计算。

COMSOL Multiphysics 软件提供了丰富的几何建模工具，支持通过实体对象、表面、曲线和布尔操作等来创建零件。可以通过操作序列来创建几何实体，序列中的每个操作都可以输入控制参数，方便在多物理场模型中轻松地进行编辑和参数化求解。几何模型中的定义与其相应的物理场设置之间相互关联，只要几何模型发生变化，软件便会自动地将此变化反映到所有与其关联的模型设置中。此外，还可以直接在图形用户界面（GUI）使用方程和表达式来输入用户自定义参数，以传统方法难以实现甚至是完全无法实现的方式进行仿真。

COMSOL Multiphysics 软件预置了大量的核心物理场接口，用于模拟各种物理现象，通过对物理场接口进行自由组合，可以描述涉及多种物理现象的复杂过程。当选定某个特定的物理场接口后，软件会给出相应的研究类型供用户选择。可以通过设定一系列研究步骤来构建求解过程，任何研究步骤都可以通过参数化扫描来运行。参数化扫描基于模型中的一个或多个参数，既可以使用不同的材料及其定义的属性来执行扫描，也可以对一组定义的函数执行扫描。在求解序列中，任何研究步骤所得到的解都可以用作后续研究步骤的输入。

根据物理场的类型或多物理场组合，软件提供了多种模型离散化和网格剖分方法。离散化方法主要是基于有限元方法，通用的网格剖分算法可以使用相应的单元类型来创建与所用数值方法相匹配的网格。对于所有网格类型，都可以在求解过程中或研究步骤序列中执行网格细化、重新剖分网格或自适应网格剖分操作。

COMSOL Multiphysics 软件提供的直接求解器和多种迭代求解器，采用先进的数值方法可以实现模型的精确求解。其中直接求解器可用于求解中小型问题，迭代求解器则用于较大的线性系统。对于不同的物理场接口，还提供了相应的求解器默认设置，可以针对具体问题对每个求解器的设置进行更改和配置，以调整其求解性能。

COMSOL Multiphysics 软件提供了强大的可视化和后处理工具，能够以简洁有效的方式展示仿真结果。既可以使用软件的内置工具，也可以在软件中输入数学表达式，通过派生物理量来增强可视化效果。因此，可以在软件中生成与仿真结果有关的任何物理量的可视化效果。可视化功能包括表面图、切面图、等值面图、截面图、箭头图和流线图等众多绘图类型。软件还具有导出数据和生成报告功能，以便于通过第三方工具对仿真结果进行后续处理。

（二）基于 ANSYS 的电磁场分析实例

使用通用 ANSYS 程序进行电磁场有限元分析的主要优点之一是耦合场分析功能。磁场分析的耦合场载荷可以被自动耦合到结构、流体及热单元上。此外，对电路耦合器件的电磁场分析时，电路可被直接耦合到导体或电源，同时也可计及运动的影响。

ANSYS 提供了丰富的线性和非线性材料的表达方式，包括各向同性或正交各向异性的线性磁导率，材料的 B-H 曲线和永磁体的退磁曲线。后处理功能允许用户显示磁力线、磁通密度和磁场强度并进行力、力矩、源输入能量、感应系数、端电压和其他参数的计算。

ANSYS 对电磁场问题的分析主要包括：电感、电容、磁通量密度、涡流、电场分布、磁力线分布、力、运动效应、电路和能量损失等问题的求解，以及螺线管、调节器、发电机、变换器、磁体、加速器、电解槽及无损检测装置等的设计和分析。

ANSYS 的电场分析功能主要研究电场三个方面的问题：电流传导、静电分析和电路分析。在电场计算中感兴趣的典型物理量包括电流密度、电场强度、电势分布、电通量密度、传导产生的焦耳热、储能、力、电容、电流以及电动势等。

大家知道，电流、外加磁场和永磁体是电磁场的主要来源。根据电磁场问题的特点，可以对其进行二维（2D）分析或三维（3D）分析。磁场分析的类型包括：静磁场分析，即计算直流电或永磁体产生的磁场；交变磁场分析，即计算由交流电产生的磁场；瞬态磁场分析，即计算随时间随机变化的电流或外界引起的磁场。在电磁场分析中感兴趣的物理量包括：磁通密度、能量损耗、磁场强度、磁漏、磁力及磁矩、S-参数、阻抗、品质因子、电感、反射波损耗、涡流和特征频率等。

下面仅以三维（3D）静态磁场分布计算为例，说明利用 ANSYS 分析电磁场的一般过程。

1. 问题描述

如附图 9 所示，铁磁性铁心一只脚上缠有 200 匝线圈，求当线圈通有 1A 的恒稳电流时，磁回路 ABCD 的磁场分布。

几何参数：$h = 60\text{cm}$，$L = 55\text{cm}$，$w = 10\text{cm}$，$a = 15\text{cm}$，$b = 30\text{cm}$，$c = 10\text{cm}$。

材料性能：铁心相对磁导率以 B-H 曲线给出，空气相对磁导率 $\mu_r = 1$。

载荷：线圈电流（一匝）$I = 1\text{A}$。

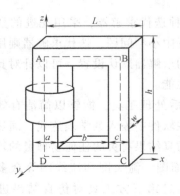

附图 9　铁心线圈示意图

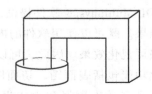

附图 10　铁心建模示意图

2. 问题分析与假设

考虑铁心在空气中的磁漏，因此要对空气进行建模，在与铁心接触的一薄层空气和铁心用实体单元 SOLID98 划分，以外的空气用无限单元 INIF1N47 单元划分，而线圈则用微元单元 SOURCE36 进行建模。在线圈截面上为标量磁势，为零边界条件，而侧面为自然边界条件。求解磁动势降是沿铁心中心线进行。另外，由于该问题是一个多连通域，同时根据对称性，仅对其 1/2 求解即可，其模型见附图 10。

3. 主要求解过程及结果

该问题的 ANSYS 求解遵循以下步骤：

1）创建物理环境，包括定义分析参数、单元类型和材料性能等；

2）建立 ANSYS 有限元分析模型，给模型区域分配属性，划分网格，设置边界条件等；

3）定义分析类型并选用合适的数值方法进行求解；

4）后处理和查看结果。

采用命令流方式对该问题进行仿真计算，各阶段仿真结果分别如附图 11~附图 14 所示。

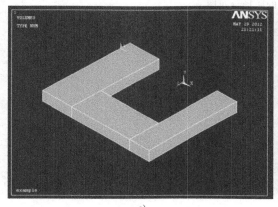
a)

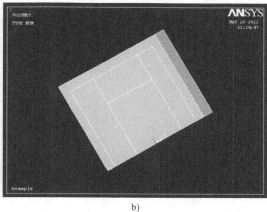
b)

附图 11　仿真模型

a）铁心模型图　b）铁心和周围空气模型

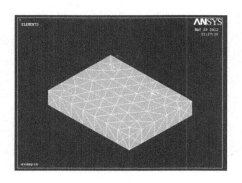

附图 12　模型网格划分图

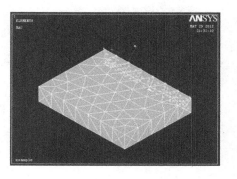

附图 13　设置了端面通量垂直边界条件

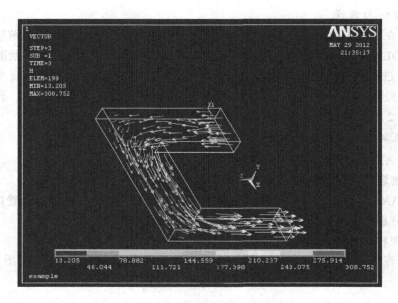

附图 14　铁心的磁场分布图

参 考 文 献

[1] 张冠生. 电器理论基础（修订本）[M]. 北京：机械工业出版社，1997.

[2] 郭凤仪，李靖. 电器学 [M]. 北京：机械工业出版社，2013.

[3] 许志红. 电器基础理论 [M]. 北京：机械工业出版社，2014.

[4] 孙鹏. 电器学 [M]. 北京：科学出版社，2012.

[5] 曹云东. 电器学原理 [M]. 北京：机械工业出版社，2012.

[6] 贺湘琰. 电器学 [M]. 2 版. 北京：机械工业出版社，2000.

[7] 贺湘琰，李靖. 电器学 [M]. 3 版. 北京：机械工业出版社，2011.

[8] 李建基. 特高压、超高压、高压、中压开关设备实用技术 [M]. 北京：机械工业出版社，2011.

[9] 黄永红，张新华. 低压电器 [M]. 北京：化学工业出版社，2007.

[10] 夏天伟，丁明道. 电器学 [M]. 北京：机械工业出版社，1999.

[11] 方大千，方亚平. 实用高低压电器速查速算手册 [M]. 北京：化学工业出版社，2013.

[12] 王其平. 电器中的电弧理论 [M]. 北京：机械工业出版社，1992.

[13] 陈德桂. 低压断路器的开关电弧与限流技术 [M]. 北京：机械工业出版社，2006.

[14] 陆俭国，何瑞华，陈德桂. 中国电气工程大典第 11 卷：配电工程 [M]. 北京：中国电力出版社，2009.

[15] 尹天文. 低压电器技术手册 [M]. 北京：机械工业出版社，2014.

[16] 程礼椿. 电接触理论及应用 [M]. 北京：机械工业出版社，1985.

[17] 郭凤仪，陈忠华. 电接触理论及其应用技术 [M]. 北京：中国电力出版社，2008.

[18] 许良军. 电接触理论、应用与技术 [M]. 北京：机械工业出版社，2016.

[19] 荣命哲. 电接触理论 [M]. 北京：机械工业出版社，2004.

[20] M BRAUNOVIC. Electrical contacts：fundamentals, applications and technology [M]. Florida：CRC Press, 2006.

[21] P G SLADE. Electrical contacts [M]. New York：Marcel Dekker, 1999.

[22] P G SLADE. Electrical contacts [M]. 2nd Edition. New York：Marcel Dekker, 2014.

[23] WRIEDER, G J WITTER. Electrical contacts：an introduction to their physics and applications [M]. Berlin：VDE Verlag Publication, 2005.

[24] 王章启，何俊佳，邹积岩. 电力开关技术 [M]. 武汉：华中科技大学出版社，2003.

[25] 陈忠华，石英龙，时光，等. 受电弓滑板与接触网导线接触电阻计算模型 [J]. 电工技术学报，2013，28（5）：188-195.

[26] 郭凤仪，王国强，董讷，等. 银基触头材料电弧侵蚀特性及裂纹形成机理分析 [J]. 中国电机工程学报，2004，24（9）：209-217.

[27] 刘先曙. 电接触材料的研究和应用 [M]. 北京：国防工业出版社，1979.

[28] 侯文英. 摩擦磨损与润滑 [M]. 北京：机械工业出版社，2012.

[29] F YGUO, X L FENG, Z Y WANG, et al. Research on time domain characteristics and mathematical model of electromagnetic radiation noise produced by single arc [J]. IEEE Transactions on Components, Packaging and Manufacturing Technology, 2017, 7（12）：2008-2017.

[30] F YGUO, Z Y WANG, Z Q ZHENG, et al, Electromagnetic noise of pantograph arc under low current conditions [J]. International Journal of Applied Electromagnetics and Mechanics, 2017, 53（3）：397-408.

[31] Z Y WANG, F YGUO, X LWANG, et al. Experimental Research on Radiated Electromagnetic Noise of Pantograph Arc [C]. San Diego：61st IEEE Holm Conference on Electrical Contact, 2015.

[32] 郭凤仪，王喜利，王智勇，等. 弓网离线接触电流总谐波畸变率的实验研究 [J]. 电工技术学报，2015，30（12）：261-266.

[33] 陈忠华，康立乾，石英龙，等. 弓网滑动电接触电流稳定性研究 [J]. 电工技术学报，2013，28（10）：127-133.

[34] Z Y WANG, F YGUO, Z H CHEN, et al. Research on Current-carrying Wear Characteristics of Friction Pair in Pantograph Catenary System [C]. Newport：59th IEEE Holm Conference on Electrical Contact, 2013.

［35］ 郭凤仪，任志玲，马同立，等. 滑动电接触磨损过程变化的实验研究［J］. 电工技术学报，2010，25（10）：24-29.

［36］ 郭凤仪，姜国强，赵汝彬，等. 基于相对稳定系数的滑动电接触特性［J］. 中国电机工程学报，2009，29（36）：113-119.

［37］ 郭凤仪，马同立，陈忠华，等. 不同载流条件下滑动电接触特性［J］. 电工技术学报，2009，24（12）：18-23.

［38］ 周茂祥. 低压电器设计手册［M］. 北京：机械工业出版社，1992.

［39］ 方鸿发. 低压电器（修订本）［M］. 北京：机械工业出版社，1988.

［40］ R D GARZON. High Voltage Circuit Breakers：Design and Applications［M］. HongKong：Marcel Dekker，1999.

［41］ 徐国政，张节容，钱家骊，等. 高压断路器原理和应用［M］. 北京：清华大学出版社，2000.

［42］ 林莘. 现代高压电器技术［M］. 2版. 北京：机械工业出版社，2011.

［43］ 林莘. 现代高压电器技术［M］. 北京：机械工业出版社，2002.

［44］ 苑舜. 高压断路器的弹簧操动机构［M］. 北京：机械工业出版社，2001.

［45］ 清华大学高压教研组. 高压断路器：下［M］. 北京：电力工业出版社，1980.

［46］ 刘绍峻. 高压电器［M］. 北京：机械工业出版社，1991.

［47］ 苑舜. 高压断路器的液压操动机构［M］. 北京：机械工业出版社，2000.

［48］ 李建基. 高压断路器及其应用［M］. 北京：中国电力出版社，2004.

［49］ 林莘. 永磁机构与真空断路器［M］. 北京：机械工业出版社，2002.

［50］ 陈慈宣，马志瀛. 高压电器［M］. 北京：水利电力出版社，1987.

［51］ 尚振球，郭文元. 高压电器［M］. 西安：西安交通大学出版社，1992.

［52］ 李靖. 高低压电器及设计［M］. 北京：机械工业出版社，2016.

［53］ 宋政湘，张国钢. 电器智能化原理及应用［M］. 3版. 北京：电子工业出版社，2013.

［54］ 王汝文，宋政湘，张国钢. 电器智能化原理及应用［M］. 2版. 北京：电子工业出版社，2009.

［55］ 王汝文，宋政湘，杨伟. 电器智能化原理及应用［M］. 北京：电子工业出版社，2004.

［56］ 邹积岩. 智能电器［M］. 北京：机械工业出版社，2006.

［57］ 郭凤仪，王智勇. 矿山智能电器［M］. 北京：煤炭工业出版社，2018.

［58］ 佟为明. 智能电器综述［J］. 电气时代，2006（5）：18-22.

［59］ 王建华，宋政湘，耿英三，等. 智能电器理论与关键技术研究［J］. 电力设备，2008，9（5）：1-4.

［60］ 何瑞华. 我国低压电器新产品主要特征、发展思路及关键技术［J］. 电力设备，2008，9（2）：1-5.

［61］ 何瑞华. 我国智能电器发展与展望［J］. 电器工业，2007（12）：70-74.

［62］ 岳大为. 通信技术在过载保护中的应用研究［D］. 天津：河北工业大学，2005.

［63］ 尹天文，周积刚. 低压电器最新发展动向（续）［J］. 低压电器，2007（3）：1-7.

［64］ 孟庆龙，颜威利. 电器数值分析［M］. 北京：机械工业出版社，1993.

［65］ 唐兴伦. ANSYS工程应用教程——热与电磁学篇［M］. 北京：中国铁道出版社，2003.

［66］ 方可行. 断路器故障与监测［M］. 北京：中国电力出版社，2002.

［67］ 金立军. 电器测试与故障诊断技术［M］. 北京：机械工业出版社，2006.

［68］ 王昌长，李福祺，高胜友. 电力设备的在线监测与故障诊断［M］. 北京：清华大学出版社，2006.

［69］ 荣命哲，贾申利，王小华. 电器设备状态检测［M］. 北京：机械工业出版社，2007.

［70］ 陈化钢，潘金銮，吴跃华. 高低压开关电器故障诊断与处理［M］. 北京：中国水利水电出版社，2000.

［71］ 王建华，耿英三，宋政湘. 智能电网与智能电器［J］. 电气技术，2010（8）：1-3，20.

［72］ 许志红. 交流接触器智能化控制与设计技术的研究与实现［D］. 福州：福州大学，2005.

［73］ 余铁辉，林文生，翟国富，等. 接触器的研究现状及发展趋势探讨［J］. 机电元件，2006，26（8）：38-44.

［74］ 林文生. 智能混合式交流接触器的设计与研究［D］. 哈尔滨：哈尔滨工业大学，2006.

［75］ 荣命哲，吴翊. 开关电器计算学［M］. 北京：机械工业出版社，2018.

［76］ 陈德桂，李兴文. 低压断路器的虚拟样机技术［M］. 北京：机械工业出版社，2009.

［77］ 李兴文. 低压断路器的建模仿真技术［M］. 北京：机械工业出版社，2018.

［78］ 王国强. 实用工程数值模拟技术及其在ANSYS上的实践［M］. 西安：西北工业大学出版社，1999.